高等学校教材

光催化简明教程

主　编　王心晨
副主编　林　森　张金水

中国教育出版传媒集团
高等教育出版社·北京

U0897258

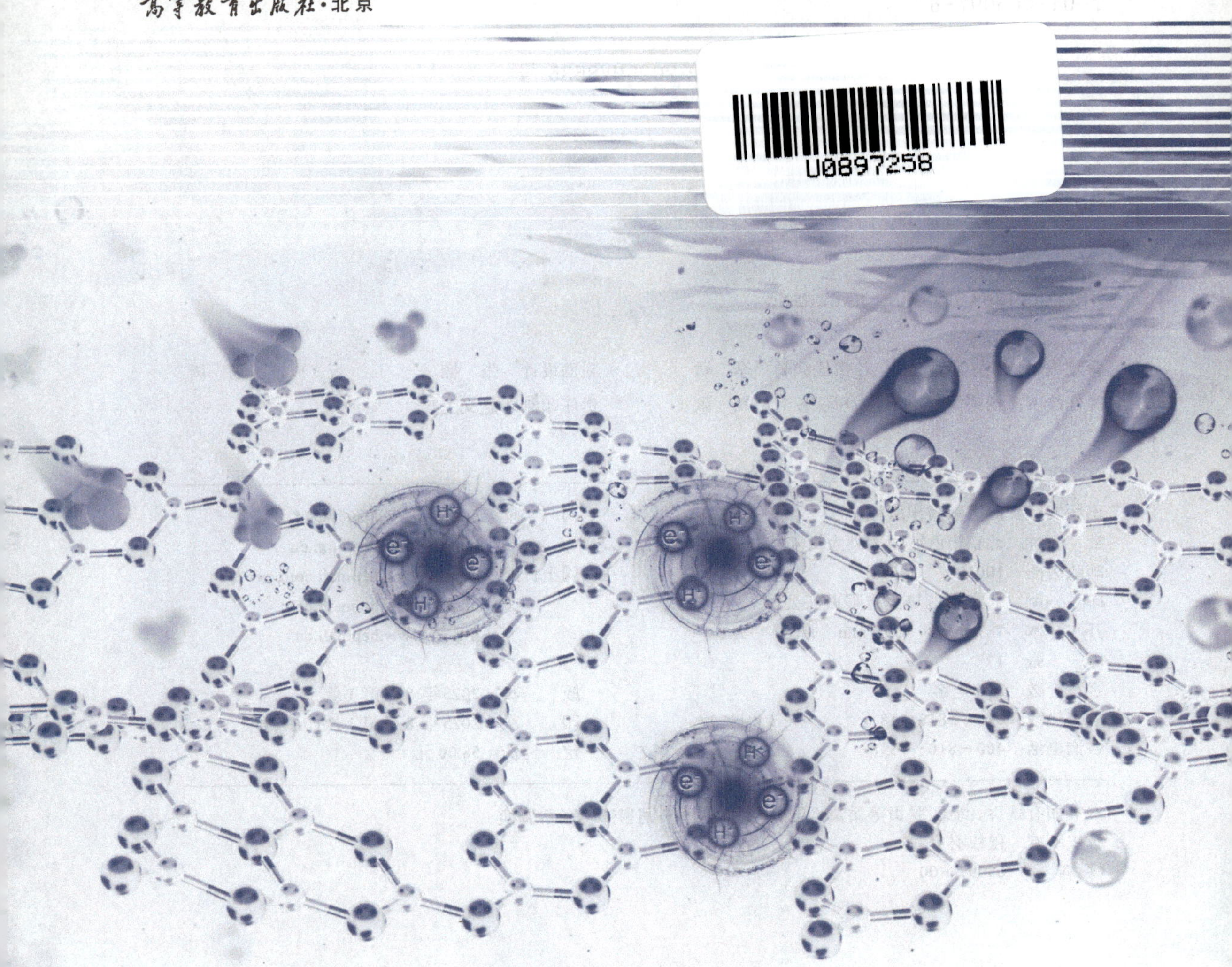

内容提要

本书包括光催化科学基础和光催化应用两大部分，共 10 章，循序渐进且全面系统地介绍了光催化科学技术的基本知识和应用。第 1 章绪论概述了光催化的基本概念、学科形成、发展前景及学习的基本要求。第 2~5 章分别介绍了光催化基础、光催化剂组成和结构、光催化剂基本性能表征和光催化反应性能表征等光催化基础知识。第 6~10 章分别介绍了光催化水分解、光催化 CO_2 还原、光催化氮还原、光催化环境净化和光催化有机合成等光催化应用。

本书可作为高等学校化学化工类专业本科生和研究生光催化相关课程教材，也可供相关专业研究生和科研人员参考。

图书在版编目（CIP）数据

光催化简明教程 / 王心晨主编 ; 林森, 张金水副主编. -- 北京 : 高等教育出版社, 2025. 8. -- ISBN 978-7-04-065097-6

Ⅰ. O644. 11

中国国家版本馆 CIP 数据核字第 2025MV8535 号

GUANGCUIHUA JIANMING JIAOCHENG

策划编辑　李　颖　　责任编辑　李　颖　　封面设计　张　楠　　版式设计　杨　树
责任绘图　杨伟露　　责任校对　高　歌　　责任印制　赵义民

出版发行　高等教育出版社
社　　址　北京市西城区德外大街 4 号
邮政编码　100120
印　　刷　北京印刷集团有限责任公司
开　　本　787 mm × 1092 mm　1/16
印　　张　17
字　　数　370 千字
购书热线　010－58581118
咨询电话　400－810－0598

网　　址　http://www.hep.edu.cn
　　　　　http://www.hep.com.cn
网上订购　http://www.hepmall.com.cn
　　　　　http://www.hepmall.com
　　　　　http://www.hepmall.cn

版　　次　2025 年 8 月第 1 版
印　　次　2025 年 8 月第 1 次印刷
定　　价　58.00 元

本书如有缺页、倒页、脱页等质量问题，请到所购图书销售部门联系调换
版权所有　侵权必究

物 料 号　65097－00

序

光催化是20世纪70年代以来发展起来的一个新兴研究方向，其利用太阳光和半导体催化剂驱动化学反应在常温常压下发生和快速进行，包括热力学非自发反应（典型的有水分解、二氧化碳还原和氮固定等）和热力学自发反应（典型的有空气和水等介质中的污染物降解或分解等），被公认为解决能源和环境问题的理想途径。经过五十多年的快速发展，光催化已经取得巨大研究进展并展现出光明的应用前景，因而一直是当今自然科学研究十分活跃的热点领域之一。特别是近二十年来，光催化科学基础不断完善，新成果不断涌现，应用领域不断拓展，已经完成从一个科学研究方向到一门自然科学分支的蜕变，形成了其独有的科学基础和研究方法。

光催化本质上是一个物理过程和化学过程交织的复杂过程，其研究涉及光化学、光物理、半导体物理、催化科学、材料科学、环境科学等原理和技术，因而是一门以化学和物理学为基础，以能源、环境和材料为应用领域的多学科交叉学科。福州大学能源与环境光催化国家重点实验室在光催化领域具有多年教学和科研经验，编者认为，有必要编写一本光催化简明教程，为高年级本科生、具有不同专业背景的研究生和有志于从事光催化的研究者提供一个快速入门通道，以便使他们能够全面系统地掌握光催化基础知识，并了解光催化研究的最新进展，为日后开展光催化创新研究打下良好基础。

本书包括光催化科学基础和光催化应用两大部分，共10章，循序渐进且全面系统地介绍了光催化科学技术的基本知识和应用。第1章绪论概述了光催化的基本概念、学科形成、发展前景及学习的基本要求。第2~5章分别介绍了光催化基础、光催化剂组成和结构、光催化剂基本性能表征和光催化反应性能表征等光催化基础知识。第6~10章分别介绍了光催化水分解、光催化CO_2还原、光催化氮还原、光催化环境净化和光催化有机合成五方面的光催化应用。希望这样编排能使读者先掌握光催化核心知识和共性规律，然后了解各种光催化反应的特点和不同，由浅入深地系统理解光催化的基础理论和研究方法。除绪论外，每章最后都附有一些思考题，以便读者掌握难点和核心内容。因此，本书可作为催化和光催化方向研究生必修课教材，也可作为化学化工类专业本科生的选修课教材，还可作为有志从事光催化研究人员的自学参考书。

本书由王心晨担任主编，负责全书的总体设计、各章节修改和统稿。林森和张金水担任副主编，协助主编完成各章节修改和统稿工作。各章编写分工如下：林森和王心晨（第 1 章）、萨百晟和林森（第 2 章）、汪颖（第 3 章）、张金水和王心晨（第 4 章）、刘锟隆和张金水（第 5 章）、沈锦妮（第 6 章）、张子重（第 7 章）、丁开宁（第 8 章）、侯乙东和阳灿（第 9 章）、成佳佳（第 10 章）。本书编者均来自福州大学能源与环境光催化国家重点实验室，均在光催化领域从事多年的研究，各章内容既吸纳了当前光催化领域的最新研究成果，也融入了他们各自多年的研究积累。

编者特别感谢付贤智院士和王绪绪教授对本书编写所提供的指导和帮助。本书在编写过程中参考了许多专家学者的论著，也引用了许多研究者的研究成果，在此向他们表示衷心的感谢。

由于编者水平有限，书中疏漏与不当之处在所难免，热诚欢迎同行专家和广大读者给予批评指正，以帮助我们对本书不断加以改进和完善。

王心晨

2025 年 2 月于福州大学

目录

第1章

绪论

1.1 什么是光催化

光催化是利用太阳光作为能源，通过在半导体材料中引发一系列光学响应，实现能源整合与再利用的一项技术。作为能源与环境领域内的绿色革命，光催化技术融合了光化学、半导体物理、材料科学和环境科学等学科，是一项能够带来颠覆性变革的战略性新兴产业技术，也是当前国际研究的前沿与热点之一。

经过几十年的发展，光催化技术已广泛应用于环境保护、能源转换和有机合成等重要领域。加快我国光催化高技术产业的发展，对解决我国环境污染和能源短缺问题，实现“双碳”目标具有重大和深远的意义。

1.2 光催化的发展机遇

在过去数十年间，全球对化石燃料的深度依赖及对能源需求的显著增长引发了诸多环境问题，包括全球气候变暖、空气污染及生态系统破坏等。这些问题不仅对人类健康与生存环境构成威胁，亦给全球经济的持续发展带来了严峻挑战。鉴于此，开发绿色、高效且来源广泛的可持续能源解决策略显得尤为紧迫，其中太阳能以其丰富、清洁和可再生等特性，被普遍视为最具潜力的替代能源之一。高效利用太阳能不仅能减缓人们对化石燃料的依赖和减轻环境污染，还能为人类提供几乎无穷尽的能源。在众多太阳能应用技术中，光催化技术能直接将太阳能转换为人类可利用的化学能，是最有效的途径之一。光催化技术在能源危机中展现出的优势，不仅有助于解决能源供应问题，还对环境保护和可持续发展具有重要意义。

1.2.1 能源危机下光催化的发展机遇

随着化石燃料的过度消耗及人类生产生活对能源的需求急剧增加，能源危机问题已日益严峻。提高能源利用效率，开发可再生能源是人类社会发展的必然要求。光催化作为一种将光能转化为化学能的技术，为解决能源危机问题带来了巨大的机遇，具有广阔的应用前景。在可再生能源利用方面，光催化技术能够直接将太阳能转化为化学能，如通过光催化水分解产生氢气，或将二氧化碳（CO_2）和水转化为有用的化学燃料。这是一种无尽的、清洁的能源，有助于减少人类对化石燃料的依赖。随着光催化原理的不断完善，先进的表征技术不断进步，光催化技术也得到了显著的发展。对于太阳能驱动的光解水产氢方向，日本 K. Domen 等报道的 Al 掺杂的 $SrTiO_3$ 催化剂光解水量子效率接近 100%，推动建立了小规模的光解水工业化工程。这种突破性成果取得了一定的实际应用，对于解决能源危机问题和推动人类文明进步具有重要意义。

1.2.2 环保需求下光催化的发展机遇

随着全社会对环境问题的关注，清洁能源和可再生能源的需求日益增长，光催化作为一

种可持续能源转化技术逐渐受到重视，这给光催化技术带来潜在的发展机遇。光催化作为一种新兴的领域，通过利用光能催化化学反应，为环境问题的解决提供了新思路。在污染物处理方面，光催化技术能够在室温和常压下分解有机污染物，对空气和水质净化具有重要作用。目前，基于光催化技术的产品已经逐渐走向市场，如室内空气净化器、室内气体或饮水净化装置、自清洁抗雾玻璃等。在清洁能源转换方面，光催化技术为产生可持续清洁能源提供了新途径。如染料敏化太阳能电池、太阳能光解水制氢、温室气体 CO_2 的减排与利用等。

除此之外，一些其他方向的需求也为光催化技术的发展提供了机遇，如合成光催化方向、光学器件、光催化杀菌、光催化肿瘤治疗等。通过光催化技术可以实现温和条件下的催化合成反应。例如，常见的有机分子的催化转化、合成氨和过氧化氢等，这些反应在工业合成中往往需要苛刻的条件，易造成能源的消耗和环境的污染，而光催化技术可以利用太阳光，实现温和条件下选择性的光合成过程。这对于解决能源与环境问题也具有重要意义。光催化技术也被应用于生物医学等领域，通过光催化技术可以助力抗菌消毒器械的开发，也可以应用于临床，进行光动力治疗。

在研究广度上，光催化技术已经得到了广泛的研究和应用，受到了各国政府和公众的关注，许多国家出台了支持可持续技术发展的政策，并提供了研究资金，这为光催化技术的研究和发展创造了有利条件。光催化技术的发展也涉及材料科学、化学、环境工程等多个领域，促进了跨学科的交叉合作，推动了科学技术的综合进步。而就光催化的研究深度而言，目前，研究人员已经在一定程度上揭示了光催化的基本过程，利用先进的表征技术可以对光催化过程进行原位观测，能够分析反应中的活性物种，揭示动力学过程；基于理论计算，结合材料结构角度阐明光催化的构效关系，这对于光催化材料的改性及新型光催化材料的设计具有指导作用。

1.3 光催化学科形成

光催化的历史可追溯到 20 世纪 30 年代。早在 1938 年，Goodeve 和 Kitchener 发现 TiO_2 在氧气存在及紫外光照射下，可以对染料进行漂白。由于当时基础理论和表征技术的局限性，TiO_2 被认为是一种光敏剂，而非光催化剂。因为缺乏兴趣和实际应用价值，光催化的研究停滞不前。

光催化的突破发生在 1972 年，Fujishima 和 Honda 在 *Nature* 期刊首次报道了使用金红石 TiO_2 电极在近紫外光下可分解水产氢。这项具有里程碑意义的工作开辟了一个新的世界，即有可能利用丰富而廉价的水和阳光生产清洁的新能源氢气。这项工作促进了光催化研究的快速发展。

此后，光催化技术开始被广泛研究，不断发展，形成了多学科交叉的新兴研究领域，在环境、能源、医疗和化学合成等方面取得了重大进展。随着全球对可持续发展和绿色能源的需求日益增长，光催化学科在未来的科学研究和技术开发中扮演着越来越重要的角色。通过不断的创新和技术进步，光催化学科不仅能够为环境保护提供有效工具，还有望在能源生产、化学制造等领域实现更广泛的应用。

1.4 光催化发展前景

光催化技术具有巨大的发展潜力和应用前景,未来的研究和应用将集中在材料创新、效率提升和商业化推进等方面。通过不断的技术创新和工程化应用,光催化技术有望在解决环境问题和能源危机中发挥重要作用,作为一种绿色、高效的环境治理与能源转换手段,其应用范围正日益拓宽,展现出巨大的发展潜力。在环境净化领域,该技术已广泛应用于水体污染的治理中。光催化剂在光照作用下产生的电子和空穴能够对有机污染物进行高效的降解与去除,实现水质的净化。同时,光催化技术亦可应用于大气净化,如处理有害气体。在能源转换领域,光催化技术具备将太阳能转换及储存的巨大潜力。光催化分解水生产氢气,为清洁能源的储备提供了可能,促进了能源的可持续利用。此外,光催化技术在光催化电池领域的应用,亦显著提升了能源转换效率。在化学工业领域,借助光催化剂实现高效率的催化反应,可避免传统化工产业中对高温、高压的依赖,实现可持续、环境友好的化工合成。可见,光催化技术在诸多领域存在广泛的应用,且有着独特的优势,有着极大的发展前景。

另外,几十年以来,诸多领域的应用也给光催化带来了很多至今都未能彻底解决的科学挑战与需求,主要体现在以下四方面:(1) 发展高效光催化剂。研究人员正致力于开发具备高光吸收效率与优良催化活性的光催化剂,以提升光催化反应的效率;目前的主要挑战是需要缩小光吸收效率与光转化效率之间的差距,实现高吸收与高转化的双优状态。(2) 提升光催化剂稳定性。光催化剂的稳定性是其长时工作与重复使用的关键,研究人员正努力研发高稳定性光催化剂,以保障长期稳定运行;目前的挑战是如何从光催化机制的视角揭示光污染、光失活的现象,进而优化光催化过程,促进光催化过程的持续平稳转化。(3) 利用新型光催化材料。除了传统纳米金属氧化物外,研究人员还在探索二维材料、金属有机框架材料(MOFs)等新型光催化材料,旨在提高光催化反应的效率与选择性;目前的挑战主要是试错法周期长、效率低的问题极大制约着新型光催化剂的开发与理性设计。(4) 融合其他技术。将光催化技术与人工智能、纳米技术、电化学等其他技术相结合,以进一步提升光催化效果与应用范围;目前的主要挑战是如何科学地结合多种学科技术来解决光催化问题。

总之,光催化作为一个新兴学科,在能源与环境等诸多领域有着极其重要的应用和巨大的发展前景。经过几十年的不断发展,一部分科学挑战已经被逐渐攻克,但新时代的应用需求也带来了新的挑战,光催化的工业推广进程还需不断加快。可以相信,随着光催化材料与光催化技术的不断进步,光催化的应用领域一定会进一步拓展,以推动可持续发展与环境友好型社会构建。

1.5 学习目的和要求

光催化是一门涉及化学、物理学、材料科学等多个学科的交叉领域。学习光催化相关知识可以帮助学生建立起这一领域的系统知识体系,提高其科学研究和技术应用的能力。

1. 学习目的

(1) 掌握基础理论。通过学习光催化,了解光催化的基本原理,包括光物理过程、光化学反应机制、光催化剂的性质和作用等。

(2) 了解技术进展。光催化是一个快速发展的领域,通过阅读最新的书籍和文献,可以了解当前的科研动态和技术前沿。

(3) 培养实验技能。书籍中通常会介绍光催化实验的设计、操作方法和数据分析技巧,通过学习可以提高学生的实验设计和操作能力。

(4) 激发创新思维。通过阅读和学习光催化的高阶知识和应用案例,可以激发学生的创新思维,为其将来解决实际问题和科学研究提供新的思路。

2. 学习要求

(1) 扎实的基础知识。需要具备一定的化学和物理学基础,特别是应对光学、半导体物理学和表面化学等相关知识有一定的了解。

(2) 分析和解决问题的能力。在学习过程中,应能够对遇到的问题进行分析,并利用已有的知识寻找解决方案。

(3) 实验操作能力。需要具备一定的实验技能,包括实验设计、操作和数据分析等。

(4) 持续学习和更新知识。鉴于光催化领域的快速发展,需要有持续学习和更新知识的意识和能力。

通过系统地学习光催化相关内容,学生不仅可以获得理论知识,还可以提升实际操作能力,培养科研素养,为未来的学术研究或职业生涯奠定坚实的基础。

第2章

光催化基础

2.1 引　言

20 世纪 70 年代，东京大学研究生 Fujishima 和他的论文导师 Honda 用 TiO_2 制成电极，发现 TiO_2 电极在 500 W 明亮氙灯照射下，会缓慢地分解水，并释放出氢气和氧气。这个发现证实了在植物以外还可以利用无机化合物在光线照射下分解水。这一现象相当于将光能转变为化学能，与植物光合作用具有非常多的相似之处，可以看作一种人工光合作用。当时正值全球性石油危机，这一发现引起世界各国科学家的高度关注，被认为是太阳能应用技术的一次重大突破，使人们认识到光化学转换太阳能为化学能的应用前景。此后这一发现被称为 Honda-Fujishima 效应（Honda-Fujishima effect），这一现象被人们定义为光催化。根据 2007 年国际纯粹与应用化学联合会（IUPAC）所编写的 *Glossary of Terms Used in Photochemistry* 一书，光催化的定义可以表示为：在紫外光、可见光或红外光照射下，光催化剂吸收光后改变化学反应的速率或初始状态以及所涉及的反应成分的化学转变；而光催化剂的定义可以表示为：在吸收光的情况下能够使反应成分发生化学转变，其激发态能重复地与反应成分相互作用形成反应中间产物，并且自身能够在每一次相互作用后自行复原的催化剂。

2.2 光与物质相互作用

当光通过介质时，一部分能量被介质吸收并转化为热能或内能，且光在介质中传播越深，其强度衰减越大，这就是介质对光的吸收现象。介质的不均匀性还会导致光的传播方向发生偏离，并分散到各个方向，这就是光的散射现象。光的散射也会导致光强度随传播距离的增加而衰减。此外，光在介质中的传播速率通常小于在真空中的传播速率，并且介质中的光速与光的频率或波长有关，即介质对不同波长的光具有不同的折射率，这就是光的色散现象。光的吸收、散射和色散现象都是由光与物质相互作用引起的，是不同物质光学性质的主要表现。

当光通过介质时，电场矢量使介质中的粒子发生受迫振动。因此，一部分光能量被转化为粒子受迫振动的能量；另一部分光能量则因分子之间的碰撞而转化为热能。当强度为 I_0 的平行光束沿着 x 方向通过均匀介质，平行光束在均匀介质中通过距离 x 后，强度减弱为 I；再经过厚度 $\mathrm{d}x$ 时，强度由 I 变为 $I+\mathrm{d}I$，此时，$\mathrm{d}I/I$ 与吸收层的厚度 $\mathrm{d}x$ 的关系为

$$\mathrm{d}I/I=-\alpha_a\mathrm{d}x \tag{2-1}$$

式中，α_a 是与光强度无关的比例系数，是一个常数，称为该物质的光吸收系数；负号表示 x 增加时，I 减弱。对上式积分，有

$$\int_{I_0}^{I}\mathrm{d}I/I=-\alpha_a\int_0^l\mathrm{d}x \tag{2-2}$$

由此可得

$$I=I_0\mathrm{e}^{-\alpha_a l} \tag{2-3}$$

式中，I_0 和 I 分别表示 $x=0$ 和 $x=l$ 处的光强度。光的强度随着进入介质的深度而呈指数衰减。各种物质的光吸收系数差别很大，例如在 101.325 kPa 下，空气的光吸收系数为 10^{-5} cm^{-1}，玻璃的为 10^{-2} cm^{-1}，金属的为 10^{-6} cm^{-1}。

介质对光的吸收可以分为两种类型：一般吸收和选择吸收。一般吸收是指介质对各种波长的光几乎均匀地吸收；选择吸收则是指介质对某些特定波长的光吸收特别显著。例如，石英对可见光表现出一般吸收，但在 35~50 μm 的红外光范围内却表现出强烈的选择吸收。如果不局限于可见光范围，而是在整个电磁波谱范围内考虑，则不存在仅具有一般吸收的介质。所有介质都同时具有一般吸收和选择吸收的特性。选择吸收是物体呈现颜色的主要原因。一些物体的颜色是由某些波长的光在进入其内部一定深度后被吸收引起的。例如，水能够透过红光，并逐渐将其吸收，因此水面不反射红光，只反射蓝绿光，并使蓝绿光穿透到一定深度，所以水呈现蓝绿色。而另一些物体，如金属的颜色，则是由其表面对某些波长的光进行强烈反射造成的。

光线通过均匀的介质或两种折射率不同的均匀介质的界面，产生光的直射、折射或反射等现象。这仅限于给定的一些方向上能看到光线，而其余方向则看不到光线。当光线通过不均匀介质（如空气中含有尘埃）时，可以从侧面清晰地看到光线的轨迹，这种现象称为光的散射。这是介质的光学性质不均匀，使光线向四面八方散射的结果。

散射使原来传播方向上的光强度减弱，并遵循如下指数规律：

$$I=I_0\exp[-(\alpha+\alpha_s)l] \tag{2-4}$$

式中，α 和 α_s 分别为光吸收系数的一般吸收部分和散射系数，两者之和为衰减系数。如上所述，光在均匀介质中只能沿直射、反射和折射方向传播，不会产生散射。这是因为当光通过均匀介质时，介质中的偶极子发出的频率与入射光的频率相同，并且偶极子之间有一定的相位关系，因此它们是相干光。理论上可以证明，只要介质密度均匀，这些次波相干叠加的结果只会形成遵从几何光学规律的光线，而沿其余方向的光则完全抵消。因此，均匀介质不能产生散射光。要产生散射光，必须存在能够破坏次波干涉的不均匀结构。

根据不均匀结构的性质和散射粒子的大小，散射可分为三大类：细粒散射、米氏散射和瑞利散射。当散射中心的尺度远大于入射光波长时，这种散射称为细粒散射或廷德尔散射。例如，胶体、乳状液及含有烟雾和灰尘的大气中的散射都属于这一类。当散射中心的尺度与入射光波长相当时，这种散射称为米氏散射。而当散射中心的尺度小于入射光波长时，这种散射则称为瑞利散射。此外，物质分子密度的涨落也能引起散射。例如，十分纯净的液体或气体产生的散射是由物质分子密度的涨落引起的，这种散射称为分子散射。大气中的气体分子散射太阳光，使天空呈现蔚蓝色，也是瑞利散射的一个例子。

光在真空中以恒定的速率传播，与光的频率无关。然而，当光通过任何介质时，其速率会发生变化。由于不同频率的光在同一介质中的传播速率不同，因此同一介质对不同频率的光具有不同的折射率。光的色散可以用色散率 D 来表示：

$$D=\mathrm{d}\theta/\mathrm{d}\lambda \tag{2-5}$$

对于不同的物质，色散率是不同的；对于不同波长的光，色散率也有所不同。在衍射图样中，可以根据色散率的不同将光谱线分离开来。色散率与折射率的关系通常用如下公式表示：

$$D=\frac{2\sin(A/2)}{\sqrt{1-n^2\sin^2(A/2)}}\frac{dn}{d\lambda} \tag{2-6}$$

式中，A 为棱镜的折射角；n 为折射率。当各种介质的折射率 n 和色散率随着波长的增大而逐渐减小时，称为正常色散，色散曲线的表达式为

$$n=a+\frac{b}{\lambda}+\frac{c}{\lambda} \tag{2-7}$$

式中，a、b 和 c 均为正的常数，由材料的性质决定。大多数情况下，如果精度要求不高，波长变化的范围不大，色散曲线可以表示为

$$n=a+\frac{b}{\lambda^2} \tag{2-8}$$

对式(2-8)求导，可得材料的色散关系为

$$\frac{dn}{d\lambda}=-\frac{2b}{\lambda^3} \tag{2-9}$$

根据式(2-9)，正常色散的色散曲线有四个特点：波长越短，折射率越大；波长越短，$dn/d\lambda$ 越大，因而角色散率也越大；在波长一定时，不同物质的折射率越大，$dn/d\lambda$ 也越大；不同物质的色散曲线没有简单的相似关系。

2.3 光 化 学

光化学(photochemistry)是化学学科领域中发展较快的一个分支，它的任务是研究光和物质相互作用所引起的物理变化和化学变化，涉及由光所引发的所有化学反应。由于历史和技术方面的因素，光化学所涉及光的波长范围为 100~1000 nm，即由紫外至近红外波段。比紫外光波长更短的电磁辐射(如 X 射线或 γ 射线)所引起的光电离和化学变化，则属于辐射化学(radiation chemistry)的范畴。至于远红外或波长更长的电磁波，一般认为其光子能量不足以引起光化学变化，因此不属于光化学的研究范畴。光化学过程是地球上最普遍、最重要的过程之一，绿色植物的光合作用、动物的视觉、涂料与高分子材料的光致变性及照相、光刻蚀、污染物的光催化降解等，无不与光化学过程有关。

2.3.1 光吸收

1. 光波能量与波长

光化学反应的第一步是反应物吸收光子，只有被分子吸收的光才能诱发体系发生化学变化。当吸收了光子的分子被激发到具有足以破坏最弱化学键的高能激发态时，才能引起化学反应。因此，光化学反应需要有一定能量的光子来诱发。光是电磁辐射，可以用光波长(λ)、光频率(ν)、光子能量(E)、光速(c)来定量表示其特征。一个光子的能量可表示为

$$E=h\nu=\frac{hc}{\lambda} \tag{2-10}$$

式中，h 为普朗克常量，6.626×10^{-34} J·s；c 为光速，2.9979×10^{8} m·s^{-1}。在光化学研究中，光波长通常用 nm（1 nm = 10^{-9} m）表示。光的波长、频率、波数和能量的对应值如表 2-1 所示。

表 2-1 光的波长、频率、波数和能量

光		波长 λ / nm	频率 ν / s^{-1}	波数 σ / cm^{-1}	能量 E / kJ·mol^{-1}	能量 E / eV
紫外光		200	1.5×10^{15}	50000	597.9	6.2
		300	1.0×10^{15}	33333	398.7	4.1
可见光	紫	420	7.74×10^{14}	23810	284.9	3.0
	青	470	6.38×10^{14}	21277	254.4	2.6
	绿	530	5.66×10^{14}	18868	225.5	2.3
	黄	580	5.17×10^{14}	17241	206.3	2.1
	橙	620	4.84×10^{14}	16123	192.9	2.0
	赤	700	4.28×10^{14}	14286	170.9	1.8
红外光		1000	3.0×10^{14}	10000	119.7	1.2
		10000	3.0×10^{13}	1000	12.0	0.1

在光化学反应中，只有当分子吸收的光子的能量与分子在化学反应中的能量变化相匹配时，才会引起化学变化。用于光化学的光必须具有足够的能量才能打断化学键，这对应于特定的波长范围。通常，光化学有效光的波长范围是 100~1000 nm，但由于光窗材料和化学键能的限制，实际光化学中常用的光波长范围是 200~700 nm，其中 200 nm 是石英光窗材料的透射极限。

太阳是距离地球最近的恒星，它可以被看作一个直径为 1.4×10^{6} km，距离地球表面 1.5×10^{8} km 的球形光源。到达地球表面的阳光可以被视为准直角为 0.5°的平行光束。太阳发射的电磁辐射几乎包括了整个电磁波谱，太阳辐射能量在大气层顶上随波长的分布称为太阳光谱。太阳能通量和 6000 K 黑体辐射的比较，如图 2-1 所示。太阳辐射能量的最大值位于电磁波谱的可见光范围（400~800 nm），这一部分占总辐射能量的 50%。紫外光（200~

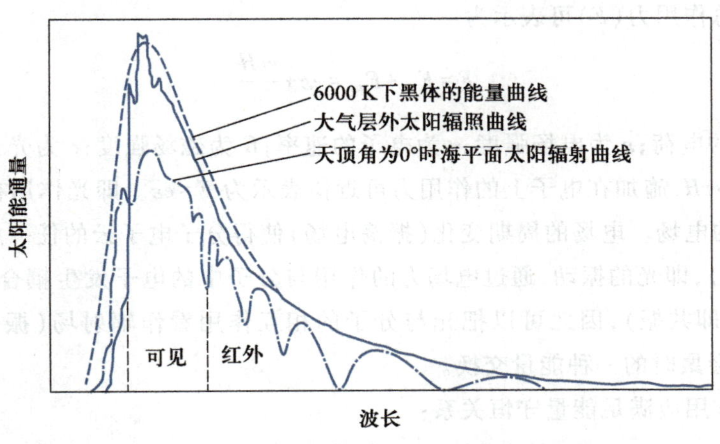

图 2-1 大气层外和海平面太阳能通量和 6000 K 黑体辐射的比较

400 nm)占 7%,而红外辐射(800~4000 nm)占 43%。太阳辐射中短波(紫外光和可见光)的能量占主导地位,因此太阳辐射也被称为短波辐射。

2. 发射光谱和激发光谱

任何荧光化合物都有激发光谱和发射光谱,可用于描述物质在光激发或光激发后发出的光的特性。发射光谱是描述物质在受到能量激发后,向周围环境发射光子的光谱。当物质受到激发(如加热、电激发或光激发)后,它会发出一系列特定波长的光子,形成发射光谱。发射光谱通常是离散的,由一系列明确的发射线组成,每条发射线对应着特定的能级跃迁。这些发射线的位置和强度取决于物质的组成和能级结构。发射光谱在荧光、发光材料、光谱分析等领域有广泛的应用。例如,通过测量物质发射的光谱,可以确定其组成、结构和性质。激发光谱是描述物质在接受外部能量激发时所吸收的光子能量的光谱。当物质处于基态时,它会吸收一定波长的光子,使得电子跃迁到激发态,形成激发光谱。激发光谱通常是连续的,由吸收带或吸收峰组成。这些吸收带或峰对应着物质的能级结构和电子跃迁。激发光谱常用于研究物质的能级结构、电子跃迁和光吸收特性。通过测量物质在不同波长下的吸收光谱,可以了解其对不同波长光的吸收情况,从而深入理解其光学特性和电子结构。

2.3.2　光化学反应

1. 光激发态

光化学反应的第一步是分子由基态进行光吸收,达到电子激发态。分子吸收光的本质是在光辐射的作用下,物质分子的能态发生改变,即分子的转动、振动或电子能级发生变化,由低能级被激发至高能级,这种变化是量子化的。按照量子学说,能级之间的能量差必须等于光子的能量:

$$E_2-E_1=\Delta E=h\nu \tag{2-11}$$

式中,E_2 和 E_1 分别为分子的初态能级和终态能级。电子在两个能级之间的跃迁,必须满足电偶极的改变不等于 0 才能发生。

光是电磁波的一部分,它以不断作周期变化的电、磁场在空间传播,它可以对带电粒子(如电子、核)和磁场偶极子(如电子自旋、核自旋)施加电力($F_{电}$)和磁力($F_{磁}$)。光作用在分子电子上的总作用力(F)可表示为

$$F=F_{电}+F_{磁}=e\varepsilon+\frac{evH}{c} \tag{2-12}$$

式中,e 为电子的电荷;ε 为电场强度;v 为电子的速率;H 为磁场强度;c 为光速。由于 c 大于 v,因此 $e\varepsilon$ 大于 evH,施加在电子上的作用力可近似表示为 $F=e\varepsilon$。即光作用在电子上的力主要来源于光波的电场。电场的周期变化(振荡电场)使得分子电子云的任一点也产生周期变化(振荡偶极子),即光的振动,通过电场力的作用与分子中的电子发生耦合,从而引起分子中电子的振动(即共振),因此可以把光与分子的相互作用看作辐射场(振荡电场)与电子(振荡偶极子)会聚时的一种能量交换。

这种相互作用应满足能量守恒关系:

$$\Delta E=h\nu \tag{2-13}$$

另外，由于光波电场强度的变化是周期性的，这样的作用使分子产生瞬时偶极矩 μ_i（又称跃迁偶极矩），其中 μ_i 的方向总是与外部电场的方向平行，类似于带电极板使分子产生诱导偶极矩，如图 2-2 所示。

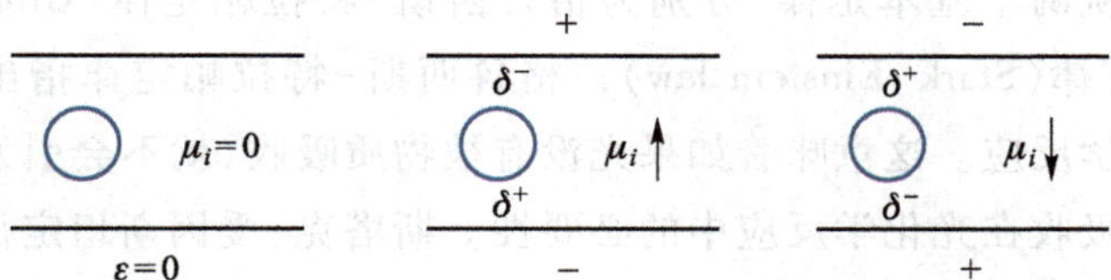

图 2-2　电场诱导产生的偶极矩

一个电子从原来较低能量的轨道被激发到原来空着的反键轨道上，被吸收的光子能量用于增加一个电子的能量，这种通常称为电子跃迁。有机分子电子跃迁的方式有 $\pi\rightarrow\pi^*$、$n\rightarrow\pi^*$、$\sigma\rightarrow\pi^*$ 和 $\sigma\rightarrow\sigma^*$。后两种跃迁需要较高的能量，一般需要波长小于 200 nm 的真空紫外光。

分子在激发态时，其轨道中电子的分布及自旋状态称为分子激发态的电子组态，通常用两个单电子占据的分子轨道来表示。当分子吸收紫外光或红外光后，它的一个电子从基态跃迁到能量较高的空的分子轨道。此时，它的两个电子分别占据原来的最高占据分子轨道（HOMO）和最低未占据分子轨道（LOMO），分子的电子激发态则由两个分子轨道及轨道上电子的自旋状态来决定，如图 2-3 所示。如果只笼统考虑分子轨道和轨道上电子的自旋，即不考虑分子轨道在空间的伸展方向，例如，只考虑 π、π^*，而不考虑 π_x、π_y 和 π_x^*、π_y^*，那么分子的电子激发态可以分为单重态（singlet，S）和三重态（triplet，T）。在能量低的和能量高的分子轨道上两个电子自旋配对（反平行）时的状态称为单重态，这种状态总的自旋磁矩为 0。

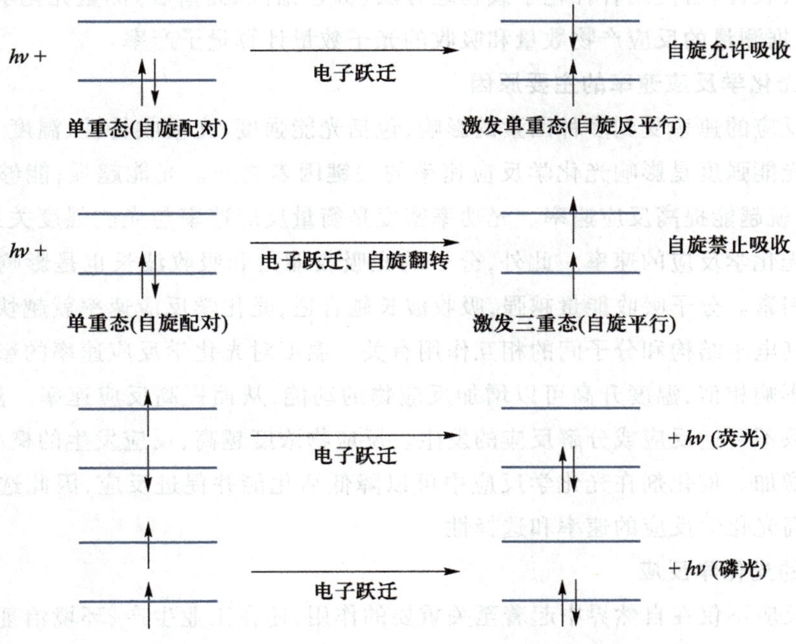

图 2-3　分子轨道、电子跃迁及电子组态示意图

在能量低的和能量高的分子轨道上两个电子自旋不配对(自旋平行)时的状态称为三重态,这种状态产生自旋磁矩。

2. 光化学定律

光化学反应遵从两个基本定律,分别为格鲁西斯-特拉帕定律(Grothus-Draper law)和斯塔克-爱因斯坦定律(Stark-Einstein law)。格鲁西斯-特拉帕定律指出,只有被物质吸收的光才能引起光化学反应。这意味着如果光没有被物质吸收,就不会引发任何光化学变化。这一原理强调了光吸收在光化学反应中的必要性。斯塔克-爱因斯坦定律表明,每一个吸收光子的分子,只能引起一个光化学反应。这意味着每个分子在吸收一个光子后,会形成一个激发态,激发态分子随后参与光化学反应。该定律奠定了光化学量子产率的概念,即每吸收一个光子能引起的化学变化数量。

3. 量子产率

光化学反应的量子产率,用于衡量每吸收一个光子后,有多少个特定的化学反应事件发生。通常利用量子产率 φ 来评价光化学反应中光能的利用效率,其定义是发生反应的分子数与吸收光子数的比率,具体计算公式如下:

$$\varphi=\frac{\text{生成产物的分子数}}{\text{吸收的光子数}} \tag{2-14}$$

当 $\varphi=1$ 时,表示每个吸收的光子都导致了一个化学反应事件。这通常是在理想条件下的情况,意味着光的能量被高效地用于化学反应。当 $\varphi<1$,表示并不是每个吸收的光子都导致化学反应。部分光子的能量可能以热、辐射(如荧光或磷光)或其他非反应性方式散失。而 $\varphi>1$,表示一个吸收的光子可以引发多个化学反应事件。这种情况可以在链反应或光增益过程中出现。测量量子产率通常涉及以下几个步骤。首先,使用光谱仪测量样品在特定波长下的光吸收;然后使用各种化学或物理方法(如色谱法、光谱法)测量光化学反应的产物数量;最后根据测量的反应产物数量和吸收的光子数量计算量子产率。

4. 影响光化学反应速率的主要原因

光化学反应的速率受到多种因素的影响,包括光能强度、光吸收特性、温度、反应物浓度和催化剂。光能强度是影响光化学反应速率的关键因素之一。光能越强,能够激发的分子数量就越多,就越能提高反应速率。光功率密度是衡量反应速率与光能强度关系的指标,通常用于评估光化学反应的速率。此外,分子的光吸收能力和吸收波长也是影响光化学反应速率的重要因素。分子吸收能量越强,吸收波长越合适,光化学反应速率就越快。分子的光吸收特性与其电子结构和分子间的相互作用有关。温度对光化学反应速率的影响与对一般化学反应的影响相似,温度升高可以增加反应物的动能,从而提高反应速率。然而,过高的温度可能导致不可逆反应或分解反应的发生。反应物浓度越高,反应发生的概率越大,反应速率也相应增加。催化剂在光化学反应中可以降低活化能并促进反应,因此选择合适的催化剂可以提高光化学反应的速率和选择性。

5. 典型的光化学反应

光化学反应不仅在自然界中起着至关重要的作用,还在工业生产、环境治理和新材料合成中展示出重要的应用前景。光化学反应包括光化合反应、光分解反应、光氧化反应和光还原反应。

光化合反应是指两个或多个分子在光照下结合形成一个新分子的反应。例如，绿色植物、藻类和某些细菌通过叶绿素等色素吸收光能，将二氧化碳和水转化为葡萄糖和氧气，其反应方程式为

$$6CO_2 + 6H_2O \xrightarrow{h\nu} C_6H_{12}O_6 + 6O_2 \tag{2-15}$$

光分解反应是指分子在光照下分解成两个或多个较小的分子或原子的反应。例如，硝酸银溶液在紫外光照射下生成金属银，反应方程式为

$$AgNO_3 \xrightarrow{h\nu} Ag + NO_2 + \frac{1}{2}O_2 \tag{2-16}$$

光氧化反应是指在光的作用下，物质被氧化的化学反应。例如，用紫外光照射氧气分子生成臭氧(O_3)，反应方程式为

$$O_2 \xrightarrow{h\nu} 2O \tag{2-17}$$

$$O + O_2 \longrightarrow O_3 \tag{2-18}$$

光还原反应是指分子在光照下获得电子，发生还原反应。例如，在高能量光照条件下，二氧化碳分解为一氧化碳和氧气，反应方程式为

$$2CO_2 \xrightarrow{h\nu} 2CO + O_2 \tag{2-19}$$

2.3.3 光化学反应与热化学反应的区别

光化学反应是在光的作用下物质发生的化学反应，其与热化学反应的区别主要有三个方面：(1) 光化学反应的活化主要通过分子吸收一定波长的光来实现，而热化学反应的活化主要通过分子从环境中吸收热能来实现；(2) 光化学反应受温度的影响小，有些反应可以在接近 0 K 时发生；(3) 一般而言，光活化分子的电子分布及构型与基态分子有很大不同，光激发态的分子实际上是基态分子的电子异构体。被光激发的分子具有较高的能量，可以得到内能较高的一些产物，如自由基、双自由基等。

从整体来看，光化学反应的基本理论和模型与热化学反应相似。如用分子中电子的分布和电子重新排布来解释某个反应步骤中观察到的化学变化，对所有的化学过程都适用。热化学与光化学之间存在差别的主要原因之一是分子在基态与激发态时电子分布不同，因而在化学性质上出现差别。通常用来判断化学反应可能性的热力学规律，虽然适用于整个化学，但热化学和光化学还是存在差别。从热力学来看，由于电子激发态的内能比基态高得多，从激发态到达产物的选择余地也就更大。以 $A \longrightarrow B$ 与 $A \xrightarrow{h\nu} A^* \longrightarrow B$ 反应为例，对很多体系来说，热力学上有利的反应是 $A^* \longrightarrow B$ 而不是 $A \longrightarrow B$。特别是当受激分子的产物是能量较高的自由基、双自由基或受应力作用的环状化合物时，更是如此。从基态形成这类产物虽然不是绝对不可能的，但往往要难得多。

在光化学反应中，激发态、中间物和产物之间很少能实现瞬时检测。这是因为其中有些过程能量变化较大，而且不少单一步骤的速率常数也很大。所以在阐明过程机理时，体系的动力学模型往往具有很高的价值。一个光化学反应若要容易被观察到，激发态的初始光化

学步骤的速率常数必须较大(通常可达 $10^6 \sim 10^9\ s^{-1}$),这是因为激发态往往寿命很短,很快就衰变到基态,光化学反应必须在与快速的光物理过程竞争时超过它们,才能发生有效光化学反应。激发态的衰变过程可以是辐射性的荧光或磷光过程,也可以是无辐射性的内部转变或系间窜跃过程。有许多光化学反应始终观察不到,很可能是因为这类竞争过程使得量子产率极低。

与单一步骤的热化学反应速率常数相似,初级光化学过程的速率常数也是随温度而变化的,其关系式可以用阿伦尼乌斯(Arrhenius)方程表示:

$$k = A\mathrm{e}^{-\frac{E_a}{RT}} \tag{2-20}$$

式中,k 是反应速率常数;R 是摩尔气体常数,8.314 $J \cdot mol^{-1} \cdot K^{-1}$;$T$ 是热力学温度;E_a 是反应活化能;A 是指前因子。激发态反应的活化能一般较低,通常小于 30 $kJ \cdot mol^{-1}$,因此被检测到的光化学反应都是一些快速反应。

2.4 光　催　化

2.4.1 半导体能带理论

1. 能带理论

根据化学组成不同,可以将半导体分为单质半导体、化合物半导体和有机半导体。其中,单质半导体,又称元素半导体,是由硅和锗等单一元素构成的半导体。不含杂质且无晶格缺陷的纯净半导体被称为本征半导体,其导电能力主要由材料的本征激发决定,典型的本征半导体有单质半导体硅、锗及化合物半导体砷化镓等。在本征半导体中掺入某些微量杂质元素后的半导体称为杂质半导体,根据掺入杂质元素的性质不同,又可分为 n 型和 p 型半导体。n 型半导体是由带负电荷的电子(e^-)参与导电的杂质半导体,n 是 negative(负)的第一个字母。p 型半导体是由带正电荷的空穴(h^+)参与导电的杂质半导体,p 是 positive(正)的第一个字母。所谓空穴,即电子在应有的位置不存在,呈现缺电子的状态,看起来就好像正电子在活动,所以以"h^+"表示。TiO_2 是具有光活性的半导体,其特点是即使不掺入杂质,其晶格中的氧空位也提供额外的电子,像 n 型杂质半导体一样发挥作用,所以通常被分类为 n 型半导体。

高纯半导体呈现本征导电性,它与低纯样品的杂质导电性不同。在本征温度范围内,半导体的电学性质基本上不受晶体中杂质的影响。本征半导体的能带结构示意图如图 2-4 所示,其中能量低于费米能级,被电子填满的区域,称为价带(valence band, VB);能量比较高,没有电子填充的区域,称为导带(conduction band, CB)。导带与价带之间,有一个电子不能进入或填充的能量区间,称为禁带或带隙(bandgap, E_g)。所以,带隙的定义便可以理解为导带的最低点和价带的最高点之间的能量差,导带的最低点称为导带边,价带的最高点称为价带边。在绝对零度(0 K)时,本征半导体的电导率为 0,因为此时价带中所有的态都是填满的,导带中所有的态都是空的。当温度升高时,价带中的电子被热激发至导带,此时受激跃迁到导带上的电子与留在价带上的空轨道(空穴)都会对电导率有贡献,此时半导体的电导率不再为 0。

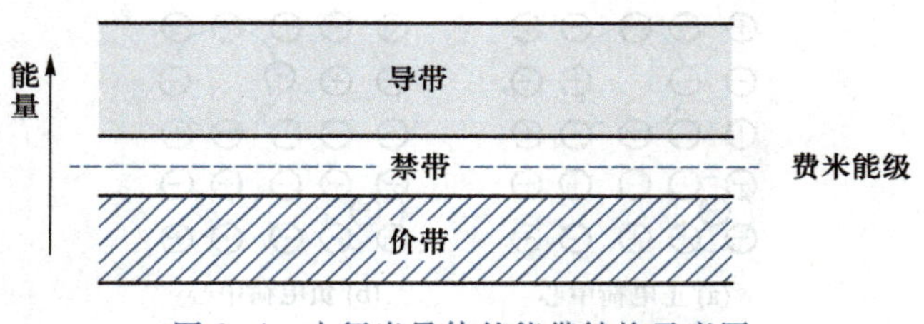

图 2-4 本征半导体的能带结构示意图

原子的中心为带正电荷的原子核,周围分布着带负电荷的电子(e^-)。电子在原子核周围的分布被称为轨道,各轨道允许填充的电子数是固定的,能量最高的电子占据轨道上的电子称为价电子。原子之间的结合,就是价电子相互作用的结果。对于 TiO_2,价带由定域在 O^{2-} 的 2p 轨道通过成键相互作用形成,导带由定域在中心金属 Ti^{4+} 的 3d 轨道通过反键相互作用形成,如图 2-5 所示。

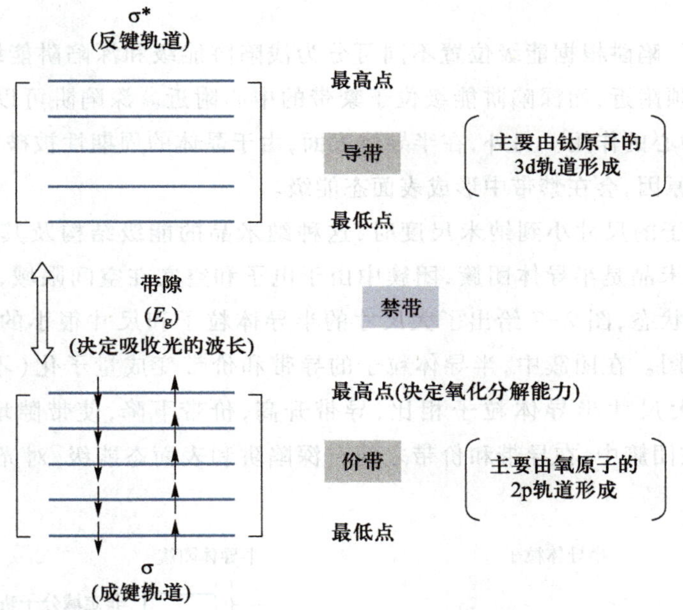

图 2-5 TiO_2 的能带结构

实际半导体中,由于半导体材料中不可避免地存在杂质和各类缺陷,使电子和空穴束缚在其周围,成为捕获电子和空穴的陷阱,产生局域化的电子态,在禁带中引入相应电子态的能级,如图 2-6 所示。以离子晶体中点缺陷为例,在正电荷中心,如图 2-6(a)所示,负离子空位和间隙中的正离子是正电荷中心,正电荷中心束缚一个电子,这个被束缚的电子很容易挣脱出去,成为导带中的自由电子。由于正电荷中心起提供电子的施主作用,这种半导体便是 n 型半导体。n 型半导体中施主能级 E_d 靠近导带底 E_c,如图 2-6(c)所示。在负电荷中心,如图 2-6(b)所示,正离子空位和间隙中的负离子是负电荷中心,负电荷中心束缚一个空穴,把束缚的空穴释放到价带,即从价带接受电子。由于负电荷中心起接受电子的受主作用,这种半导体便是 p 型半导体。p 型半导体的受主能级 E_a 靠近价带顶 E_v,如图 2-6(d)所示。

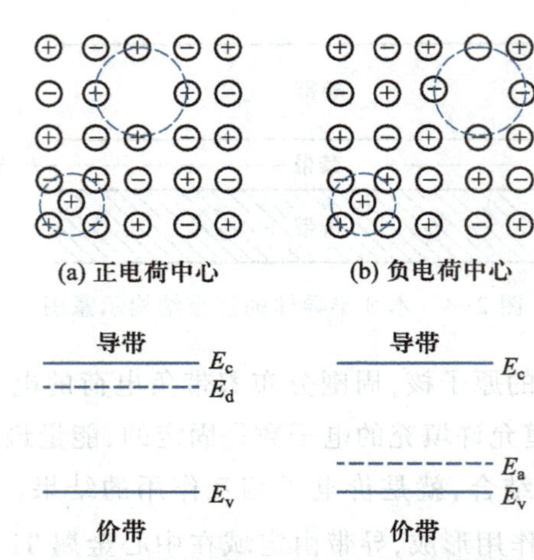

图 2-6　离子晶体中点缺陷示意图

禁带中的电子陷阱根据能级位置不同可分为浅陷阱能级和深陷阱能级，浅陷阱能级位于导带底和价带顶附近，而深陷阱能级位于禁带的中心附近。深陷阱可以捕获光生电子和空穴，起到复合中心的作用。另外，在半导体表面，由于晶体的周期性被破坏、各种类型的结构缺陷及吸附等原因，会在禁带中形成表面态能级。

当半导体粒子的尺寸小到纳米尺度时，这种纳米晶的能级结构及其光物理性质会发生较大变化。纳米晶是半导体团簇，团簇中由于电子和空穴在空间限域，使价带和导带变成不连续的电子状态，图 2-7 给出了大尺寸的半导体粒子和尺寸很小的半导体团簇的空间电子状态示意图。在团簇中，半导体粒子的导带和价带变成量子化（不连续的）的非定域分子轨道，与大尺寸半导体粒子相比，导带升高，价带下降，使带隙增宽，微粒尺寸越小，带隙越大。在团簇中，在导带和价带之间有深陷阱和表面态能级，对光物理和光化学性质有很大影响。

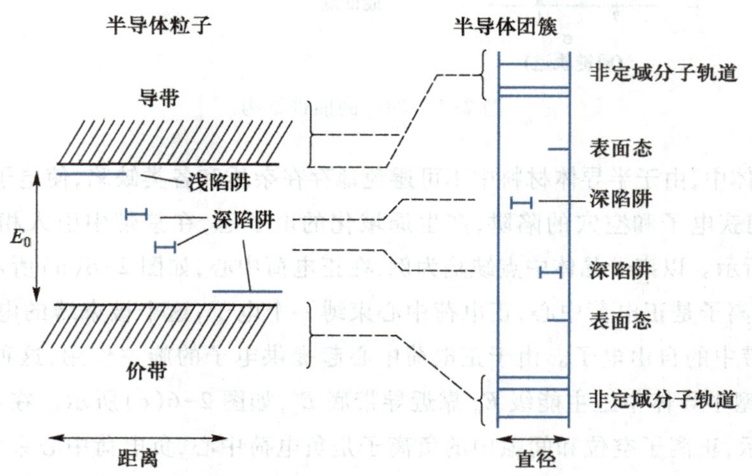

图 2-7　大尺寸的半导体粒子和尺寸很小的半导体团簇的空间电子状态

2. 带边位置

光生电子和空穴是光催化反应的活性物种，其迁移过程的概率和速率取决于半导体导带边和价带边的位置以及吸附物质的氧化还原电势。从半导体的带边位置，可以确定一个光化学反应在热力学上是否允许发生。例如，如果溶液中的反应物要求在光照的条件被还原，那么，热力学上要求半导体的导带边必须位于氧化还原电势的上方。从热力学上讲，受主物种的相关能级需低于(更正一点)半导体导带的能级。

图 2-8 是几种典型半导体材料在 pH＝1 的氧化还原电解质中的带隙和带边位置示意图，并且标出了 H_2O 分解为 H_2 和 O_2 的相应氧化还原电势。理论上，要使水完全分解，半导体材料的能带带边位置应与化合物 CdSe 的相似，即具有比氢电极电势更正的导带电势和比氧电极电势更负的价带电势，并且二者之间的吸收带隙应尽可能窄，这样既可保证光解水反应在光催化剂表面上进行，又可最大限度地利用太阳光中的可见光部分作为催化剂的激活光源。

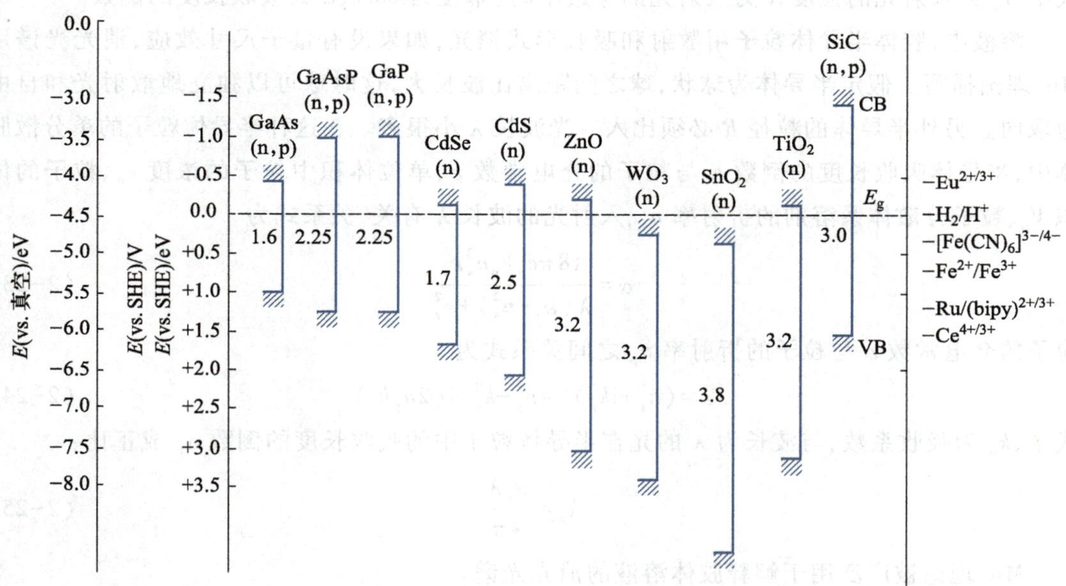

图 2-8 几种典型半导体材料在 pH＝1 的氧化还原电解质中的带隙和带边位置

TiO_2、ZnO、Fe_2O_3、CdS、CdSe 等半导体材料具有合适的能带结构，理论上可以作为光催化剂。但是，某些化合物本身具有一定的毒性；有的半导体在光照下不稳定，存在不同程度的光腐蚀现象。因此，在众多光催化材料中，只有 TiO_2 因其无毒、催化活性高、光化学性质稳定及抗氧化能力强等优点被广泛使用。

2.4.2 光催化基本原理

光催化反应是一个复杂的物理化学过程，主要包括光生电子和空穴对的产生、分离、再复合与表面捕获等步骤。

1. 半导体光吸收

半导体材料吸收能量大于或等于 E_g 的光子后，将发生电子由价带向导带的跃迁，这种光吸收称为本征吸收。本征吸收在价带生成光生空穴 h_{vb}，在导带生成光生电子 e_{cb}^-，光生电子和空穴因库仑相互作用被束缚形成光生电子-空穴对，这种电子-空穴对也被称为激子。半导体光催化剂产生本征吸收是发生光催化反应的先决条件。半导体材料除了本征吸收，还有如激子吸收、自由载流子吸收、杂质吸收等，吸收出现在本征吸收带的长波区，这些吸收很弱。所以半导体的吸收光谱主要讨论各种半导体的本征吸收特性。半导体材料的吸收特性主要由吸收波长（带边波长 λ_g 和峰值波长 λ_{max}）和吸收系数给出。带边波长 λ_g 取决于带隙能量即禁带宽度 E_g，关系式为

$$\lambda_g/\text{nm}=\frac{1240}{E_g/\text{eV}} \tag{2-21}$$

光在含半导体的介质中传播时，光的强度 I 按指数形式衰减：

$$I=I_0\exp(-\alpha l) \tag{2-22}$$

式中，I_0 为入射光的强度；l 为入射光的穿透距离（单位为 cm）；α 为吸收长度的倒数。

溶液中，胶体半导体粒子用散射和吸收形式消光，如果没有量子尺寸效应，消光光谱用 Mie 理论描写。假定半导体为球状，球之间距离比波长大，这时球可以独立地散射光和自由地取向。另外半导体的粒径 R 必须比入射光波长 λ 小很多。在这种半导体粒子的单分散胶体中，半导体吸收长度的倒数 α 与粒子的介电常数 ε、单位体积中粒子的浓度 c_p、粒子的体积 V_p、粒子分散体系溶剂的折射率 n_s、入射光的波长 λ 有关，关系式为

$$\alpha=\frac{18\pi c_p V_p n_s^3\varepsilon_2}{\lambda(\varepsilon_1-n_s^2)+\varepsilon_2^2} \tag{2-23}$$

粒子的介电常数 ε 与粒子的折射率 n_p 之间关系式为

$$\varepsilon=(n_p+\mathrm{i}k_p)^2=n_p^2-k_p^2+\mathrm{i}(2n_pk_p) \tag{2-24}$$

式中，k_p 为吸收系数，与波长为 λ 的光在半导体粒子中的吸收长度的倒数 α_p 成正比：

$$k_p=\frac{\alpha_p\lambda}{4\pi} \tag{2-25}$$

Mie 理论被广泛用于解释胶体溶液的消光光谱。

半导体的本征吸收指的是半导体材料在特定波长的光照射下，能够吸收光子并将电子从价带激发到导带，形成电子-空穴对的过程，如图 2-9(a)所示。与本征吸收有关的电子跃迁，可分为直接跃迁和间接跃迁。对于直接跃迁，导带底与价带顶位于第一布里渊区的相同位置，吸收能量大于带隙的光子时，发生由价带向导带的垂直跃迁，如图 2-9(b)所示。对于间接跃迁，导带底与价带顶位于第一布里渊区的不同位置，当吸收能量大于带隙的光子时，除了基态向激发态的电子跃迁，还伴随发生声子的吸收或发射跃迁，如图 2-9(c)所示。这种间接跃迁为非垂直跃迁，其中，E_p 为声子的能量，由晶格振动产生。由于声子的能量很小，所以带隙间的间接跃迁能量仍然接近禁带宽度。

2. 半导体的光致电荷分离

体相半导体材料与电解液接触时会形成空间电荷层，该电荷层内的自建场可以分离光生电子和空穴。以 n 型半导体形成的耗尽层为例，空间电荷层的自建场方向是本体指向表面。在光照条件下，空间电荷层内的光生空穴由体相迁移到半导体表面而进行化学反应，光

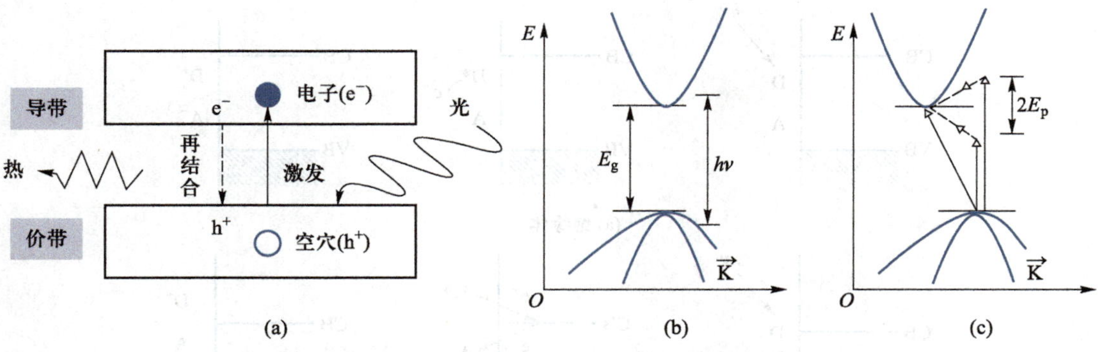

图 2-9 半导体的(a)光激发、(b)直接跃迁和(c)间接跃迁示意图

生电子由半导体表面向体相迁移,进而转移到外电路而形成光电流。半导体体相部分(没有空间电荷层)的光生电荷对光电流也有一定的贡献。这是由于光生电子-空穴对的寿命足够长,在它们复合之前,空穴能够扩散到耗尽层面而转移到半导体界面。

纳米晶半导体的表面能带弯曲很小,可以忽略不计,所以,光生电荷的分离是靠扩散作用来实现的。半导体吸收光以后产生电子-空穴对,随后它们或者被复合掉,或者扩散到纳米晶的表面进行化学反应。假定光生电荷在纳米晶内的扩散符合电荷自由行走模型(random walk model),从纳米晶内部扩散到表面所需要的平均时间为

$$\tau_d = \frac{r_0^2}{\pi^2 D} \tag{2-26}$$

式中,r_0 为纳米晶的半径;D 为扩散系数。纳米晶半导体的平均电荷转移时间为几皮秒,例如,对半径为6 nm 的 TiO_2 来说,电子的 $D_{e^-} = 2\times10^{-2}\ cm^2\cdot s^{-1}$,电子的平均转移时间为 3 ps。很短的电荷转移时间使光生电子和空穴在复合之前能够快速转移到半导体纳米晶的表面而进行相应的化学反应,从而能够获得高的量子产率。

3. 半导体的表面光生电子的迁移

电子激发状态下的分子和半导体颗粒都是非常活跃的。无论在表面上的分子间还是在一个表面部位和一个吸附分子之间都会发生电子的转移过程。电子转移过程可以广义地分类为被吸附时引发激活的光催化反应(类型Ⅰ)和固体引发激活的光敏化反应(类型Ⅱ)。

一种对被吸附物没有可接受能级的催化剂,例如 SiO_2 和 Al_2O_3,就只能为反应分子提供一个二维环境,催化剂本身不参与光激发的电子转移过程。电子直接从吸附的供体分子向受体分子转移,如图 2-10(a)与(b)所示。当催化剂中有一个可接受的能级时,在催化剂和被吸附物之间就会有强烈的电子相互作用,电子就能以催化剂作为中介进行转移。电子先从供体转移到催化剂能级中,而后再进入受体轨道,如图 2-10(c)所示。

半导体无论以电极还是粉末形式出现,它们与水溶液接触,在光照条件下产生电子和空穴以及转移的物理过程都是相同的。即半导体的电子被激发到导带上,同时在价带中产生一个空穴,这样产生的电子和空穴分别具有还原能力和氧化能力。虽然这个过程作为光催化过程的起始步骤的物理过程已被接受,但是,在固-液表面上进一步发生的化学过程还很不清楚。有人假定俘获的空穴可以直接将吸附的分子氧化;也有人认为它将先和表面羟基

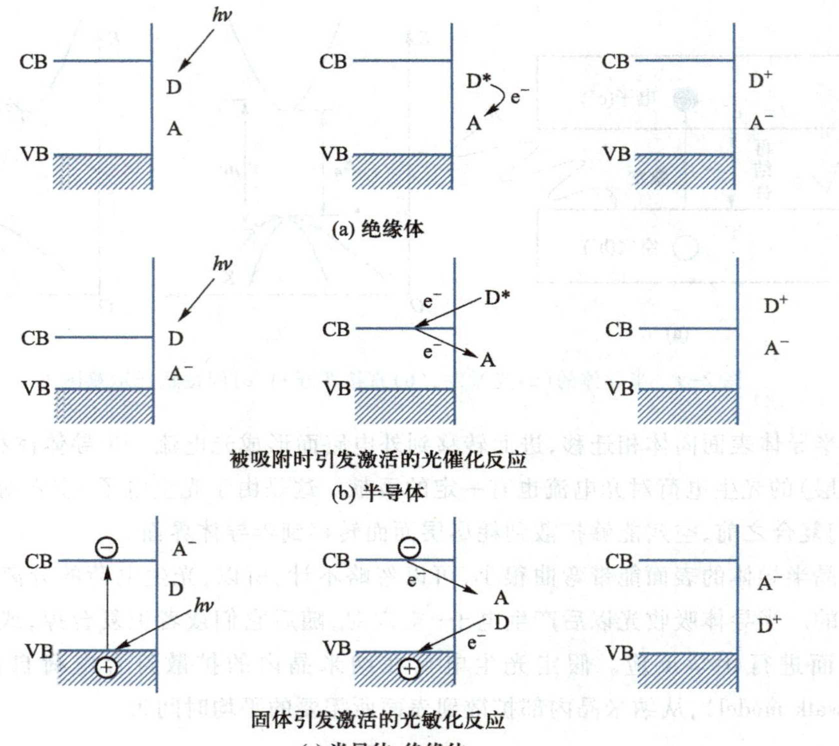

图 2-10 (a)绝缘体、(b)半导体被吸附时引发激活的光催化反应和(c)固体引发激活的光敏化反应

反应生成氧化能力更强的羟基自由基·OH，然后才进一步将吸附的分子氧化，对俘获的电子则认为先和表面上吸附氧发生反应生产各种不同的活性氧物种：O^{2-} 和 O_2^-。但是，这些活性氧物种的确实命运尚未被确定，它们既可以直接将有机物种氧化，先质子化产生过氧化物自由基和羟基自由基，或进一步和更多地被俘获电子反应最后生成水。

4. 光生电荷被捕获

光激发产生的电子和空穴通过扩散迁移到表面捕获位置，可能发生以下两种类型反应：(1) 自身同其他吸附物发生化学反应或从半导体表面扩散到溶液参与溶液中的化学反应；(2) 发生电子与空穴的复合或者通过无辐射跃迁途径消耗掉激发态能量。这两种反应之间存在相互竞争，即界面迁移和表面两个互相竞争过程。当催化剂表面预先吸附有电子供体或受体时，迁移到表面的光生电子或者空穴被电子供体或受体捕获发生光催化反应，减少电子-空穴对的表面复合。

5. 光催化反应的一般机理和效率

半导体光催化剂吸收等于或大于其带隙能量的光子后，电子由价带跃迁至导带的激发、载流子的迁移、复合及反应等过程如图 2-11 所示。简而言之，半导体光催化过程主要包括下列基本步骤：① 吸收能量等于或大于半导体带隙 E_g 的光子，受激产生光生电子-空穴对；② 光生载流子在电场作用下或通过扩散向催化剂表面迁移；③ 价带光生空穴在催化剂表面发生氧化反应；④ 导带光生电子在催化剂表面发生还原反应；⑤ 发生进一步的热反应或催化反应。在这一系列步骤中，受光激发后分离的电子和空穴各自有进一步的迁移、复合、反应途径，如图 2-11Ⓐ、Ⓑ、Ⓒ、Ⓓ所示。光生电子和空穴通过库仑静电力相互作用，在向材料表面迁移的过程中存在一定的概率在催化剂内部（图 2-11 中途径Ⓑ）或表面（图 2-11 中途径Ⓐ）复合而消失，称为脱激过程。在脱激过程中，能量将以光或热的形式释放，对光催化反应是不利的。半导体中的光生电子迁移到表面后可以还原吸附的能够接受电子的分子（电子受体）相互作用，发生还原反应（图 2-11 中途径Ⓒ）；光生空穴迁移到表面后可以氧化能够提供电子的分子（电子供体），发生氧化反应（图 2-11 中途径Ⓓ）。

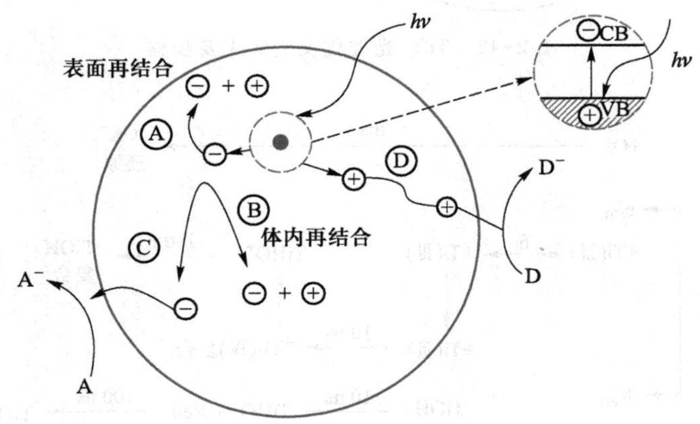

图 2-11　半导体光催化基本过程

并非所有被光激发并迁移到催化剂表面的光生载流子都能发生光催化反应。除了光生载流子能够在其寿命周期内迁移到材料表面的反应位置外，为了保证反应能发生，还需要满足相关的热力学条件，即半导体导带的带边能级（光生电子的电势）要比受体电势稍负，而半导体价带的带边能级（光生空穴的电势）要比供体电势稍正。这样受激产生的光生电子或空穴才能传递给基态的吸附分子，并发生相应的还原或氧化反应。这也正是许多窄带隙半导体虽然能够被可见光激发，并且具有很好的载流子传输特性，但是却不具备光催化性能的原因。

以 TiO_2 光催化剂的光催化过程为例，其化学反应主要步骤如图 2-12 所示，包括：① TiO_2 受光子激发后产生光生电子-空穴对；② 光生电子-空穴对之间发生复合反应并以热或光能的形式将能量释放；③ 由价带空穴诱发氧化反应；④ 由导带电子诱发还原反应；⑤ 发生进一步的热反应或催化反应（如水解或与活性含氧物种反应）；⑥ 捕获导带电子生成 Ti^{3+}；⑦ 捕获价带空穴生成 Titanol 基团。

氧化还原反应由两个半反应组成：氧化反应和还原反应，反应速率由速率较慢的半反应所决定。TiO_2 光催化基元反应步骤的特征时间如图 2-13 所示，氧化物的电子还原反应（毫秒级）大大慢于还原物的空穴氧化反应（100 ns）。光催化反应总的界面载流子传输效率由两个过程决定：载流子的捕获和复合（皮秒到纳秒级）以及随后进行的捕获界面载流子的复合和界面传输（微秒到毫秒级）。对于稳态催化反应，延长载流子的复合时间或提高载流子的界面传输速率均可有效提高反应的量子效率。

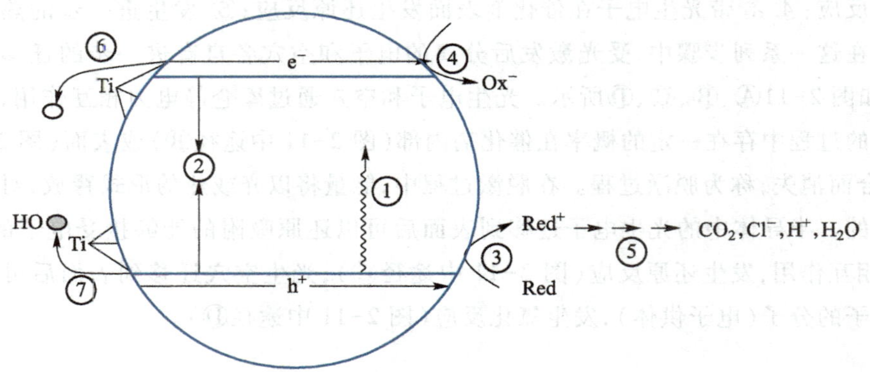

图 2-12 TiO_2 光催化反应的主要步骤

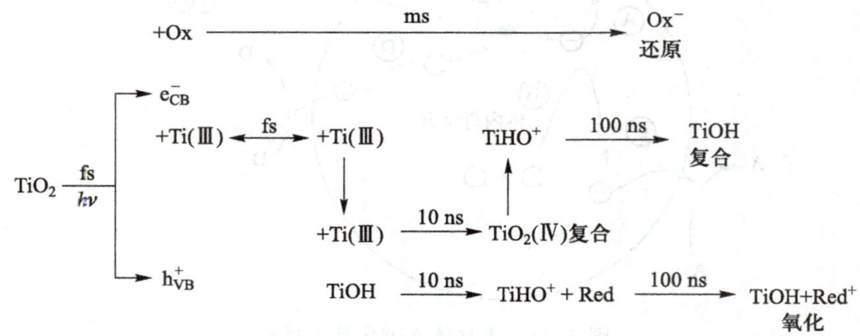

图 2-13 TiO_2 光催化基元反应步骤的特征时间

催化反应一般可分为以下五类：

(1) 反应物被光激发后，在催化剂作用下引起的催化反应，可以表示为

$$A + h\nu \longrightarrow A^* \tag{2-27}$$

$$A^* + K \longrightarrow (AK)^* \longrightarrow B + K \tag{2-28}$$

这实际上就是一般的光化学反应。经光激发的反应物分子和基态分子不同，导致它们在结构、物理性质及催化性质等方面与基态分子表现出显著差异。例如，成键轨道上产生的空位在一个电子影响下更易接受外界电子，而跃迁到反键轨道上的电子更易在电子转移过程中丢失。此外，电荷密度的重排也会影响分子中发生反应的位置。因此，由光激发的分子在催化剂作用下的反应有可能会完全不同于一般的催化反应。

(2) 由激发的催化剂 K^* 所引发的催化反应，可以表示为

$$K + h\nu \longrightarrow K^* \tag{2-29}$$

$$K^* + A \longrightarrow (AK)^* \longrightarrow B + K \tag{2-30}$$

目前许多利用半导体(如 TiO_2)作为催化剂的光催化反应，属于这一类型。这类催化剂在光激发下产生的电子和空穴可以分别将反应物还原和氧化。在有些情况下，这种激发状态下的催化剂也可被看作光敏剂。

(3) 催化剂和反应物有很强的相互作用，可生成配合物，配合物再经激发进行的催化反应，可以表示为

$$A + K \longrightarrow (AK) \tag{2-31}$$

$$(AK) + h\nu \longrightarrow (AK)^* \longrightarrow B + K \tag{2-32}$$

许多用有机金属配合物为催化剂的光催化反应属于这一类型，例如，使用 $W(CO)_6$ 或 $Mo(CO)_6$ 为催化剂的 1,2-二苯乙烯的几何异构反应及使用 $Fe(CO)_6$ 为催化剂的戊烯的异构化反应均属这类反应。

(4) 在经多次激发后的催化剂 K′作用下引发的催化反应，可以表示为

$$K + h\nu \longrightarrow K^* \longrightarrow K' \tag{2-33}$$

$$A + K' \longrightarrow (AK) \longrightarrow B + K' \tag{2-34}$$

例如，在由 Rh-Sn 配合物催化的异丁醇脱氢反应中，其反应机理为

$$MLL' \xrightarrow{h\nu} ML + L' \tag{2-35}$$

其中，ML 为配合物 MLL′经光激发后生成的活性催化剂。又如，使用 $H_4Ru_4(CO)_{12}$ 簇合物为乙烯加氢的催化剂时，催化剂吸收光后将放出 CO，而后变成活性物。

(5) 光催化氧化还原反应，可以表示为

$$K + h\nu \longrightarrow K^* \tag{2-36}$$

$$K^* + A^+ + B^- \longrightarrow K + A + B \tag{2-37}$$

这是催化剂和反应物都已经过活化的催化体系。和第二类反应相对照，最典型的是以 TiO_2 作为催化剂时的光催化氧化还原反应中的一个特例：TiO_2 上的白金催化剂光分解甲酸，其反应机理为

$$TiO_2 \xrightarrow{h\nu} TiO_2(h^+, e^-) \tag{2-38}$$

$$h^+ + CH_3COO^- \longrightarrow CH_3COO \tag{2-39}$$

$$e^- + H^+ \longrightarrow \frac{1}{2}H_2 \tag{2-40}$$

光催化过程的效率可以用量子效率来定义：

$$\psi = \frac{k_{CT}}{k_{CT} + k_R} \tag{2-41}$$

式中，k_{CT} 为光生载流子迁移过程的速率；k_R 为电子与空穴在催化剂表面和体内复合的速率。对理想的光催化过程，没有光生载流子的复合反应发生，则量子产率为理想值 1，此时电荷的转移速率将取决于载流子在没有过剩表面电荷时向表面扩散的速率。但是在一个实际的光催化反应中，不仅会出现光生载流子的复合反应，而且表面上的电子(n_s)和空穴(n_p)浓度也不相等，因此可以利用载流子阱俘获表面上的电子和空穴以提高电荷转移过程的效率。

2.4.3 光催化反应参数及意义

光催化反应参数涉及多个方面，包括光吸收率、光生电荷的分离效率与迁移率、载流子寿命、反应速率、产物收率、太阳能利用率、光量子效率、光能转化效率及转化数和转化频率。这些参数的优化和调控对提升光催化剂性能、提高光催化反应效率具有重要意义。

光吸收率是指光催化材料吸收入射光的能力。它取决于材料的光学性质，如吸收系数和吸收光谱，通常表示为光子吸收的百分比，高光吸收率意味着更多的光子能量被催化剂吸收，有利于激发电子-空穴对，提高光催化效率。光生电荷分离效率是指光生电子和空穴在光催化剂内成功分离并迁移到反应位点的比例，高电荷分离效率有助于减少电子-空穴复合，从而提高光催化反应的效率。光生电荷迁移率是指光生电子和空穴在光催化剂中移动的速率，通常以 $cm^2 \cdot V^{-1} \cdot s^{-1}$ 为单位。高的光生电荷迁移率有助于有效地将电荷输送到催化反应活性位点。载流子寿命是指光生电子和空穴在材料中存在的平均时间。长载流子寿命有助于提高光催化效率，因为光生电荷有更多时间迁移到反应位点。反应速率是指单位时间内光催化反应生成目标产物的量，通常以 $mol \cdot s^{-1}$ 或 $g \cdot s^{-1}$ 为单位。产物收率是指光催化反应中生成目标产物的量占理论最大产量的百分比。太阳能利用率是指光催化材料利用太阳光的能力来驱动化学反应的效率。光量子效率是指光催化材料将光能转化为化学能的效率。它是光催化反应中每个吸收光子产生化学反应产物的比例。光能转化效率是指光催化反应中光能转化为化学能的效率，高光能转化效率意味着光催化剂能够高效将光能转化为化学能，有助于提升反应效率。

2.4.4 光催化反应和光化学反应的区别

光催化反应和光化学反应虽然都利用光能引发化学反应，但在机制和应用上有显著区别。光催化反应涉及光催化剂的使用，这是一个关键特征。光催化剂通常是半导体材料，在光照下能够吸收光子，产生电子-空穴对。光子能量被催化剂吸收后，电子从价带跃迁到导带，形成自由的电子和空穴。随后，这些光生电子和空穴在催化剂内部迁移并分离，避免快速复合。光生电子迁移到催化剂表面参与还原反应，而光生空穴则参与氧化反应。通过这些氧化还原反应，吸附在催化剂表面的反应物被转化为产物。例如，在光催化降解污染物的过程中，光生空穴氧化水生成羟基自由基，这些强氧化性的自由基能够分解有机污染物。值得注意的是，光催化剂在反应中不被消耗，可以重复使用。光催化反应广泛应用于环境治理(如水和空气的净化)及新能源领域(如水的光解制氢)。

相对而言，光化学反应不需要光催化剂，反应物自身吸收光子，电子跃迁到激发态，引发一系列化学变化。在光化学反应中，反应物分子直接吸收光子，电子从基态跃迁到激发态。这些激发态分子具有更高的能量，可能发生多种反应，包括解离、重排或与其他分子的反应。光化学反应在自然界中广泛存在，如植物的光合作用，通过光吸收将二氧化碳和水转化为有机物和氧气。此外，光化学反应在工业合成中也非常重要，用于制造多种化学品和药物。例如，紫外光可以引发某些有机化合物的分解反应，生成新的化学产物。

尽管光催化反应和光化学反应都依赖光能，但前者依赖于光催化剂的作用，通过催化剂的光吸收和电子-空穴对的分离来实现化学反应。而后者是反应物自身吸收光能，直接发生化学变化。

2.5 影响光催化反应效率的主要因素

半导体光催化反应是一个涉及材料基本性质、光与材料相互作用、表面吸附、表面反应、

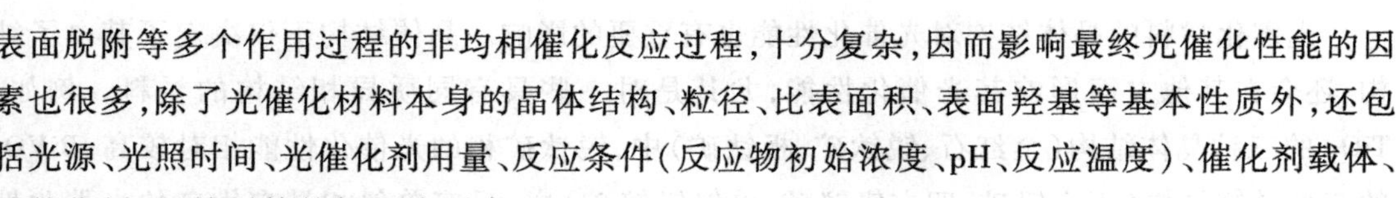

表面脱附等多个作用过程的非均相催化反应过程，十分复杂，因而影响最终光催化性能的因素也很多，除了光催化材料本身的晶体结构、粒径、比表面积、表面羟基等基本性质外，还包括光源、光照时间、光催化剂用量、反应条件(反应物初始浓度、pH、反应温度)、催化剂载体、助催化剂、牺牲剂等外部环境因素。

2.5.1 光催化剂

在光催化反应中，光催化材料的能带结构起着十分重要的作用，将直接决定光催化材料的光激发行为、光激发后光生载流子的输运和转移行为及光催化反应的热力学性质等。

首先，带隙大小决定了光催化材料能吸收光子的能量范围，带隙越小，对应吸收波长的阈值越大，对太阳光的利用越充分。根据普朗克关系式可计算半导体的激发光波与带隙的关系：

$$\lambda = \frac{hc}{E_g} = \frac{1024}{E_g} \qquad (2-42)$$

式中，λ 为吸收波长；h 为普朗克常量；c 为真空中的光速；E_g 为半导体光催化材料的带隙值。传统光催化材料 TiO_2 是宽带隙半导体，其带隙值在 3.0 eV 以上，决定了它只能吸收波长小于 400 nm 的紫外光。太阳光谱中紫外光能量所占的辐射能量只有 4%左右，所以 TiO_2 不能非常有效地利用太阳能。然而，对于光催化反应，光催化材料的带隙并不是越小越好，其原因有：(1) 带隙过窄会导致光生电子-空穴对的复合概率大大增加，不利于光催化量子效率的提高；(2) 带隙过窄时，光催化材料吸收高能光子后，高能光子将通过非辐射跃迁方式到达导带底，其能量大于带隙的部分将转化为晶格振动热能，既不利于充分利用太阳能，也会增加材料温度对光催化性能的影响；(3) 带隙过窄意味着光催化材料的氧化反应或还原反应的过电势不高，不利于光催化活性的提高。所以在设计光催化材料时，需要综合考虑充分利用太阳能和提高光催化性能两者之间的平衡，既保证光催化反应的顺利进行，又最大限度地利用太阳光的辐射能量，找到带隙大小合适的光催化材料。

其次，光催化材料的能带边位置(光生电子和光生空穴的氧化还原电势)与被吸附物质的氧化还原电势之间的关系决定了其光催化反应的活性。热力学允许的光催化氧化还原反应要求电子受体的电势比光催化剂的导带电势低(更正)；而电子供体的电势比光催化剂的价带电势高(更负)。例如，对于光催化分解水的光催化材料，导带底位置必须比 H^+/H_2O 的氧化还原电势(0 eV)高，才能产生 H_2；价带顶位置必须比 O_2/H_2O 的(1.23 eV)低，才能产生 O_2。也就是说，光催化材料的导带底位置代表光生电子还原能力的极限，导带底位置越高，光生电子的还原能力越强，只有还原电势在导带底以下的物质才能被还原；光催化材料的价带顶位置代表光生空穴的氧化能力的极限，价带顶位置越低，光生空穴的氧化能力越强，只有氧化电势在价带顶以上的物质才能被氧化。这是很多窄带隙半导体虽然能吸收太阳光谱中的大部分能量，但是没有光催化性能的原因所在。

最后，半导体材料能带结构中的色散关系决定了载流子的有效质量，是决定其输运性质的一个关键因素。一般来说，有效质量越小，越有利于载流子的扩散，所以价带或导带的离域性越好，光生载流子的迁移能力越强，越有利于发生氧化还原反应。

光催化材料的晶体结构对光催化性能也有重要的影响。晶体结构不仅决定了其电子结构,还会在其他方面影响其光催化性能,尤其是对一些具有同质异相结构的材料。例如,TiO_2 的三种晶体结构(金红石、锐钛矿、板钛矿)中,锐钛矿相的光催化性能相对较高;$BiVO_4$ 的三种晶体结构(正交钒矿、四方钒铋矿、单斜钒铋矿)中,只有单斜相具有优良的光催化性能。晶体结构的区别主要体现在阳离子和阴离子组成的多面体结构及多面体之间的连接方式不同,这些区别既有可能导致电子结构的不同,也有可能产生不同程度的多面体畸变。多面体畸变的程度将会决定材料内部的内建电场的大小,进而影响光生电子-空穴对的分离,间接影响最终的光催化性能。

在材料的制备过程中,缺陷是不可避免的,所以实际光催化材料中原子的排列总是或多或少地偏离了严格的晶体排列周期规律。晶格缺陷的存在会给光催化材料中的周期性势场和晶格振动带来微扰,从而使光子和电子在其中传播时受到散射。这就意味着光催化材料的电学性质和光学性质都将发生改变,这种改变对光催化性能的影响有利有弊。适量的缺陷则会引起晶格畸变,形成光生电子或光生空穴陷阱而促进光生电子-空穴对的分离,有些缺陷能使光催化材料的带隙变窄,从而增强光吸收能力。但是过多的缺陷导致过多的散射中心会使光生载流子的迁移受阻、扩散长度变短,难以到达表面的反应位置,而有的缺陷还会成为光生电子-空穴对的复合中心,导致光催化性能下降。

此外,由于材料表面上原子配位数的减少,处在表面上的原子会失去在材料内部三维结构状态下原子之间的平衡,所以表面上的原子必然要发生弛豫或重构以降低表面的能量。配位数的减少还会导致表面原子上产生未配对的悬挂键,这类不饱和键具有提供或接受电子的能力,因此易于同环境发生相互作用。这是固体材料表面在化学性质上比较活泼,具有特殊反应能力的物理起源。对于不同的材料及不同的表面,由于悬挂键密度不同,它们的物理特性和化学反应能力也各不相同,这是不同材料表面的吸附和催化反应能力存在区别的根本原因之一。光催化材料的表面是光催化反应进行的主要场所,表面结构会影响光生载流子的迁移、传递和复合等行为。更为重要的是,表面结构对初始反应物、中间产物、反应产物、牺牲剂、助催化剂等反应物种的吸附行为有直接且重要的影响。在光催化反应中,广义的界面包括固-气、固-液、固-固界面。固-气、固-液界面主要涉及气相反应和液相反应,此时光催化材料的能带结构与环境有关,并且在界面处发生能带弯曲,产生空间电荷区。界面间有效的电荷输运有利于光催化反应的进行,从而提高光催化性能,反之则会阻碍光催化反应的顺利进行。固-固界面主要与光催化材料本身有关,在实际的光催化反应中使用的是粉体、薄膜材料,即绝大多数是多晶材料,所以其中晶粒之间的界面问题不容忽视。另外,界面结构主导着光生载流子的许多行为,如传输方向、分离距离和复合概率等。半导体耦合是一种重要的光催化材料改性方法,是拓宽响应光谱范围、提高量子效率的有效途径。其原理是利用窄带隙半导体可充分吸收太阳光、宽带隙半导体有较强光催化氧化还原能力的特点,在两种半导体之间形成良好的固-固界面,将其通过接触耦合在一起,由于能带结构的不同,在界面的两侧会产生空间电势差,促进光生电子-空穴在空间上的分离。

近年来,纳米材料新奇而独特的结构和性质在光催化研究领域也得到广泛应用。纳米材料小尺寸效应可以使光吸收明显增加,并产生表面等离子体效应。与此同时,纳米材料的粒径通常小于空间电荷层的厚度,所以空间电荷层对光生载流子传输的影响可以忽略,这样光生载流子可以通过简单的扩散运动从粒子内部迁移到粒子表面,从而减小光生电子-空穴对的复合概率。粒径越小,电荷分离效果越好,从而提高了光催化活性。纳米材料的量子尺寸效应可以使其导带和价带能带变为分立的能级,能隙变宽,导带电势更负,而价带电势变得更正,从而获得更强的氧化还原能力。此外,纳米材料的大比表面积效应可以使光催化反应中的表面因素更加突出。

2.5.2 光源

光源作为光催化反应体系中一个较为独立的外部因素,是激发光催化材料产生光生载流子,然后发生后续相关反应的一个必要条件。与光催化材料带隙相匹配的光源是进行光催化反应的必要条件,也是保证光-化学能转化效率的前提要素。光源的结构、发光方式等与光催化性能密切相关,其对光催化反应的影响包括辐射波长、光强度、光照时间等方面。光源的辐射波长越小,对应的半导体材料的带隙越大,所激发的载流子具有的氧化还原电势越高,从而光催化活性越高。光强度是影响光催化效率的另一要素,通常认为在低光强度时光催化反应速率与光强度成正比,而在中光强度时光催化反应速率与光强度的平方根成正比。另外,当反应开始后随着光照时间的延长,光催化反应的速率会逐渐增大。但是大多数光催化反应速率遵循 Langmuir-Hinshelwood 动力学方程描述:

$$r=k\cdot\frac{p_{\mathrm{A}}p_{\mathrm{B}}}{1+Kp_{\mathrm{A}}+Kp_{\mathrm{B}}} \tag{2-43}$$

式中,r 为反应速率;K 为 Langmuir 吸附常数;p_{A} 和 p_{B} 分别为反应物 A 和 B 的分压。随着反应的进行,反应物的浓度越来越小,反应速率也会随之降低。在太阳能利用中使用的是自然光源——太阳,由于大气层对太阳光中短波长紫外光的吸收,尤其是臭氧层对短波长紫外光的吸收,使太阳辐射到地球表面的紫外光只有波长大于 300 nm 的紫外光。太阳光谱中 300~400 nm 的紫外光所携带的光子能量占太阳入射光谱全部能量的 4%左右,且随纬度、季节、时间、大气层和臭氧层的厚度不同而有所改变。所以,利用太阳光进行光催化反应时受天气和太阳光强度的影响较大,而且处理装置需要很大的占地面积,这些都是光催化技术实用化过程中所面临的实际工程问题。

2.5.3 反应条件

除了上述的光源及相关条件以外,光催化反应中的外部环境因素还包括光催化剂用量、反应物初始浓度、pH、反应温度、压力、反应方式等反应条件。光催化剂用量与反应速率的关系是:在光催化剂用量较少时,反应速率随着光催化剂用量的增加而迅速增大;而在光催化剂用量过大时,反应速率反而随着光催化剂用量的增加而减小。这是因为在光催化剂用量较少时增加光催化剂可以使其表面积增加,从而增加反应物与光催化剂的接触概率,促进催化反应的进行。当光催化剂用量过大时,光催化剂相互覆盖,厚度增大会阻挡入射光的透射和吸收,还会引起光的散射,使光催化效果下降。因此,具体的光催化反应体系都存在光催化剂用量的最佳值。pH 的变化会影响 OH^- 和 H^+ 在光催化剂表面的吸附和光催化剂的表面电荷，从而影响反应物在光催化剂表面的吸附，最终影响光催化的反应速率。此外，反应物的结构不同对光催化剂表面·OH 的吸附影响也不同，从而导致不同的反应物降解适用的 pH 也不同。通常认为，光催化反应对温度的变化不敏感，光催化反应的表面活化能一般较低，所以对反应温度依赖性不大。但也有研究发现，光强度较高时反应速率随温度的升高而减小，但光强度较小时，温度几乎不影响反应速率。这可能是因为反应具有较高的表面活化能，已超出了阿伦尼乌斯方程所描述的范围而具有不同的反应机理。

压力对光催化反应速率的影响取决于反应的性质和反应体系的特点。对于气相中的光催化反应，增加压力可以增加气体分子的浓度，从而增加反应物分子之间的碰撞频率。碰撞频率的增加有助于提高反应速率。根据理想气体状态方程，压力与气体浓度成正比，因此增加压力会提高气体浓度，从而加快反应速率。在气液相反应中，增加气相的压力可以增加气体分子在液体中的溶解度，从而增加气体与液体中其他反应物的接触机会。对于液相中的光催化反应，增加压力会影响液相中反应物的扩散速率和溶解度，从而影响反应速率。

反应方式对光催化反应速率的影响是多方面的。光照方式影响光能的传递和利用效率，搅拌方式影响反应物分子在反应体系中的扩散速率和混合程度，气-液界面反应和固-液界面反应则受到界面面积的影响。适当的反应方式能够增加反应物分子之间的接触机会和反应过程中的质量传递，从而提高光催化反应的速率和效率。

2.5.4　助催化剂

助催化剂是在催化反应中辅助提高催化剂活性和效率的物质。它们通过调节催化剂的表面性质、电子结构和反应条件，增强反应物与催化剂之间的相互作用，从而促进反应的进行。尽管助催化剂本身通常并不具有光吸收性能，将其与半导体材料耦合后却可以使光催化活性得到显著提高，作用机理主要包括：

(1) 提高主体光催化剂界面处的电子-空穴分离效率。半导体导带上的光生电子可以定向转移到还原助催化剂上并参与还原反应，而价带上的光生空穴能够定向转移到氧化助催化剂上并参与氧化反应。保证半导体和助催化剂之间的紧密接触（欧姆接触、肖特基接触等）是提高电荷分离效率的关键因素。由于半导体和助催化剂之间功函数的差异，二者界面处的能带会发生弯曲并形成空间电荷层，进而促进半导体上光生电荷的迁移，抑制电子和空穴的体相复合。

(2) 抑制光腐蚀并提高光催化剂稳定性。半导体产生的电子或空穴不仅可以参与水的氧化还原过程，还可能与自身发生反应并导致光腐蚀。许多可见光响应的硫（氧）化物和氮（氧）化物等均易被空穴氧化分解。而助催化剂可以通过促进电荷分离和表面反应及时迁移走半导体内部的光生电荷，抑制光腐蚀的发生。此外，助催化剂可以减少半导体自身的表面捕获态，提高其稳定性。

(3) 抑制逆反应发生。例如，对于水分解，除了要加快正反应的速率之外，抑制氢气和氧气的复合也是十分重要的。通过调控助催化剂的化学状态可以有效抑制逆反应的发生。

(4) 降低半导体表面反应的活化能或过电势并提供反应活性位点。通过对助催化剂的形貌、尺寸、含量进行调控,可以提供丰富的活性位点以提高表面反应速率。

目前,已开发的助催化剂可分为单元素助催化剂、合金型助催化剂、过渡金属化合物助催化剂和复合助催化剂四大类。单元素助催化剂是最早使用的一类材料,一般分为金属元素和非金属元素两大类。金属元素包括贵金属铂(Pt)、金(Au)和银(Ag),它们是发现最早的元素,也是应用最广泛的助催化剂。非金属元素的助催化剂,如碳量子点、黑磷纳米片等也能像贵金属元素一样起到很好的助催化作用。非金属助催化剂虽然也能大大提高光催化剂的效果,但远低于贵金属助催化剂的效果。然而,由于贵金属助催化剂价格高,资源储量少,合金型助催化剂得到了广泛的研究。合金型助催化剂是由普通金属与贵金属或几种普通金属复合制备的,如 NiPd 和 NiCu 合金。与单一贵金属相比,这种助催化剂效果更好。并且合金型助催化剂的生产成本也更低。此外,许多过渡金属硫化物、磷酸盐、碳化物或硼化物也可用作助催化剂,如 MoS_2 和 Ni_2P。使用 MoS_2 作为 TiO_2 的助催化剂,具有与贵金属 Pt 助催化剂相同的作用。适当添加 MoS_2 可以抑制光生电子和空穴的复合,在 40% MoS_2 修饰的 TiO_2 光催化剂的光催化反应速率常数约为纯 TiO_2 纳米带的 4.78 倍。过渡金属化合物助催化剂最初都是纳米粒子,随着纳米技术的发展,特别是近年来二维(2D)材料的快速发展,助催化剂的规模从零维的纳米粒子发展到二维的小纳米片,进一步提高了助催化效果。一些复合材料也是重要的半导体助催化剂。一开始主要研究光催化性能,但随着对其结构和性质的深入研究,研究人员发现它们不仅具有光催化作用,还具有助催化作用,如 $ZnIn_2S_4$。将多种复合助催化剂与其他光催化剂结合,可大大提高复合光催化剂的光催化效果。

2.5.5 牺牲剂

在光催化过程中,牺牲剂是一类特定的物质,它们能够与光催化反应产生的光生电荷(电子或空穴)快速反应,从而防止这些光生电荷的复合,提升光催化反应的效率。根据其作用,牺牲剂可以分为电子供体牺牲剂和电子受体牺牲剂。电子供体牺牲剂主要通过与光生空穴反应,以减少空穴与电子的复合。根据组成分类,电子供体牺牲剂又可以分为无机电子供体牺牲剂[如硫代硫酸盐($Na_2S_2O_3$)和亚硫酸盐(Na_2SO_3)]和有机电子供体牺牲剂(如甲醇、乙醇和乙酸)。无机电子供体牺牲剂能够有效地捕获和中和光生空穴,而有机电子供体牺牲剂能够与光生空穴发生反应,从而提高光催化剂表面电子浓度,促进还原反应。同样,电子受体牺牲剂也可以分为无机电子受体牺牲剂[如银离子(Ag^+)和铁离子(Fe^{3+})]和有机电子受体牺牲剂(如醌类化合物)。与电子供体牺牲剂的作用机理相反,电子受体牺牲剂是通过捕获光生电子或与光生电子发生反应,从而提高空穴浓度,进而促进光催化氧化反应效率的。

思 考 题

1. 什么是光化学？光化学遵从什么定理？
2. 光化学反应和热化学反应的联系和区别分别是什么？
3. 光催化和光催化反应的定义是什么？
4. 优秀的光催化剂应该具有怎样的特点？
5. 影响光催化反应效率的因素有哪些？

第3章 光催化剂组成和结构

3.1 引　言

光催化剂(photocatalyst)是一种利用光能催化化学反应的物质，其本身并不参与化学反应，即在光化学反应前后物质质量和化学性质没有发生改变。光催化剂在吸收光子之后能够降低中间产物活化能，改变化学反应路径，有效提高化学反应速率。典型的天然光催化剂是常见的叶绿素，在植物的光合作用中促进空气中的二氧化碳和水合成氧气和糖类。受天然光催化剂启发，人工光催化剂应运而生，可以通过分解水制氢将太阳能转化为氢能、利用太阳能电池将太阳能转化为化学能，还能够将有机污染物降解为无机小分子 H_2O 和 CO_2 等。经过几十年的发展，光催化剂在污染物氧化降解、重金属离子还原、空气净化、CO_2 还原、太阳能电池、抗菌、自清洁等方面被广泛研究并得到普遍应用。要实现光催化技术的实际应用，其关键是开发出高效的光催化剂，高效的光催化剂需要满足可被光激发的电子结构、纳米尺寸、稳定和循环使用等要求。本章主要从单组分光催化剂、复合光催化剂及光催化剂的一般制备方法等方面介绍光催化剂相关基础知识。

3.1.1 光催化剂基本特征

光催化剂的基本特征主要包括可被光激发的电子结构、纳米尺寸、稳定和循环使用。

1. 可被光激发的电子结构

光催化剂在光照下，如果光子的能量大于光催化剂的禁带宽度，其价带上的电子(e^-)就会被激发到导带上，同时在价带上产生空穴(h^+)。光生空穴有很强的氧化能力，光生电子具有很强的还原能力，它们可以迁移到半导体表面的不同位置，与表面吸附的物质发生氧化还原反应。

2. 纳米尺寸

光催化剂尺寸通常为纳米尺寸，纳米粒子所包含的原子数有限，这使光催化剂费米能级附近的能带由准连续的变为离散的，这种现象称为量子尺寸效应。后来人们发现除了金属粒子以外，当光催化剂颗粒的尺寸为 1~10 nm 时，其光、热、电及超导性同样与宏观体相物体显著不同，即发生量子尺寸效应。量子尺寸效应会导致禁带变宽，使吸收能带蓝移，其荧光光谱也随颗粒半径减小而蓝移。量子尺寸效应可用 Brus 公式更为清晰地表示：

$$E(R)=E_g(R=\infty)+A+B+C \tag{3-1}$$

式中：

$$A=\frac{h^2\pi^2}{2\mu R^2}\quad\left[\text{其中 }\mu=\left(\frac{1}{m_{e^-}}+\frac{1}{m_{h^+}}\right)^{-1}\right] \tag{3-2}$$

$$B=-\frac{1.786e^2}{\varepsilon R} \tag{3-3}$$

$$C=-0.248E_{Ry}^*\quad\left(\text{其中 }E_{Ry}^*=\frac{\mu e^4}{2\varepsilon^2h^2}\right) \tag{3-4}$$

式中，$E(R)$ 为半导体纳米粒子的吸收带隙；$E_g(R=\infty)$ 为体相半导体带隙能；R 为粒子半径；

h 为普朗克常量；μ 为激子的折合质量，其中 m_{e^-} 和 m_{h^+} 分别为电子和空穴的有效质量；e 为元电荷；ε 为半导体的介电常数；E^*_{Ry} 为有效里德伯能量。A 项为激子束缚能，正比于 $1/R^2$，B 项为电子-空穴对的库仑作用能，C 项反映了空间修正效应。由于导致能量升高的束缚能远大于使能量降低的库仑项，所以粒子尺寸越小，吸收带边位移的程度也越大，即吸收光谱发生蓝移。由量子效应引起的禁带变化是十分显著的，当 CdS 粒子直径为 2.6 nm 时，其禁带宽度由 2.6 eV 增至 3.6 eV。量子尺寸效应还会导致半导体纳米粒子拥有一些新的光学性质。如当经表面修饰的纳米粒子的粒径小到一定值时，会导致其表面能带结构发生变化，使原来的禁阻跃迁变成允许，可以发生新的光致发光现象。

3. 稳定和循环使用

光催化剂的寿命是指光催化剂可以维持其高活性的时间。然而，光催化剂在长期使用过程中往往面临活性降低、稳定性不足及循环使用性能差等问题。光催化剂的组成与结构对其稳定性具有重要影响。一般来说，组成均匀、结构稳定的材料具有更长的寿命。

3.1.2 光催化剂的分类

毫无疑问，光催化剂是使太阳能燃料开发得以实现的载体。光催化剂种类繁多，要认识光催化剂，需对其进行合理的分类，下面将从光催化剂化学组成、光催化剂光吸收类型、光催化剂结构三个方面对光催化剂进行分类。

1. 按化学组成分类

如图 3-1 所示，常见的光催化剂按化学组成可以分为金属氧化物、非氧化物及不含金属类三类。结合以上提到的几条基本原则，图 3-1 列举了一些比较有应用潜力的光催化剂，如 TiO_2、Cu_2O、$SrTiO_3$ 等。尽管这些光催化剂在可见光活性、稳定性及光催化选择性等方面仍存在一些缺陷，但是这些光催化剂的制备、改性、催化机理及应用的研究正在持续不断地深入展开。特别是对于几种不含金属的半导体（如 g-C_3N_4、Si、SiC），它们本身具有合适的能带结构，组成均为地球上储量比较丰富的元素，且无毒无害，因而在光催化分解水产氢和 CO_2 还原方面均具有巨大的应用潜力。通过合适的改性策略，提高这些不含金属的半导体的活性及稳定性，是太阳能燃料开发领域的一个研究焦点。在可预见的未来，相信可以实现这些

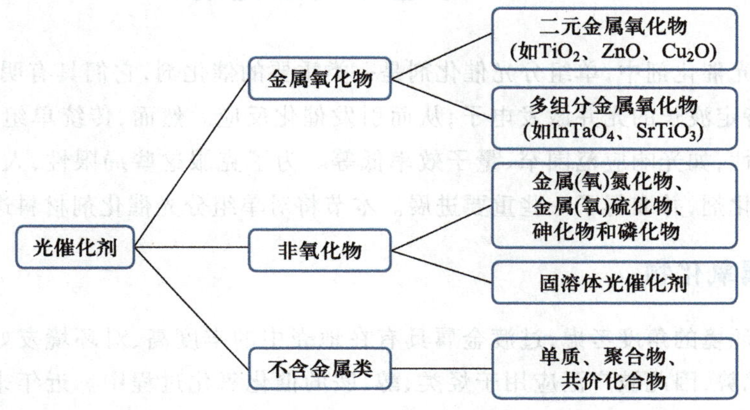

图 3-1　光催化剂按化学组分的分类

光催化剂在太阳燃料开发上的规模化应用。

2. 按光吸收类型分类

按照光吸收类型可以将光催化剂分为紫外光光催化剂和可见光光催化剂。其中，1972年日本化学家 Fujishima 和 Honda 首次使用紫外光催化剂，并以此作为光催化研究的起点。紫外光催化剂是指由于半导体的带隙过宽，需要使用紫外光（波长在 190~400 nm）才能激发的光催化剂。常见的紫外光催化剂主要有二氧化钛、氧化锌等。随着光催化研究的不断深入，为了更高效地利用太阳光，可见光（400~800 nm）催化剂应运而生。可见光催化剂是指仅需要能量较低的可见光就可以激发的光催化剂。常见的可见光催化剂主要有共价有机框架材料（COFs）、氮化碳（C_3N_4）、硫化镉（CdS）等。相对于紫外光催化剂，可见光催化剂具有更加广泛的应用场景。

3. 按光催化剂结构分类

按结构光催化剂可分为零维（0D）光催化剂、一维（1D）光催化剂、二维（2D）光催化剂、三维（3D）光催化剂。零维光催化剂的主要结构是量子点或纳米粒子。纳米粒子或量子点形态的零维光催化剂体积小，激发出的光生载流子分离后转移路径短，一定程度上抑制了光生电子-空穴对的复合。零维光催化剂的尺寸越小，其表面积就越大，表面活性位点相对更多，光催化活性高。但如溶剂热法合成时在溶液中出现的团聚现象，会降低其光催化效率。为了避免这种情况的发生，可在实验过程中加入如巯基乙醇这类结构稳定剂抑制其团聚；一维光催化剂的主要结构是纳米棒、纳米线、纳米管等。因其合成过程中采用高温的反应条件，得到的一维光催化剂具有更少的晶界复合中心，体相缺陷少，因此光生电荷转移能力强。由于其较大的表面积-体积比，光生电子和空穴的迁移距离减少，分离速率快；二维光催化剂主要以纳米片形式存在。与一维光催化剂纳米棒、纳米线、纳米管相比，二维光催化剂纳米片有着更大的比表面积，提供了更多的吸附位点和反应位点。同时，纳米片上电子转移速率更高，光催化性能更好；三维光催化剂的主要形貌是纳米花，具有多孔分层球状、树状结构等，通常通过纳米粒子或纳米片自组装来合成。其因相比低维结构具有表面积-体积比更大、密度低、表面活性位点更多等特点，更有希望应用于工业当中。

3.2　单组分光催化剂

在众多的光催化剂中，单组分光催化剂是一类重要的催化剂，它们具有明确的结构和组成，能够吸收特定波长的光并激发电子，从而引发催化反应。然而，传统单组分光催化剂仍存在一些局限性，如光响应范围窄、量子效率低等。为了克服这些局限性，人们不断探索新型单组分光催化剂，并取得了一些重要进展。本节将对单组分光催化剂材料进行详细讲述。

3.2.1　金属氧化物

从经济和环境的角度考虑，过渡金属具有在地壳中的丰度高、对环境友好、经济可用性好、成本低等优势，因此被广泛应用于烃类、醇、胺的催化氧化过程中。近年来，人们报道了使用各种过渡金属（Ti、Co、Cr、Mn、Ni、Cu、Zn、Fe 等）的光催化工艺，对这些不同形态和结构的过渡金属氧化物催化剂进行改进和开发已成为研究的重点。

1. 二氧化钛

1972 年，Fujishima 和 Honda 首次利用二氧化钛（TiO_2）光电裂解水制备氢气与氧气。目前，TiO_2 主要存在四种晶形，分别是锐钛矿型、金红石型、板钛矿型及 TiO_2(B)型，见图 3-2。同时，人们对合成具有各种结构的 TiO_2 也进行了研究，其结构包括纳米管阵列、纳米粒子、纳米棒、介孔球、多通道微管、纳米片、纳米线、微花、花簇等，这些研究也促进了半导体表面光化学的发展。TiO_2 在多种半导体光催化剂中，因表现出优异的氧化活性及高稳定性、耐腐蚀性且无毒价廉而应用广泛。金红石的带隙约为 3.0 eV，锐钛矿的约为 3.2 eV，其带隙相对较宽，这也导致光生电子和光生空穴复合较快，量子产率低，在用于处理工业废水废气、产氢等催化反应时具有一定的局限性。此外，TiO_2 紫外光吸收带边位于 480 nm 处，主要吸收紫外光，因而对太阳光的利用率仅能达到 3%左右。

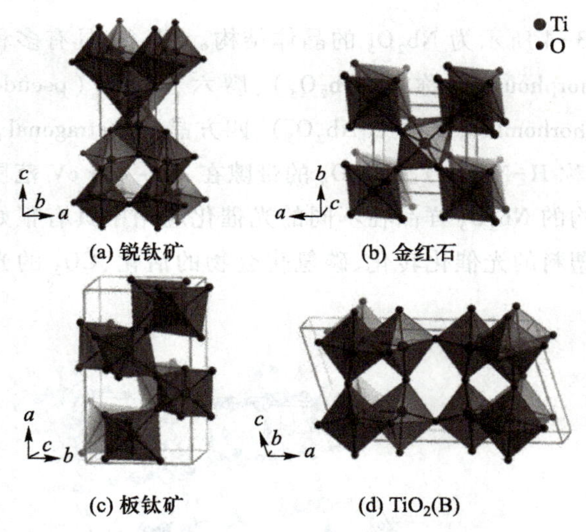

图 3-2　TiO_2 的晶体结构

[本图来源：Ma Y, et al. Chem. Rev., 2014, 114(19): 9987-10043.]

2. 三氧化二铋

近年来，三氧化二铋（Bi_2O_3）在有机合成、废水处理、水裂解、氮（N_2）固定和 CO_2 还原反应中表现出良好的光活性，且具有无毒的特性，深受人们关注。Bi_2O_3 有多种晶形，即单斜（α）、四方（β）、体心立方（γ）、面心立方（δ）、正交（ε）、三斜（ω）等。其中，只有 α 和 γ 相是半导体。图 3-3 所示为 Bi_2O_3 的晶体结构。此外，α 和 δ 相具有热力学稳定性，而 β、γ 和 ω 相是亚稳相，每一种 Bi_2O_3 晶相都具有独特的电子结构和带隙能量范围（2.1～3.66 eV）。由于其成本低廉、在地壳中大量存在，Bi_2O_3 在光催化反应中得到了广泛的应用。尤其是较低的价带位置、良好的氧离子导电性和对光腐蚀的稳定性使 Bi_2O_3 成为一种有前途的光催化剂。

3. 五氧化二铌

五氧化二铌（Nb_2O_5）是一种典型的无毒固体氧化物。近年来，Nb_2O_5 在光催化领域越来

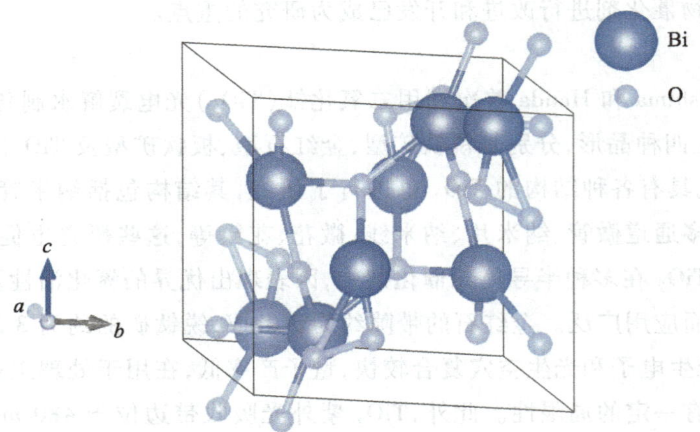

图 3-3　Bi_2O_3 的晶体结构

越受到人们关注。图 3-4 所示为 Nb_2O_5 的晶体结构。Nb_2O_5 具有多种晶体结构，典型的晶体结构有无定形（amorphous，简称 a-Nb_2O_5）、赝六方晶形（pseudohexagonal，简称 TT-Nb_2O_5）、正交晶形（orthorhombic，简称 T-Nb_2O_5）、四方晶形（tetragonal，简称 M-Nb_2O_5）和单斜晶形（monoclinic，简称 H-Nb_2O_5）。Nb_2O_5 的带隙在 3.1～4.0 eV 范围内变化，主要取决于其晶相。不同晶相结构的 Nb_2O_5 样品在不同的光催化应用中具有很好的应用前景。Nb_2O_5 的应用已经扩展到废塑料的光催化转化、碳氢化合物的活化、CO_2 的光还原、胺和醇的选择性转化等方面。

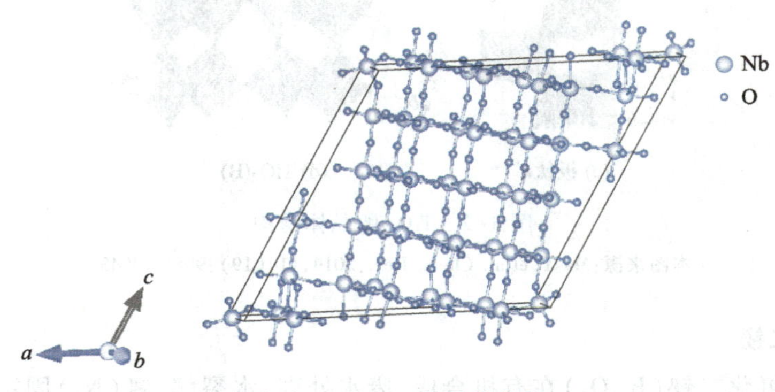

图 3-4　Nb_2O_5 的晶体结构

4. 赤铁矿

与其他光催化剂相比，赤铁矿（α-Fe_2O_3）具有更窄的带隙（1.9～2.2 eV）、更宽的可见光吸收范围（可吸收可见光范围内的 40% 的入射太阳光）、优异的物理和化学稳定性及无毒、在土壤中含量丰富的优点，并且具有良好的光催化性能，是一种很有前途的材料。赤铁矿对太阳能的理论转换效率为 12.9%，然而，大多数的 Fe_2O_3 光催化剂的活性远低于其理论预期，这主要归因于其导电性较差。与其他金属氧化物半导体（$TiO_2 \approx 10$ nm，$WO_3 \approx 150$ nm）相比，载流子扩散长度短（小于 5 nm），导致载流子寿命短（小于 10 ps），人们将其归因于 Fe_2O_3 光催化剂的结晶度差。赤铁矿在（001）平面中有六个等效的晶体方向，它们垂直于

c 轴。作为紧密堆积的平面 α-Fe_2O_3 沿(100)方向和其他五个方向面上的等效结晶方向生长比与之垂直的(001)方向更慢,使得 Fe_2O_3 晶体具有多面性,见图 3-5。

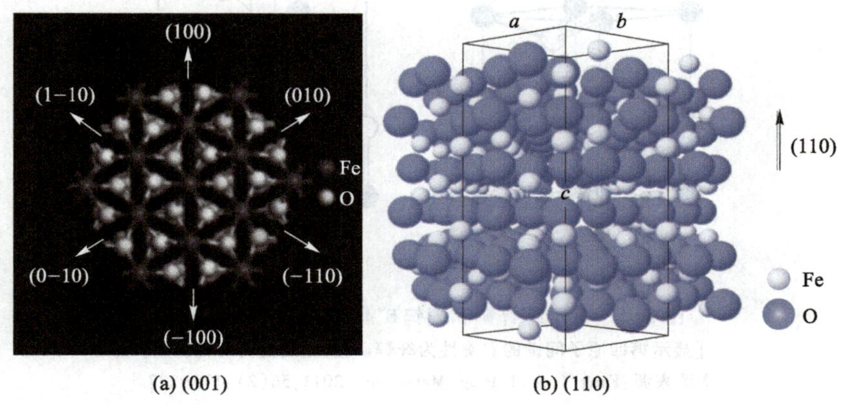

图 3-5 从(001)方向和(110)方向 α-Fe_2O_3 的晶体模型

[图(a)来源:Kay A,et al. J. Am. Chem. Soc.,2006,128(49):15714-15721.
图(b)来源:Kleiman-Shwarsctein A,et al. Chem. Mater.,2010,22(2):510-517.]

除了 TiO_2、Nb_2O_5、α-Fe_2O_3 等,人们对二元半导体氧化物的研究兴趣一直在持续。n 型(CdO、Bi_2O_3、In_2O_3、SnO_2)和 p 型(Cu_2O、NiO)半导体均被考虑作为光催化剂。但是大多数材料禁带宽度太宽,或者电子-空穴复合严重,并且在某些情况下光照稳定性很差。

3.2.2 其他金属化物

金属氧化物光催化剂普遍具有较大的带隙,因此其光吸收性能往往不足,这无疑降低了对太阳能的利用效率。相比于金属氧化物光催化剂,其他金属化物光催化剂通常具有相对较小的带隙,在可见光驱动的光催化反应中具有巨大的应用潜力。这类催化剂主要以金属硫化物、金属磷化物等为代表,它们具有独特的光电性能和良好催化活性。这些金属化物光催化剂在光照条件下,也能够有效地促进化学反应的进行,如光解水制氢、光催化二氧化碳还原、光降解有机物等。虽然它们的催化效率和稳定性可能略逊于金属氧化物,但在某些特定反应中仍展现出优异的性能,是光催化研究领域的重要组成部分。

1. 金属硫化物

金属硫化物具有更高的导带位置,是一种很有吸引力的可见光响应产氢光催化剂。实际上,大多数金属硫化物光催化剂由具有 d^{10} 构型的金属阳离子组成(例如ⅠB 族:Cu、Ag;ⅡB 族:Zn、Cd;ⅢA 族:Ga、In;Ⅳ A 族:Ge、Sn)。除了二元金属硫化物外,近年来,对多元金属硫化物也多有研究。此外,二元和三元过渡金属硫化物可以直接作为可见光诱导的有机转变的光催化剂,如ⅠB 族(Cu、Ag)、ⅡB 族(Zn,Cd)、ⅢA 族(Ga、In)、ⅥA 族(Ge、Sn)等。这里主要讨论ⅡB 族 Cd、Zn 的硫化物。

(1) 硫化锌。ZnS 作为研究最多的硫族化合物半导体之一,由于其激发的电子具有高的负电势,且能快速生成光电子,被认为是一种有前景的光催化剂。ZnS 的晶形分为立方锌矿和六方锌矿,如图 3-6 所示,其带隙能量在 3.6~3.9 eV。

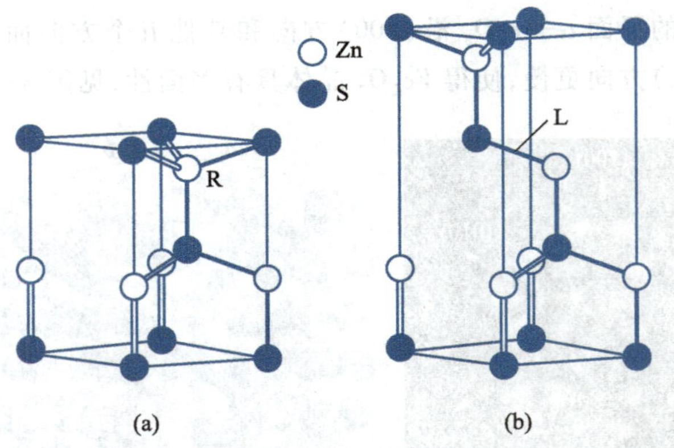

图 3-6　显示纤锌矿和闪锌矿晶体结构差异的模型

[显示第四原子间键的右旋性为纤锌矿型,左旋性为闪锌矿型。本图来源:Fang X,et al. Prog. Mater. Sci.,2011,56(2):175-287.]

ZnS 由于其优异的化学和物理性能,即极性表面、对可见光的高光学透过率、良好的电子迁移率和电荷输运性能等,已被广泛研究。从形状上看,ZnS 有多种形貌,包括球形、薄膜、棒状和管状等。从尺寸特征上看,ZnS 包括粒子的三维结构,薄膜的二维结构,一维的线、棒、管、带和片,以及量子点的零维结构。ZnS 具有高易感性及光腐蚀性,为了抑制 ZnS 在光催化实验中的光腐蚀,经常使用 Na_2S 和 Na_2SO_3 的组合,因为亚硫酸盐离子可以通过形成硫代硫酸盐来减少二硫离子的数量,形成的硫代硫酸盐可以进一步氧化为四硫酸盐,其在碱性溶液中与亚硫酸盐和硫代硫酸盐不成比例,从而产生净反应。因此,形成硫代硫酸盐,随后氧化成亚硫酸盐,最终反应生成硫酸盐。

(2) 硫化镉。硫化镉(CdS)半导体中镉是ⅡB 族元素,硫是ⅥA 族元素。CdS 作为一种Ⅱ-Ⅵ半导体材料,其存在有两种形态:六方纤锌矿结构(α-CdS)和立方闪锌矿结构(β-CdS),与图 3-6 所示结构相似。在纤锌矿、闪锌矿结构中,Cd 和 S 原子均为四面体配位。CdS 是具有合适带隙(约 2.4 eV)的可见光响应光催化剂,是目前研究最多的金属硫化物光催化剂之一,在光催化分解水、降解有机物、二氧化碳还原及其他有关方面有着广泛的研究。然而,光诱导电荷载流子较高的复合效率和较差的迁移能力阻碍了 CdS 更广泛的应用。为了克服这些阻碍,可以利用构建有利纳米结构、调节存在形态、负载助催化剂、掺杂贵金属、掺杂单原子、构建异质结等策略进行改性。此外,通过与其他半导体和碳基材料耦合是一种合适的方法,可以构建合适的能带结构以促进载流子分离,形成异质结结构来延迟光诱导载流子的重组,并提供更多的反应位点来增强光催化活性。

2. 金属磷化物

与之前的金属氧化物、金属硫化物等半导体光催化剂相比,金属磷化物在光催化领域的应用起步要稍晚一些。2005 年,首次通过密度泛函理论(DFT)的计算预测了磷化镍(Ni_2P)在析氢反应(HER)上具有优良的活性,半导体光催化领域的研究人员便将目光转向了金属磷化物上。

金属磷化物中,P 原子的外层价电子构型为 $3s^23p^3$,并在第三能层中有 5 个价电子和 5 个空的 3d 轨道,所以其内在活性决定了 P 可以与很多金属结合形成化合物。金属磷化物表

现出优异的光催化活性及可以调整的元素组成和结构。一方面，过渡金属磷化物中带负电荷的P原子可以捕获H_2O中带正电荷的H^+以产生氢气，表现出催化活性；另一方面，通过适当调节金属和P的比例，金属磷化物可以显示出更好的导电性，例如磷化镍(Ni_xP_y)有Ni_3P、$Ni_{12}P_5$、Ni_2P、Ni_5P_4、NiP、NiP_2和NiP_3等不同Ni和P比例的化合物。这些不同比例的过渡金属磷化物可以分为富金属($x/y \geq 1$)和富磷($x/y<1$)金属磷化物，富金属的金属磷化物属于具有一定金属性质的共价化合物，具有优异的导电性、高机械强度和导热性；富磷的金属磷化物则属于半导体，其化学稳定性和热稳定性比前者差。根据哈格规则，晶体构型在很大程度上取决于原子半径和电负性。为了实现几何稳定性，非金属原子半径与金属原子半径的比值通常在0.41~0.59。磷的原子半径(0.100 nm)大于碳(0.070 nm)和氮(0.065 nm)的原子半径，磷的原子半径与金属的原子半径之比不在此范围内。因此，磷原子很难与金属原子形成稳定的结构，但金属磷化物因为含有更多不饱和表面配位原子，所以比氮化物和碳化物具有更高的催化活性，但是其电导率、热稳定性和化学稳定性相对较差。

3.2.3 金属氧酸盐

大多数光催化剂的研究集中在金属氧化物上。金属氧化物一般存在带隙宽度较宽的问题，为了设计出更符合光催化要求的光催化剂，人们需要减小其较宽的带隙宽度，以及克服不合适的导带能级的影响。对这两个问题的研究使人们走出了这些“标准”的二元氧化物的范围，合成混合金属氧化物成为极具潜力的光催化剂。

一种可能减小金属氧化物半导体带隙宽度的方法是，通过与过渡金属轨道的复合对O的2p价带进行改性。因此许多研究聚焦于混合金属氧化物，该方法可以使半导体的价带能级由于O的2p轨道和相应过渡金属轨道的混合而提高，常见的过渡金属轨道有Bi(6s)、Ta(5d)、V(3d)等。此外，可以通过掺杂的方式，克服其导带能级不利的影响。

1. 钨酸盐

钨酸盐半导体材料因其特有的结构和物理化学性质，日益受到人们的重视。近年来，人们合成了一系列具有光催化活性的钨酸盐体系的光催化剂，例如，Bi_2WO_6、$Bi_2W_2O_9$、Ag_2WO_4、$AgInW_2O_8$、$KInW_2O_8$、Ca_2NiWO_6都具有较好的可见光活性。这类钨酸盐都具有一个共同点：具有层状的钙钛矿结构。这种具有层状结构的多元氧化物往往具有较高光催化活性，该材料的光量子效率甚至高于TiO_2的光量子效率。此类结构的光催化剂的层间具有催化反应的活化点，夹层作为受体可以接纳光生电子，从而抑制光生电子-空穴对的复合，使其光量子效率大大提高。并且，其光催化活性也会因层间的分子或离子的不同而改变，是一类新型高效的非均相光催化剂。

Bi_2WO_6是一种典型的Aurivillius氧化物，带正电荷的$[Bi_2O_2]^{2+}$层与八面体钙钛矿层$[WO_4]^{2-}$沿(100)晶面方向交替堆叠而成，层间共享氧原子，见图3-7。这种独特的层状结构可形成内建电场，有助于促进光生电荷的分离。Bi_2WO_6的价带是由Bi^{3+}的6s轨道与O的2p轨道杂化形成的，合适的能带结构将赋予其优良的可见光响应能力。同时，Bi_2WO_6无毒、结构性能稳定，还具有压电、介电等特殊的物理性能，因此Bi_2WO_6被认为是具有巨大潜力的光催化剂。

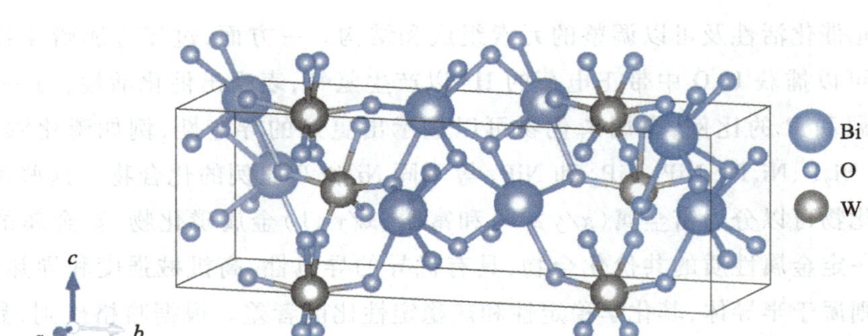

图 3-7 Bi_2WO_6 的晶体结构

2. 钼酸盐

钼酸盐具有良好的氧化还原性能、独特的物理化学性质及适宜的带隙宽度。人们对具有典型 Aurivillius 型层状结构的钼酸铋研究得最为广泛。钼酸铋不仅可以促进光生载流子转移,还具有导电性好、禁带隙宽度窄、化学性质稳定等优异性能,这使其成为最有潜力的催化剂之一。

钼酸铋是一种三元化合物,化学式为 $Bi_2Mo_nO_{3n+3}$。与 α-$Bi_2Mo_3O_{12}$ 和 β-$Bi_2Mo_2O_9$ 不同,γ-Bi_2MoO_6 具有独特的结构和光电化学性质。图 3-8 所示为正交型 Bi_2MoO_6 的晶体结构,其中$[Bi_2O_2]^{2+}$平面与类似钙钛矿的$[MoO_4]^{2-}$八面体由氧原子连接。平面结构不仅使 Bi_2MoO_6 有二维结构,且其提供的内部电场有助于电荷载流子的分离与迁移。根据密度泛函理论计算,铋的 6s 轨道可以与氧的 2p 轨道杂化,形成位置合适的价带,有利于可见光吸收。此外,Bi_2MoO_6 还具有无毒、成本低等优点。然而,钼酸铋量子效率低,光生载流子的迁移速率慢,从而导致其光催化性能较差。

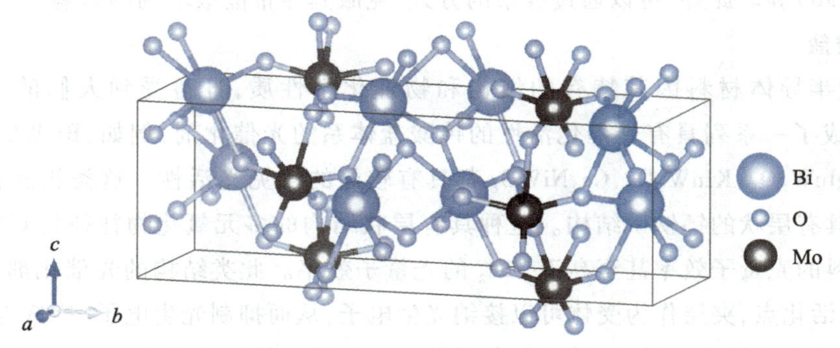

图 3-8 Bi_2MoO_6 的晶体结构

3. 钒酸盐

过渡金属钒有+2、+3、+4、+5 四种不同化合价,最早从矿物和化石燃料中提取,早期作为炼制钢铁的添加剂使用,钒的氧化物也可以作为促进硫酸生产的催化剂,接着又在锂电池的生产中充当催化剂,现在又被发掘出可以应用于光催化领域。钒酸盐的结构通式为 $M_aV_bO_c$,其中,M 为金属离子,可以是一种或多种金属。

$BiVO_4$ 作为典型的钒酸盐,在自然界中主要以三种晶体结构存在,分别是四方白钨矿相、四方锆石相和单斜白钨矿相。在这三种晶体结构中，单斜相 $BiVO_4$ 的热力学稳定性更高，催化活性更好，常用于光催化，图 3-9 所示为单斜相 $BiVO_4$ 的晶体结构。因为单斜相 $BiVO_4$ 的 O—O 键键长较长，使得 O 的 2p 轨道电子与 Bi^{3+} 的未成对电子之间的排斥作用降低；并且 O 的 2p 轨道电子和 Bi 的 6s 轨道电子在价带顶部杂化，使得单斜相 $BiVO_4$ 的带隙更窄。V 和 Bi 位点的局部环境由于不对称结构，也表现出更显著的扭曲变形；特别是 Bi^{3+} 的未成对电子会诱导 Bi—O 离子键的局部变形，从而增强 BiO_8 十二面体的畸变。而 VO_4 八面体的畸变增强了极化作用，导致正、负电荷的中心位置分离，偶极矩发生变化。这样就产生了内部电场，有利于光生电子-空穴对的分离，因此单斜相 $BiVO_4$ 比其他两种结构的 $BiVO_4$ 具有更高的光催化性能。

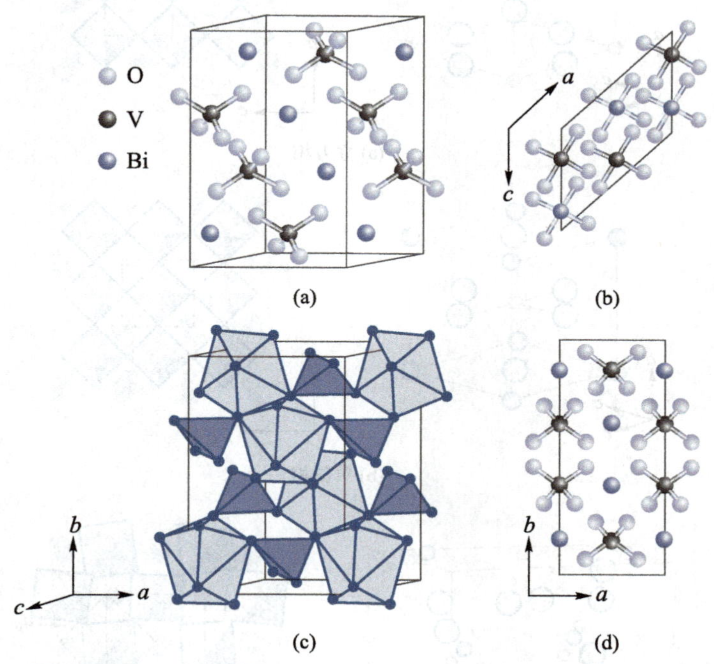

图 3-9　(a)单斜相 $BiVO_4$ 的晶体结构、(c)对应的多面体结构(深蓝色为 VO_4 四面体，浅蓝色为 BiO_8 十二面体)及(b)结构的俯视图和(d)侧视图

[本图来源：Walsh A，et al. Chem. Mater.，2009，21(3)：547-551.]

4. 钽酸盐

从广义上讲，钽酸盐是一类由 TaO_3^-、$Ta_2O_6^{2-}$、其他含 Ta 的阴离子与碱金属、碱土金属、过渡金属等金属阳离子组成的半导体材料，主要可以分为碱金属钽酸盐、碱土金属钽酸盐和其他钽酸盐三类。钽酸盐材料通常具有较负的 CB 值，可以用于光催化还原反应。然而，较大的禁带宽度在一定程度上限制了这类材料的实际应用，通常需要各种改性策略来提高它们的光催化活性。

钽酸钠($NaTaO_3$)具有 ABO_3 型钙钛矿结构，$NaTaO_3$ 存在三种不同的晶体结构，分别是立方相 $NaTaO_3$、单斜相 $NaTaO_3$、正交相 $NaTaO_3$，图 3-10 所示为三种 $NaTaO_3$ 的晶体结构。$NaTaO_3$ 的带隙值约为 4.0 eV。单纯的 $NaTaO_3$ 作为光催化剂时，由于量子产率较低，光催化活性有限，而且生成物的选择性也无法控制。受光激发后生成的电子和空穴除了复合损失外，还由于半导体的强氧化能力使部分生成的 H_2 再被氧化成水。将微量的 NiO 或贵金属作为助催化剂负载于 $NaTaO_3$ 上，可以使光照后生成的电子和空穴分别定域在 NiO 和 $NaTaO_3$ 上，发生电荷分离，然后电子和空穴各在不同位置上发生氧化还原反应。由于 NiO 负载后有效抑制了电子和空穴的复合，从而大大提高了 $NaTaO_3$ 的光催化活性和选择性。

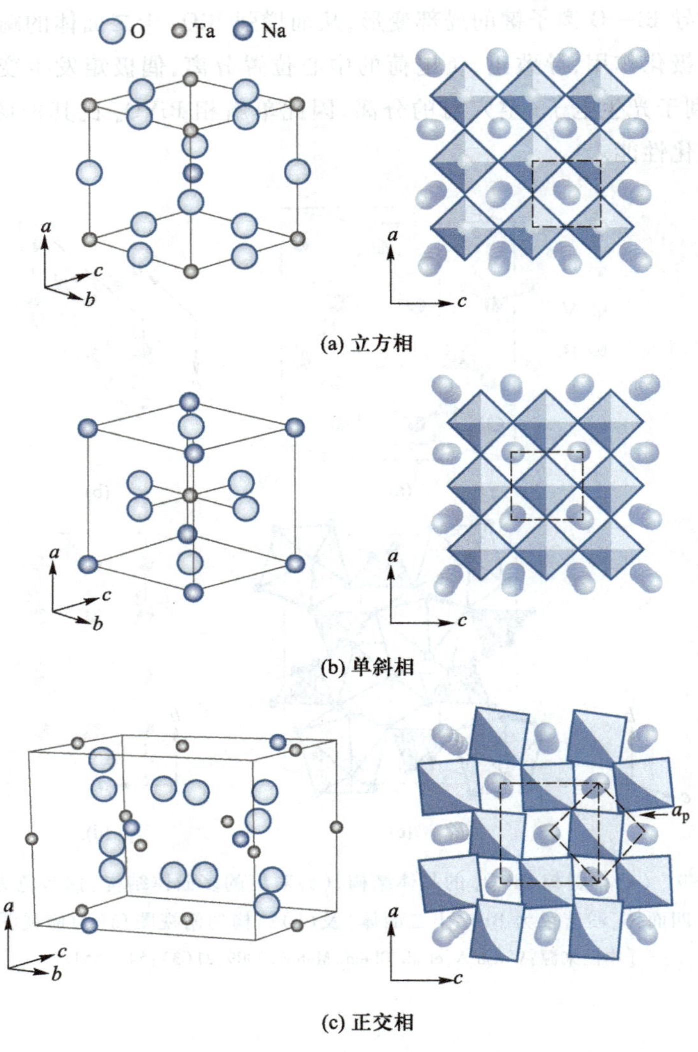

(a) 立方相

(b) 单斜相

(c) 正交相

图 3-10 $NaTaO_3$ 的晶体结构

5. 铌酸盐

铌酸盐半导体材料具有独特的层状结构、良好的光化学稳定性、优秀的光吸收性能。通常来说，层状铌酸盐由带负电荷的层板与带正电荷的金属离子构成，层板由高度扭曲的 NbO_6 八面体基本单元通过共边或共角的方式相连接，金属离子穿插于其中。独特的晶体结构赋予了铌酸盐光催化剂良好的电荷迁移能力与光催化性能。而作为最常见、发展时间最长的铌酸盐光催化剂：碱金属铌酸盐（$K_4Nb_6O_{17}$、$LiNbO_3$、$NaNbO_3$ 等）和碱土金属铌酸盐

$(Sr_2Nb_2O_7$、$MgNb_2O_{15}$、Ba_5NbO_{15}等),常应用于光催化 CO_2 还原、光解水产氢、光催化降解水体污染物等领域。但碱金属与碱土金属铌酸盐光催化剂的带隙过宽,使其只能响应紫外光。要高效利用太阳光的能量必须将半导体材料的光响应范围拓展至可见光区。通过引入新的金属离子可以合成新型可见光响应的铌酸盐光催化剂($SnNb_2O_6$、Bi_3NbO_7 等),并通过一系列的改性方式提升铌酸盐光催化剂的性能。

$K_4Nb_6O_{17}$是典型的层状化合物,$K_4Nb_6O_{17}$是 NbO_6 八面体单元经桥氧连接构成的二维层状化合物,其独特的结构在于两种交替出现的层空间,层间Ⅰ和层间Ⅱ,带正电荷的 K^+处于层与层之间平衡电荷(图 3-11)。研究发现,可利用引入大分子来破坏 $K_4Nb_6O_{17}$层板之间的应力进行剥离,进而对 $K_4Nb_6O_{17}$改性。$K_4Nb_6O_{17}$可通过高温固相法、水热法、熔融盐法、聚合络合法等获得,较为常用的是高温固相法和水热法。但是水热法的产物结晶性差,不利于改性,而高温固相法的产物结晶性好,可重复性好,有利于后续的剥离重组改性过程。由于 $K_4Nb_6O_{17}$本身带隙能较大,使其对光的响应能力较弱,只能吸收太阳光中的紫外光,这就导致太阳光中占绝大部分的可见光失去了利用价值,可以通过掺杂改善 $K_4Nb_6O_{17}$的带隙宽度,从而提高其对太阳光的利用率。

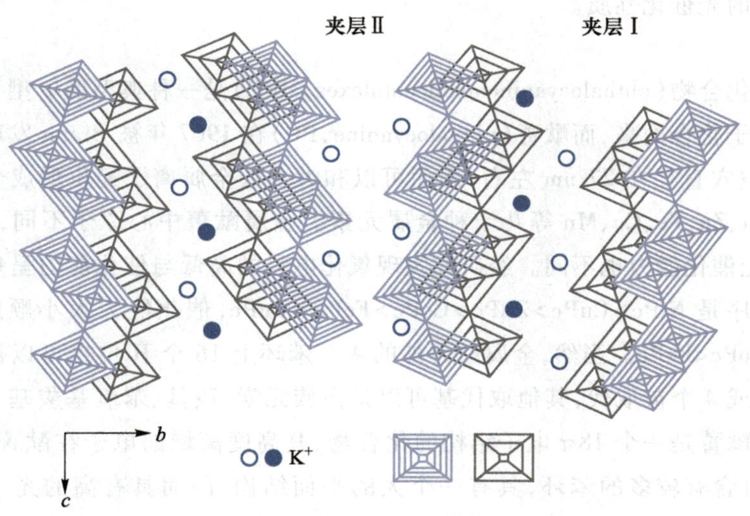

图 3-11 $K_4Nb_6O_{17}$的晶体结构

[本图来源:Zhang X, et al. J. Mater. Sci., 2009, 44(12): 3020-3025.]

3.2.4 有机金属化合物

随着科技的不断发展,将可见光催化应用于合成有机化学已经成为一个非常重要的研究领域,早在 1912 年第八届国际应用化学大会上,意大利化学家就提出"光化学反应是有望与光合作用相媲美的化学反应过程"的观点。随后人们合成了金属钌催化剂,在可见光下,金属钌催化剂可以催化醛 α 位碳氢键的烷基化反应和可见光催化的分子内[2+2]环加成反应,自此开启了光化学领域的新篇章。

1. 卟啉类

作为典型的有机金属化合物,卟啉及其金属卟啉类化合物应用十分广泛,包括金属离子的检测、光催化动力学疗法、太阳能的光电转化、液晶材料的制备、选择性催化氧化、光催化环氧化和光催化降解有毒有机污染物等。

金属离子进入卟啉环内形成的金属配合物称为金属卟啉,对称性较卟啉配体强,吸收峰数目减少。金属卟啉一般为D_{4h}对称,卟啉配体则为D对称。卟啉可以与二价金属离子如Co(Ⅱ)、Ni(Ⅱ)、Cu(Ⅱ)形成不带电的四配位金属卟啉络合物,其中Ni(Ⅱ)、Cu(Ⅱ)的卟啉络合物对另外的配体亲和力低;而Mg(Ⅱ)、Cd(Ⅱ)和Zn(Ⅱ)等二价金属离子容易与其他配体继续配位形成五配位络合物;Fe(I)、Co(Ⅱ)、Mn(Ⅱ)能形成变形的八面体络合物。卟啉与金属形成络合物的难易程度不同,一般与金属离子的半径有较大关系,如离子半径较大的Hg、Pb及Cd不能进入卟啉配位,只能在卟啉分子的上面或者下面反应,形成络合中间体,这类络合物能使卟啉核变性,易于与其他金属离子配位生成金属卟啉。

卟啉与金属离子配位生成的金属卟啉因配体的存在具有一定的光致电子转移的特性,一般情况下,金属卟啉中的金属中心具有较高的氧化态,在光电转移过程中常作为电子受体,而卟啉配体则作为光致电子的供体。在光照条件下,卟啉配体将光致电子转移至金属中心,致使光致电荷分离,产生了类似半导体的具有催化氧化性和还原性的电子-空穴对,赋予了金属卟啉的光催化性质。

2. 酞菁类

金属酞菁化合物(phthalocyaninemetalcomplexes,MPC)是一种典型的p型半导体材料,由酞菁和金属原子化合而来,而酞菁(phthalocyanine,PC)在1907年被Braun发现,酞菁可以形成空穴,它的空穴直径在27 nm左右,因而可以和大多数金属离子配位形成金属酞菁,其中金属可以是Cu、Zn、Fe、Co、Mn等几十种金属元素。金属酞菁中心原子不同,其氧化电势也不同,导致其光催化能力也不同。经研究发现氧化电势的高低与催化能力呈负相关,即氧化电势的大小顺序是NiPc>CuPc>ZnPc>CoPc>FePc>MnPc,催化能力大小顺序则是NiPc≈CuPc<ZnPc<CoPc<FePc。当然,金属酞菁外的4个苯环上16个H位也可以被取代,但是主要是其中8个或4个被取代,其他取代基可以是卤族元素、羧基、苯氧基羧基、氨基、甲基、大苯环结构等。酞菁是一个18π电子结构的化合物,其高度离域的电子在酞菁化合物上分布比较均匀,而且含有较多的苯环,具有一个大的平面结构,因而具有高的光、热和化学稳定性。金属酞菁化合物的特殊结构和性质使其在光催化领域有着长盛不衰的研究和应用价值,而且性能表现优异。

3.2.5 碳氮聚合物

尽管许多半导体在紫外光或可见光下具有较好的光催化活性,如TiO_2、α-Fe_2O_3、$BiVO_4$和CdS等,然而上述光催化剂在实际应用中也存在比较明显的缺陷,如TiO_2只在紫外光区域具有活性;CdS虽然具有较高的可见光活性,但其本身在光照条件下容易被光腐蚀;α-Fe_2O_3和$BiVO_4$则由于自身导带位置较低,没有足够的还原能力完成光催化反应。因此,发展稳定的、具有可见光活性的太阳燃料光催化剂势在必行。

共轭聚合物是指主链上饱和键和不饱和键交替排列且具有长程π电子共轭性质的一类聚合物,不饱和键可以是双键、三键或各种芳香环。共轭聚合物主链上π电子离域,电荷可

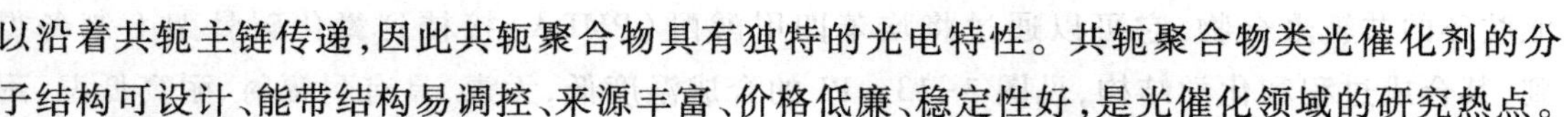

以沿着共轭主链传递，因此共轭聚合物具有独特的光电特性。共轭聚合物类光催化剂的分子结构可设计、能带结构易调控、来源丰富、价格低廉、稳定性好，是光催化领域的研究热点。

1. 氮化碳

g-C_3N_4 的历史可以追溯到 19 世纪 30 年代发现的一种均三嗪类线性聚合物，它是一种氮化碳高分子衍生物。而 g-C_3N_4 则是一种均三嗪类二维聚合物，其结构如图 3-12 所示。然而直到 2006 年，g-C_3N_4 才逐渐应用于多相催化领域。2009 年，福州大学王心晨课题组首次报道石墨相氮化碳（g-C_3N_4）在可见光及牺牲剂存在条件下能够光催化分解水分别制备氢气和氧气。自此，g-C_3N_4 基光催化剂迅速成为光催化领域的一种"明星"半导体材料。

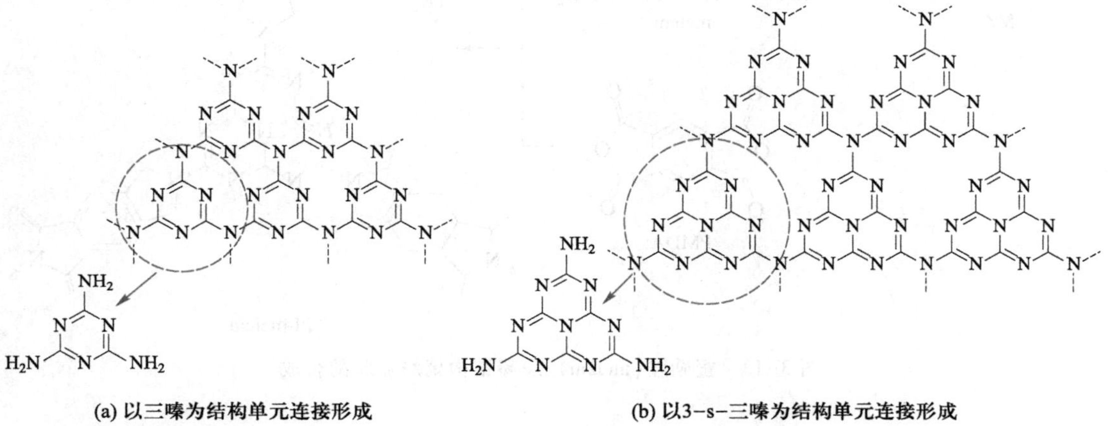

(a) 以三嗪为结构单元连接形成

(b) 以3-s-三嗪为结构单元连接形成

图 3-12 g-C_3N_4 的二维结构

[本图来源：Ong W J, et al. Chem. Rev., 2016, 116(12): 7159-7329.]

同其他传统的无机半导体材料相比，g-C_3N_4 作为一种聚合物半导体，展现出诸多优势。首先，其带隙约为 2.7 eV，导带底和价带顶位置分别在 -1.1 eV 和 +1.6 eV 左右，这使得它可以作为可见光光催化剂应用于很多光催化反应中。特别地，其导带底位置比 H_2O 和 CO_2 转化为氢气和碳氢燃料的还原电势更负，使其在太阳燃料生产方面具有独特的优势。其次，g-C_3N_4 具有类芳烃结构的 CN 杂环，使其表现出较好的热稳定性，在空气中 600 ℃ 下仍然可以稳定存在。另外，由于层与层之间较强的范德华力，g-C_3N_4 表现出较好的化学稳定性，在水、乙醇、*N*,*N*-二甲基甲酰胺、四氢呋喃、乙醚、甲苯及稀的酸、碱等多种溶剂中均可稳定存在。由于具有类似于石墨的层状结构，理想单层结构的 g-C_3N_4 的比表面积理论值可高达 2500 $m^2 \cdot g^{-1}$。更重要的是，g-C_3N_4 只含有两种地球上含量丰富的元素：碳和氮。这不仅意味着它的制备成本低，也预示它的性质可以通过简单方法进行改进，同时其总体成分无须做明显的改变。此外，g-C_3N_4 的聚合物属性使得对其在分子水平上的改性和表面功能化成为可能；同时，也使其结构具有充分的柔性，可以作为较好的载体负载各种无机纳米粒子，有利于 g-C_3N_4 基复合材料的制备。总而言之，上述独特的性质使得 g-C_3N_4 成为一种很有前景的新型光催化剂，可用于制备太阳燃料。

2. 聚酰亚胺

聚酰亚胺（polyimide, PI）是一类由富电子的氨基和缺电子的酸酐基组成的含有五元酰亚胺环的共轭聚合物，它可以通过将均苯四甲酸酐(PMDA)接枝到氮化碳骨架上制备得到，其合成过程和化学结构，见图 3-13。PI 的合成温度低，无毒，具有耐辐射、耐高低温、耐氧化性和优异的机械性能。由于 PI 带隙较窄，其可用于改善半导体的光催化性能，减小复合材料的带隙，提高复合材料的吸收波长，有利于提高复合材料的光子吸收效率。

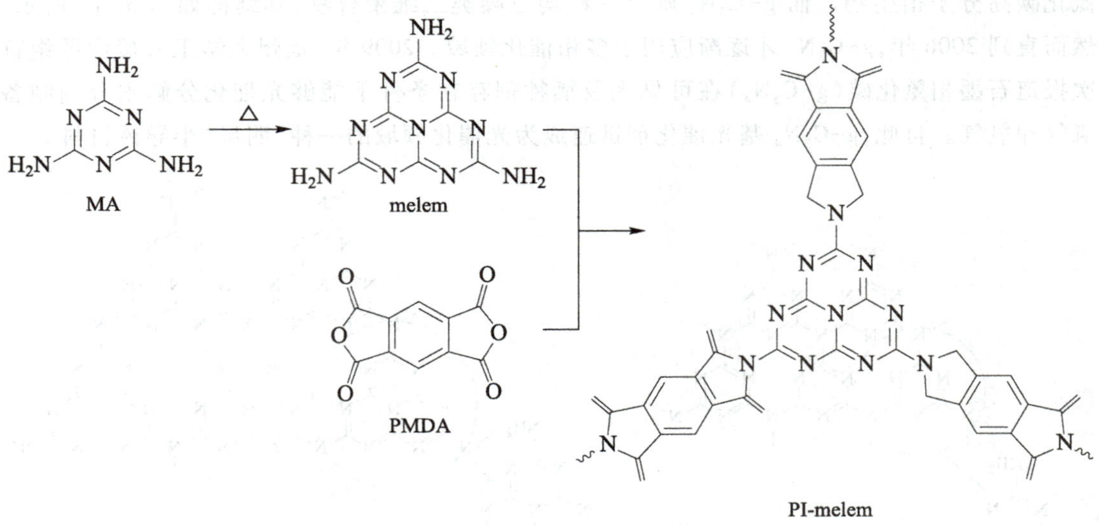

图 3-13 蜜勒胺(melem)、庚嗪结构聚酰亚胺的合成

3.2.6 金属有机框架材料

金属有机框架材料(MOFs)是一类以金属阳离子或金属原子簇为节点，有机配体为连接体构成的具有周期性的网络结构的新型多孔材料。与传统的多孔材料相比较，MOFs 拥有开放的金属位点、高的比表面积和孔径可调的优点，并且可以通过修饰有机配体引入新的官能团，进一步增强它的性能。

多孔结构的 MOFs 在光催化过程表现出卓越的载流子转移途径、丰富的反应位点及丰富的吸附和解吸通道等诸多优势。与其他半导体光催化剂相比，MOFs 的优点在于：(1) 显著的比表面积：MOFs 具有高度分散、高度结晶的结构，因此可以提供巨大的比表面积，这可以提高吸附物的数量，从而提高光催化效率。(2) 高度可控的结构：MOFs 的拓扑结构和孔径大小可以通过设计和合成进行精确控制和调整。因此，MOFs 具有多种选择，可定制制备以满足特定应用。(3) 可发展的功能性：MOFs 可以通过添加配位基团或金属实现特定的功能化，这可以使 MOFs 在吸附、催化活性等方面更有优势。(4) 可调性：MOFs 内部的微观结构和外部物理属性可以通过对其成分、组分和结构的调整来控制，并可对其进行后续的功能化处理。得益于本身优异的性能，MOFs 及其复合材料已经广泛应用在光催化领域。

3.2.7 共价有机框架材料

共价有机框架材料(COFs)作为非金属化合物，与金属结构相比，具有更高的原子效率，不仅可以降低应用材料的成本，而且可以朝着绿色化学原则和可持续性的方向发展。

COFs 的应用大多与基团在内部结构中的相关位置相对应，因此可以根据期望的性能设计特殊的单体。然而，在选择官能团时，必须考虑体系的不同反应类型，如果成键是由不可逆的共价键形成的，则倾向于形成具有短程结构序的聚合物结构。

COFs 的生长依赖于可逆共价键形成反应，如硼酸盐缩合反应、希夫碱缩合反应，Knoevenagel 缩合反应等。根据不同类型的反应，产生的连接也各不相同。硼基 COFs 具有较好的热稳定性和高结晶性，但它们在碱性或酸性条件下容易水解，有时甚至空气中的水分也会影响 COFs 的稳定性。根据结构设计，科学家已经开发出多种醛或氨基单体用于合成亚胺基 COFs，这些单体表现出多种理化性质和潜在应用价值。此外，亚胺键合成的 COFs 可以在不同的环境中构建，所得的 COFs 材料可以以粉末、纳米片、薄膜和泡沫等形式存在。除了可以控制形成键的种类不同，还可以引入不同构建单元来提高 COFs 的性能。COFs 具有多样化的位点和各种功能化方法，以实现对各种类型的功能分子的有效固定。杂环 *N*-氧化物作为一类应用广泛的单体结构，常作为配体形成聚合物材料，尤其是吡啶 *N*-氧化物，作为路易斯碱催化位点镶嵌在 COFs 框架中。

COFs 作为一类多孔聚合物材料，其光催化性能在多个方面展现优势。第一，由于 COFs 不溶于大多数的溶剂，因此，它们为设计多相催化系统提供了平台，当 COFs 用作催化剂时，可以通过过滤或离心从反应混合物中轻易地分离出催化剂，并且可以重新活化用于循环使用；第二，它们的永久孔隙率可以增强高效的质量传递，并加速它们与催化中心的接触，以获得理想的催化性能；第三，其结构和纳米孔的高规律性使活性位点均匀分布在孔壁上，可以使底物更容易到达催化位点并有效地促进反应；第四，设计的灵活性和合成方法的多样性进一步增强了 COFs 作为催化剂的魅力。COFs 的固有优势使其在光催化应用方面具有光明前景，如将 COFs 应用于光催化产氢、光催化 CO_2 还原、光催化有机转化、光催化污染物降解等方面。

3.2.8 其他材料

1. 分子筛

分子筛是一类具有规整微孔结构的晶体。传统分子筛一般由 Si、Al 通过氧键连接成的聚多阴离子骨架和维持电中性的阳离子组成，因此具有高的化学稳定性，而且可透过大部分的可见及紫外光。丰富规整的微孔和笼结构又使它拥有大比表面积，这就具备了光催化剂载体的基本条件。分子筛还具有可调的吸附能力，有利于反应物的富集。如果反应在液相中进行，反应产物在分子筛和液体溶剂中的分配对反应将具有重要的影响，因而当分子筛更易于吸附反应产物时，更适用于转化率不高的连续反应。

在分子筛催化剂体系中大部分是与过渡金属离子所相关的，在紫外和可见光下激发，由光生电子和空穴引起反应。与半导体光催化剂不同，在分子筛这种特殊的反应场中，光催化所需各组分的引入及有效发挥作用，均离不开分子筛微环境的影响和协调。通过离子交换的方法，分子筛中的阳离子可以很容易地被其他的阳离子置换出来。如果控制好反应环境，在分子筛孔道中的置换位置是彼此分开的。这样，通过离子交换的方法，有着光催化活性的金属离子（Cu^+、Ag^+）可以进入分子筛中的不同位置，从而对不同的光催化反应起到催化作用。例如，在紫外光照射下分解 NO 和 N_2O 成为 N_2 和 O_2。在这些反应中，Cu^+和 Ag^+的电子激发态在光催化反应中起了重要的作用，具体说这种激发态就是，因紫外光照射，在 Cu^+和 Ag^+上产生了一个"s"电子和一个"d"空穴。这些光催化反应是半导体催化剂或高分散的金属氧化物催化剂无法完成的，只能通过分子筛光催化剂实现。

2. 石墨烯

石墨烯是一种由单层 sp^2 杂化碳原子键合在一起形成六方格子的二维材料，石墨烯材料因其所具有的优良电导率、力学性能、热化学稳定性高及巨大的比表面积等优点而备受青睐。同时，石墨烯还具有良好的光学性能，能够吸收 2.3% 的可见光，并且在紫外光的照射下能够产生电子-空穴对，这些特性使得石墨烯成为一种极具潜力的光催化剂。

3. 泡沫金属

传统式的纳米材料存在许多缺点，如容易团聚、后分离困难且成本高、耐久性差等，这严重阻碍了它们的实际光催化性能及应用。因此，为了有效地防止纳米级光催化剂形成不良聚集或释放到环境中，同时保持良好的活性，需要将它们固定在具有开孔结构的合适基底或框架的表面上，其开孔结构应具备坚固耐用的性质，以避免其在实际反应过程中引起结构形变或塌陷。整体式光催化剂的设计和工程制造因其可大量生产、制造成本低、可加工性简单及多功能性而备受关注。

在整体式催化剂的基底选择中，泡沫金属由于具有均匀的孔隙率和网状结构，已被用作粉状光催化剂的载体。并且，泡沫金属还有着自身独特的优势，例如可以为电子传输提供独特的三维平台，具有特定的比表面积（$0.1 \sim 1\ m^2 \cdot g^{-1}$），优异的化学/物理稳定性，高电导率和电子迁移率。此外，泡沫金属可改善电荷传输行为，从而抑制电子-空穴对的复合。将光催化剂固定在泡沫金属上也会引起吸收光谱的红移，并防止催化剂聚集或沉淀。这使得泡沫金属成为极具潜力的催化剂载体。

3.3　复合光催化剂

由于复合光催化剂具有两种或多种不同能级的价带和导带，在光激发下电子和空穴分别迁移至光催化剂的导带和复合材料的价带，从而使光生载流子有效分离或产生新的催化性能。复合光催化剂有负载型、掺杂型、异质结型、主-助催化剂复合型等。二元复合光催化剂光活性的提高可归因于不同能级光催化剂之间光生载流子的输运与分离。复合光催化剂的互补性质能增强电荷分离，抑制电子-空穴的复合和扩展光致激发波长范围，从而比单一光催化剂具有更好的稳定性和催化活性。

3.3.1　负载型

活性光催化纳米结构通常以核壳结构涂覆在聚合物或无机载体材料的表面上。这种布置解决了光催化剂的回收以及有效再利用或再循环的问题，并且由于特定的载体-光催化剂相互作用会导致改进的和期望的目标性质。虽然负载型光催化剂的增强的物理化学性质已经在许多目标应用中被广泛研究，但是载体-光催化剂相互作用在改善这些性质中的作用机制仍然未被探索。

合适载体的基本要求包括：(1) 对目标污染物种类的良好的亲和性或吸附能力和高的比表面积；(2) 良好的(光)热稳定性；(3) 在被负载的光催化剂吸收的波长区域中的光学透明性；(4) 载体与光催化剂的强相互作用，以避免在涉及搅拌的光催化过程中导致颗粒的分离；(5) 载体-光催化剂体系的尺寸、物理形式必须确保易于回收从而具备再循环能力。

由于特定的光催化剂-载体相互作用，在一些合适的载体材料上涂覆或沉积纳米结构的光催化剂颗粒通常可以改善负载型光催化剂的物理化学性质。选用恰当的载体，可以实现比表面积的增加，增强目标分子的吸附或与目标分子的相互作用、改善光学性质、提高溶液/光催化剂界面上的电荷转移动力学、增强光催化剂颗粒的热稳定性，以及更容易处理、分离和循环使用，因此与未负载的光催化剂相比，载体-光催化剂体系具有更好的总体光催化性能。下面，详细讨论不同载体-光催化剂体系的性质。

(1) 改善吸附性能。如果载体材料是聚合物和/或多孔的，含有活性位点或具有用于吸附目标(有机)分子的疏水表面，或者载体与光催化剂相互作用形成小的和/或良好分散的负载型光催化剂纳米颗粒，则所得复合载体-光催化剂体系通常表现出对不同目标分子的改善的吸附性质。光催化氧化还原反应发生在光催化剂的表面或紧邻处，因此目标分子的吸附(取决于载体材料的亲水性或疏水性)在决定光催化剂的光催化效率中起着至关重要的作用。

(2) 改善热稳定性。以二氧化钛光催化剂为例，最具光活性的锐钛矿型二氧化钛的热稳定性低于光活性较低的金红石型二氧化钛，在高于 500 ℃的温度下，锐钛矿型二氧化钛转化为金红石型二氧化钛，这种转化伴随着微晶和粒度的增加及比表面积的降低，不利于光催化活性的提高。通过将二氧化钛负载在二氧化硅载体材料上可以提高其热稳定性和分散性，这样可以阻止锐钛矿型二氧化钛转化为金红石型二氧化钛，从而提高光催化活性。

(3) 改善光吸收性。当载体材料与光催化剂具有不同的折射率时，或者当两者之间存在一些强的界面键合相互作用时，载体-光催化剂体系的光学性质将会改变。以二氧化钛光催化剂为例，当二氧化钛(折射率为 2.49)涂覆在二氧化硅(折射率为 1.47)上时，两者之间的折射率差异会导致多次散射，从而更有效地捕获或吸收入射光，提高二氧化钛光催化活性。

(4) 改善催化剂可回收性。将光催化剂负载在载体材料上可以获得更好的适用性并提高光催化剂的可回收性。光催化纳米材料可以涂覆在适当的载体材料上，如二氧化硅、玻璃珠、光纤、磁铁矿颗粒、沸石和聚合物材料等。以二氧化钛光催化剂为例，由于二氧化钛难以通过离心、倾析或过滤从反应介质中分离，当小尺寸纳米二氧化钛颗粒负载在亚微米尺寸的二氧化硅颗粒上时，催化剂-载体颗粒尺寸整体增加，使得它们从水性介质中分离变得更容易。

3.3.2 掺杂型

离子掺杂主要分为阳离子掺杂和阴离子掺杂两种基本形式。离子掺杂可以在半导体的禁带中引入杂质能级，对于非金属离子掺杂来说，通常会在价带顶附近产生杂质能级。

1. 阳离子掺杂

在半导体中掺杂不同价态的金属离子后，半导体的催化性质被改变。从化学观点看，金属离子掺杂可能在半导体晶格中引入了缺陷位置或改变其结晶度，从而影响电子-空穴对的复合。金属离子掺杂的相对效应取决于它是作为界面电荷迁移的介质，还是成为电子-空穴对的复合中心。在金属离子掺杂的光催化反应中，空穴和电子的捕获，以及它们向光反应界面的迁移决定着光催化效率。影响金属离子掺杂效果的因素有许多，如掺杂离子的种类、电荷和半径、电势和浓度等。一般情况下，当掺杂离子的离子半径与催化剂阳离子相近时，有利于光催化活性的提高；而掺杂离子的半径过大时，离子难以进入催化剂晶格，从而在催化剂表面形成团簇或引起晶格膨胀，抑制催化剂光催化活性。根据掺杂阳离子的不同，可以分为稀土离子掺杂和过渡金属离子掺杂两大类。

稀土金属因为其特殊的电子层结构，具有一般元素无法比拟的光谱特性。稀土元素具有 4f 电子，易产生多电子组态，其氧化物晶形多、吸附选择性强、电子型导电性和热稳定性好。稀土元素较多的电子能级可以成为光生电子和空穴的捕获陷阱，通过掺杂能延长催化剂光生电子与空穴对的复合时间，提高其光催化活性，同时稀土元素可以吸收紫外光区、可见光区、红外光区的各种波长的电磁辐射，从而更有效地利用太阳能。但是，掺杂过量的稀土元素时，稀土元素就会以氧化物的形式沉淀在催化剂晶粒表面，造成有效比表面积的降低，从而引起光催化活性降低。选择合适的稀土元素、控制掺杂浓度等因素可以有效地提高光催化剂的催化效率。

过渡金属离子掺杂可以在催化剂晶格中引入缺陷位置或改变结晶度，抑制电子-空穴对的复合，延长载流子的寿命。过渡金属的变价及 3d 轨道对催化剂半导体的光电化学性质有很大的影响，同时某些金属离子的掺杂还可以扩展光吸收范围，所以过渡金属离子的掺杂改性是提高光催化活性的一个重要方向。掺入过渡金属离子可改善催化剂的光催化性能，其中 Fe^{3+}、Mo^{2+}、Ru^{3+}、Os^{3+}、Re^{5+}、V^{4+}、Rh^{3+} 的掺杂量在 0.1%～0.5%时光反应活性明显提高，Li^{+}、Mg^{2+}、Zn^{2+}、Ga^{3+}、Zr^{4+}、Nb^{5+}、Sn^{4+}、Sb^{5+}、Ta^{5+} 的掺杂几乎没影响。在掺杂 Fe^{3+}、V^{4+}、Rh^{3+}、Mn^{3+} 时还发现能带红移现象，这归因于电子在导带或价带之间的跃迁。

2. 阴离子掺杂

阴离子掺杂主要包括氮、硫、卤素、碳等元素的掺杂。非金属掺杂是一种在不降低紫外光活性的同时，实现光催化剂可见光响应的较好方法。然而掺杂非金属元素提高光催化剂的可见光响应是以降低带隙宽度为代价的，其后果是直接导致光催化剂纳米晶相的氧化能力降低，使吸附物质不能完全氧化降解。此外，这样制得的光催化剂晶相结构也可能不稳定。

总之，不论是何种离子掺杂，其目的都是有效降低光催化激发过程所需要的能量，减小半导体带隙，实现光催化剂吸收边的红移，从而能够更高效地利用入射光驱动光催化反应。

3.3.3 异质结型

1. 类型

(1) 肖特基结。肖特基结又称肖特基势垒接触。1938 年，肖特基提出，半导体内稳定的

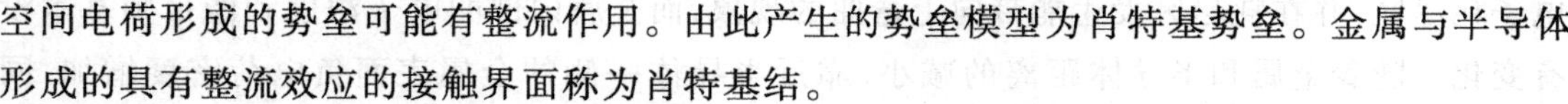

空间电荷形成的势垒可能有整流作用。由此产生的势垒模型为肖特基势垒。金属与半导体形成的具有整流效应的接触界面称为肖特基结。

（2）欧姆结。欧姆结又称欧姆接触。金属半导体接触也可能是非整流性的，即不论所加电压的极性如何，接触电阻均可忽略，这种金属半导体接触称为欧姆接触。

（3）异质结。为了抑制电子-空穴对的复合并保持其还原和氧化能力，需要特殊的策略来设计最佳的光催化剂。异质结设计已成为最有前途的方法之一，其具有高光捕获、延迟电子-空穴复合和快速电荷传输的优点。异质结一般可以定义为两种不同能带结构的半导体接触组成的界面结构。根据能带之间的相互关系，传统的异质结分为三种，Ⅰ型异质结（跨立型），Ⅱ型异质结（错开型）和Ⅲ型异质结（破隙型）。但在这三种异质结中，只有Ⅱ型异质结能够实现光激发条件下电子-空穴的有效界面转移和空间分离。Ⅱ型排列可能表现出不同的光生载流子传输路径如 Z 型和 S 型。Bard 在 1979 年提出了传统 Z 型异质结光催化剂结构，由于电子转移过程在图中构成英文字母 Z 的形状，因而称为 Z 型。Z 型异质结是自然界植物光合作用光反应阶段所采用的电荷转移方式。为了模拟自然光合作用，提高光催化剂的氧化还原能力，在对传统异质结理解的基础上，余家国教授于 2019 年首次提出了 S 型异质结，其英文全称为 step-schemeheterojunction。这种异质结主要由功函数较小、费米能级较高的还原型半导体光催化剂（RP）和功函数较大、费米能级较低的氧化型半导体光催化剂（OP）通过错开型方式构建而成，可以有效实现强氧化还原能力电子-空穴对的分离。

（4）异相结。异相结是同一晶体不同的相态所形成的异质结构。形成异相结是提升光催化剂载流子分离效率及调控能带结构的常用手段。当能级匹配的不同相形成异相结后，异相结之间会形成内建电场，可以有效促进载流子分离。

（5）晶面结。在晶体中，晶面结的形成原因可以从两方面分析。从动力学上看，由于本征电子和空穴迁移率沿着不同晶面方向的各向异性，半导体上的光照射可能导致空穴和电子优先迁移到特定晶面，晶面异质结构内部电场可以有效地分离光生电子-空穴对。从热力学上看，因不同晶面的价带最大值（VBM）和导带最小值（CBM）不同，所以会形成晶面异质结，从而促进电子与空穴的有效分离。

（6）分子结。分子结光催化剂是一种新型的晶体材料，通过配位键或共价键将预先设计的氧化和还原结构基元与匹配良好的能级结构连接在一起。这一分子水平的光催化剂前沿理论上可以实现各种结构基序（光敏基序、氧化基序、还原基序等）的精确组装，以及在长序结构中对结构基元的类型、数量、连接方式、连接数量和相互作用等参数的精确控制。分子结光催化剂不仅具有异质结光催化剂的优点，还具有明确的晶体结构，便于构建清晰的结构-性能关系。

2. 能带排列及工作原理

（1）肖特基结。当金属和 n 型半导体形成接触时，由于二者功函数不同（即费米能级 E_f 不等），会发生载流子浓度和电势的再分布（图 3-14）。通常情况下，电子会从功函数小（费米能级高）的 n 型半导体流向功函数较大的金属，直到两种材料内部各点的费米能级相同（即 E_f 为常数）。由于 n 型半导体中的电子向金属中发生转移，在半导体内部载流子会形成电子耗尽区，并在耗尽区发生能带向上弯曲的现象，而金属内部的电子浓度和能带则基本没有变化。随着金属和半导体距离的减小，靠近半导体一侧的金属表面负电荷密度增加，同时，半导体靠金属一侧表面的正电荷密度也随之增加。由于半导体中的自由电荷密度的限制，这些正电荷分布在半导体表面相当厚的一层表面层内，即空间电荷区。

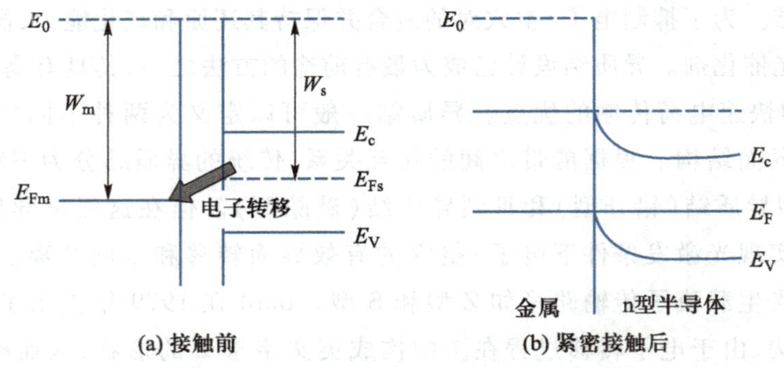

图 3-14　金属和 n 型半导体形成肖特基结的过程示意图

图 3-15 为金属-半导体的势垒形成示意图。对金属-n 型半导体，$W_m>W_s$，电子由半导体进入金属，半导体表面处能带向上弯曲形成电子势垒（肖特基结）和电子耗尽区，这一区域称为 N 型阻挡层；对金属-p 型半导体：$W_m<W_s$，电子由金属进入半导体，半导体表面处能带向下弯曲，形成空穴势垒（肖特基结）和空穴耗尽区，这一区域称为 P 型阻挡层。

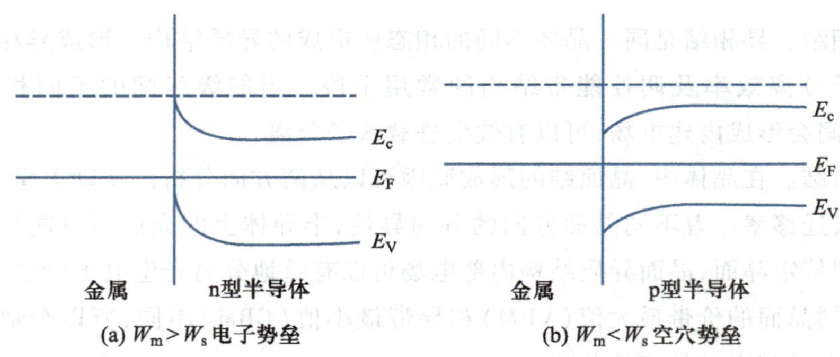

图 3-15　金属-半导体的势垒形成示意图

（2）欧姆结。当金属和 n 型半导体接触时，由于二者的功函数不同（费米能级不等），会发生载流子浓度和电势的再分布（图 3-16）。通常情况下，电子会从功函数较小（费米能级高）的金属流向功函数较大的 n 型半导体，直到两种材料内部各点的费米能级相同（即 E_f 为常数）。由于电子由金属向 n 型半导体中发生转移，在半导体内部载流子会形成电子累积区，并导致能带向下弯曲，而金属内部的电子浓度和能带基本不发生变化。随着金属和半导体距离的减小，靠近半导体一侧的金属表面负电荷密度增加，同时，靠金属一侧的半导体表面的正电荷密度也随之增加。由于半导体中的自由电荷密度的限制，这些正电荷分布在半导体表面相当厚的一层表面层内，即空间电荷区。

图 3-17 为金属-半导体的势阱形成示意图。对金属-n 型半导体，$W_m<W_s$，电子由金属进入半导体，半导体表面处能带向下弯形成电子势阱（欧姆结），电子积累，形成高电导层，称

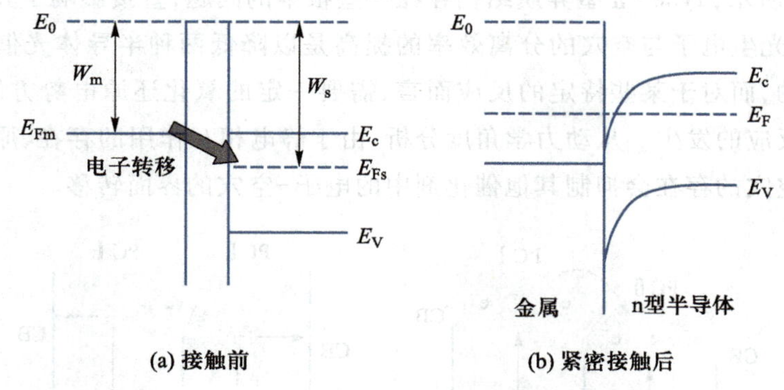

(a) 接触前　　(b) 紧密接触后

图 3-16　金属和 n 型半导体形成欧姆结的过程示意图

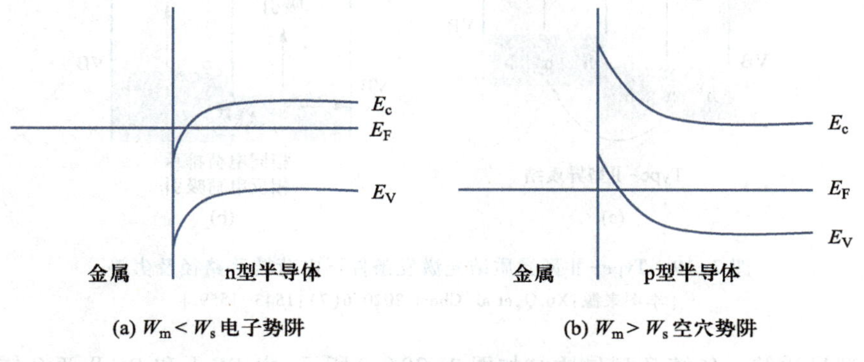

(a) $W_m < W_s$ 电子势阱　　(b) $W_m > W_s$ 空穴势阱

图 3-17　金属-半导体的势阱形成示意图

为 N 型反阻挡层。对金属-p 型半导体：$W_m > W_s$，电子由半导体进入金属，半导体表面处能带向上弯形成空穴势阱（欧姆结），空穴积累，形成高电导层，称为 P 型反阻挡层。

（3）异质结。

① Type-Ⅱ型异质结。对 Type-Ⅱ型异质结而言，如图 3-18 所示，在光照条件下，电子-空穴对产生后电子可以从半导体 A 转移至半导体 B，光生空穴向相反方向移动，从而实现了光生电子-空穴的空间分离。

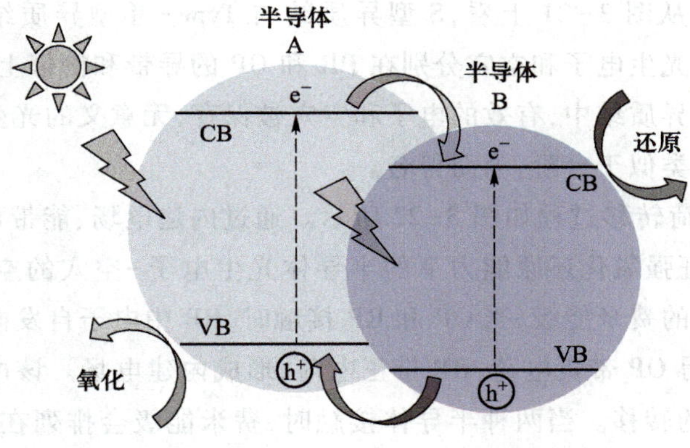

图 3-18　Type-Ⅱ型异质结能带示意图

［本图来源：Xu Q，et al. Chem，2020，6(7)：1543-1559.］

如图 3-19 所示，Type-Ⅱ型异质结仍存在一些根本的问题，直接影响了其实际应用。从热力学角度看，光生电子与空穴的分离效率的提高是以降低两种半导体光催化剂的氧化还原能力为代价的，而对于某些特定的反应而言，需要一定的氧化还原电势方能驱动，因此这不利于光催化反应的发生。从动力学角度分析，由于静电相互作用的存在，原有光催化剂中的光生电子和空穴的存在会抑制其他催化剂中的电子-空穴的界面转移。

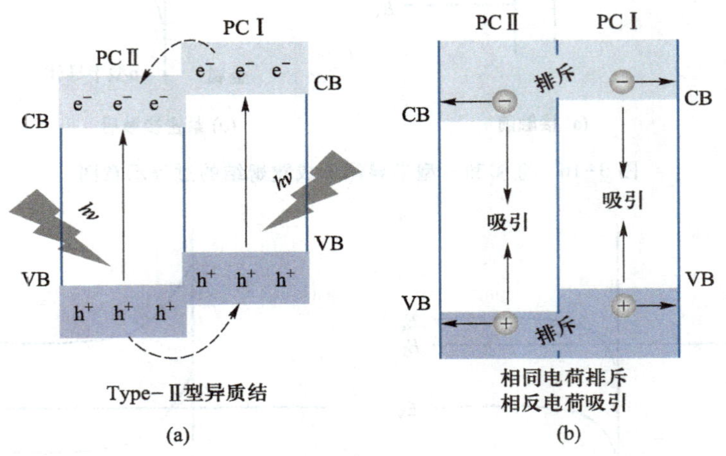

图 3-19　Type-Ⅱ型异质结光激发条件下电荷转移路径及劣势

［本图来源：Xu Q，et al. Chem，2020，6（7）：1543-1559.］

② Z 型异质结。传统 Z 型异质结如图 3-20（a）所示，由 PC Ⅰ 和 PC Ⅱ 两个错开型的半导体光催化剂和氧化还原电子介体对组成。光激发两个半导体产生电子-空穴后，PC Ⅰ 的光生空穴同电子供体 D 反应产生电子受体 A，同时 PC Ⅱ 的光生电子同电子受体 A 反应产生电子供体 D。两种半导体中的电子-空穴分别被保留参与氧化还原反应。利用该体系不仅能实现氧化还原位点的空间分离，还能确保光催化剂保持合适的价带和导带位置，从而保持较强的氧化还原反应能力。然而，引入额外的氧化还原电子介体会产生一些新的问题，图 3-20（b）为传统 Z 型异质结的非期望电荷转移路径。由于电势差较大，可能发生 PC Ⅰ 中电子与 A 反应，PC Ⅱ 中空穴与 D 反应的情况，使得电荷转移过程受到干扰。

③ S 型异质结。从图 3-21 上看，S 型异质结与 Type-Ⅱ型异质结类似。但在典型的 Type-Ⅱ型异质结中，光生电子和空穴分别在 PR 和 OP 的导带和价带上积累，导致氧化还原能力减弱。而在 S 型异质结中，有效的电子和空穴被保存，无意义的光生载流子则被重新组合。电子转移示意图类似于台阶，因而得名。

S 型异质结中电荷转移过程如图 3-22 所示。通过内建电场、能带弯曲和静电相互作用三个因素，实现了保证强氧化还原能力下的半导体光生电子-空穴的空间分离：由于 RP 有更小的功函数和更高的费米能级，当 OP 和 RP 接触时，RP 中电子自发向 OP 扩散，形成电子耗尽层和积累层，使得 OP 带负电荷，RP 带正电荷，形成内建电场。该电场的建立会促进光生电子从 OP 到 RP 的转移。当两种半导体接触时，费米能级会排列在同一能级上，这使得 OP 和 RP 发生能带弯曲，这将促使 OP 中导带电子和 RP 中的价带空穴重新组合。两种半导体界面处静电相互作用的存在也使得不同的电子和空穴有重新结合的倾向。

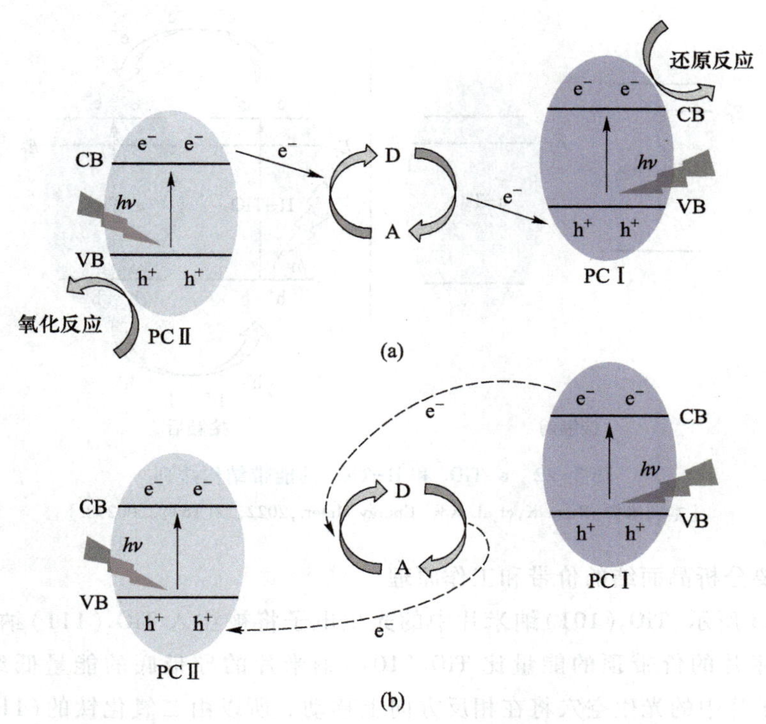

图 3-20 传统 Z 型异质结电荷转移路径及非期望模式

[本图来源:Xu Q,et al. Chem,2020,6(7):1543-1559.]

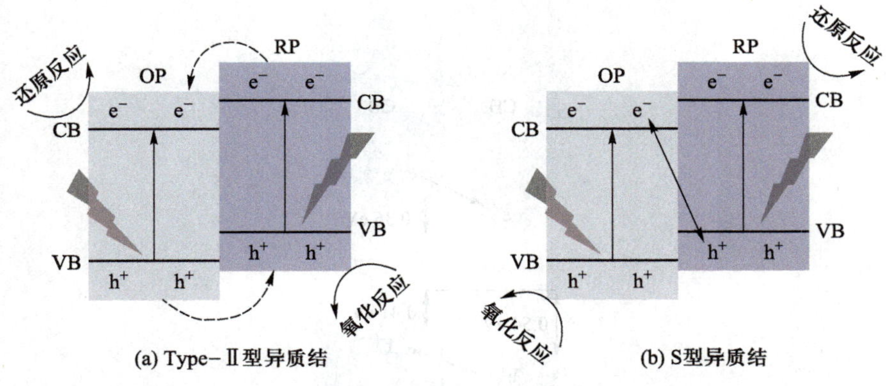

图 3-21 Type-Ⅱ型异质结和 S 型异质结电荷传输对比图

[本图来源:Xu Q,et al. Chem,2020,6(7):1543-1559.]

④ 异相结。异相结光催化剂在催化研究中具有广泛的应用,下面以锐钛矿型($a-TiO_2$)和金红石型($H-TiO_2$)二氧化钛为例,具体分析其能带排列和工作原理。

$H-TiO_2$ 和 $a-TiO_2$ 的具体能带位置如图 3-22 所示,锐钛矿型二氧化钛和金红石型二氧化钛接触后,$a-TiO_2$ 和 $H-TiO_2$ 的费米能级会排列在同一能级上,在内建电场的作用下,光生电子从 $H-TiO_2$ 转移向 $a-TiO_2$,光生空穴反向转移。

⑤ 晶面结。在同一个晶体中,不同的晶面之间会形成异质结构,下面以二氧化钛光催

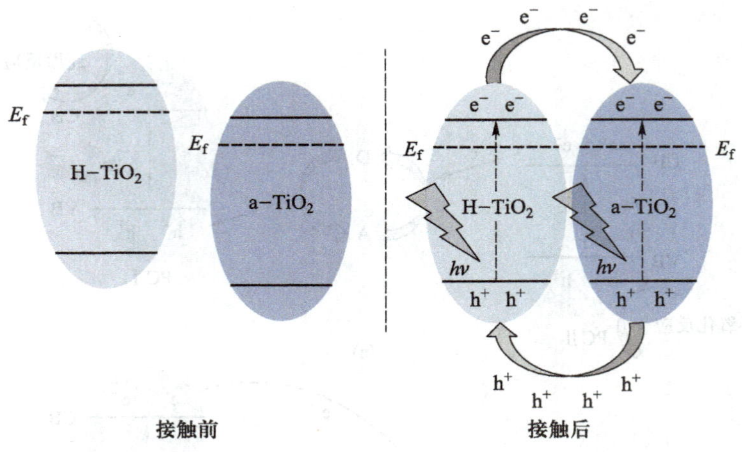

图 3-22　a−TiO_2 和 H−TiO_2 的能带结构排列

[本图来源:Ruan X, et al. Adv. Energy Mater., 2022, 12(16): 2200298.]

化剂为例,简要分析晶面结的价带和工作原理。

如图 3-23 所示,TiO_2(101)纳米片中的光生电子将被注入 TiO_2(111)纳米片的导带。TiO_2(111)纳米片的价带顶的能量比 TiO_2(101)纳米片的导带底的能量低约 0.41 eV,在 TiO_2(111)纳米片中的光生空穴将在相反方向上移动。所以由二氧化钛的(111)和(101)晶面形成的晶面异质结形成的内建电场有效促使了光生电子的分离。光催化剂的有效电荷传输对于抑制载流子复合、延长载流子寿命、提高光催化效率具有重要意义。

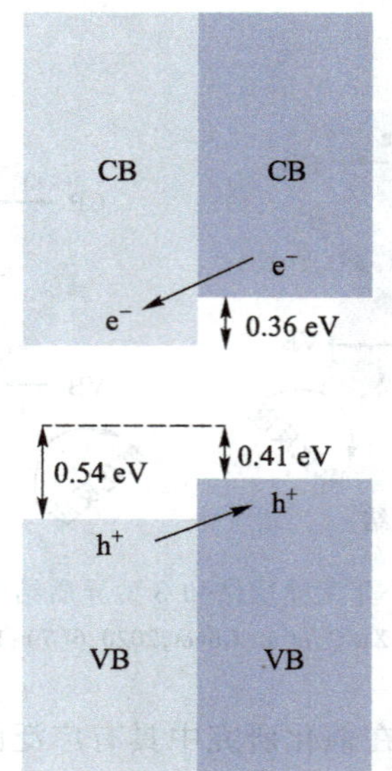

图 3-23　TiO_2(111)纳米片与 TiO_2(101)纳米片晶面结示意图

[本图来源:Gao C, et al. Adv. Mater., 2019, 31(8): 1806596.]

⑥ 分子结。CTF−BT[苯并噻二唑(BT)修饰的共价三嗪骨架]和 CTF−Th[噻吩(Th)修饰的共价三嗪骨架]的 LUMO 能级分别为 1.26 eV 和 1.43 eV,它们的最高占据分子轨道

(HOMO)能级分别为+0.95 eV 和+1.25 eV。构建了杂化 CFT-BT/Th 中分子异质结构的带隙排列如图 3-24 所示。这种异质结构可以驱动光激发的电子和空穴通过异质结反向迁移,从而实现电子与空穴的有效分离。

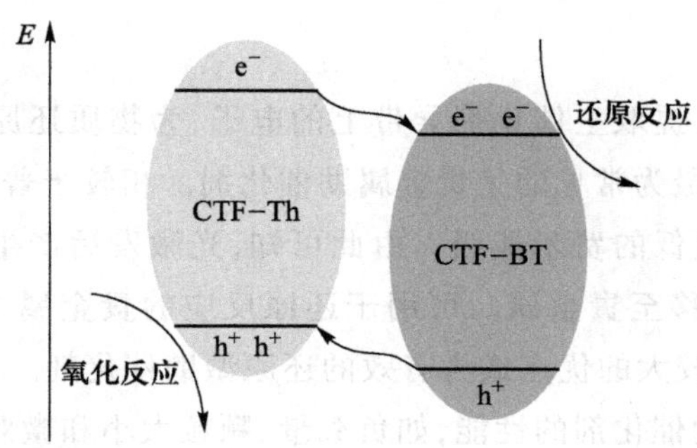

图 3-24 CFT-BT/Th 中分子异质结构示意图

[本图来源:Huang W,et al. Angew. Chem. Int. Ed.,2019,131(26):8768-8772.]

3.3.4 主-助催化剂复合型

在光催化剂表面上修饰助催化剂是设计和构筑高活性、高稳定性光催化材料的重要手段之一。助催化剂的存在能够有效降低反应的活化能,提供表面反应活性位点,能够加快光生电荷迁移并抑制光生电子-空穴的复合以及阻碍反应过程中逆反应的发生,从而避免光催化剂材料的光腐蚀提高其稳定性,同时某些助催化剂的存在还能够扩展催化剂对光的吸收波长范围。常见的助催化剂一般有 Pt、Pd、MoS_2、MXene、RuO_2、NiO_x、IrO_2 等。助催化剂的类型、负载量、结构、尺寸等都是影响光催化剂性能的因素。

由于半导体光催化反应中同时涉及氧化和还原反应,因此助催化剂按照参与的反应也分为氧化和还原助催化剂。它们在提高半导体光催化剂的活性和稳定性中起到了以下五方面的作用:(1) 助催化剂负载在半导体光催化剂的表面,能作为电子或空穴的捕获中心,富集光生电子和空穴。(2) 助催化剂在氧化或还原反应中能降低反应的活化能或过电势。(3) 助催化剂能作为还原或氧化反应的活性中心,促进还原或氧化反应的进行。(4) 助催化剂能够在助催化剂/半导体的界面促进电子和空穴的分离。(5) 助催化剂能有效抑制光腐蚀的发生,提高半导体光催化剂的稳定性。

在光催化领域中,助催化剂的带隙影响着材料的光吸收范围,带隙越宽,能吸收的光的波长越短,则可利用的太阳光范围越受限;反之,助催化剂的带隙越窄,能吸收的光的波长越长,那么可利用的太阳光范围越宽。此外,助催化剂的能带结构位置决定着电子-空穴的氧化还原能力强弱,CB 位置越负,e^-还原能力越强,同理,VB 位置越正,h^+的氧化能力越强。因此,根据半导体助催化剂的能带结构和氧化还原性能,可以将导带较负、光生电子还原能力较强的助催化剂称为还原型助催化剂;对于价带较正、光生空穴氧化能力较强的助催化剂称为氧化型助催化剂。

1. 氧化型助催化剂

氧化型助催化剂可以提取主催化剂价带上的空穴,为物质氧化提供反应场所。目前,常见的氧化型助催化剂是一些贵金属的氧化物(如 RuO_2 和 IrO_2)。除此之外,一些非贵金属的氧化型助催化剂,例如 CoO_x、Co_3O_4、CoP_x、MnO_x、NiO、FeO_x 和 $B_2O_{3-x}N_x$ 也被广泛应用于光催化研究过程中。其中钴的氧化物和其他一些形式的化合物由于突出的助催化性能而备受关注。

2. 还原性助催化剂

还原型助催化剂可以提取主催化剂导带上的电子,为物质还原提供反应场所。还原型助催化剂的种类有很多,最为常见的是贵金属助催化剂。相较于普通的半导体来说,担载贵金属的优势在于其具有更低的费米能级。由此可知,光激发后产生的光生电子不再停留在半导体表面,而是继续迁移至贵金属。可用于还原反应的贵金属主要有 Rh、Pt、Ag、Pd、Ru 等。其中 Pt 因其功函数较大的优点成为有效的还原型助催化剂。

许多因素都能影响助催化剂的性能,如负载量、颗粒大小和微观结构等,一般说来,助催化剂的负载量与光催化体系的活性之间呈现火山形的趋势,一开始半导体光催化剂的性能随着助催化剂负载量的增加而增强。负载量达到最佳值时,该助催化剂/半导体光催化剂体系的活性也达到最高。然而,进一步增加助催化剂的负载量,光催化体系的活性反而会逐渐降低。这是由以下因素造成的:(1) 过多的助催化剂会覆盖半导体光催化剂表面的活性位点,并且阻碍本体光催化剂接触牺牲剂或水分子;(2) 过多的助催化剂可能会屏蔽入射光的照射,从而抑制本体半导体光催化剂对光的吸收和光生电子-空穴对的产生;(3) 高负载量会导致助催化剂粒径的增大,从而导致其表面效应减弱,影响其催化性能;(4) 过量的助催化剂也能作为电荷的复合中心,不利于光生电子和空穴的分离,从而导致催化活性降低。这种现象在助催化剂/半导体光催化剂体系中广泛存在。

影响助催化剂性能的另一个重要因素是颗粒的大小。小尺寸和高分散度的助催化剂负载更能显著增强体系的光催化性能。这是因为在相同的负载量下,更小尺寸的助催化剂具有更大的比表面积和更多的活性位点,从而具有更高的催化活性。另外,光生电子和空穴在小尺寸的助催化剂中更不容易发生体相复合。在某些情况下,小颗粒的助催化剂与催化剂接触时界面间的能垒更低,更有利于光生载流子发生界面转移(例如电子隧道效应)。此外,助催化剂本身的微观结构也在高活性光催化体系中起到重要的作用,如核壳结构主-助催化剂。这种核壳结构的外壳可以抑制 H_2 与 O_2 的逆反应和 O_2 的还原反应,阻止内层金属的腐蚀,增强体系的活性和稳定性。

3.4 光催化剂的一般制备方法

许多半导体材料都可用于光催化剂,如 TiO_2、Bi_2O_3、Nb_2O_5、CdS、Fe_2O_3 等。目前,半导体光催化剂的制备方法有很多,按照制备过程可分为两大类:物理法和化学法。物理法主要是指利用物理加工制备光催化剂的方法,在该过程中,材料结构几乎不发生变化,只在尺寸和结晶程度上有所变化。常用的物理制备技术主要有离子溅射法、磁控溅射法和机械研磨法等。相对于化学法而言,物理法具有可控性强、操作简单等优点。但是物理法也有一定的局限性,如制备成本较高、易引入杂质及很难制得纳米级超细颗粒等。

化学法是指以化学药品为源，在化学过程中，由离子或原子形核，随后再生长的制备方法。化学合成法依照反应环境的不同主要可分为气相法和液相法两大类。采用化学法制备的光催化剂通常具有较高的纯度、较小的尺寸及较好的单分散性，但由于化学合成过程的影响因素远多于物理法，如各种离子浓度、反应温度、时间、pH 和添加剂等，因此化学法的可控性较物理法要低。

3.4.1 水/溶剂热合成法

水/溶剂热合成法是指一种在密封的压力容器中，将一定形式的前驱物放置在高压釜水/非水溶液中，在高温、高压条件下进行反应，再经分离、洗涤、干燥等处理后的制粉方法。图 3-25 为水热合成反应釜实物图。相对于其他粉体制备方法，水/溶剂热合成法制得的粉体具有晶粒发育完整、粒度小、分布均匀、颗粒团聚较轻、可使用较为便宜的原料、易得到合适的化学计量物和晶形等优点。尤其是水/溶剂热法制备陶瓷粉无须高温煅烧处理，避免了煅烧过程中造成的晶粒长大、缺陷形成和杂质引入，因此所制得的粉体具有较高的烧结活性。

图 3-25 水热合成反应釜实物图

水/溶剂热合成法是一种在密闭容器内完成的湿化学方法，与溶胶-凝胶法、共沉积法等其他湿化学方法的主要区别在于温度和压力。例如，水热法通常使用的温度在 130~250 ℃，相应的水的蒸气压为 0.3~4 MPa。相较于气相法和固相法，水/溶剂热法的低温、等压、溶液条件，更有利于生长缺陷极少、取向好的晶体。这种方法能够合成的结晶度较高的产物，且易于控制产物晶体的粒度。通过水热法制备的粉末具有纯度高、分散性好、均匀、分布窄、无团聚、晶形好和形状可控等优势，所制备的反应物活性也得到改变和提高。水/溶剂热法可制备出其他方法难以制备的材料，即克服某些高温制备不可克服的晶形转变、分解和挥发等，能够合成熔点低、蒸气压高、高温分解的物质。水热条件下中间态、介稳态及特殊相易于生成，能合成介稳态或其他特殊凝聚态的化合物、新化合物，并能进行均匀掺杂。

然而，水/溶剂热法也具有一定的局限性，一般只能制备化合物粉体，关于晶核形成过程和晶体生长过程影响因素的控制等方面缺乏深入研究，还没有得到令人满意的结论。另外，水/溶剂热法需要高温高压步骤，使其对生产设备的依赖性较强，这也影响和阻碍了水/溶剂热法的发展。目前水/溶剂热法有向低温低压发展的趋势，即采用温度低于 100 ℃、压力接近 101.325 kPa 的水热条件。

3.4.2　溶胶-凝胶法

溶胶-凝胶法是使用含高化学活性组分的化合物作前驱体，在液相下将这些原料均匀混合，并进行水解和缩合反应，从而在溶液中形成稳定的透明溶胶体系。溶胶经陈化后，胶粒间缓慢聚合，形成三维网络结构的凝胶，凝胶网络间充满了失去流动性的溶剂，形成凝胶。凝胶经过干燥、烧结固化制备出分子乃至纳米亚结构的材料，流程如图 3-26 所示。

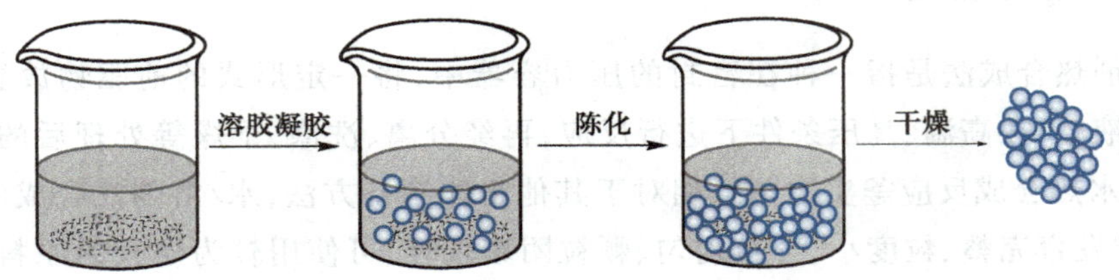

图 3-26　溶胶-凝胶法示意图

溶胶-凝胶法的化学过程首先是将原料分散在溶剂中，然后经过水解反应生成活性单体，活性单体进行聚合，开始成为溶胶，进而生成具有一定空间结构的凝胶，经过干燥和热处理制备出纳米粒子和所需材料。

其最基本的反应是

① 水解反应　　$M(OR)_n + xH_2O \longrightarrow M(OH)_x(OR)_{n-x} + xROH$

② 聚合反应　　$—M—OH + HO—M— \longrightarrow —M—O—M— + H_2O$

$M—OR + HO—M \longrightarrow —M—O—M— + ROH$

与其他方法相比，由于溶胶-凝胶法所用的原料首先被分散到溶剂中而形成低黏度的溶液，因此可以在很短的时间内获得分子水平的均匀性，在形成凝胶时，反应物之间很可能在分子水平上被均匀地混合；另外，由于经过溶液反应步骤，那么就很容易均匀定量地掺入一些微量元素，实现分子水平上的均匀掺杂。与固相反应相比，化学反应容易进行，而且仅需要较低的合成温度，一般认为溶胶-凝胶体系中组分的扩散在纳米范围内，而固相反应时组分扩散是在微米范围内，因此反应容易进行，温度较低。

然而，溶胶-凝胶法也存在一些问题：使用的原料价格比较昂贵；有些原料为对健康有害的有机物；整个溶胶-凝胶过程通常所需时间较长，常需要几天或几周；凝胶中存在大量微孔，在干燥过程中将会逸出许多气体及有机物，并产生收缩。

3.4.3　化学气相沉积法

化学气相沉积法是一种化工技术，该技术主要是利用含有薄膜元素的一种或几种气相化合物或单质，在衬底表面上进行化学反应生成薄膜的方法。化学气相沉积是近几十年发展起来的制备无机材料的新技术。化学气相沉积法已经广泛用于提纯物质，研制新晶体，沉积各种单晶、多晶或玻璃态无机薄膜材料。这些材料可以是氧化物、硫化物、氮化物、碳化物，也可以是Ⅲ-Ⅴ、Ⅱ-Ⅳ、Ⅳ-Ⅵ族中的二元或多元的元素间化合物，而且它们的物理功能可以通过气相掺杂的沉积过程精确控制。

化学气相沉积通常是在中温或高温下，通过气态的初始化合物之间的气相化学反应而形成固体物质沉积在基体上，在常压或者真空条件下均可进行。如果采用特殊辅助技术（如等离子和激光等），可以有效促进化学反应，则沉积可在较低的温度下进行，图 3-27 即为化学气相沉积法示意图。在沉积过程中，沉积层的化学成分可以随气相成分的改变而发生变化，最终获得梯度沉积物或得到混合镀层。化学气相沉积对衬底形状要求不高，可在复杂形状的基体上及颗粒材料上镀膜，适合涂覆各种复杂形状的光催化剂。

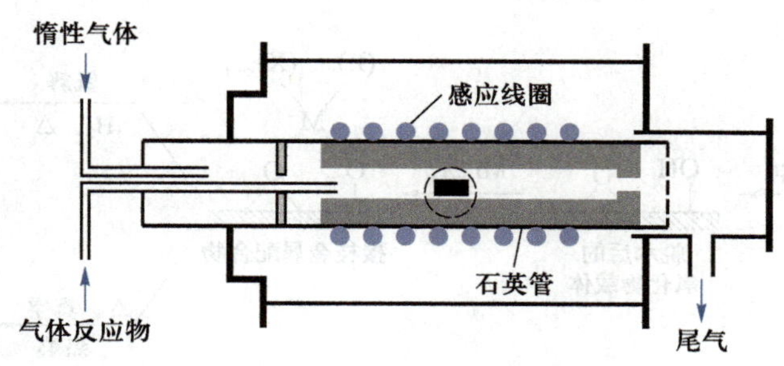

图 3-27　化学气相沉积法示意图

化学气相沉积技术是应用气态物质在固体上产生化学反应和传输反应等并产生固态沉积物的一种工艺，它大致包含三步：(1)形成挥发性物质；(2)把上述物质转移至沉积区域；(3)在固体上产生化学反应并产生固态物质。最基本的化学气相沉积反应包括热分解反应、化学合成反应及化学传输反应等。

3.4.4　光沉积法

光沉积法基于光电效应，首先将金属前驱液、半导体载体和牺牲剂混合在溶液中，再施以光照激发，此时半导体载体吸收足够的能量后会产生激发电子和空穴对，光生电子将金属阳离子还原，从而将金属沉积在半导体上。

进行光沉积必须满足如下四个条件：一是沉积的氧化物（金属）的氧化/还原电势必须处于有利的位置，可以还原或氧化金属前驱物；二是在沉积过程中，入射光的光子能量需要超过半导体的带隙能量；三是需要有效的电荷载流子分离和迁移；四是半导体需要提供足够的活性表面位点以进行光沉积。将 Au、Pt、Ag、Pd 等贵金属，以及 Fe、Mn、Cu、Zn 等非贵金属元素光沉积到光催化剂上，可使得单一金属氧化物变为复合型金属氧化物催化剂，从而大大改善单一光催化剂的各方面性质。

3.4.5　表面有机金属化学

在过去的几十年里，在催化领域出现一个以表面有机金属化学（surface organometallic chemistry，SOMC）为名的新领域，并逐步开辟了表面有机金属催化的道路。表面有机金属化学属于多相催化，在对均相催化和多相催化进行比较分析后出现，并兼具均相催化和多相催化的优点。多相催化的活性位点种类繁多，而且活性位点浓度低，阻碍了催化剂的开发。因此，人们必须能够构建一个明确的活性位点，测试其催化性能，并评估结构与活性的关系，这些将依次用于设计更好的催化剂。

通过将表面有机金属化学的概念和工具转移到多相催化领域,在脱水后的金属氧化物载体表面进行金属配合物与孤立羟基反应,脱除一个或多个配体碎片后,在氧化物表面接枝表面有机金属片段(surface organometallic fragments,SOMFs),形成明确的孤立位点活性中心,如图 3-28 所示。

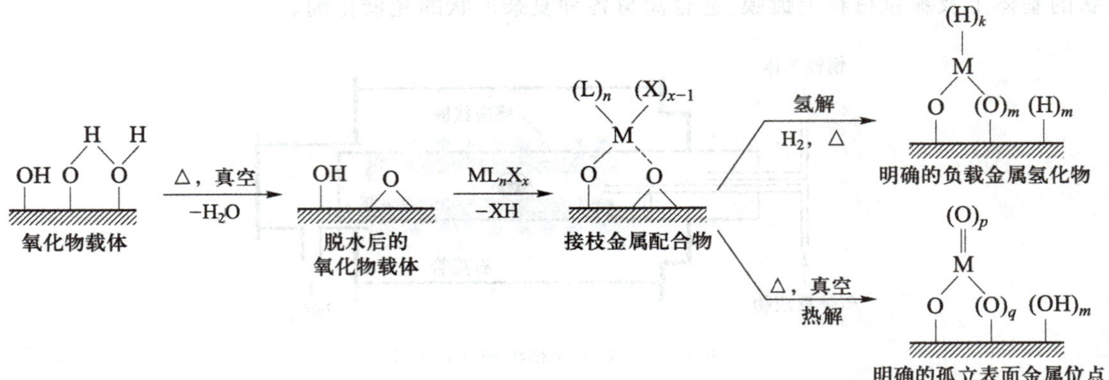

图 3-28 氧化物表面进行的表面有机金属化学示意图

20 世纪 70 年代以来,经过 50 年左右的发展,表面金属有机化学应用的氧化物载体通常有 SiO_2、Al_2O_3、MgO、ZrO_2、沸石和 TiO_2 等,且不同的氧化物载体表面的羟基分布存在差异,即使使用同种金属配合物作为前驱体,反应去除的前驱体分子中的配体数也可能不同,生成的孤立位点活性中心与载体的连接情况亦是存在巨大差异。表面有机金属化学的独特优势之一是能够设计出具有假定催化相关分子的前体,这些分子在接枝后仍然存在,从而可以有效地进入催化循环和/或研究真正的活性物种。这种方法与对这种有意合成的表面物种的光谱特征的详细分析相结合,已被用于开发多种支撑催化剂,广泛应用于需要不同引发物种的工艺中,如烯烃环氧化、氢化、复分解、聚合和烷烃复分解。

此外,在 TiO_2 表面生成的具有相关分子键连的孤立位点活性中心,通过结合不同的后续处理可以制备出不同形态的金属活性中心:单原子活性中心、多核活性中心、纳米颗粒等,并用于光催化水分解制氢和 CO_2 还原等反应。

思 考 题

1. 光催化剂具有什么特征?
2. 常见的单组分光催化剂有哪几类(至少举两类)?每一类举两个例子。
3. 复合光催化剂有哪几种类型?
4. 复合光催化剂的制备方法有哪些?
5. 助催化剂有哪几方面的作用?
6. 非金属离子掺杂所形成的杂质能级在催化剂导带还是价带附近?

第4章

光催化剂基本性能表征

4.1 引　　言

半导体光催化材料的研究内容由三部分组成，即材料合成、催化剂的表征和光催化应用。其中，对半导体光催化剂的重要性能进行表征，是开发高效光催化剂和推进光催化基础理论研究的前提，对于了解半导体光催化剂在特定应用中的光催化活性非常重要。这些特性包括化学成分、物理特性和能带结构等。

具体来说，化学成分包括元素组成和化学状态；物理性质包括物相结构、晶体结构、微观形貌、光吸收、电荷动力学、缺陷、电子结构、配位信息和热稳定性等；能带结构包括导带、价带位置，带隙大小及费米能级。

本章在介绍各种表征技术的基本原理和特点的基础上，还将结合典型应用实例，进一步阐明其在光催化研究中的应用价值，旨在帮助学生选择合适的技术来表征半导体光催化剂。

4.2 化学成分表征

4.2.1 X 射线光电子能谱

X 射线光电子能谱（X-ray photoelectron spectroscopy，XPS）是一种表面分析技术，广泛应用于材料科学、化学、物理学等研究领域。XPS 不仅可以分析样品表面的元素组成，还能确定元素的化学态和电子状态，这对于理解材料的表面化学反应和催化机制至关重要。

1. 基本原理

当一束光子辐照到样品表面时，光子可以被样品中某一元素的原子轨道上的电子所吸收，使得该电子脱离原子核的束缚，以一定的动能从原子内部发射出来，变成自由的光电子，而原子本身则变成一个激发态的离子。

根据爱因斯坦光电发射定律，有

$$h\nu = E_k + E_b + E_r$$

式中，$h\nu$ 为 X 射线源光子的能量；E_k 为出射的光电子动能；E_b 为特定原子轨道上的结合能；E_r 是原子的反冲能量，很小，可以忽略。

因此，可得到下述关系：

$$E_k = h\nu - E_b$$

当固定激发源能量为 $h\nu$ 时，其光电子的能量 E_k 仅与元素的种类和所电离激发的原子轨道有关。因此，可以根据光电子的结合能定性分析物质的元素种类。图 4-1 为 XPS 典型实验设置示意图。

元素所处的化学环境不同，其结合能会有微小的差别，这种由化学环境不同引起的结合能的微小差别叫化学位移，由化学位移的大小可以确定元素所处的状态。例如，某元素失去电子成为离子后，其结合能会增加，如果得到电子成为负离子，则结合能会降低。因此，利用化学位移值可以分析元素的化合价和存在形式。

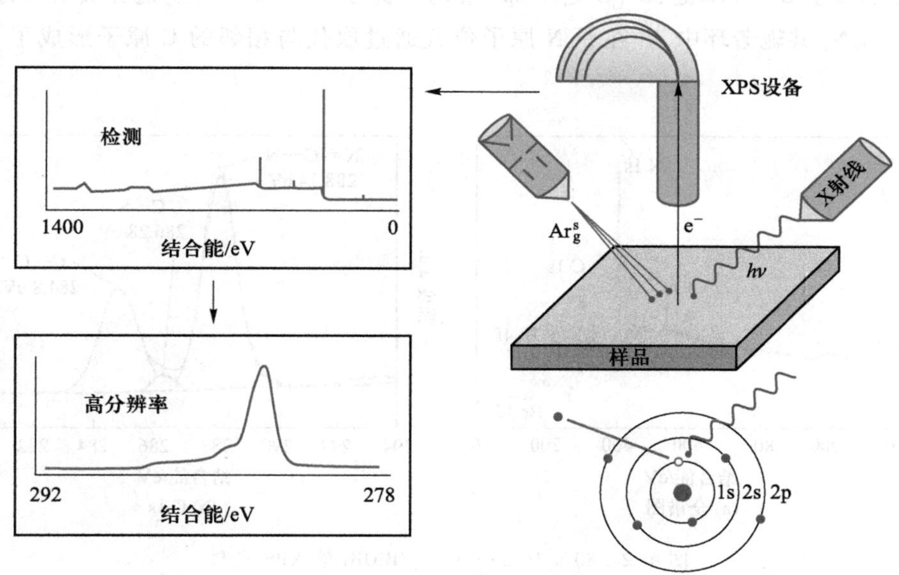

图 4-1 XPS 典型实验设置示意图

2. XPS 技术的功能

(1) 定性分析。根据所测得谱的位置和形状可得到有关样品的组分、化学态、表面吸附、表面态、表面价电子结构、原子和分子的化学结构、化学键合情况等信息。元素定性的主要依据是组成元素的光电子线的特征能量值。XPS 能够分析除 H 和 He 以外的所有元素。此外,XPS 能够通过观测化学位移来判断原子氧化态、原子电荷和官能团等信息。化学位移信息是利用 XPS 进行原子结构分析和化学键研究的基础。

(2) 定量分析。以能谱中各峰强度的比例为基础,把所观测到的信号强度转变成元素的含量,即将谱峰面积转变成相应元素的含量,多采用元素灵敏度因子法,该方法利用特定元素谱线强度作参考标准,测得其他元素相对谱线强度,求得各元素的相对含量。XPS 定量分析除了可以计算不同元素的相对原子浓度外,也可以对同一种元素在不同化学态下的原子相对浓度进行分析。但是同一元素不同化学态下原子的结合能峰位很接近,会叠加在一起形成宽峰。这时要想通过解析这些原子的峰强度比来获得它们的相对含量,就要将宽峰分解成组成它的各个单峰,即去卷积。

(3) 深度剖析。为了获得深度大于 10 nm 的元素化学信息,可以在 XPS 设备的分析室用惰性气体离子轰击,对样品表面进行刻蚀。使用 Ar 离子枪对样品表面进行溅射剥离,通过控制合适的溅射强度及溅射时间,将样品表面刻蚀到一定深度,然后进行取谱分析。为了获得准确的溅射深度,一般采用与被测样品相近或相同的标准物质校准溅射速率,从而根据溅射时间计算得到校准后对应元素分布的溅射深度。

3. 应用实例

郭丽等利用 XPS 研究了 S-g-C_3N_4/BiOBr S 型异质结光催化剂各元素的化学组成和价态分布。图 4-2(a)显示了 80% 10 S-g-C_3N_4/BiOBr 的全谱图和催化剂的元素组成(C、N、S、Bi、O 和 Br)。图 4-2(b)显示了高分辨率的 C 1s 能谱。284.8 eV、286.28 eV 和 288.14 eV

处的峰分别属于 C—C 单键、C—S 键和 sp^2 杂化 C 原子(N═C—N)。这证实了 S 原子被成功引入 g-C_3N_4 共轭芳环中,并在原 N 原子位置通过取代与相邻的 C 原子形成了 C—S 共价键。

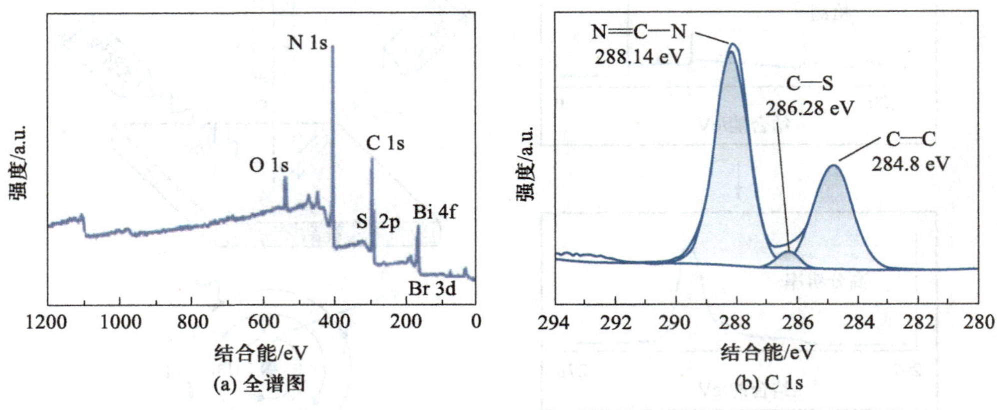

图 4-2　80% 10 S-g-C_3N_4/BiOBr 的 XPS 光谱

[本图来源:Lin S,et al. Small,2024,20(14):2306983.]

4.2.2　X 射线吸收光谱

X 射线吸收光谱(X-ray absorption spectroscopy,XAS)又称 X 射线吸收精细结构(X-ray absorption fine structure,XAFS)光谱,是利用同步辐射 X 射线入射样品前后信号变化来分析材料的元素组成、电子态及微观结构等信息的一种光谱技术。

1. 基本原理

如图 4-3 所示,当强度的 X 射线(I_0)经过透射,穿过样品后,获得的 X 射线的强度(I_t),这两者的强度呈指数关系。XAS 对待测元素的局域结构敏感,不依赖于长程有序结构,且不受其他元素干扰。通过合理分析 XAS 谱图,能够获得相应材料的局域几何结构(如原子种类、数目和所处位置等)及电子结构信息。

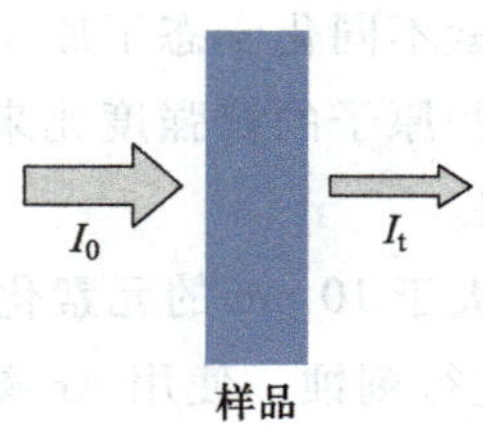

图 4-3　基于比尔定律的 XAS 基本原理

X 射线吸收的物理基础,主要是不同能级间的电子跃迁,而且往往涉及原子的内层能级。由于 X 射线光子能量远大于价电子的束缚能,X 射线主要通过激发原子的内层电子而被吸收,内层电子则被激发到高能级的空轨道或电离成为光电子。原子吸收一个 X 射线光子后,在内层留下一个空穴。外层电子向该空穴跃迁的退激发过程主要有两条途径:荧光过程和俄歇(Auger)过程。当外层电子向内层空穴跃迁时,若多余的能量以一个光子的形式向外辐射，即为荧光过程；若多余的能量将另一个内层电子电离成为光电子发射出去，即为俄歇过程。

在光催化研究中，XAS 常用于分析光催化剂的活性位点和反应过程中电子结构的变化。由于光催化过程涉及光诱导的电子-空穴对产生及其与催化剂表面的相互作用，XAS 可以帮助揭示这些过程中关键的电子转移路径和活性位点的演变。

XAS 对样品的形态要求不高，可测粉末、薄膜及液体等样品，同时又不破坏样品，可以进行原位和高低温测试，具有其他分析技术无法替代的优势，在化学、材料、能源、物理、信息、生物、环境等众多科学领域的研究中发挥着重要作用。

2. 具体应用

（1）催化剂活性位点的识别。通过 X 射线吸收近边缘结构（XANES）光谱可以确定光催化剂中的金属中心的氧化态变化和局部几何结构，例如在光催化水分解反应中，过渡金属催化剂的活性中心的电子结构变化。

（2）配位环境的分析。扩展 X 射线吸收精细结构（EXAFS）光谱分析可以用来研究光催化剂在反应前后的配位环境变化，例如分析金属纳米粒子在光催化过程中的结构演变。

（3）实时观测。使用同步辐射源的 XAS 技术能够进行原位和时间分辨的实验，实时监测催化剂在光催化反应中的动态变化。

3. 应用实例

郑坤等利用 XAS 证实了 Ni 在高负载 Ni 单原子光催化剂（Ni_{SAPs}-PuCN）中的配位结构。图 4-4（a）显示了 Ni_{SAPs}-PuCN 与 Ni 箔、NiO 和 NiPc 的 Ni K-edge XANES 光谱的比较。Ni_{SAPs}-PuCN 的吸收边位置位于 Ni 箔和 NiO 之间，说明 Ni_{SAPs}-PuCN 中 Ni 的价态在 0～+2。样品的 EXAFS 光谱的傅里叶变换如图 4-4（b）所示。Ni_{SAPs}-PuCN 在 1.69 Å 附近有一个主峰，这主要归因于 Ni 原子与第一层（Ni-n）之间的散射相互作用。然而，与 Ni 箔相比，Ni_{SAPs}-PuCN 在 2.17 Å 处没有出现 Ni—Ni 键的峰值。这表明 Ni 以单原子形式存在于 Ni_{SAPs}-PuCN 中。

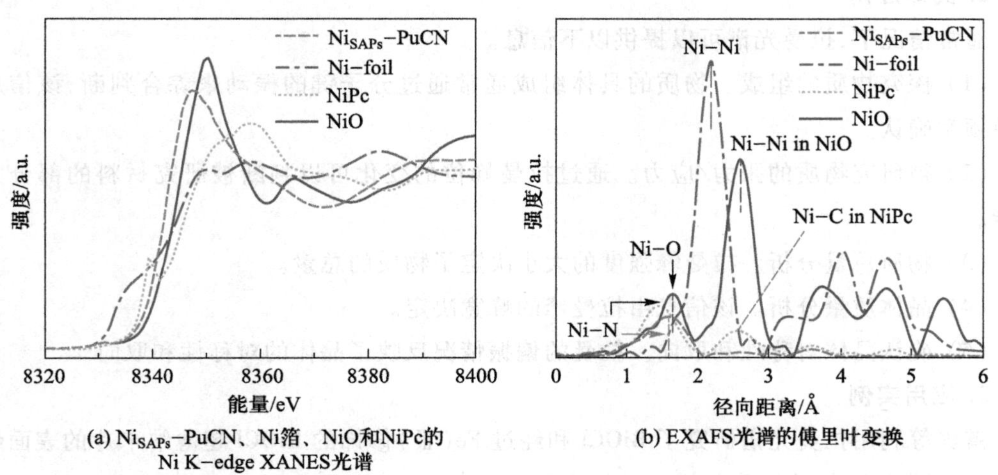

(a) Ni_{SAPs}-PuCN、Ni箔、NiO和NiPc的Ni K-edge XANES光谱

(b) EXAFS光谱的傅里叶变换

图 4-4 Ni_{SAPs}-PuCN 中 Ni 单原子配位结构表征

［本图来源：Zhang X, et al. Nat. Commun., 2023, 14(1): 7115.］

4.2.3 拉曼光谱

拉曼光谱(Raman spectra)是一种散射光谱。拉曼光谱分析法是基于印度科学家 C.V.Raman 所发现的拉曼散射效应,对与入射光频率不同的散射光谱进行分析,以得到分子振动、转动方面信息,并应用于分子结构研究的一种分析方法。拉曼光谱可以提供样品化学结构、相和形态、结晶度及分子相互作用的详细信息。拉曼光谱技术以其信息丰富、制样简单、水的干扰小等独特的优点,在化学、生物学、材料科学等领域有广泛的应用。

1. 基本原理

当激光光源的高强度入射光被分子散射时,大多数散射光与入射激光具有相同的波长(颜色),这种散射称为瑞利散射。然而,还有极小一部分(约 $1/10^9$)散射光的波长(颜色)与入射光不同,其波长的改变由测试样品(所谓散射物质)的化学结构所决定,这部分散射光称为拉曼散射(图 4-5)。入射光频率和拉曼散射光频率之差即为拉曼位移。由于拉曼位移与分子的振动能级有关,因此拉曼散射光谱可以反映物质固有的结构、振动状态和组成的特征信息。

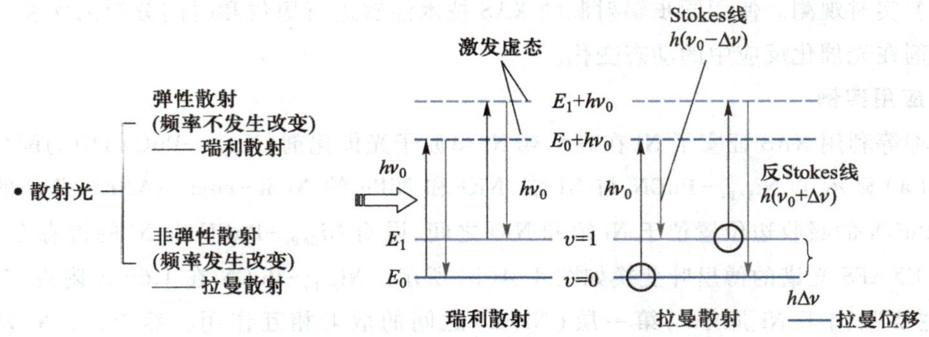

图 4-5 拉曼光谱基本原理

2. 具体应用

通常情况下,拉曼光谱可以提供以下信息。

(1) 探究物质的组成。物质的具体组成通常通过分子键的振动来综合判断,该信息由拉曼频率确认。

(2) 被研究物质的张力/应力。通过拉曼峰位的变化可以判断被研究材料的部分力学性能。

(3) 物质总量分析。拉曼峰强度的大小决定了物质的总量。

(4) 晶体质量分析。该信息由拉曼峰的峰宽决定。

(5) 确认晶体对称性和取向。拉曼的偏振情况反映了晶体的对称性和取向。

3. 应用实例

雷勇等利用拉曼光谱研究了 BiOCl 和经过 Fe(Ⅲ)修饰的 BiOCl 超薄纳米片的表面结构变化。从图 4-6 中可以看出,BiOCl 在 113.7 cm^{-1}、143.7 cm^{-1}、198.2 cm^{-1}和 395.9 cm^{-1}处有 4 个峰,113.7 处的峰来源于 BiOCl 表面或界面振动,143.7 cm^{-1}和 198.2 cm^{-1}处的峰分别对应

于 Bi—Cl 的 A_{1g} 和 E_g 伸缩振动，395.9 cm^{-1} 处的峰来源于氧原子的 B_{1g} 和 E_g 振动。而 Fe(Ⅲ)改性 BiOCl 在 113.7 cm^{-1} 和 395.9 cm^{-1} 处的峰几乎消失，说明 Fe 改性对 BiOCl 表面结构产生了影响。

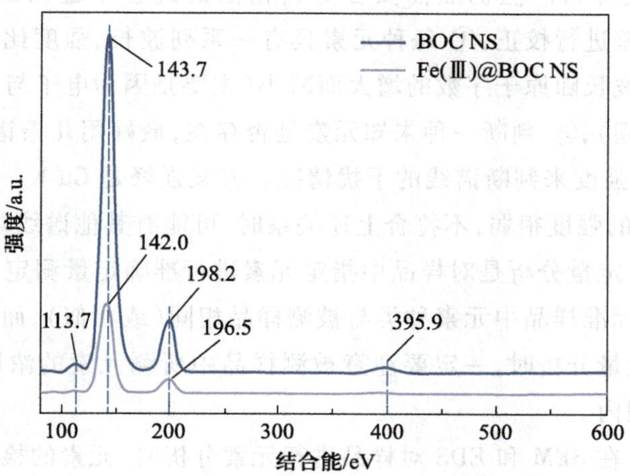

图 4-6　BOC NS 和 Fe(Ⅲ)@BOC NS 的拉曼光谱

（本图来源：Mi Y, et al. Nano Energy, 2016, 30: 109-117.）

4.2.4　X 射线荧光光谱

X 射线荧光光谱（X-ray fluorescence spectrometer, XRF）是一项常规的物质组成分析方法，具有分析速度快、精密度高、不破坏样品等特点，被广泛用于化工、冶金、地质和环保等各个领域。X 射线荧光光谱法分析的样品类型包括固体、粉末、液体等，以固体样品为主，是分析光催化材料的重要技术手段之一。

1. 基本原理

用原级 X 射线激发被测样品，样品中的原子会放射出 X 射线荧光，不同元素的原子所放射出的 X 射线荧光具有特定的能量，通过探测系统检测这些 X 射线荧光的能量和强度，可以获得样品中各元素的定性和定量信息。常见的测试方法为波长色散 X 射线荧光光谱法（图 4-7）。

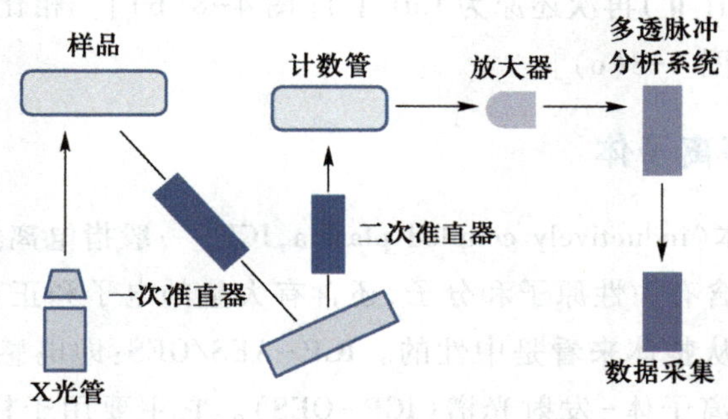

图 4-7　波长色散 X 射线荧光光谱仪基本原理

2. 具体应用

（1）定性分析。Moseley 定律指出了特征 X 射线的波长与元素原子序数对应关系，是定性分析的基础。目前，绝大部分元素的特征 X 射线均已准确测出，只需要将扫描后的图谱通过应用软件匹配谱线即可。但仍然需要在分析谱图的过程中遵循以下的 X 射线规律特点，对仪器分析的误差进行校正：① 每种元素具有一系列波长、强度比确定的谱线；② 不同元素的同名谱线，其波长随原子序数的增大而减小（主要是因为电子与原子核之间的距离缩短，电子结合得更牢固）；③ 判断一种未知元素是否存在，最好用几条谱线，以肯定元素的存在；④ 应从峰的相对强度来判断谱线的干扰情况。若某强峰是 Cu K_α，则 Cu K_β 的强度应是 K_α 的 1/5，当 Cu K_β 的强度很弱，不符合上述关系时，可能有其他谱线重叠在 Cu K_α 上。

（2）定量分析。定量分析是对样品中指定元素进行准确定量测定。定量分析需要以一组标准样品作参考，标准样品中元素种类与被测样品相同（或相似），而且要知道标准样品中所有组分的含量。定量分析时，一定要注意被测样品中所测元素的浓度包含在标准样品中所测元素的含量范围内。

（3）元素分布。在 SEM 和 EDS 对样品进行元素分析时，元素的检测灵敏度只能达到千分之几。而将 XRF 分析应用到元素分析时，通过对 X 射线限束，辐照束斑直径可以减小到 1 mm，能对任何指定区域进行小面积逐点进行元素检测，灵敏度有很大提升。

XRF 测试对样品有特殊的要求：一般情况下只能对固体样品进行分析，如果要测试液体样，也必须经过处理转化成固体后方可测试。在 XRF 测试时，为了尽量减少光线散射，需要对原始样品进行切片或压片处理以获得表面平整的测试样品，同时测试样品的长宽也要小于 45 mm。对于粉末光催化材料，为了获优良的压片测试样品，一般需要至少 5 g 完全干燥的粒度在 200 目以下的均匀粉末。

3. 应用实例

Liu 等使用 X 射线荧光光谱分析了单个 Cu_2O 光催化剂粒子的氧化态的变化。如图 4-8 所示，Cu_2O 粒子 Ⅰ 的（110）晶面在原始状态下的 Cu K 边峰值位于 8981.0 eV，这表明该晶面的氧化态主要为 Cu(I)，并与纯 Cu_2O 的 X 射线吸收谱相匹配。相比之下，Cu_2O 粒子 Ⅰ 的（100）晶面峰值为 8981.5 eV，表明该晶面同时存在 Cu（Ⅰ）和 Cu（Ⅱ）两种氧化态［图 4-8（a）］。当（110）晶面暴露于 H_2O 和 CO_2 环境中几分钟后，峰值分别向高能区移动 1.0 eV 和 1.5 eV，这说明 H_2O 和 CO_2 的共吸附导致 Cu（Ⅰ）转变为 Cu（Ⅱ）；然而，在用 532 nm 激光照射后，峰值又回移 1 eV，表明 Cu（Ⅱ）再次还原为 Cu（Ⅰ）［图 4-8（b）］。相比之下，（100）晶面未观察到类似的峰值移动［图 4-8（c）］。

4.2.5　电感耦合等离子体

电感耦合等离子体（inductively coupled plasma，ICP）一般指电离度超过 0.1% 被电离了的气体，这种气体不仅含有中性原子和分子，还含有大量的电子和正离子，且电子和正离子的浓度处于平衡状态，从整体来看是中性的。ICP-AES/OES：即电感耦合等离子体发射光谱，也称为电感耦合等离子体-发射光谱（ICP-OES）。它主要用于样品中元素的定性（有无）和定量（多少）分析，可以分析元素周期表中 70 多种元素，由于其优良的特性在短时间内

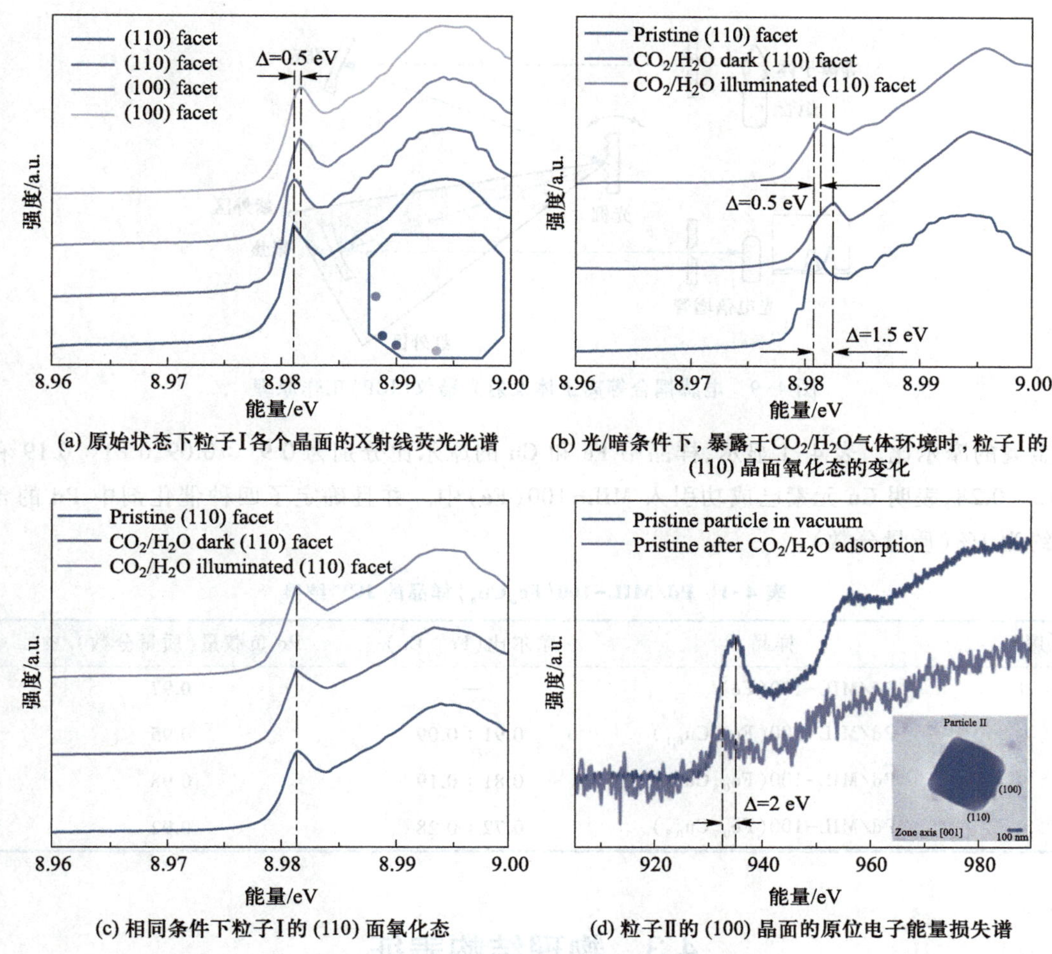

(a) 原始状态下粒子I各个晶面的X射线荧光光谱

(b) 光/暗条件下，暴露于CO_2/H_2O气体环境时，粒子I的(110)晶面氧化态的变化

(c) 相同条件下粒子I的(110)面氧化态

(d) 粒子Ⅱ的(100)晶面的原位电子能量损失谱

图 4-8 在不同工作条件对单个光催化剂 Cu_2O 粒子进行多模态纳米光谱分析

[本图来源：Wu Y A，et al. Nature Energy，2019，4(11)，957-968.]

发展成为元素分析的重要技术。

1. 基本原理

利用等离子体激发光源使样品蒸发汽化，解离或分解为原子状态，并进一步电离成离子状态，原子及离子在光源中激发发光。利用分光系统将光源发射的光分解为按波长排列的光谱，随后利用光电器件检测光谱，根据测定得到的光谱波长对样品进行定性分析，按发射光强度进行定量分析(图 4-9)。

2. 应用范围

(1) 定性分析。通过特征谱线的位置(波长)进行定性。由于每种元素的特征发射谱线不一样，通过几条特征谱线是否存在就可以确定样品中是否存在该元素。定性分析时，所给出的谱图实际上就是全波长范围内的原子发射光谱图(线状谱图)。

(2) 定量分析。通过特征谱线的强度进行定量，定量分析一般采用标准曲线法。

3. 应用实例

Wu 等采用电感耦合等离子体原子发射光谱检测所制备 Pd/MIL-100(Fe_aCu_b)催化剂

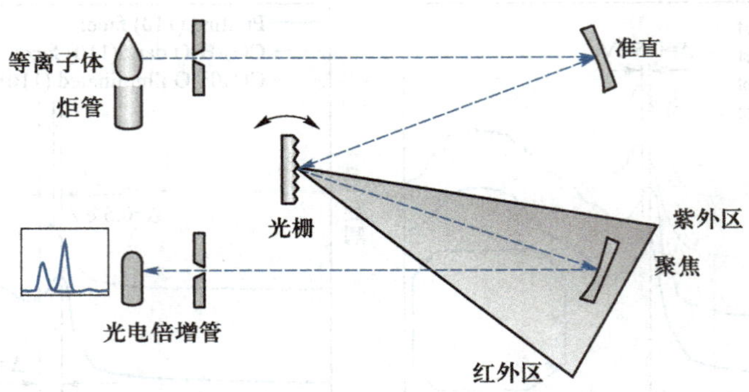

图 4-9 电感耦合等离子体发射光谱仪(ICP)工作原理

中金属的摩尔比。表 4-1 显示，样品中 Fe 和 Cu 的摩尔比分别为 0.91∶0.09、0.81∶0.19 和 0.72∶0.28，表明 Cu 元素已成功引入 MIL-100(Fe)中。并且确定了四种催化剂中 Pd 的含量约为 1%(质量分数)。

表 4-1 Pd/MIL-100(Fe_aCu_b)样品的 ICP 结果

序号	样品	摩尔比(Fe∶Cu)	Pd 负载量(质量分数)/%
1	Pd/MIL-100(Fe)	—	0.97
2	Pd/MIL-100($Fe_{0.9}Cu_{0.1}$)	0.91∶0.09	0.95
3	Pd/MIL-100($Fe_{0.8}Cu_{0.2}$)	0.81∶0.19	0.98
4	Pd/MIL-100($Fe_{0.7}Cu_{0.3}$)	0.72∶0.28	0.92

4.3 物理结构表征

4.3.1 扫描电子显微镜

扫描电子显微镜(scanning electron microscope，SEM)是一种利用电子束与样品相互作用产生的信号来获取样品表面形貌和成分信息的高分辨率显微镜。与传统的光学显微镜相比，SEM 具有更高的分辨率和更深的景深，能够观察到纳米级别的微观结构。

1. 基本原理

(1) 成像原理。扫描电子显微镜电子枪发射出的电子束经过聚焦后会聚成点光源；点光源在加速电压下形成高能电子束；高能电子束经由两个电磁透镜被聚焦成直径微小的光点，在透过最后一级带有扫描线圈的电磁透镜后，电子束以光栅状扫描的方式逐点轰击到样品表面，同时激发出不同深度的电子信号。此时，电子信号会被样品上方不同信号接收器的探头接收，通过放大器同步传送到电脑显示屏，形成实时成像记录(如图 4-10 所示)。由入射电子轰击样品表面激发出来的电子信号有：俄歇电子(Au E)、二次电子(SE)、背散射电子(BSE)、X 射线(特征 X 射线、连续 X 射线)、阴极发光(CL)、吸收电子(AE)和透射电子，每种电子信号的用途因作用深度而异。

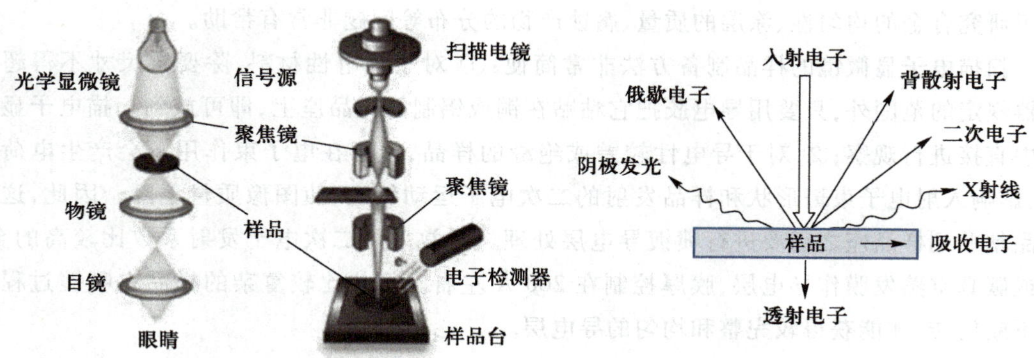

图 4-10 SEM 成像原理

(2) 电子束与样品的作用。

二次电子:入射电子与样品相互作用后,使样品原子较外层电子(价带或导带电子)电离产生的电子,称二次电子。二次电子能量比较低,习惯上把能量小于 50 eV 电子统称为二次电子。二次电子能量低,仅在样品表面 5~10 nm 的深度内才能逸出表面,这是二次电子分辨率高的重要原因之一。

背散射电子:背散射电子是指入射电子与样品相互作用(弹性和非弹性散射)之后,再次逸出样品表面的高能电子,其能量接近入射电子能量(E)背射电子的产额随样品的原子序数增大而增加,所以背散射电子信号的强度与样品的化学组成有关,即与组成样品的各元素平均原子序数有关。

其他信号:透射电子是入射电子的一部分,如果样品很薄,就会产生透射电子,可以用作微区成分分析。特征 X 射线是原子内层电子被轰出后,外层电子向内层跃迁产生的,可以用特征 X 射线判定微区中存在的元素。在入射电子激发样品的特征 X 射线过程中,如果在原子内层电子能级跃迁过程中释放出来的能量并不以 X 射线的形式发射出去,而是用这部分能量把空位层内的另一个电子发射出去(或使空位层的外层电子发射出去),这个被电离的电子称为俄歇电子。俄歇电子特别适用于表面成分分析。

2. 样品制备应用分析

(1) 形貌分析。通过 SE 或 BSE 图像,可以详细观察和分析样品的表面形貌。形貌分析可以揭示材料的加工痕迹、磨损特征、腐蚀情况及其他表面缺陷。通过对比不同样品或同一样品不同区域的图像,可以进行定性或半定量的分析。

(2) 能谱点扫(spot analysis)。在 SEM 中集成的能量色散 X 射线光谱(EDS)分析系统可以对样品上的特定点进行详细的元素分析。点扫分析可以提供该点的元素组成和含量信息,对于识别杂质、夹杂物或特定相的成分至关重要。

(3) 能谱线扫(line scan)。通过在样品上选择一条线,并沿该线连续进行 EDS 分析,可以得到沿线元素分布的变化图。这种技术对于研究材料中的梯度变化、相界面的成分变化和扩散层特别有用。

(4) Mapping。通过对整个选定区域进行系统的 EDS 扫描,可以获得样品表面元素分布的二维彩色图。每种元素都会显示为不同的颜色,从而直观地表示出元素的空间分布。这对于研究合金的均匀性、涂层的质量、腐蚀产物的分布等问题非常有帮助。

扫描电子显微镜的样品制备方法非常简便:① 对于导电性材料,除要求尺寸不得超过仪器规定的范围外,只要用导电胶把它粘贴在铜或铝制的样品座上,即可放到扫描电子显微镜中直接进行观察;② 对于导电性较差或绝缘的样品,由于在电子束作用下会产生电荷堆集,影响入射电子束斑形状和样品发射的二次电子运动轨迹,使图像质量下降。因此,这类样品粘贴到样品座之后要进行喷镀导电层处理。通常采用二次电子发射系数比较高的金、铂或碳真空蒸发膜作导电层,膜厚控制在 200 Å 左右。形状比较复杂的样品在喷镀过程中要不断旋转,才能获得较完整和均匀的导电层。

3. 应用实例

刘亚等通过三步制备工艺在三维泡沫铜上巧妙地合成了分支结构的 Z 型 Co_3O_4/CuO_x 异质结,通过扫描电镜观察了材料制备过程的形貌变化。Co_3O_4/CuO_x 在 Cu 泡沫上作为光催化剂的构建过程如图 4-11 所示。从图 4-11(b~e)所示的 SEM 图像中可以发现,通过图 4-11(f)所示的三步制备工艺,成功合成了 Co_3O_4/CuO_x 纳米分支结构。溶液刻蚀后,排列良好的 $Cu(OH)_2$ 纳米线[图 4-11(c)]自组装在 Cu 泡沫衬底的框架上,其长度约为 5 μm,平均直径约为 300 nm。经过无氧煅烧步骤,形成 Cu_2O 纳米棒[图 4-11(d)]。随后,通过水热步骤将 Co_3O_4 纳米刺均匀生长在 Cu_2O 纳米棒上[图 4-11(e)]。

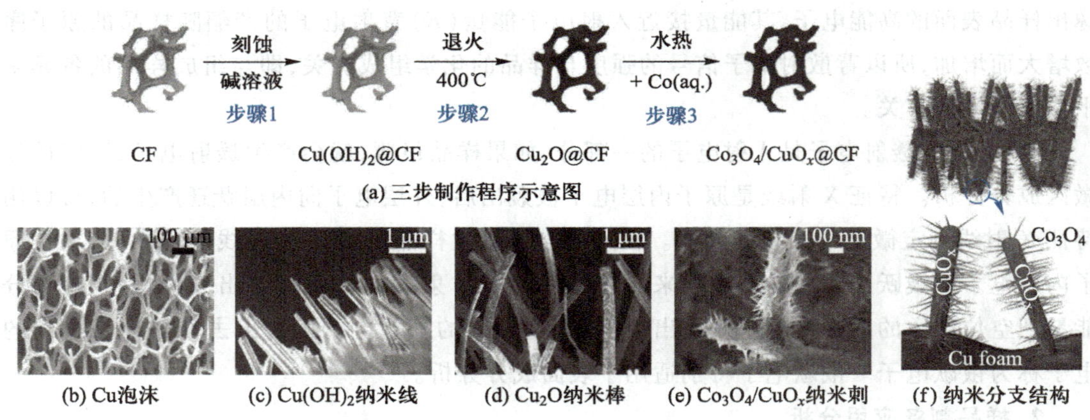

图 4-11　Co_3O_4/CuO_x 在具有纳米分支结构的 Cu 泡沫上的微观形貌示意图

[本图源于 Bai S, et al. ACS Nano, 2023, 17(11): 10976-10986.]

4.3.2　原子力显微镜

原子力显微镜(atomic force microscope, AFM)是一种具有原子级高分辨率的新型仪器,可以在大气和液体环境下对各种材料和样品进行纳米区域的物理性质包括形貌进行探测,或者直接进行纳米操纵。AFM 的应用非常广泛,可以用于研究各种材料和样品的表面形貌和物理性质,如金属、半导体、陶瓷、高分子、生物分子等。此外,AFM 还可以用于纳米操纵,如纳米加工、纳米组装等。

1. 基本原理

利用微小探针"摸索"样品表面来获得信息。在 AFM 中,微悬臂的一端固定,另一端带有一微小针尖，微悬臂的长度通常在几到几十微米之间，针尖的直径则通常在几到几十纳米之间。AFM 工作时，针尖与样品表面轻轻接触，针尖和样品之间的相互作用力会使微悬臂发生形变或振动。这个相互作用力可以是范德华力、静电力、磁力等。通过检测微悬臂的形变或振动，可以推断出样品表面的形貌和物理性质（图 4-12）。

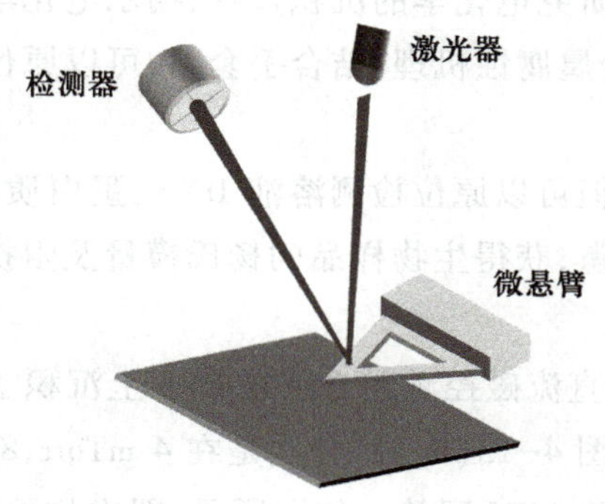

图 4-12　原子力显微镜探针工作示意图

AFM 有三种基本成像模式：

（1）接触式（contact mode）。在接触式中，探针的尖端与样品表面保持物理接触。悬臂因样品表面的不平整而上下移动，这种移动可通过激光和光电探测器系统检测。接触模式可以提供高分辨率的表面形貌图像。接触式能够提供非常高分辨率的图像。由于探针与样品直接接触，因此在分析软材料或生物样品时，可能会对样品或探针造成损伤。

（2）非接触式（non-contact mode）。在非接触式下，探针并不直接接触样品表面，而是在样品表面上方几到几十纳米的距离处进行扫描。探针悬臂被调至其共振频率附近的一个频率振动。当探针接近样品表面时，表面的范德华力等作用力会影响悬臂的振动状态，这种变化可通过激光和光电探测器系统检测。由于没有直接接触，非接触式可以减少对样品的物理损伤，适用于脆弱或软的样品。但是分辨率通常低于接触模式，且可能受到表面吸附层的影响。

（3）轻敲式（tapping mode）。轻敲式又称振动模式或交变接触模式，是一种介于接触模式和非接触模式之间的操作方式。在这种模式下，探针悬臂以接近其共振频率的频率振动，并轻微敲击样品表面。这样可以减少探针与样品之间的摩擦和损伤，同时提供高分辨率的表面图像。轻敲式结合了接触式的高分辨率和非接触式的低损伤特性，适用于多种类型的样品，尤其是软质材料。但是其操作和参数设置相对复杂，可能需要更多的调试时间。

2. 应用范围

（1）材料科学领域。不但可以获得材料表面的 3D 形貌、表面粗糙度和高度等信息，而且可以获得材料表面物理性质分布的差异，如摩擦力、阻抗分布、电势分布、介电常数、压电特性、磁学性质等。

（2）聚合物科学领域。可以获得表面结构及材料的表面物理性质。对样品进行加热，可以研究聚合物的相变过程；结合环境腔，可以研究有机溶剂气氛下聚合物表面结构演变过程，有助于解释聚合物失效机理。

(3) 半导体工业领域。检测基片表面抛光缺陷、图形化结构、薄膜表面形貌及定量的表面粗糙度数据和深度信息，同时可以检测表面缺陷（如电流泄漏、结构缺陷、晶格错位、缺陷密度和传播等）及表面阻抗、电势分布、介电常数、掺杂浓度等，有利于半导体材料的可靠性、均一性和失效性分析。

(4) 电化学领域。原位研究电化学的沉积过程，揭示电化学的反应机理；可以原位研究金属腐蚀过程，有助于解决金属腐蚀机理；结合手套箱，可以原位研究锂电池充放电过程，有利于提高电池效率。

(5) 生命科学领域。不但可以原位检测溶液 DNA、蛋白质、细胞的精细结构，还可以对其进行力学和电学性质的测量，获得生物样品的杨氏模量及阻抗特性。

3. 应用实例

Dwight R. Acosta 等通过直流磁控溅射方法在 FTO 上沉积了 TiO_2 薄膜，使用原子力显微镜研究了薄膜的结构特性。图 4-13(a—c)分别是在 4 mTorr、8 mTorr 和 16 mTorr 下沉积在 FTO 基底上的 TiO_2 薄膜的 3D AFM 照片。如图所示，图中均可以观察到规则的粗糙度和均匀的晶粒尺寸，但在图(b)和(c)中，至少可以观察到两种晶粒尺寸分布，表明存在小晶粒聚结。并且可以观察到，相对于图(b)，图(c)中的晶粒尺寸略有增加。

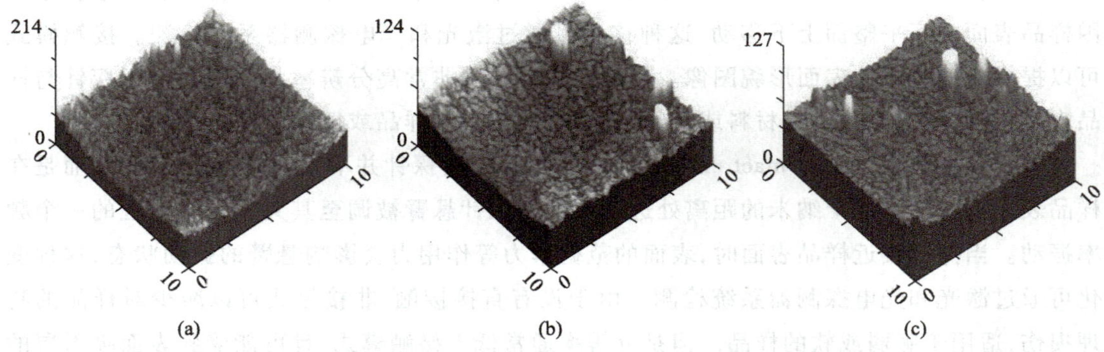

图 4-13　在 4 mTorr、8 mTorr 和 16 mTorr 下沉积在 FTO 基底上的 TiO_2 薄膜的 3D AFM 照片

[本图来源：Acosta D R, et al. Thin solid films, 2005, 490(2): 112-117.]

4.3.3　比表面积和孔径分析

比表面积是指单位质量物料所具有的总表面积。表面积分为外表面积和内表面积两类。理想的非孔性材料只具有外表面积，而有孔和多孔物质同时具有外表面积和内表面积，如催化剂、石棉纤维等。固体材料的颗粒尺寸、粗糙度及孔隙的数量对其比表面积影响显著。

对于一般多相催化反应，在反应物充足和催化剂表面活性中心密度一定的条件下，表面积越大，活性越高。对于光催化反应，它是由光生电子与空穴引起的氧化还原反应，催化剂表面不存在固定的活性中心。因此，表面积是决定反应基质吸附量的重要因素，在晶格缺陷等其他因素相同时，表面积大则吸附量大，有利于光催化反应在表面上进行，表现出更高的活性。

1. 基本原理

半导体光催化材料的比表面积分析通常采用气体吸附法。即将纳米材料样品置于吸附气体(通常为氮气,比表面积极小的样品可选用氪气)的环境中,在低温下样品表面(包括材料外部表面及内部孔道表面)会发生物理吸附现象。当吸附气体达到平衡时,测量平衡吸附压力和吸附的气体量,可得到吸附等温线。根据 BET 方程式,可计算出样品单分子层吸附量,从而计算出样品的比表面积。

BET 是三位科学家(Brunauer、Emmett 和 Teller)的首字母缩写,三位科学家从经典统计理论推导出了多分子层吸附公式,即著名的 BET 方程:

$$\frac{p}{V(p_0-p)}=\frac{1}{V_m C}+\frac{C-1}{V_m C}\cdot\frac{p}{p_0}$$

式中,p 为氮气分压;p_0 为吸附温度下,氮气的饱和蒸气压;V 为样品表面氮气的实际吸附量;V_m 为氮气单层饱和吸附量;C 为与样品吸附能力相关的常数。

BET 方程是颗粒表面吸附科学的理论基础,并被广泛应用于颗粒表面吸附性能研究及相关检测仪器的数据处理中。

2. 应用范围

(1) 比表面积测试。这是 BET 测试中最基本的项目,主要用于测量材料的比表面积。通过吸附-脱附等温线的分析,可以准确地得到样品的比表面积参数。这个参数对于评估材料的活性和接触效率具有重要意义。

(2) 介孔测试。介孔测试不仅可以提供比表面积的数据,还能进一步分析得到介孔(孔径在 2~50 nm)部分的孔容和孔径分布。这对于研究催化剂、吸附剂等材料的孔结构对其性能的影响至关重要。

(3) 全孔测试。全孔测试是最为全面的测试项目,它不仅包括了比表面积和介孔的分析,还能够提供微孔(孔径小于 2 nm)部分的孔容和孔径分布信息。这种测试适用于具有复杂孔结构的样品,如微孔和介孔都存在的材料。

3. 六种吸附等温线

BET 方程是颗粒表面吸附科学的理论基础,并被广泛应用于颗粒表面吸附性能研究及相关检测仪器的数据处理中。

在对光催化材料进行比表面积测量之前,必须对样品进行脱气处理,这一点对于纳米光催化材料尤为重要。其中,孔体积或吸附量在不同孔径范围内(或孔组)的分布,称为孔分布。国际纯粹与应用化学联合会(IUPAC)定义的孔大小分为:微孔(micropore)<2 nm;中孔(mesopore)2~50 nm;大孔(macropore)>50 nm。对孔分布的分析,主要根据热力学的气-液平衡理论研究吸附等温线的特征,采用不同的适宜孔形模型进行孔分布计算。

图 4-14 所示为 IUPAC 提出的物理吸附等温线分类。Ⅰ型等温线在较低的相对压力下吸附量迅速上升,达到一定相对压力后吸附出现饱和值,这归因于微孔填充。达到饱和压力时,可能出现吸附质凝聚。Ⅰ型等温线往往反映的是微孔吸附剂(分子筛、活性炭和某些多孔氧化物)上的微孔填充现象,饱和吸附值等于微孔的填充体积。Ⅱ型等温线一般由非孔或大孔固体产生。B 点通常被作为单层吸附容量结束的标志。Ⅲ型等温线下凹,且无拐点,吸附气体量随组分分压增加而上升。这种等温线在非孔或大孔固体上发生弱的气-固相互作用时出现,并不常见。Ⅳ型等温线由介孔固体产生。典型特征是等温线的吸附曲线与脱附

曲线不一致,可以观察到迟滞回线。在 p/p_0 值较高的区域可观察到一个平台,有时以等温线的最终转而向上结束(不闭合)。Ⅴ型等温线的特征是向相对压力轴凸起。Ⅴ型等温线来源于微孔和介孔固体上的弱气-固相互作用,而且相对不常见。Ⅵ型等温线以其吸附过程的台阶状特性而著称。这些台阶来源于均匀非孔表面的依次多层吸附(如洁净的金属或石墨表面)。实际固体表面大都是不均匀的,因此很难遇到这种情况。这种等温线的完整形式,不能由液氮温度下的氮气吸附来获得。

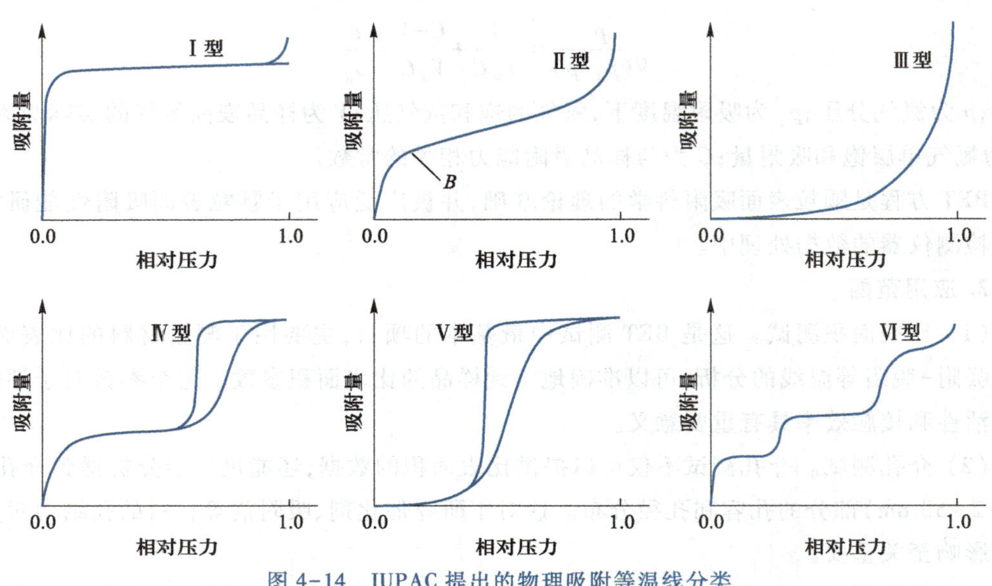

图 4-14 IUPAC 提出的物理吸附等温线分类

4.4 晶体结构表征

4.4.1 X 射线衍射

粉末 X 射线衍射(X-ray diffraction,XRD)是利用 X 射线在晶体物质中的衍射效应对待测样品中各组分的物相结构进行分析的技术。XRD 分析可以确定样品中各组分的结晶情况、所属晶相、晶体的结构参数、各种元素在晶体中的价态、成键状态等。对 XRD 测试结果进行深入分析还可以获得晶粒大小、介孔结构及结构缺陷等信息,因此 XRD 技术已经发展为研究光催化剂微观结构的重要手段之一。

1. 基本原理

利用一束单色 X 射线入射到晶体时,由于晶体中原子规则排列,且原子间距离与 X 射线的波长具有相同的数量级,因此 X 射线会在晶体内部发生衍射(如图 4-15 所示)。不同原子散射的 X 射线相互干涉形成衍射图像,根据衍射图像即可确定晶体内部原子排列情况。晶体衍射图像中不同衍射线条的方位和强度均与晶体结构相关。布拉格方程就是将衍射线条位置、强度和晶体内部结构建立起严格关系的方程式:

$$2d\sin\theta = n\lambda$$

式中，d、θ、λ 分别为晶面间距、掠射角和 X 射线波长；n 为任意正整数。布拉格方程的应用也需要一定的前提条件：① 入射线、反射线和法线应在同一平面上；② 由 $\sin\theta \leqslant 1$ 可得 $\lambda \leqslant 2d/n$，当 $n=1$ 时，$\lambda \leqslant 2d$，即波长与晶面间距数量级相同。若满足以上条件，即可利用布拉格方程对晶体衍射的情况进行定量计算，从而有利于确定晶体内部结构。

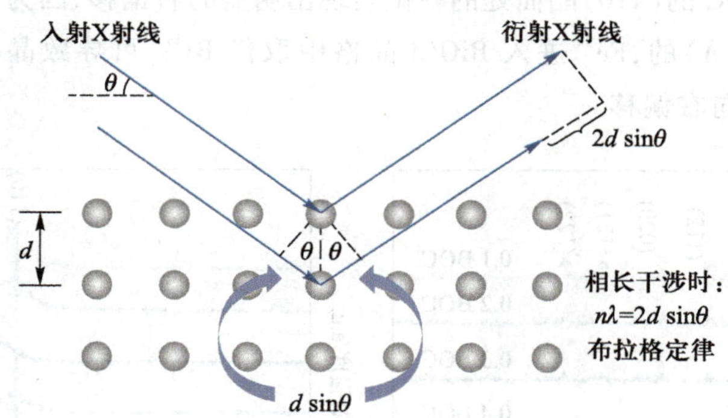

图 4-15　X 射线衍射测试基本原理

2. XRD 的应用

（1）物相分析。物相分析是 X 射线衍射在金属中应用得最多的方面，分为定性分析和定量分析。前者把对材料测得的点阵平面间距及衍射强度与标准物相的衍射数据相比较，确定材料中存在的物相；后者则根据衍射花样的强度，确定材料中各相的含量。在研究性能、各相含量的关系、检查材料的成分配比及随后的处理规程是否合理等方面都得到广泛应用。

（2）结晶度的测定。结晶度定义为结晶部分质量与总的样品质量之比的百分数。非晶态合金应用非常广泛，如软磁材料等，而结晶度直接影响材料的性能，因此结晶度的测定就显得尤为重要。根据结晶相的衍射图谱面积与非晶相图谱面积测定结晶度。

（3）精密测定点阵参数。精密测定点阵参数常用于相图的固态溶解度曲线的测定。溶解度的变化往往引起点阵常数的变化；当达到溶解限后，溶质的继续增加引起新相的析出，不再引起点阵常数的变化。这个转折点即为溶解限。另外，点阵常数的精密测定可得到单位晶胞原子数，从而确定固溶体类型；还可以计算出密度、膨胀系数等有用的物理常数。

（4）纳米材料粒径的表征。纳米材料的颗粒度与其性能密切相关。纳米材料由于颗粒细小，极易形成团粒，采用通常的粒度分析仪往往会给出错误的数据。采用 X 射线衍射线线宽法（谢乐法）可以测定纳米粒子的平均粒径。

（5）晶体取向及织构的测定。晶体取向的测定又称单晶定向，就是找出晶体样品中晶体学取向与样品外坐标系的位向关系。虽然可以用光学方法等物理方法确定单晶取向，但 X 衍射法不仅可以精确地单晶定向，同时还能得到晶体内部微观结构的信息。一般用劳厄法单晶定向，其根据是底片上劳厄斑点转换的极射赤面投影与样品外坐标轴的极射赤面投影之间的位置关系。透射劳厄法只适用于厚度小且吸收系数小的样品，背射劳厄法就无须特别制备样品，样品厚度和大小等也不受限制，因而多用此方法。

3. 应用实例

张博等制备了三维纳米花状自组装 Fe 掺杂 BiOCl 光催化剂，记为 XBOC（X 为 $FeCl_3$ ·

$6H_2O$ 的浓度)。利用 XRD 表征了不同条件下合成的 Fe-BiOCl 光催化剂的结晶度和相组成,如图 4-16(a)所示,所有样品均可与未掺杂 BiOCl 的标准卡片相对应(JCPDS Card No.85-086)。相应的三强峰分别处于 25.9°、32.6°和 33.6°处,所对应晶面分别为 BiOCl 的(101),(110)和(102)晶面,未观察到杂质峰,该结果证实了合成的光催化剂的纯度。如图 4-16(b)所示,0.3 BOC 的(110)晶面处的峰位表现出明显的右偏移,因为 Fe^{3+} 的半径(0.79 Å)小于 Bi 的半径(1.03 Å)的,Fe^{3+} 进入 BiOCl 晶格中取代 Bi^{3+},可导致晶格畸变,晶格常数减小,从而促使衍射峰向右偏移。

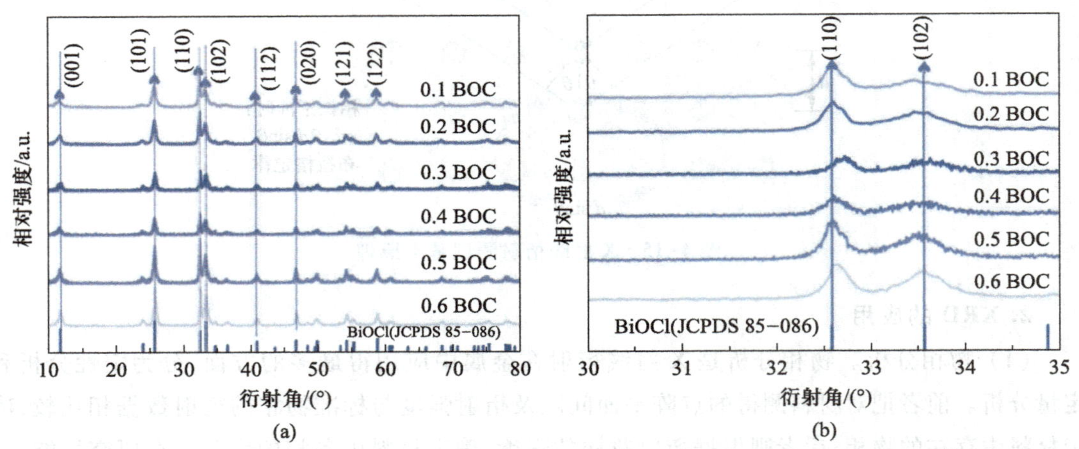

图 4-16　BiOCl/Bi_2WO_6 的 XRD 图谱

(本图来源:Lv H, et al. J. Alloy Compd., 2024, 979:173567.)

4.4.2　透射电子显微镜

透射电子显微镜(transmission electron microscope, TEM)于 1932 年左右发明,是一种以波长极短的电子束作为电子光源,利用电子枪发出的高速的、聚集的电子束照射至非常薄的样品,收集透射电子流经电磁透镜多级放大后成像的高分辨率、高放大倍数的电子光学仪器。

1. 基本原理

由电子枪发射出来的电子束,在真空通道中沿着镜体光轴穿越聚光镜,通过聚光镜将之会聚成一束尖细、明亮而又均匀的光斑,照射在样品室内的样品上。而透过样品后的电子束携带有样品内部的结构信息,样品内致密处透过的电子量少,稀疏处透过的电子量多。经过物镜的会聚调焦和初级放大后,电子束进入下级的中间透镜和第 1、第 2 中间镜进行综合放大成像,最终被放大了的电子影像投射在观察室内的荧光屏板上,随后荧光屏将电子影像转化为可见光影像以供使用者观察(图 4-17)。

在纳米材料领域,TEM 的主要应用包括高精度的结构和组成表征。TEM 结合了倒空间衍射、实空间成像和光谱技术,提供了时间、空间、动量和能量方面的卓越分辨率。TEM 能够在原子级别精确地探测材料的结构、成分、化学状态和电子属性。特别是在纳米材料的相识别、成分及化学状态分析、相演化的原位观察方面显示出高效能。因此,TEM 对半导体光催

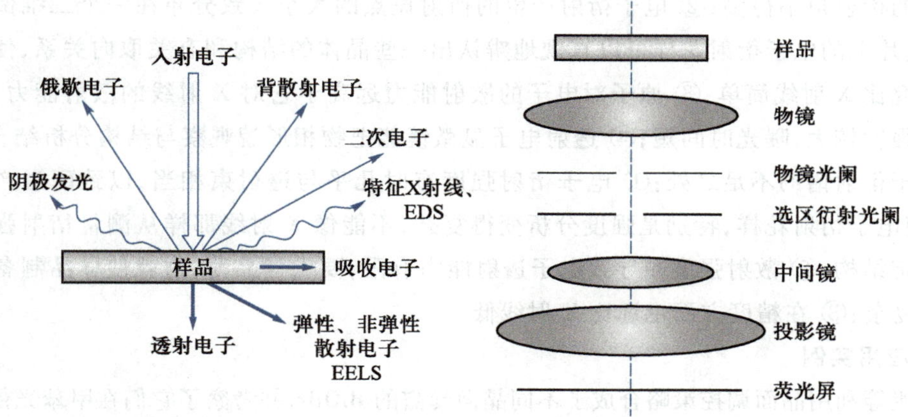

图 4-17 (a)透射电子显微镜的基本工作原理和(b)透射电镜的基本构造

化材料的研究具有重要意义。

2. TEM 分析谱图的类别

(1) 明暗场衬度图像。明场成像(bright-field imaging):在物镜的背焦面上,让透射电子束通过物镜光阑而把衍射束挡掉得到图像衬度的方法。该成像是观察物品形貌的常用手段。形貌观察是 TEM 中最基本的测试项目,一般使用明场像进行形貌观察。明场像中晶粒的衬度与晶粒取向有关,而一般情况下相邻晶粒之间的晶体取向是不同的,因此不同的晶粒有不同的衬度,所以在明场像中能够得以区别不同的晶粒,从而可以进行晶粒尺寸统计。

暗场成像(dark-field imaging):将入射光束方向倾斜一定角度,使衍射束通过物镜光阑而把透射束挡掉所得到的图像衬度的方法。此图像有一定景深,可在微区观察样品表面形貌。利用暗场像,可对晶体缺陷或第二相成像。可以统计晶粒尺寸,特别是塑性变形产生的细晶结构,因畸变严重,明场像下晶粒形貌不明显,利用暗场成像则能更准确地统计晶粒尺寸。

(2) 高分辨 TEM(HRTEM)图像。HRTEM 为相位衬度像,它是参与成像的所有衍射光束和透射光束由于相位差所产生的干涉图像,用于观察晶体内部结构、原子排布和许多精细结构(如位错、孪晶等),能够得到晶格条纹像、结构像和单个原子像这样分辨率较高的图像信息。高质量 HRTEM 像的拍摄,需要较高要求的待测样品:样品足够薄(弱相位近似),厚度小于 10 nm。

(3) 电子衍射图像。TEM 电子衍射谱是一种基于电子衍射现象的结构表征技术。当在常规 TEM 中折射到样品并继续穿透时,电子束与样品中的原子相互作用,并产生一系列多晶性、晶格畸变或表面缺陷等所引起的散射衍射点,这些点具有特定的位置和强度因子,其分布可以用来表征样品的晶体结构和微观缺陷。电子衍射的基本原理是布拉格定律,即衍射峰的位置由平面间距(d)和入射电子的波长(λ)共同决定。当电子穿过样品时,它们会与原子核和周围电荷发生相互作用,并散射成不同的方向,形成交叉的散射光束,这些散射光束将描绘出从样品中传播出的类似于干涉图案的电子衍射样板图。通过仔细观察和测量这些干涉图案的位置及强度符号,可以计算出各个晶面的间距和其他晶体学参数,进而研究样品的晶体结构和微观缺陷。

电子衍射谱的优点:① 电子波波长比 X 射线波长短得多,在同样满足布拉格条件时,电

子衍射的衍射角小得多；② 电子衍射产生的衍射斑点的大小大致分布在一个二维倒易截面上，从底片上的电子衍射花样可以直观地辨认出一些晶体的结构和有关取向关系，使晶体结构的研究比 X 射线简单；③ 原子对电子的散射能力远高于它对 X 射线的散射能力，电子衍射束的强度较大，曝光时间短；④ 透射电子显微镜能把物相形貌观察与结构分析结合起来。

电子衍射谱的不足之处：① 电子衍射强度有时几乎与透射束相当，以致两者产生交互作用，使电子衍射花样，特别是强度分析变得复杂，不能像 X 射线那样从测量衍射强度来广泛的测定结构；② 散射强度高导致电子透射能力有限，要求样品薄，这就使样品制备工作较 X 射线复杂；③ 在精度方面也远比 X 射线低。

3. 应用实例

董帆等利用晶面调控策略合成了不同晶面暴露的 BiOBr，并考察了它们在甲苯光催化选择性氧化中的性能。通过简单的一步水解法制备 H-BiOBr 光催化剂，在乙二醇（EG）和季铵盐（CTAB）的辅助下分别得到 E-BiOBr 和 EC-BiOBr 光催化剂。通过 TEM 对样品的晶面变化进行了表征。如图 4-18(a) 所示，H-BiOBr 的形貌呈纳米片状，其高倍图像［图 4-18(d,g)］显

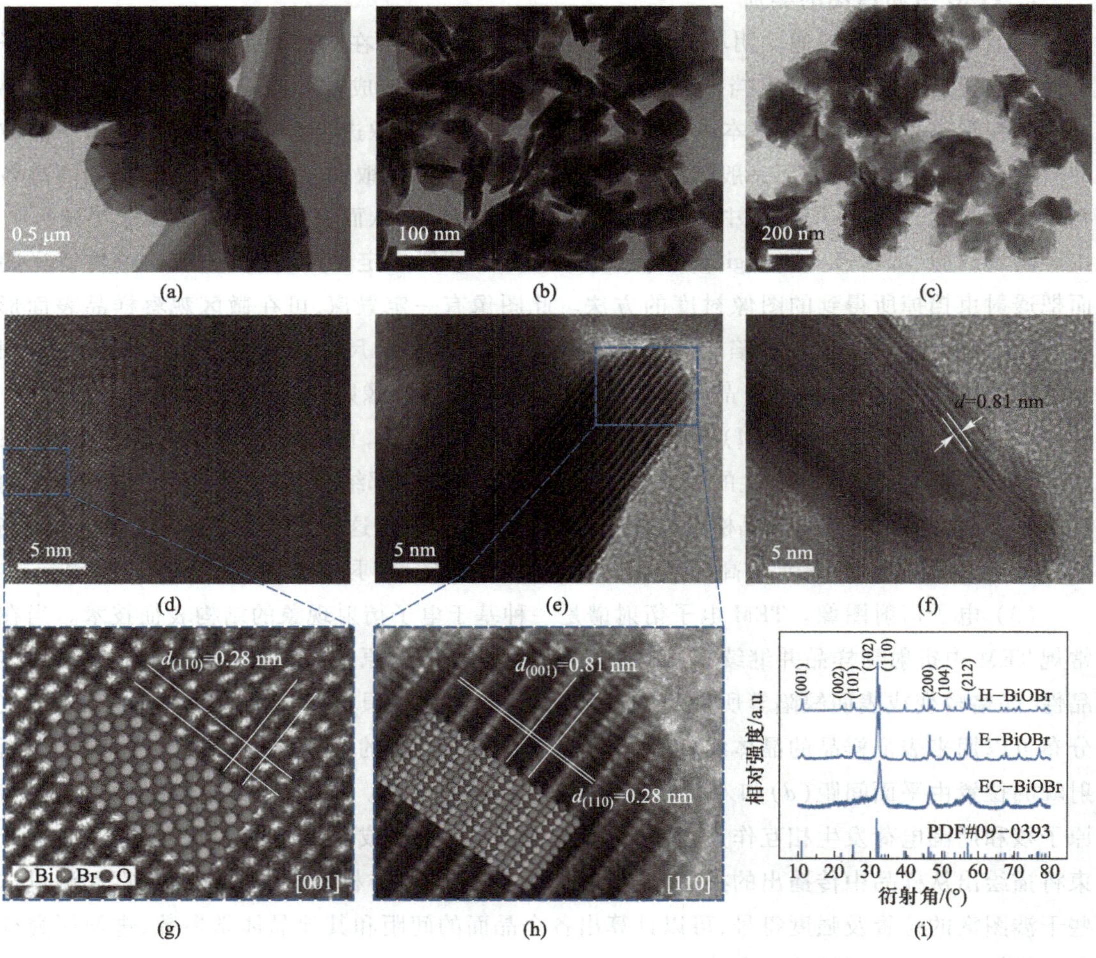

图 4-18　H-BiOBr(a,d,g)、E-BiOBr(b,e,h) 和 EC-BiOBr(c,f) 的 TEM 和 HRTEM 图像及催化剂的 XRD 图谱(i)

［本图来源：Zhou G, et al. ACS Catalysis, 2024, 14(7): 4791-4798.］

示晶格间距为 0.28 nm，对应于 BiOBr 的(110)面。根据劳厄方程，其暴露面为(001)面，模拟离子在 BiOBr(001)面上的投影与 HRTEM 中原子的排布完全一致[图 4-18(g)]。添加 EG 后，E-BiOBr 的 TEM 图像中同时观察到纳米片和纳米块[图 4-18(b)]，纳米块的高倍像中可以指示出 0.81nm 和 0.28 nm 的晶格间距[图 4-18(h)]，表明 E-BiOBr 的暴露面转变为(001)和(110)平面的混合。为了进一步调控 E-BiOBr 的暴露面，加入常用的表面活性剂 CTAB 来制备 EC-BiOBr，结果 EC-BiOBr 的形貌为花状纳米晶，在其 HRTEM 中可以指示出 0.81 nm 的晶格间距，表明(110)平面成为其暴露面[图 4-18(c,f)]。粉末 X 射线衍射法[XRD，图 4-18(i)]也观察到了 H-BiOBr、E-BiOBr 和 EC-BiOBr 中暴露面的变化。

4.5 光吸收测试

在能量方面，可见光占太阳光的 40%左右，远高于紫外光(图 4-19)。因此，提高光催化剂在可见光区域的利用率有助于提高其光催化活性。

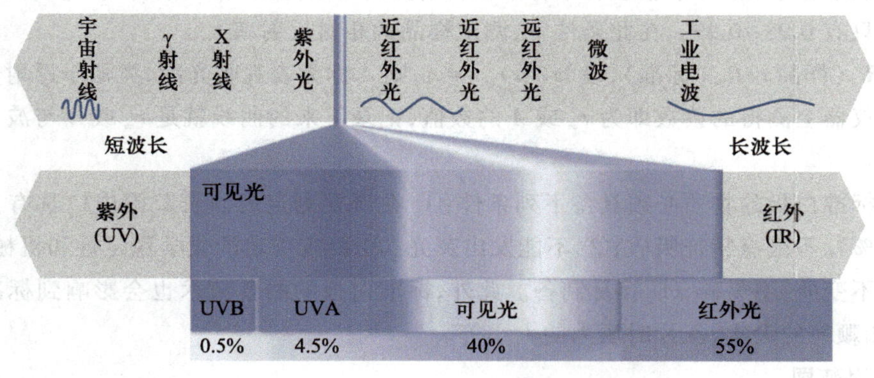

图 4-19 全光谱与能量占比图

4.5.1 紫外-可见漫反射光谱

光催化材料的光学特性通常通过紫外-可见漫反射光谱(UV-vis diffuse reflection spectra，DRS)进行实验研究。DRS 是光催化材料的表征应用比较多，常见为测试材料本身的对光吸收能力，通过换算可以计算材料的带隙值。

1. 基本原理

在对固体光催化剂进行测量时，光束首先照射固体粉末表面，然后发生反射和散射，对前者来说，反射光的方向固定，固体不吸收光。而对后者来说，由于光进入了样品内部，会发生多次反射、折射、散射和吸收，最后再从样品的表面出来，反射光方向不固定，也因此被称为漫反射(图 4-20)。同时由于光与样品内部分子充分作用，漫反射出来的光也能携带大量样品结构和组织信息。

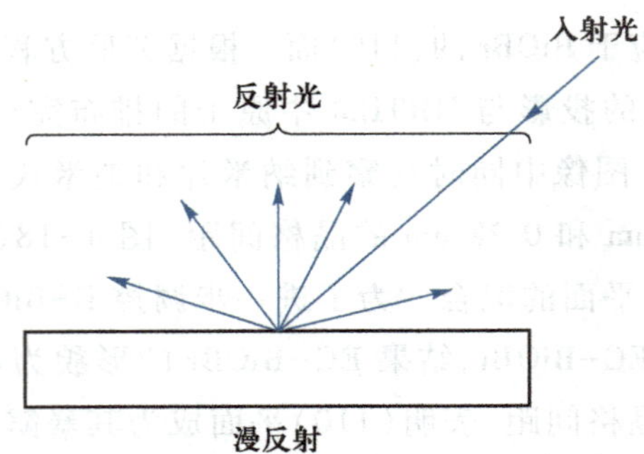

图 4-20　物体漫反射示意图

漫反射满足 Kubelka-Munk 方程：

$$\lg F(R_\infty) = \lg K - \lg S = \lg \frac{(1-R_\infty)^2}{2R_\infty}$$

式中，K 为吸收系数；S 为散射系数；R_∞ 表示无限厚样品的反射率；$F(R_\infty)$ 称为减免函数或 Kubelka-Munk 函数。

由于要测定绝对反射率是相当困难的，实际测量的是相对一个标准白板（一般为 $BaSO_4$ 或者 MgO）的相对反射率。假设标准样品在所研究的光谱范围内不吸收，则 R_∞（标准）= 1，实际上一般只有 0.98～0.99。在此条件下，测定样品的相对反射率 r_∞。

$r_\infty = R_\infty$（样品）/R_∞（标准），设 $\lg(1/r_\infty) = A$，则 A 称为表观吸光度，类似于透射光谱的吸光度。在仪器上测得的读数即为 r_∞ 或 A 的数值，记录下来的曲线就是 r_∞ 或 A 与波长关系的光谱曲线。

作为标准白板的物质必须具备下列条件：① 在所要测定的波长范围内应具有良好的反射率（100%），不能有特征吸收；② 不能发出荧光；③ 要有一定的化学稳定性和机械性能，长期使用后不变质，不易碎；④ 容易制备。此外，标准白板的制备技术也会影响到标准白板的反射率，如颗粒的大小、压片时压力的大小等。

2. 应用范围

研究固体表面的吸附。固体的表面吸附可分为两种，一种叫作物理吸附，另一种叫作化学吸附。物理吸附是分子以范德华引力与吸附剂表面相连接，而化学吸附则是被吸附分子与吸附剂表面生成了化学键（离子键、共价键、配位键等）。物理吸附的结果使分子发生变形，形成诱导的不对称性，使分子的极性发生变化，在吸收光谱中就会出现谱带的位移；而化学吸附的结果则使分子的结构发生变化，从而在吸收光谱中出现新的谱带。

研究固体物质之间的反应。将所得紫外-可见漫反射光谱与标准谱图或者文献记录谱图对比可以研究催化剂表面过渡金属离子及其配合物的结构、氧化状态、配位状态等。催化剂经过配方、成型、煅烧等之后，可以通过紫外-可见漫反射光谱来确定催化剂与载体之间发生的反应和生成的物质。

研究催化剂的光吸收性能。通过观察吸收谱图中对应波长的吸收强度可直接对样品的光吸收性能进行评估。

应用实例。朱永法等合成了萘酰亚胺（NDINH）/苝酰亚胺（PDINH）超分子共组装催化剂，利用固体紫外-可见漫反射光谱（图 4-21）表明，NDINH/PDINH 的吸收边缘为 720 nm，其

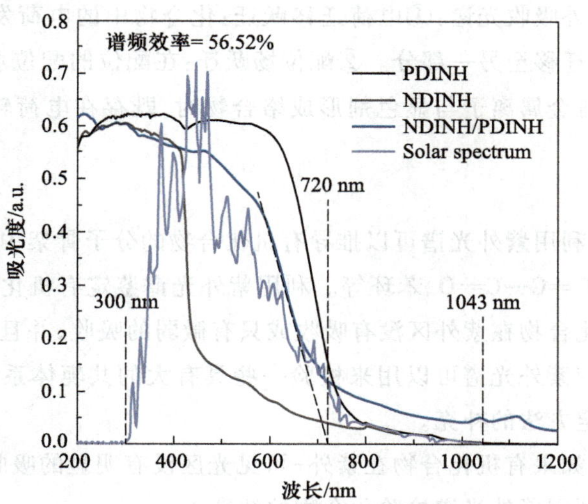

图 4-21 不同样品的紫外-可见漫反射光谱

[本图来源:Xu X,et al. Angew. Chem. Int. Ed.,2024,63(5):e202308597.]

光谱效率高达 56.52%,可以充分覆盖和利用太阳能光谱。

4.5.2 紫外-可见吸收光谱

紫外-可见分光光度法,又称紫外-可见吸收光谱法(ultraviolet-visible absorption spectrum),是以紫外线-可见光区域(通常波长 200~800 nm)电磁波连续光谱作为光源照射样品,研究物质分子对光吸收的相对强度的方法。

1. 基本原理

物质的吸收光谱本质上就是物质中的分子、原子等,吸收了入射光中某些特定波长的光能量,并相应地发生跃迁吸收的结果。紫外-可见吸收光谱就是物质中的分子或基团,吸收了入射的紫外-可见光能量,产生了具有特征性的带状光谱。

在有机化合物分子中有形成单键的 σ 电子、形成双键的 π 电子及未成键的孤对 n 电子。当分子吸收一定能量的辐射能时,这些电子就会跃迁到较高的能级,此时电子所占的轨道称为反键轨道,而这种电子跃迁同内部的结构有密切的关系。在紫外吸收光谱中,电子的跃迁有 $\sigma\rightarrow\sigma^*$、$n\rightarrow\sigma^*$、$\pi\rightarrow\pi^*$ 和 $n\rightarrow\pi^*$ 四种类型(图 4-22),各种跃迁类型所需要的能量依下列次序降低:$\sigma\rightarrow\sigma^* > n\rightarrow\sigma^* > \pi\rightarrow\pi^* > n\rightarrow\pi^*$。

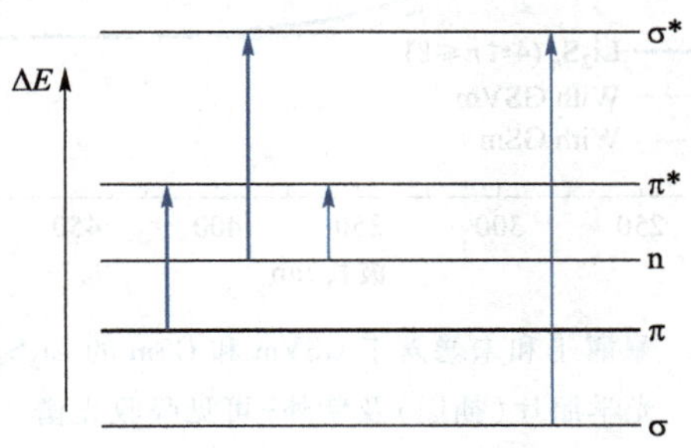

图 4-22 有机化合物中电子跃迁类型

无机化合物的紫外吸收光谱：①电荷迁移跃迁：化合物中的电荷发生重新分布，导致电荷从化合物的一部分迁移至另一部分。②配位场跃迁：在配位的配位场作用下，产生 $d \to d^*$ 和 $f \to f^*$ 跃迁。当过渡金属离子与显色剂形成络合物时，既存在电荷转移吸收，又存在配位体吸收。

2. 应用范围

化合物的鉴定。利用紫外光谱可以推导有机化合物的分子骨架中是否含有共轭结构体系，如 C═C—C═C、C═C—C═O、苯环等。利用紫外光谱鉴定有机化合物远不如利用红外光谱有效，因为很多化合物在紫外区没有吸收或只有微弱的吸收，并且紫外光谱一般比较简单，特征性不强。利用紫外光谱可以用来检验一些具有大的共轭体系或发色官能团的化合物，可以作为其他鉴定方法的补充。

(1) 纯度检查。如果有机化合物在紫外-可见光区没有明显的吸收峰，而杂质在紫外区有较强的吸收，则可利用紫外光谱检验化合物的纯度。

(2) 异构体的确定。对于异构体的确定，可以通过经验规则计算出 λ_{max} 值，与实测值比较，即可证实化合物是哪种异构体。

均相溶液催化体系吸光性能评估。催化剂在溶液中可分散溶解的前提下，直接对液体催化体系进行紫外-可见吸收光谱测试，可直接对催化体系的吸光性能进行评估。

应用实例：郭熠等利用紫外-可见吸收光谱对比了溶液中多硫化锂的含量，从而进一步对比了样品 GSVm 和 GSm 对多硫化锂的吸附能力的强弱。将样品 GSVm 和 GSm 分别放入相同浓度的多硫化锂溶液中，静置一段时间。样品吸附多硫化锂后，溶液中的多硫化锂浓度改变。如图 4-23 所示，测定吸附后溶液的紫外-可见吸收光谱，对比吸收峰的强弱，可以看出相较于原始的多硫化锂溶液，加入样品 GSVm 和 GSm 吸附后的多硫化锂溶液吸收峰强度均降低，并且加入样品 GSVm 吸附后的多硫化锂溶液吸收峰强度下降更多，说明样品 GSVm 吸附多硫化锂能力更强，使溶液中多硫化锂浓度下降更多。

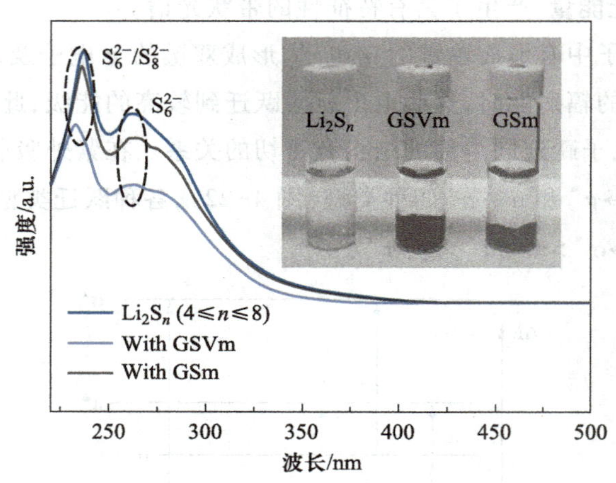

图 4-23　暴露于和未暴露于 GSVm 和 GSm 的 Li_2S_n 溶液的光学照片（插图）及紫外-可见吸收光谱

[本图来源：Guo Y, et al. J. Mater. Chem. A., 2018, 6(40): 19358-19370.]

4.6 光生电荷动力学

4.6.1 光致发光光谱

光致发光(photoluminescence,PL)光谱在光催化领域中是一种关键的表征技术,广泛用于研究光催化材料的电子结构、缺陷态和光生载流子的行为。PL 光谱能够提供光催化材料的带隙信息,揭示缺陷态和杂质对光催化性能的影响,同时通过分析激子的复合行为,评估光生载流子的分离效率。尤其是在时间分辨光致发光(TRPL)技术的帮助下,可以进一步了解载流子寿命和动力学过程,为优化光催化材料的设计和提高光催化反应效率提供重要依据。

1. 基本原理

光致发光光谱通过光激发材料中的电子,使其跃迁到更高的能级,然后通过检测电子返回基态时发射的光子,获得材料的发光特性(图 4-24)。光致发光大致经过光激发、能量传递及光发射三个主要阶段,光的吸收和发射都发生于能级之间的跃迁,都经过激发态。而能量传递则是由于激发态的运动。

(1) 光激发。样品受到紫外或可见光的照射,导致材料中的电子跃迁到高能态,在价带留下空穴,电子和空穴各自在导带和价带中占据最低激发态,即导带底和价带顶,成为准平衡态,也是一种暂态,不稳定状态。

(2) 能量传递。准平衡态下的电子和空穴复合发光,产生特定波长的光子,激发的电子在一段时间后返回到低能态。

(3) 光发射。在电子返回低能态的过程中,释放出能量,以光子的形式发射出来。电子跃迁到不同的低能级,就会发出不同的光子,但是发出的光子能量肯定不会比吸收的能量

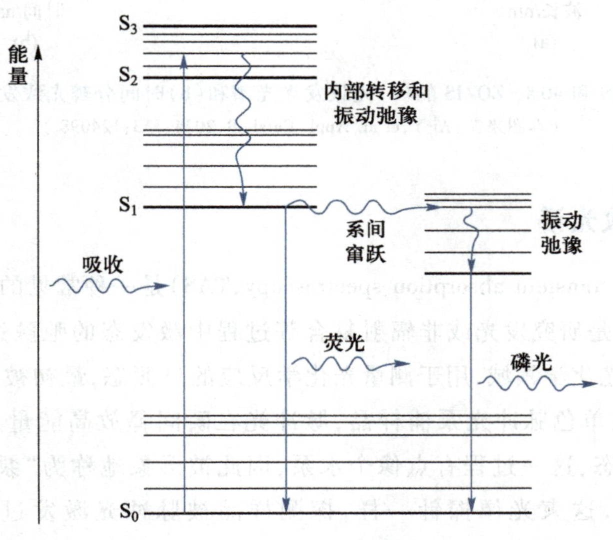

图 4-24 光致发光光谱的基本原理

大。这发射的光子具有不同的波长，可用于研究材料的性质。通过探测光的强度或能量分布得到曲线，形成光致发光谱。

2. 光谱应用

在光催化过程中，半导体光催化剂在光的激励下，电子从价带跃迁至导带，并在价带上留下空穴，电子和空穴的复合，将导致光致发光，进而形成不同波长光的强度或能量分布的光谱图。光致发光过程包括荧光发光和磷光发光。光致发光的峰越强，离开导带并与空穴发生复合的电子越多，产生的光子能量越多，进而说明电子和空穴的复合率越高，即两者分离效率越低。

3. 应用实例

熊贤强等使用光致发光光谱和时间分辨光致发(TRPL)光谱研究了 S 型 ZnO/In_2S_3 异质光催化剂中光诱导电子的复合和分离动力学。如图 4-25 所示，相比单独的 In_2S_3，ZnO/In_2S_3 的稳态 PL 强度降低，说明电荷载流子的复合显著减少。TRPL 光谱显示 ZnO/In_2S_3 具有更长的平均衰减寿命，这表明有效地分离了光生电子和空穴，从而延长了载流子的寿命。

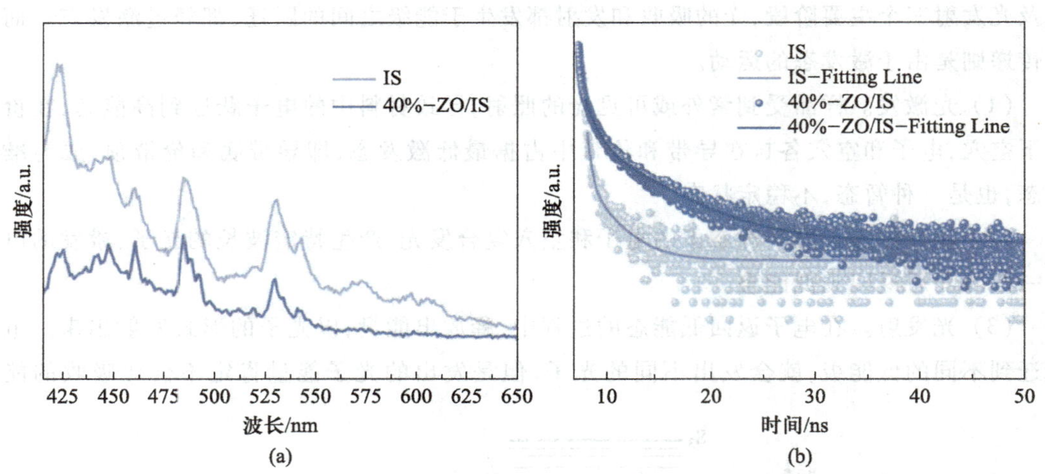

图 4-25　IS 和 40%-ZO/IS 的(a)光致发光光谱和(b)时间分辨光致发光衰减光谱

(本图来源：Ai Y, et al. Appl. Catal. B, 2024, 353: 124098.)

4.6.2　瞬态吸收光谱

瞬态吸收光谱(transient absorption spectroscopy, TAS)是一种常见的超快激光泵浦-探测(pump-probe)技术，是研究发光或非辐射复合等过程中激发态的弛豫过程的有力工具。瞬态吸收最早诞生于光化学领域，用于测量光化学反应的过渡态，最初被命名为“闪光解”，顾名思义，就是用一束单色脉冲光泵浦样品，脉冲光在瞬间释放高能量，将分子或原子能级从基态提升到激发态，这一过程有点像个水泵，因此被形象地称为“泵浦”，同时用另一束宽带白光照射样品，这束光像探针一样，探测样品被脉冲光激发过程中光吸收发生的变化。

1. 基本原理

所谓泵浦-探测技术,指的是利用光泵脉冲将样品激发到激发态,随后用探针脉冲监测回到基态的弛豫过程的这样一种技术。如图 4-26 所示,在该技术中,需要使用两个具有时间延迟的飞秒脉冲,其中能量较高、时间较前的作为泵浦光(pump),能量较低、时间延后的作为探测光(probe),分别对样品分别进行激发和探测。对于泵浦探针技术而言,时间分辨率本质上是由激光的脉冲宽度决定的,其带宽在几百千兆赫兹到太赫兹之间,目前,实现的最短脉宽小于 10 fs。

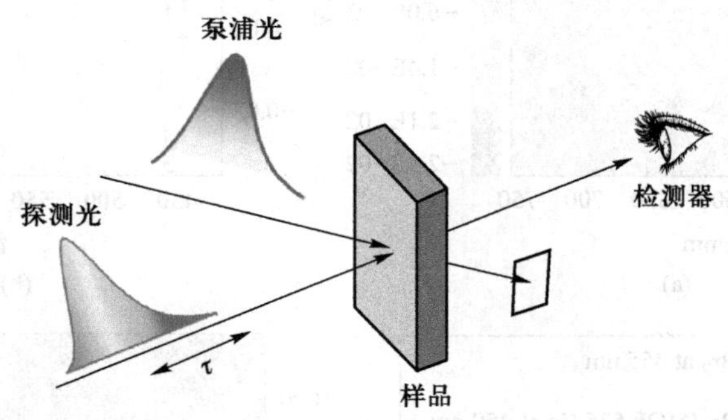

图 4-26　泵浦-探测技术示意图

光催化技术发展到现在,已经从单一的形貌性能研究过渡到机理和原理研究的层面,因此采取瞬态吸收光谱的方法去研究光催化剂吸收光后的能量转移和电荷转移过程,对于进一步设计和提高材料的光催化性能意义重大。

光生电荷的分离是一个非常复杂的多时间尺度和多空间尺度的过程,由于涉及激发态的反应,体相、表面以及界面光生载流子的复合过程不可避免。在设计高效光催化材料时,一方面要尽量减少电子-空穴对的复合,另一方面也要加快电子-空穴对的转移过程。由于半导体内的电荷转移或能量转移一般都在飞秒和皮秒量级,因此采用飞秒超快光谱来实时研究半导体的载流子弛豫过程是目前为止最好的手段之一。

2. 瞬态吸收光谱的应用

根据激发光源的不同,包括瞬态吸收光谱在内的超快光谱监测的时间尺度在飞秒至毫秒不等,这与光催化过程中光生载流子的产生、迁移或复合的时间尺度相一致,因此,使用瞬态吸收光谱等超快光谱可以用来研究光生载流子动力学。

3. 应用实例

王强等制备了具有极高的 CO 产物选择性(99.5%)的 $Cs_3Bi_2Br_9$/MOF 525 Co 复合光催化剂,并利用飞秒瞬态吸收光谱揭示了 MOF 525 Co 和 $Cs_3Bi_2Br_9$ 之间的电荷转移动力学。图 4-27(a)、(b)、(d)和(e)分别显示了 $Cs_3Bi_2Br_9$ QD 和 $Cs_3Bi_2Br_9$/MOF 525 Co(质量分数 0.03% Co)的瞬态吸收光谱图,图 4-27(c)和(f)分别显示了 $Cs_3Bi_2Br_9$ QD 和 $Cs_3Bi_2Br_9$/MOF 525 Co 的代表性衰减曲线。二者的图谱上均出现了明显的强的负信号和一个较弱的正信号,在 450~455 nm 处的负信号归因于基态漂白(GSB)带,在约 470 nm 处的正信号归属于激发态吸收(ESA)带。

电荷的分离、转移和复合会导致 ESA 的衰减和 GSB 的恢复。因此，从 GSB 恢复和相关的 ESA 衰减中提取的寿命组分可计算上述动力学过程的速率。经拟合复合催化剂在 450 nm 和 470 nm 附近处的动力学，计算出 $Cs_3Bi_2Br_9$ 量子点到 MOF 525 Co 的电荷转移时间为 136 ps。

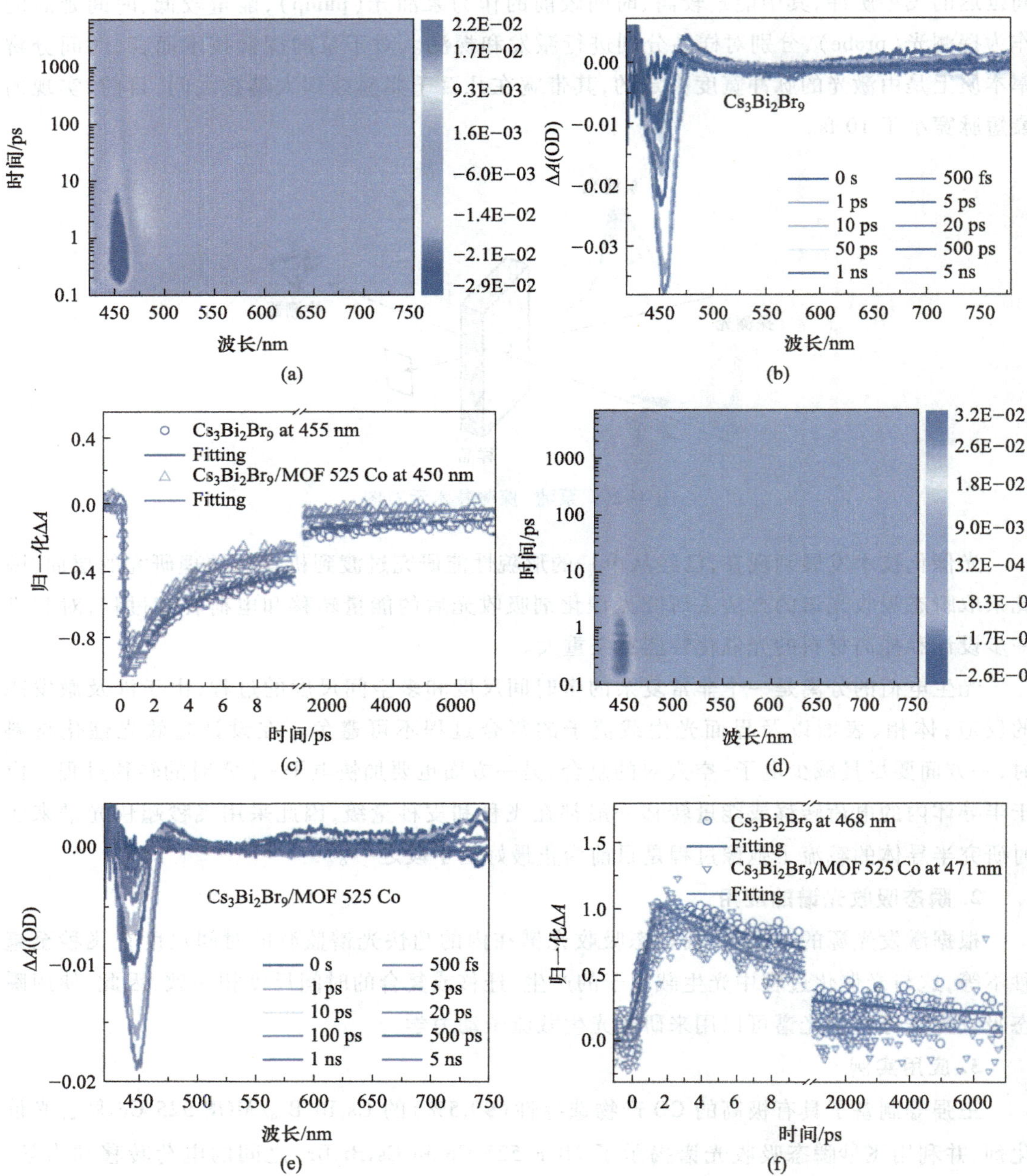

图 4-27 在 400 nm 光激发下，$Cs_3Bi_2Br_9$ 量子点(a)与 $Cs_3Bi_2Br_9$/MOF 525 Co(质量分数 0.03% Co)(d)的瞬态吸收光谱三维图谱；$Cs_3Bi_2Br_9$ 量子点(b)和 $Cs_3Bi_2Br_9$/MOF 525 Co(质量分数 0.03% Co)(e)在不同延迟时间下的光谱代表性曲线；不同波长处各个样品的衰减曲线最大值归一化后的对比图[约 450 nm(c)和约 470 nm(f)]

[本图来源：Li N, et al. J. Mater. Chem. A, 2023, 11(8): 4020-4029.]

4.6.3 表面光电压和瞬态光电流响应

许多半导体材料的特性都与其表面性质有着密切的关系。在某些情况下，往往不是半导体的体相效应，而是其表面与界面效应支配着半导体材料的特性。利用各种技术研究光生电荷在半导体表面上的传输特性，对于半导体材料性能研究具有重要意义。

1. 基本原理

(1) 基本定义。表面光电压法(surface photovoltage method, SPV)，又称表面光电压谱(surface photovoltaic spectroscopy, SPS)，是通过测量由于光照在半导体材料表面产生的表面电压来获得少数载流子扩散长度的方法，即用能量大于半导体材料禁带宽度的单色光照射在半导体材料表面，在其内部产生电子-空穴对，受浓度梯度驱动扩散至半导体材料近表面空间电荷区的电子和空穴将被自建电场分离，形成光生电压，即表面光电压，在时间范围测得的光电压称为瞬态表面光电压(TPV)。空间电荷区(SCR)又称耗尽层，在 PN 结中，由于自由电子的扩散运动和内电场导致的漂移运动，使 PN 结中间的部位产生一个很薄的电荷区(图 4-28)。

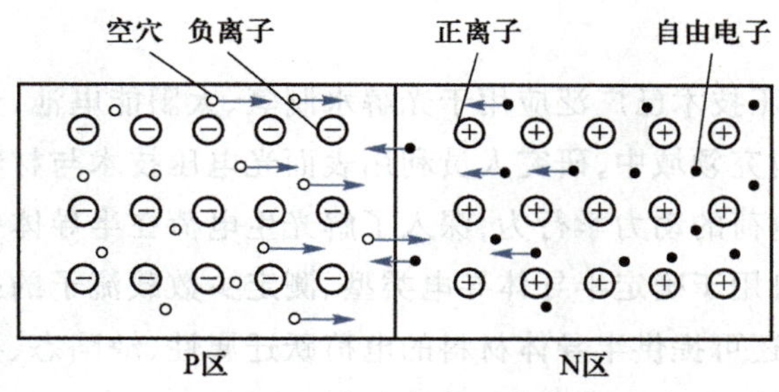

图 4-28 空间电荷区示意图

(2) 半导体表面光电压产生过程。图 4-29 所示为 n 型半导体表面产生正 SPV 的过程，其中 E_C、E_V、E_F、E_{Fn}、E_{Fp}、Q_{SC}、Q_{SS}、V_S 和 V_{S^*} 分别表示导带和价带边缘、热平衡下费米能量、光照下电子和空穴的准费米能量、未补偿空间电荷、表面态电荷及黑暗和照明下的表面电势。对于 n 型半导体，电子被表面态捕获，并形成向上的带弯曲，同时，由于表面的净负电荷和 SCR 中的净正电荷，在 SCR 中形成从主体到表面的方向的内置电场，因此，表面电势(V_S)低于块体中的电势，并形成表面势垒，这种表面接触电势差变化的光电压为 SPV。对于 n 型半导体，其表面光电压值为正值，对于 p 型半导体，其表面光电压值为负值。

表面光电压是固体表面的光生伏特效应，是光致电子跃迁的结果。1876 年，W.GAdam 发现了光致电子跃迁现象，1948 年 Brattain 和 Bardeen 将光生伏特效应作为光谱检测技术应用于半导体材料的特征参数和表面特性研究上，这种光谱技术称为表面电压技术或表面光电压谱。1970 年，表面光伏研究获得重大突破，美国麻省理工学院 Gates 教授的研究小组在用低于禁带宽度能量的光照射 CdS 表面时，历史性地第一次获得入射光波长与表面光电压的谱图，以此来确定表面态的能级，从而形成了表面光电压这一新的研究测试手段。

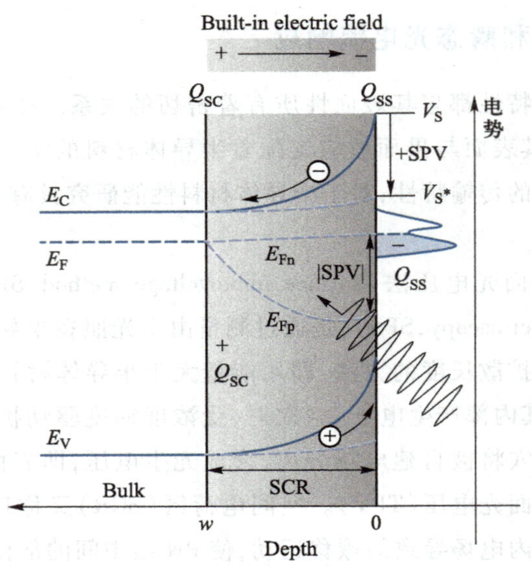

图 4-29　n 型半导体表面产生正 SPV 的过程

2. 技术应用

近年来,表面光电压技术已广泛应用于光解水制氢、太阳能电池、光催化降解、光电气敏及光电化学水氧化等研究领域中,研究人员利用表面光电压技术与材料领域相结合,可解释相应反应过程中光生电荷的动力学行为,深入了解光生电荷在半导体中分离、传输及复合过程。表面光电压技术可用于确定半导体导电类型、测定少数载流子的扩散距离、表面态参数测定及光生电荷行为,还可提供半导体材料的电荷跃迁属性、缺陷态、异质结电荷转移、量子尺寸效应、量子限域特性、光生电荷分离、传输及复合等信息。

3. 应用实例

李灿等在具有大小不同纳米粒子的 TiO_2 相同晶相之间制备同相结,利用这种同相结连接策略显著增强了三种 TiO_2 相的光催化析氢和水分解性能。为了更好地理解同相结在空间电荷分离中的作用,进行了表面光电压测试[图 4-30(d)]。SPV 的信号可归因于光照前后表面势垒的变化。纯 Be 的 SPV 强度相对较低,然而当仅负载 0.5%的板钛矿纳米粒子时,SPV 强度显著增加。此外,当板钛矿纳米粒子负载量为 1%时,SPV 强度甚至可以增强并达到最大值。当板钛矿纳米粒子的负载量进一步增加时,SPV 的强度就会下降。SPV 强度几乎与图 4-13(a)和(b)所示的光催化活性相同。同时,A/Be 异相结的 SPV 强度远低于 B/Be 同相结,与活性差异一致。较强的 SPV 强度意味着更多的光激发载流子被分离并转移到表面。这些结果表明,同相结的存在确实可以诱导光激发电子-空穴对的有效分离,从而产生更高的光催化活性。为了评价光催化过程中同相结的稳定性,以 3%B/Be 样品为例,测试了三次重复实验中的析氢情况,结果如图 4-30(e)所示。

4.6.4　瞬态光电流响应

瞬态光电流(transient photocurrent,TPC)是一种用于研究光催化材料和光电器件光生载

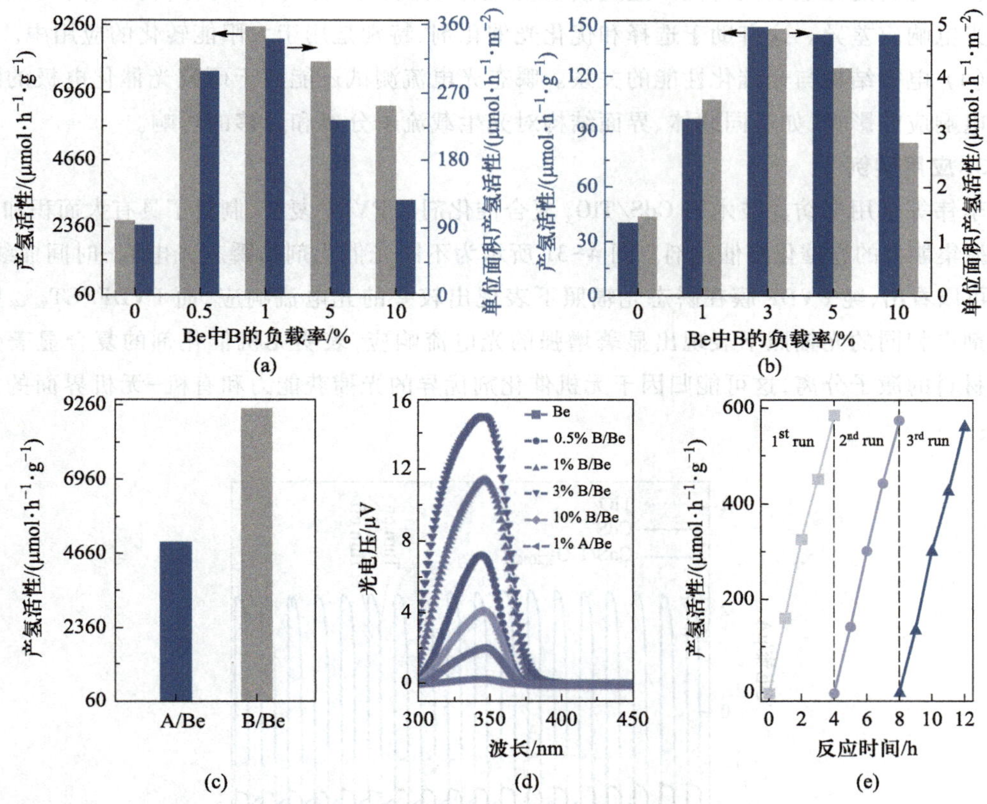

图 4-30 (a)在体积分数为 10%的甲醇水溶液中不同负载量的 B/Be 同相结光催化剂的析氢速率(0.5% Pt 作助催化剂),具体析氢速率为 B/Be 样品的速率除以相应的 B/Be 样品的表面积;(b)在纯水溶液中不同负载量的 B/Be 同相结光催化剂的析氢速率(0.5% Pt 作助催化剂);(c)比较不同相(A,B)负载在 Be 上的析氢速率;(d)不同样品的表面光电压谱图光谱和(e)3% B/Be 同相结纯水分解光催化析氢的稳定性(0.5% Pt 作助催化剂)

[本图来源:Bai Y,et. al. ACS Catalysis,2019,9(4):3242-3252.]

流子分离与迁移行为的重要表征技术。在光催化研究中,TPC 测量的是光催化剂在光照射下的光电流变化,该电流与光催化剂的载流子浓度和迁移率密切相关。因此,通过分析 TPC 曲线,可以获取材料的载流子分离效率和迁移能力,进而评价材料的光催化性能。

1. 基本原理

瞬态响应即通过光的开关(光照开启或关闭)来诱导光生载流子的生成与复合,记录光电流随时间变化的瞬态响应曲线,从中提取出材料的光电转换性能和载流子寿命信息。

2. 瞬态光电流测试在光催化研究中的应用

(1) 光生电子-空穴分离效率。通过比较光照和暗态下的电流响应,可以评估光催化材料在光照条件下光生载流子的分离效率。较高的光电流通常表明载流子分离较为高效,意味着材料在光催化反应中具有更好的活性。

(2) 载流子寿命。瞬态光电流曲线的衰减部分可以反映光生载流子的寿命。较长的载流子寿命意味着光生电子和空穴在复合前具有更长的迁移时间。

（3）材料的光电响应特性。通过瞬态光电流测试，可以分析不同材料在相同光照条件下的光电响应差异。这有助于选择和优化光催化剂，特别是用于太阳能转化的应用中。

（4）电极结构与光催化性能的关系。瞬态光电流测试还能用于研究光催化电极的结构对光电响应的影响，如不同载体、界面结构对光生载流子分离和迁移的影响。

3. 应用实例

李伟等采用电纺丝技术将 CdS/TiO_2 复合催化剂与 PVDF 复合，制备了具有大面积和高污染物捕集能力的光催化膜催化剂。图 4-31 所示为不同光催化剂的瞬态光电流-时间曲线，从图中可以看出，纯 PVDF 膜在瞬态光辐照下表现出较差的光电流响应，而 $PVDF/CT_{54.5\%}$ 膜光催化剂在相同的光辐照下表现出显著增强的光电流响应，表明无机催化剂的复合显著促进了膜材料的激子分离，这可能归因于无机催化剂优异的光捕获能力和有机-无机界面的协同效应。

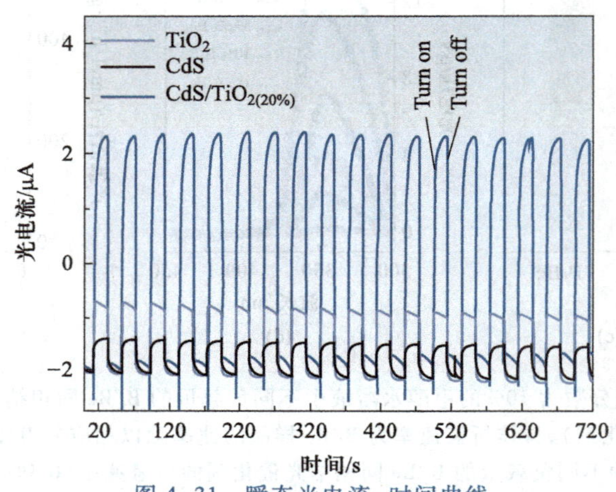

图 4-31　瞬态光电流-时间曲线

（本图来源：Li W, et al. Appl. Catal. B, 2024, 354: 124108.）

4.6.5　电化学阻抗谱

电化学阻抗谱（electrochemical impedance spectroscopy, EIS）也可以称为交流阻抗谱（AC impedance），是电化学测试技术中一类十分重要的方法，是研究电极过程动力学和表面现象的重要工具。近年来，由于频率响应分析仪的快速发展，交流阻抗的测试精度越来越高，目前在电化学领域具有广泛的应用，如电极过程动力学分析（双电层和扩散等），以及电池电极材料、固体电解质、导电高分子、腐蚀防护机理等的研究。

1. 基本原理

电化学阻抗谱是通过对电化学系统施加小幅度的正弦波电势（或电流）扰动信号，测量系统产生的相应电流（或电势）响应，从而得到阻抗谱图（图 4-32）。该谱图反映了电化学系统的阻抗随频率的变化关系，提供了丰富的界面结构和动力学信息。

2. 技术应用

在光催化反应中，研究者通常基于恒电势下测得的电化学阻抗谱来研究光催化剂在反应过程中的电荷传递情况（阻抗的大小和电子转移效率的高低）。此外，还可以通过比较稳

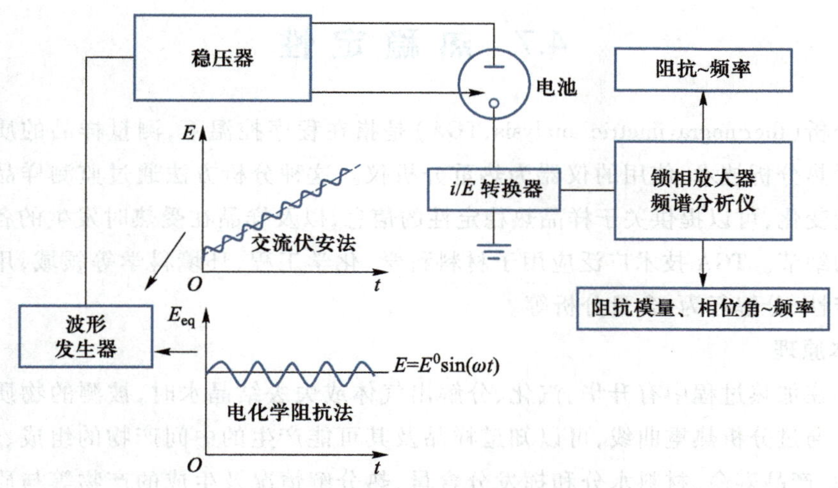

图 4-32　阻抗测量技术

定性测试前后电化学阻抗谱的变化来辅助评价催化剂活性的稳定。在光催化研究中最常用到的是 Nyquist 图，Nyquist 图中圆的直径可以求反应电阻 R_{ct}。而对于光催化研究来说，Nyquist 图上圆弧半径的相对大小对应着电荷转移电阻的大小和光生电子-空穴对的分离效率。阻抗谱圆弧半径越小，电子-空穴的分离效果越好，光催化性能也就越好。

3. 应用实例

卢灿忠等利用无机材料和有机材料的结合，设计合成了 PAN/ZnO/CIS 三元复合光催化材料。用电化学阻抗谱评价了复合光催化剂的界面载流子输运能力。如图 4-33 所示，EIS 图给出了 5 个样品的阻抗变化，从图中可以看出，CIS/12.3ZnO-PAN30 的圆弧半径小于其他单相成分，说明经过复合后，光催化剂的电子-空穴对分离效率更高，界面电荷转移更快。

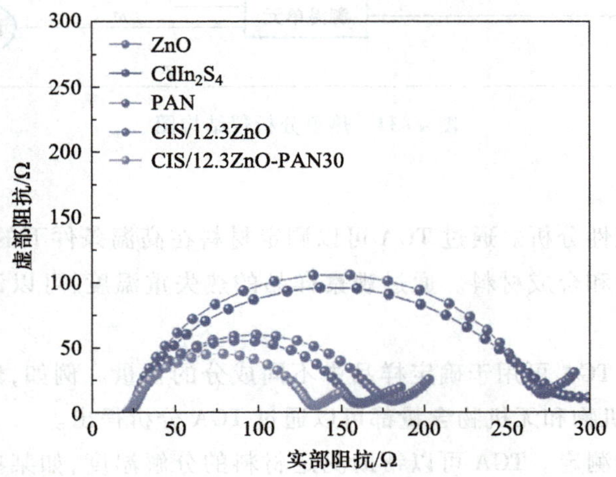

图 4-33　光催化剂的奈奎斯特图

（本图来源：Liu H，et al. Journal of Hydrogen Energy，2024，63：36-47.）

4.7 热稳定性

热重分析(thermogravimetric analysis,TGA)是指在程序控温下,测量样品的质量与温度关系的一种热分析技术,使用的仪器为热重分析仪。这种分析方法通过监测样品在加热过程中的质量变化,可以提供关于样品热稳定性的信息,以及样品在受热时发生的各种物理或化学变化的细节。TGA 技术广泛应用于材料科学、化学工程、环境科学等领域,用于研究材料的热稳定性、分解行为、含量分析等。

1. 基本原理

当样品在加热过程中有升华、汽化、分解出气体或失去结晶水时,被测的物质质量就会发生变化。通过分析热重曲线,可以知道样品及其可能产生的中间产物的组成、热稳定性、氧化稳定性、产品寿命、材料水分和挥发分含量、热分解情况及生成的产物等与质量相联系的信息。通常在曲线上表示为毫克的变化,或更多地表现为起始质量变化的比例,图 4-34 为常见的热重分析仪结构图。

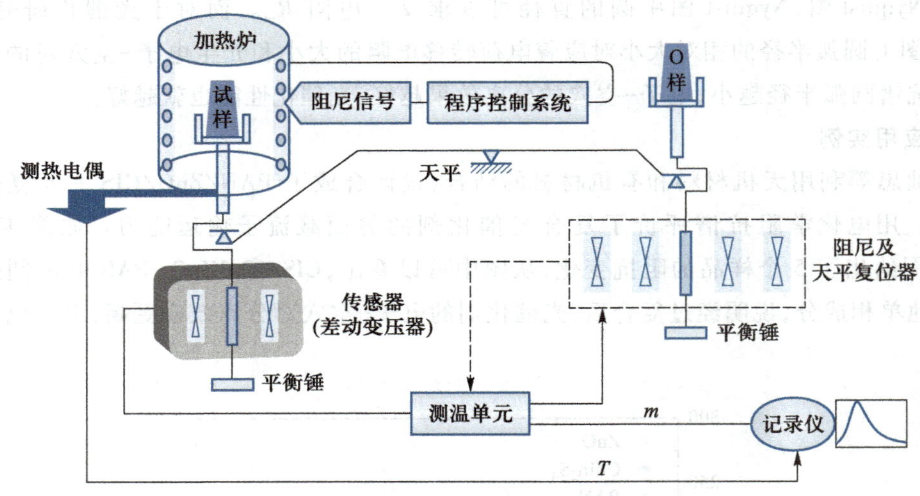

图 4-34 热重分析仪结构图

2. 应用范围

(1) 材料热稳定性分析。通过 TGA 可以测定材料在高温条件下的热稳定性,特别是聚合物、复合材料、涂层和合成材料。通过观察样品的热失重温度,可以评估材料在不同温度下的分解行为。

(2) 成分分析。TGA 可用于确定样品中不同成分的含量。例如,聚合物样品中的填料含量、纺织品中的有机物和无机物含量都可以通过 TGA 分析得出。

(3) 分解温度的测定。TGA 可以帮助测定材料的分解温度,如某些化合物在加热时分解的起始温度和分解速率。这对于开发耐高温材料和优化工艺条件非常重要。

(4) 吸附/解吸研究。TGA 还可以用于研究材料的吸附和解吸行为,如气体在吸附剂上的吸附量变化,以及材料在不同温度下的挥发性物质释放情况。

3. 应用实例

余家国等通过在芘基共轭聚合物(pyrene-alt-triphenylamine)表面上原位生长 CdS 纳米晶体,设计了无机/有机半导体异质结(标记为 PT)。通过热重分析确定了复合材料中 PT 的实际含量,如图 4-35 所示,共轭聚合物 PT 在 200 ℃左右开始分解,并在 450 ℃时几乎分解完全。相比之下,CdS 在高达 450 ℃的温度下具有出色的热稳定性。对于复合材料,在 350~500 ℃时,CP1、CP2 和 CP5 分别表现出 0.9%、1.7%、3.3%(质量分数)的质量损失,这是不同复合材料中 PT 的真实质量分数。

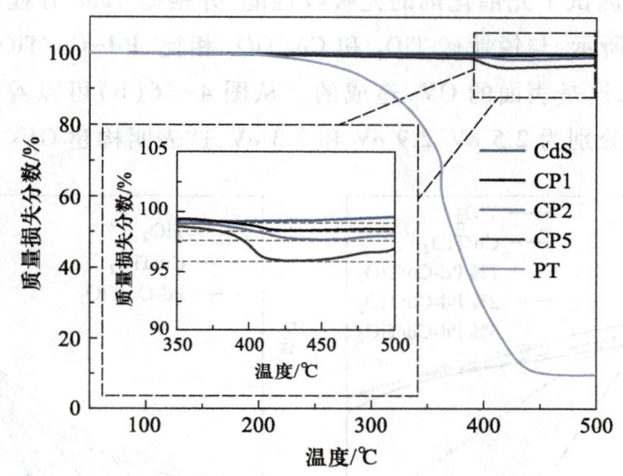

图 4-35 CdS、PT 和 CP 纳米复合材料的 TGA 曲线

[插图:350~500 ℃范围内 CdS 和 CP 复合材料的放大 TGA 曲线。
本图来源:Cheng C, et al. Advanced Materials, 2021, 33(22): 2100317.]

4.8 能带结构

结构决定性能,在光催化反应中,光催化剂的电子结构,如能带结构,包括带隙大小、能带位置、能带弯曲等因素对反应的活性有着很大的影响。且半导体光催化剂的能带与其光学性能、氧化还原能力息息相关,直接影响着电子激发、光生载流子的传输等,因此能带结构的分析十分重要。通常能带结构分析方法有以下三种。

1. 利用紫外-可见漫反射测试计算带隙

(1) 截线法。截线法是一种简易求取半导体禁带宽度的方法,其基本原理是认为半导体的带边波长(也叫吸收阈值,λ_g)取决于禁带宽度 E_g,两者之间存在以下的数量关系:

$$E_g/\text{eV}=\frac{1240}{\lambda_g/\text{nm}}$$

因此,可以通过求取 λ_g 来得到 E_g。从紫外-可见漫反射光谱图中可以得到材料在不同波长下的吸收。对波长-吸收曲线求一次微分,之后在极值点作截线(斜率为极值点纵坐标数值),截线与横坐标交点即为 λ_g。代入上式可得材料的禁带宽度 E_g。

(2) Tauc 图法。此方法由 Tauc、Davis 和 Mott 等推导出,具体表达式如下:

$$(\alpha h\nu)^{1/n}=A(h\nu-E_g)$$

式中，α 为吸光指数；h 为普朗克常量；λ 为光的波长；ν 为频率；A 为常数；E_g 为半导体禁带宽度。指数 n 与半导体类型相关：其中直接带隙半导体为 1/2，间接带隙半导体为 2。

需要注意的是，读取的 UV 谱图纵坐标应为吸光度值 A，如果是透过率 T，可以通过公式 $A=-\lg T$ 进行换算。在 Origin 软件中以 $(\alpha h\nu)^{1/n}$ 对 $h\nu$ 作图，将所得到图形中的直线部分外推至横坐标轴，交点即为禁带宽度值。

(3) 应用实例。丁杰等构建了一种对甲醇具有高选择性的新型 Pd-Cu/TiO_2 光催化剂，采用 UV-vis DRS 测试了光催化剂的光吸收性能，并根据 Tauc 方程计算得到光催化剂的带隙。如图 4-36(a) 所示，与锐钛矿 TiO_2 和 Cu/TiO_2 相比，Pd-Cu/TiO_2 表现出更强的光吸收能力和明显的红移，这是表面的 OVs 造成的。从图 4-36(b) 可以看出，2% Pd-Cu/TiO_2、Cu/TiO_2、TiO_2 的带隙分别为 2.5 eV、2.9 eV 和 3.3 eV，这表明构建 OVs 也可以缩小带隙。

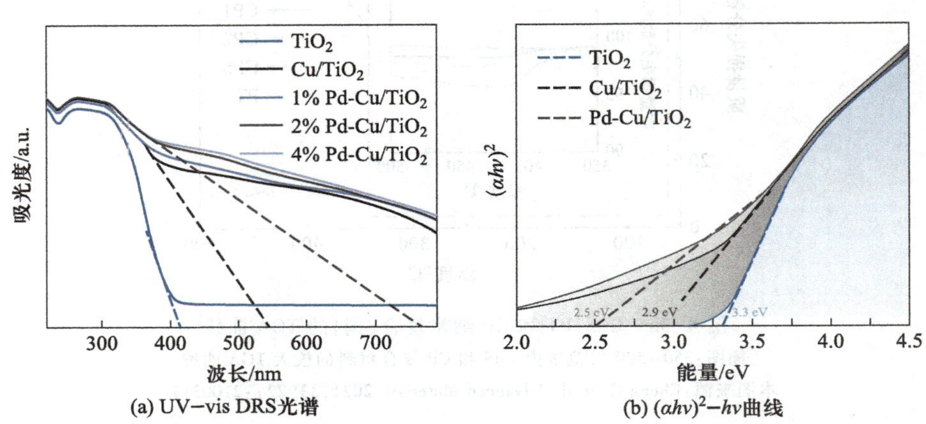

图 4-36　光催化剂的光电化学性质

（本图来源：Shang X, et al. Chem. Eng. J., 2023, 456: 140805.）

2. 价带 X 射线光电子能谱价带谱测得价带位置 E_v

根据价带 X 射线光电子能谱价带谱(VB XPS)的测试数据作图，将所得到图形在 0 eV 附近的直线部分外推至与水平的延长线相交，交点即为 E_v。

应用实例：如图 4-37 所示，根据 $ZnIn_2S_4$(ZIS) 及 O 掺杂 $ZnIn_2S_4$ 的 VB XPS 图谱，在 0 eV 附近(2 eV 和 1 eV)发现有直线部分进行延长，并将小于 0 eV 的水平部分延长得到的交点即分别为 $ZnIn_2S_4$ 及 O 掺杂 $ZnIn_2S_4$ 的价带位置对应的能量(1.69 eV 和 0.73 eV)。

3. 利用同步辐射光电子能谱计算 E_f、E_v 及缺陷态位置

同步辐射光电子能谱(synchoron radiation photoelectron spectoscopy, SRPES)是一种高精度的表面分析技术。与传统光电子能谱(如 XPS)相比，同步辐射光电子能谱具有更高的能量分辨率和灵活的光子能量选择性。第一，同步辐射光电子能谱因为光子能量可调，因此可以得到不同深度的元素组分信息；第二，由于电离截面与探测信号呈正比关系，针对不同元素的能级，选择不同的光子能量，使其电离截面更大，可以获得更强的探测信号；第三，若将入射光能量置于紫外区也可以得到较高质量的紫外光电子能谱信息，从而可以分析样品的

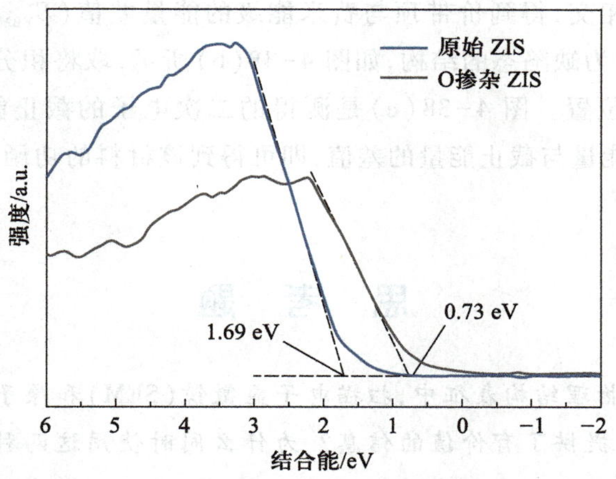

图 4-37 O 掺杂 ZIS 纳米片和原始 ZIS 纳米片的价带(VB)XPS 光谱

[本图来源:Yang W, et al. Angew. Chem. Int. Ed., 2016, 55(23): 6716-6720.]

功函数与价带结构。

应用实例:图 4-38 所示为文献中通过测同步辐射光电子发射光谱计算相应半导体的 E_f、E_v 及缺陷态位置。图 4-38(a)是通过 SRPES 测得的价带结构谱图,通过作直线部分外

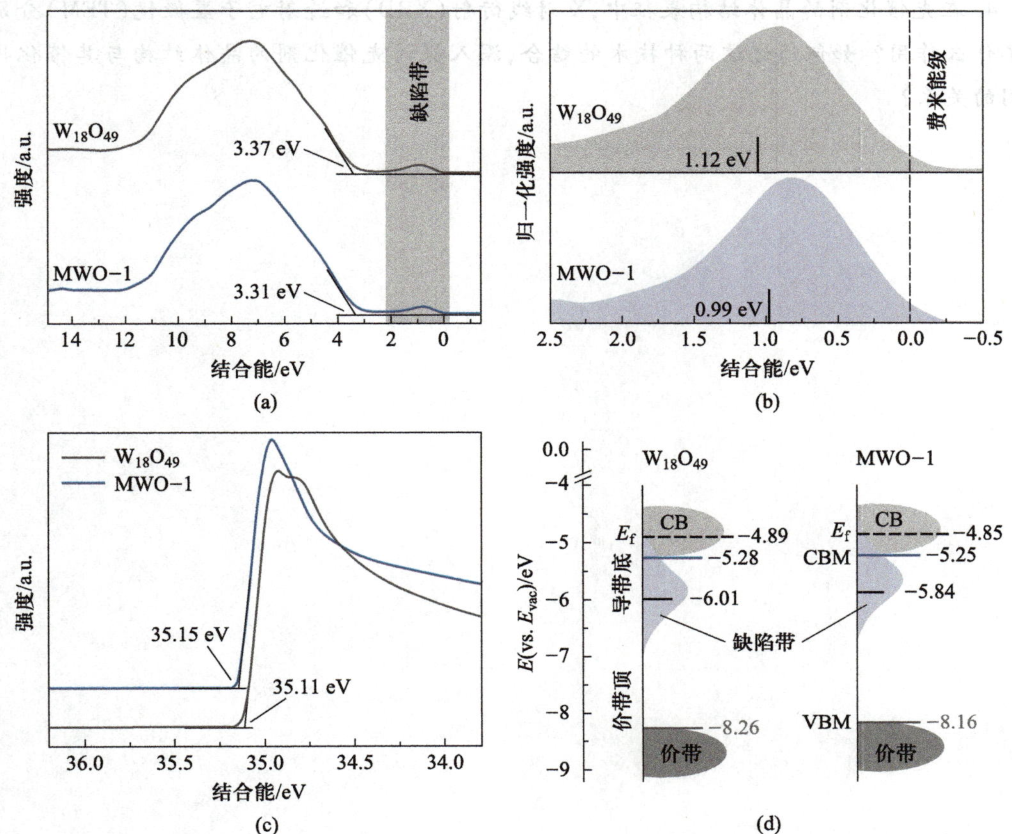

图 4-38 $W_{18}O_{19}$ 和 Mo 掺杂 $W_{18}O_{19}$(MWO-1)的 SRPES 图及其带隙结构示意图

[本图来源:Zhang N, et al. J. Am. Chem. Soc., 2018, 140(30): 9434-9443.]

推至与水平的延长线相交，得到价带顶与费米能级的能量差值（$E_{VBM}-E_f$）。该谱图在靠近 0 eV 处（费米能级 E_f）为缺陷态的结构，如图 4-38（b）所示，取将积分面积一分为二的能量位置定义为缺陷态的位置。图 4-38（c）是测得的二次电子的截止能量谱图，加速能量为 39 eV，根据计算加速能量与截止能量的差值，即可得到该材料的功函数，进一步得到该材料的费米能级（E_f）。

思　考　题

1. 在光催化剂的物理结构表征中，扫描电子显微镜（SEM）和原子力显微镜（AFM）如何互补，分别在哪些方面提供了有价值的信息？为什么同时使用这两种技术能够更全面地了解催化剂的表面形貌？

2. 为什么光催化剂的比表面积和孔径分布对于其催化性能至关重要？通过比表面积和孔径分析（BET）测量，这些结构参数如何影响反应物的吸附和传质过程，进而决定催化效率？

3. 瞬态光电流和瞬态吸收光谱在研究光催化剂的电荷动力学中分别扮演了什么角色？如何通过这些技术的结合，深入了解光催化剂的光生载流子行为，进而优化其光催化性能？

4. 在光催化剂的晶体结构表征中，X射线衍射（XRD）和透射电子显微镜（TEM）分别起到了什么作用？如何通过这两种技术的结合，深入探讨光催化剂的晶体结构与其催化性能之间的关系？

第5章 光催化反应性能表征

5.1　光　源

5.1.1　光源种类

在光催化反应体系中，要求光源与半导体能带结构相匹配，其中光子能量需大于等于半导体催化剂的禁带宽度 E_g，从而激发产生光生载流子，驱动光化学反应进行。因此在光化学研究中需根据不同的光化学反应体系选择适用的光源。因为自然光源（如太阳光）存在光强度不稳定、光谱不均匀且实验控制困难等缺点，在实际光催化研究中一般很少使用自然光源。对于人造光源，可以依照其发光原理或根据光源辐射波长进行分类。根据光源辐射波长，可以把光源划分为紫外光光源、可见光光源和模拟太阳光光源。

1. 氙灯

氙灯是一种利用惰性气体氙气在高压电场作用下产生电离放电，继而发出强烈光辐射的光源（图 5-1）。氙灯具有光谱连续性强、光强度高、光谱覆盖范围广等特点，能模拟太阳光谱，从紫外到近红外区域都有分布，特别适用于科学研究和工业应用中需要高质量光源的场合。在光催化领域，氙灯光源因其能提供连续且高强度的紫外光和可见光，常被用于光催化水分解、光催化降解有机污染物等实验研究中，作为模拟太阳光的光源，以激活光催化剂并驱动光化学反应。

图 5-1　氙灯光源

2. 紫外光光源

紫外光光源是一种能够发射紫外光（波长 200～400 nm）的光源。紫外光光源的工作原理各异，可以基于电致发光、气体放电、激光等技术实现。其中，常见的紫外光光源类型包括：① 气体放电光源：如低压汞蒸气灯，通过汞蒸气在电场作用下放电，产生紫外光。② 电致发光光源：如紫外 LED（light emitting diode）光源，通过半导体材料在电流作用下发光，可提供特定波长的紫外光，因其高效、节能、体积小、寿命长等特点，成为现代紫外光光源的重要发展方向。③ 激光光源：如紫外激光器，可提供极高强度、高纯度、窄带宽的紫外光，常用于精确的材料加工、微纳尺度研究、医疗治疗等领域，适用于带隙宽对紫外光照射下不发生变化的光催化剂(如 TiO_2、ZnO 等)。

3. 可见光光源

可见光光源是指能够发射光谱位于可见光范围(波长 400~700 nm)的光源,这是人眼可以直接感知到的光波段。例如,氙灯光源配备特定滤光片后,可以用于对可见光响应的光催化剂(如 CdS、C_3N_4、$BiVO_4$)的实验中。

4. LED 光源

LED 光源是一种半导体发光器件,它通过电致发光原理将电能直接转换为光能。根据光催化剂在特定波长的吸收特性,可以选择相应波长的 LED 光源,如在 400~700 nm 波段的可见光 LED,或者是更宽光谱范围的组合 LED 阵列。

5. 太阳光模拟器

太阳光模拟器是一种能够在实验室条件下模拟太阳光谱特性的设备,主要任务是提供与太阳光相似的光照条件,包括光谱分布、光照强度、照射均匀度及照射角度等,以便在稳定的实验室环境下评价和优化太阳能电池、光催化剂等材料的性能。通常采用氙灯作为光源,因其能产生接近太阳光谱的连续光谱。通过滤光片和光学元件调整,可以精确模拟 AM 1.5G 全球标准太阳光谱分布(即地球表面标准大气层下 1.5 大气质量时的太阳光谱)。此外,模拟器还需要确保照射区域的辐射均匀度达到较高标准,以保证测试结果的准确性。

选择光源时除了考虑光催化剂的吸收特性,还需要综合考虑光源的稳定性、功率密度、照射均匀性、使用寿命、能耗及成本等多个因素。同时,实验条件如反应器的设计、光源与催化剂之间的距离、气体气氛和温度控制等也是影响光催化反应效率的重要参数。

5.1.2 光波长调节

不同的光催化剂对不同波长的光具有不同的吸收和响应能力,因此光谱范围的选择直接影响光催化反应的效率和光催化剂的活性。合理选择光谱范围对光催化研究至关重要。

光学滤光片是光学系统中常用的元件,用于选择性透过或阻挡特定波长范围的光。根据实验需要选择不同的滤光片(图 5-2),可以控制进入光催化反应器的光谱范围,使其与催化剂的光吸收特性相匹配。

图 5-2 滤光片

在光催化领域,常用的滤光片主要分为截止型滤光片和带通型滤光片。

(1) 截止型滤光片(cut-off filters)。截止型滤光片通常由吸收材料或反射涂层制成,通过吸收或反射特定波长的光来实现波长的选择性。其中,长通滤光片的工作原理是通过吸收短波光或反射短波光，从而只透过较长波长的光；而短通滤光片的工作原理则相反，它透过短波光，阻挡长波光。长通滤光片用于阻挡紫外光，仅透过可见光，广泛应用于吸收可见光的光催化剂。短通滤光片多用于光谱分析和紫外光实验，阻挡长波光（如可见光和红外光），确保紫外光能够通过。

（2）带通型滤光片（band-pass filters）。带通型滤光片能够选择性透过特定波长范围的光，而阻挡较短或较长波长的光。带通滤光片通常通过多层薄膜干涉结构实现其功能。光在多层介质之间发生干涉，导致某些特定波长的光被透射，而其他波长的光则被反射或吸收。滤光片的透射峰宽度和中心波长取决于设计和制造过程中所使用的薄膜厚度和材料。

5.1.3　光强度测定

在光催化研究中，光源强度是影响光催化反应效率和结果的重要参数。光源强度指的是单位面积上接收到的光功率（通常以 $W \cdot m^{-2}$ 表示），它直接影响光催化剂吸收的光子数量，从而影响光生电子-空穴对的产生速率和催化反应的进行。为了保证实验数据的重复性，光催化实验中的光源强度测量是非常重要的，因为每次光源电流保持一致，并不能保证光源强度一致，同样的电流，光源强度随使用时间的增加是逐步衰减的。为了使入射光的光强度保持一致，需实验者每次实验前进行实际测量、校准（图 5-3）。

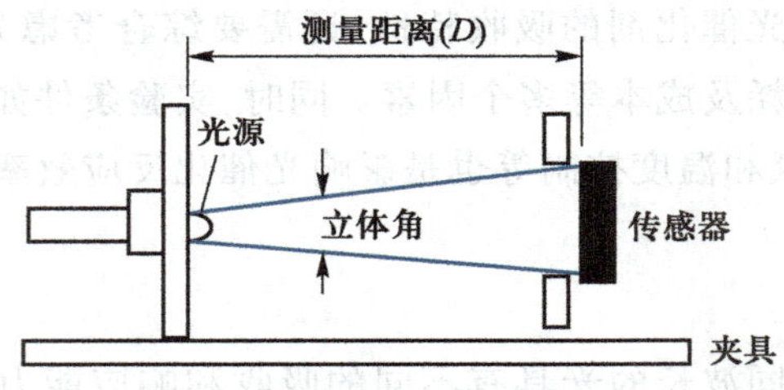

图 5-3　光源强度测量装置结构

光功率计（又称辐射计）是测量光源强度的常用工具。它能够直接测量光源的输出功率，并计算出单位面积上的光源强度。光功率计通常用于光催化实验前的校准，确保实验中的光源强度符合设定的条件。

5.2　反　应　器

5.2.1　材质

在光催化研究中，光催化反应器的材质会直接影响光的传输、催化剂的稳定性和反应条件的控制。材质选择主要取决于光源的波长范围、反应条件（如温度、pH）及催化剂与反应介质的相容性。在光催化研究中，石英和玻璃常被用作反应器或光催化实验的基底材料，主要原因是它们的光学性质和化学稳定性。

1. 石英

石英（尤其是熔融石英）由于其优异的光学透明性和抗热性，广泛用于光催化实验中。

石英材料在紫外到可见光区域内几乎无吸收，因此适合作为光催化反应器的窗体材料或反应器的基材。石英对紫外光（200~400 nm）的透过率非常高，因此在研究紫外光驱动的光催化反应（如 TiO_2 催化剂）时，石英反应器或基板能保证光的高效传输，不会吸收或散射光线，从而确保光子能够有效到达催化剂表面。石英能够耐受高温环境，适用于需要加热的光催化反应，特别是当反应条件较为苛刻时，石英材料能保持其物理和化学稳定性。石英还具有较强的抗腐蚀能力，适用于在酸性或碱性环境中进行的光催化反应。

2. 玻璃

玻璃（尤其是硼硅酸盐玻璃）在光催化实验中也经常使用，特别是当实验仅涉及可见光区域时。相比石英，玻璃成本较低，但其光学性质和化学稳定性略逊一筹。普通玻璃对可见光（400~700 nm）透过性良好，但在紫外光区域，尤其是波长 300 nm 以下的区域，玻璃的透过率显著降低。因此，玻璃主要用于可见光驱动的光催化实验，如使用 CdS、ZnO 等半导体材料的研究。虽然玻璃对酸碱的耐受性不如石英，但在一般实验条件下依然具有良好的化学稳定性。玻璃比石英更易于加工成复杂形状且成本较低，常用于制备大面积光催化反应器或实验室中的各种玻璃器皿。

在选择光催化反应器或基底材料时，石英和玻璃的选择主要依据光源的波长以及反应条件。如果实验涉及紫外光，且要求高温或强酸碱环境，石英是首选。而如果实验仅在可见光范围进行，且反应条件较为温和，玻璃则是经济适用的选择。

5.2.2 光催化反应器的设计

光催化技术可应用于废水处理、能源生产、公共卫生和化学合成等多个领域，其利用太阳能作为唯一能量输入的能力尤其具有吸引力。为了有效进行光催化过程，通常需要使用光催化反应器。光催化反应器是一种使光子、光催化剂和反应物接触并收集反应产物的装置。作为光催化氧化反应的主体设备，光催化反应器决定了对光源的利用率和催化剂活性的发挥等问题，进而影响着光催化反应的效率。

光催化反应器的设计主要需要考虑两个因素：技术可行性和经济可行性。在实际光催化反应中，这两个因素之间应该保持平衡。

根据光源的位置和照射方式，光催化反应器可以分为浸入式光催化反应器和外辐照式光催化反应器。

（1）浸入式光催化反应器。浸入式光催化反应器的光源直接置于反应介质中，使光源和反应物直接接触，光能通过液体介质或气体直接照射到催化剂上。由于光源直接浸入反应体系，不需要穿过反应器壁或其他材料，减少了光衰减的影响，因此反应介质中的所有催化剂颗粒都能更均匀地接收到光照，从而提高反应效率。对于光难以穿透的反应介质，浸入式设计可以确保光源靠近催化剂，提高光的有效吸收。但是浸入式的光源直接与反应介质接触，可能更容易使实验体系受到污染。而且催化剂附着的影响可能导致光源输出功率下降。光源发出的热量直接作用于反应介质可能导致反应介质的温度升高，从而影响反应条件的控制，因此需要有效的冷却系统来维持适当温度。

（2）外辐照式光催化反应器。在外辐照式光催化反应器中，光源位于反应器外部，光穿透反应器的透明壁(如玻璃或石英)进入反应介质,激发光催化剂。由于光源不与反应介质直接接触,光源更容易维护和更换,光源的寿命也通常更长。外辐照式光源与反应介质分开,散热更加容易控制,光源自身的热量不会直接影响反应体系的温度,便于维持恒温条件。但是光源与反应介质隔开就意味着光需要通过透明壁进入反应器,造成一定的光能损失(如反射、吸收)。尤其在反应器壁较厚或不完全透明的情况下,光能损失会更明显,导致反应不均匀。在光催化剂或反应介质吸收性较高的情况下,光不能有效到达反应器内部的催化剂,导致光催化反应的效率降低。

根据催化剂存在的形式,光催化反应器可以分为悬浮式光催化反应器和固定式光催化反应器。

(1) 悬浮式光催化反应器。在悬浮式光催化反应器中,粉末状光催化剂悬浮于待处理液中,因而更容易与污染物发生反应。但是催化剂的浓度过高往往会使反应体系混浊,从而影响光的吸收。此外,涉及催化剂颗粒与溶液分离的工作时,悬浮式反应器存在分离困难、成本昂贵的问题。

(2) 固定式光催化反应器。固定式光催化反应器通常将催化剂固定在反应器的内壁、填料床或特定的载体材料上(如多孔玻璃、陶瓷、金属网等),这样可以避免催化剂的流失,便于反应器的连续运行。与悬浮式光催化反应器相比,固定式反应器的催化剂制备复杂,且存在反应过程中传质限制和光的传递效率问题。固定式光催化反应器特别适用于大规模、连续处理的光催化的工业化应用。

研究人员已经设计出许多不同的光催化反应器,以利用太阳光或模拟太阳光的人造光来降解各种类型的污染物。然而,这些反应器中哪种最适合光催化过程,并且最适合扩大工业规模和商业化是未知的。目前仍然缺乏通用的评估标准来进行性能的比较从而对反应器进行优化。

5.3　光催化剂性能评价

光催化材料作为光催化反应的核心,其性能的表征是评价光催化材料及其制备工艺优劣的关键。随着光催化技术的不断发展,对光催化材料性能的评价变得愈发重要。通过对其反应活性、反应速率和稳定性等方面的指标进行系统评估,可以为新型光催化材料的设计与优化提供科学依据,推动光催化技术的实际应用。本节内容主要介绍常见的光催化降解、光解水产氢及光催化还原二氧化碳的活性评价方法。

5.3.1　光催化降解活性评价方法

光催化降解有机污染物是评价光催化剂活性最常用的方法之一,特别是在环境污染治理中具有重要应用。典型实验通常使用染料分子(如亚甲基蓝、罗丹明 B 等)或实际环境污染物(如苯酚、氯苯等)作为目标降解物(机理如图 5-4 所示)。

1. 液相光催化降解实验步骤

(1) 反应溶液制备。首先,制备含有一定浓度目标有机污染物的水溶液。典型浓度范

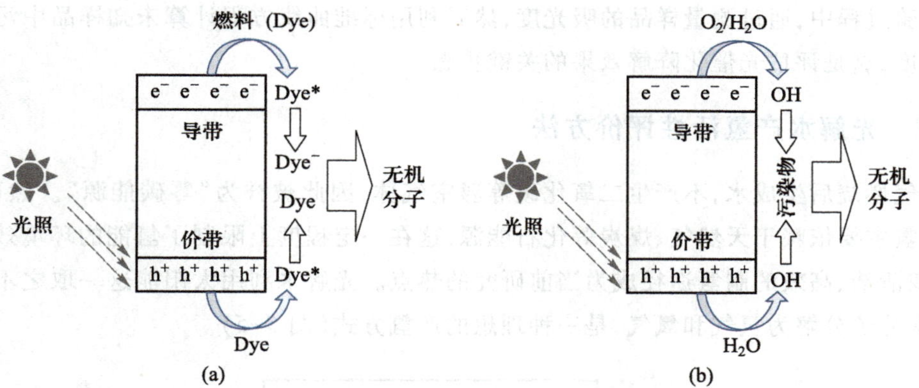

图 5-4 染料敏化光降解机理(a)和光催化处理污染物的机理(b)

围为 10~50 ppm(10^{-6}),这个范围既能保证光催化剂的有效性,又能较好地模拟实际水体污染情况。

(2) 加入光催化剂。在反应溶液中添加光催化剂,一般使用量为 0.5~1.0 $g \cdot L^{-1}$。通过搅拌确保催化剂均匀分散在溶液中。

(3) 暗反应预处理。在光照实验之前,反应溶液通常需要在黑暗条件下搅拌 30~60 min,以确保目标污染物与光催化剂达到吸附与脱附平衡,避免在光照过程中因初始吸附而引起的误差。

(4) 光照实验。启动光源进行光催化反应,常用的光源包括紫外灯、氙灯或可见光 LED 灯。通过定时取样分析,监测有机污染物浓度随时间的变化。

(5) 采样与分析。使用紫外-可见分光光度计检测取样溶液的吸光度,或者通过高效液相色谱(HPLC)分析有机污染物及其降解产物的浓度。

2. 空白实验

为了排除探针分子在光源下的自降解,需进行空白实验。即不添加光催化剂,在与实际光催化反应条件相同的情况下进行光化学实验。通过与实际光催化实验的结果对比,可以明确导致污染物降解的原因是光催化剂作用还是探针分子的自降解。

3. 建立标准曲线

通过测定已知浓度的标准样品的吸光度,并绘制浓度与吸光度之间的关系曲线,即为标准曲线。标准曲线的建立对于定量分析污染物的降解程度至关重要。

(1) 制备标准溶液。配制一系列已知浓度的污染物标准溶液。通常选择的浓度范围应涵盖实验中可能出现的污染物浓度值。

(2) 测量检测信号。使用紫外-可见分光光度计测量每个标准溶液的吸光度值,或使用其他分析仪器测量信号强度(如荧光强度、色谱峰面积等)。

(3) 绘制标准曲线。将标准溶液的浓度值作为横坐标,对应的检测信号值作为纵坐标,绘制标准曲线。理想情况下,标准曲线应呈线性关系,即信号强度与浓度成正比。

(4) 线性回归分析。通过线性回归分析确定标准曲线的线性方程,方程形式为

$$y = mx + b$$

式中,y 为吸光度;x 为浓度;m 为斜率;b 为截距。

实验过程中，通过测量样品的吸光度，然后利用标准曲线方程计算未知样品中污染物的实际浓度，这是评估光催化降解效果的关键步骤。

5.3.2　光解水产氢活性评价方法

氢气燃烧后生成水，不产生二氧化碳等温室气体，因此被誉为“零碳能源”。然而，当前工业制氢主要依赖于天然气、煤炭等化石能源，这在一定程度上限制了氢能的环境效益。因此，寻找清洁、高效的制氢途径成为当前研究的热点。光解水利用太阳能这一取之不尽的能源，将水分子分解为氢气和氧气，是一种理想的产氢方式（图 5-5）。

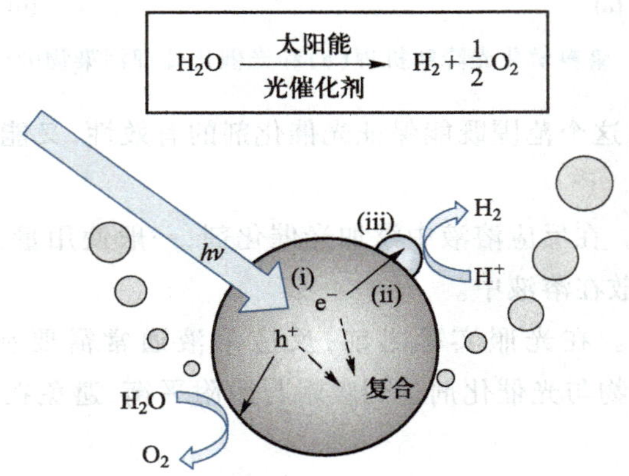

图 5-5　光解水产氢的主要过程示意图

光解水产氢活性评价是衡量光催化剂在分解水生成氢气反应中的性能的重要手段。评价光催化剂的产氢活性通常需要从实验条件、反应体系、性能评价等方面进行系统性研究。

1. 实验条件

(1) 光源种类。常用的光源包括模拟太阳光光源、氙灯、紫外灯等。光源的选择应根据催化剂的吸收光谱和反应需求来决定。

(2) 光强度。需确保光源的强度和均匀性，并在实验中进行准确测量。光强度通常用光强计或光功率计进行校准，单位为 $mW\cdot cm^{-2}$。

2. 反应体系

光催化产氢实验中通常需要将反应体系密封，并通入惰性气体（如氮气或氩气）以排除空气中的氧气，防止氧气影响产氢。密闭反应器通常配有气体收集口和排气阀，以便对生成的氢气和氧气进行收集和测量。催化剂通常以悬浮液的形式分散在反应溶液中。为了保证催化剂在反应过程中保持均匀分散，可以使用磁力搅拌器或气体搅拌装置，防止催化剂在光照过程中沉淀。现代光催化产氢系统还可以配置在线气体分析系统，通过气相色谱-质谱等表征技术实时监测反应过程中气体的生成情况，获取动态数据。

3. 性能评价

目前的光催化产氢的性能评价方法主要采用如下三个指标：

(1) 反应速率（reaction rate）。反应速率用氢气的生成速率，即生成的 H_2 量与反应时间和光催化剂质量的关系来表示，这是评价光催化分解水性能最直观的指标。反应时间和光催化剂质量是计算准确的氢气生产率时需要考虑的两个关键因素。一般来说，对于颗粒光催化剂体系，光催化产氢速率是根据单位照射时间的放出气体量和光催化剂的质量来表示的，单位为 $\mu mol \cdot g^{-1} \cdot h^{-1}$ 或 $\mu mol \cdot mg^{-1} \cdot h^{-1}$。计算反应速率是为了反映光催化剂的整体性能，将光电转换和表面催化反应结合起来。但在实际光催化反应中，反应速率受反应条件（光源、温度、反应时间）、反应器、反应介质（是否使用牺牲剂）等环境因素影响较大。比较不同光催化剂的产氢性能时，反应条件应保持统一。

（2）量子产率（quantum yields, QY）。由于不同实验室之间在光源、反应器类型、催化剂用量和反应温度等条件上存在差异，归一化的反应速率无法真实地反映催化剂的光催化活性。因此，需寻找一种新的评价参数，在同一标准下评估光催化剂的催化活性。

光催化量子产率（quantum yield, QY）是指在特定波长条件下，体系中参与反应的电子数与总吸收光子数之比。然而，对于非均相光催化体系，由于散射和反射等因素影响，实际反应过程中催化剂吸收的光子数难以测定，导致无法直接计算量子产率。因此，可以通过入射光子数代替吸收光子数的方式来计算光催化量子产率；通过这种方式计算所得的量子产率称为“表观量子产率”（apparent quantum yield, AQY）。表观量子产率的计算公式如下：

$$\mathrm{AQY}=\frac{N_{\mathrm{e}}}{N_{\mathrm{p}}}\times 100\%=\frac{10^{9} v \cdot N_{\mathrm{A}} \cdot K \cdot h \cdot c}{I \cdot A \cdot \lambda}\times 100\%$$

式中，N_e 为反应转移电子总数；N_p 为入射光子数；v 为反应速率（$mol \cdot s^{-1}$）；N_A 为阿伏伽德罗常数（$6.02\times10^{23}\ mol^{-1}$）；$K$ 为反应转移电子数；h 为普朗克常量（$6.62\times10^{-34}\ J \cdot s$）；$c$ 为光速（$3.0\times10^{8}\ m \cdot s^{-1}$）；$I$ 为光功率密度（$W \cdot m^{-2}$）；A 为入射光照面积（m^2）。

（3）太阳能转化效率（solar to hydrogen, STH）。STH 定义为从输入太阳能转化为化学能的能量转换效率，是衡量光催化剂分解水的实际应用标准。

光催化分解水反应的 STH 计算公式如下：

$$\mathrm{STH}=\frac{\text{反应储存的氢能}}{\text{入射太阳能}}\times 100\%=\frac{R_{\mathrm{H}_2} \cdot \Delta_{\mathrm{r}} G_{\mathrm{m}}}{P_{\mathrm{sun}} \cdot S}\times 100\%$$

式中，R_{H_2} 为光催化分解水产氢速率（$mmol \cdot s^{-1}$）；$\Delta_r G_m$ 为分解水反应的摩尔吉布斯自由能（$J \cdot mol^{-1}$）；P_{sun} 为 AM 1.5G 标准太阳光谱的光功率密度（$100\ mW \cdot cm^{-2}$）；S 为光照面积（cm^2）。

分解水反应的标准摩尔吉布斯自由能：

$$\Delta_{\mathrm{r}} G_{\mathrm{m}}^{\ominus}=237\ \mathrm{kJ \cdot mol^{-1}}$$

则上述公式可以简化为

$$\mathrm{STH}=\frac{2.37\times 10^{3} R_{\mathrm{H}_2}}{S}\times 100\%$$

5.3.3 光催化还原二氧化碳活性评价方法

光催化还原二氧化碳是一种利用光能将二氧化碳还原为可用燃料或化学品的技术，是解决全球能源需求和环境问题最具前景的技术之一。目前，控制 CO_2 减排途径仍然是一个巨大的挑战。反应产物中可能存在许多可能的化学物质，从 CO、CH_4 到气相的高级烷烃，以及液相的含氧化合物，如醇、醛和羧酸等。彻底、准确的产物测定对于光催化剂性能的评估至关重要。

光催化还原二氧化碳反应中，CO 和 CH_4 是主要的气相产物，H_2 和 O_2 也可能作为水分解的副产物产生（机理如图 5-6 所示）。对于 CO_2 还原生成的气相产物，通常使用气相色谱（GC）、气相色谱-质谱联用（GC-MS）进行检测和定量。这些技术能够准确地鉴定和量化如 CO、CH_4 等气态产物，对于评估光催化效率和选择性具有重要作用。红外光谱或漫反射红外傅里叶变换光谱（DRIFT）也可以用来验证 CO_2 的消耗和 CO 的生成。氢火焰离子化检测器（FID）是气相色谱常用的一种检测器，具有灵敏度高、线性范围广、检测限低、应用范围大等特点，在检测低浓度 CO 和碳氢化合物时具有较高的灵敏度。

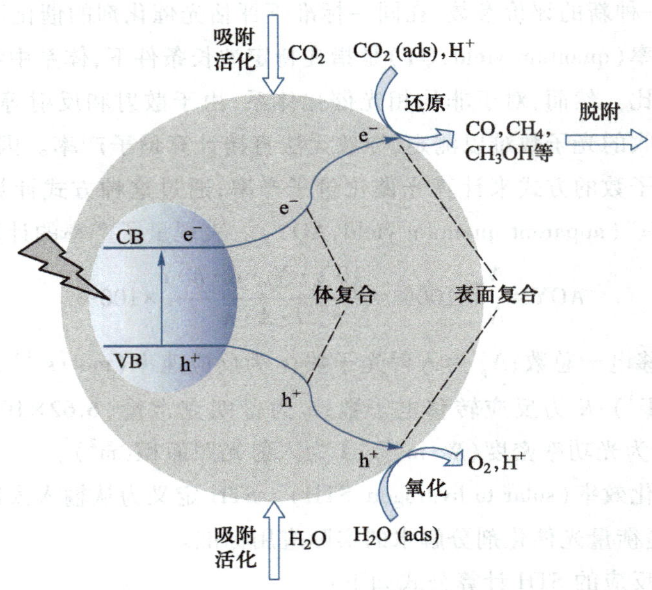

图 5-6 半导体光催化 CO_2 还原机理图

对于溶液中的产物，通常利用核磁共振（NMR）、高效液相色谱（HPLC）、离子色谱（IC）等方法进行鉴定和定量。

光催化 CO_2 还原反应涉及的活性评价指标主要包括以下 6 种。

（1）目标产物反应速率（$R_{产物}$）。即单位时间内单位质量催化剂产生的目标产物的物质的量，计算公式如下：

$$R_{产物}=\frac{n_{产物}}{mt}$$

式中，$R_{产物}$ 为目标产物的反应速率（$\mu mol\cdot g^{-1}\cdot h^{-1}$）；$n_{产物}$ 为产物的物质的量（μmol）；m 为催化剂的质量（g）；t 为反应时间（h）。

（2）电子消耗速率（$R_{电子}$）。即参与反应的有效光生电子速率，计算公式如下：

$$R_{电子}=R_{产物1}K_1+R_{产物2}K_2+R_{产物3}K_3+\cdots$$

式中，$R_{电子}$ 为电子消耗速率（$\mu mol\cdot g^{-1}\cdot h^{-1}$）；$R_{产物}$ 为目标产物的反应速率（$\mu mol\cdot g^{-1}\cdot h^{-1}$）；$K_1$、$K_2$、$K_3$ 分别为不同产物对应转移的电子数。

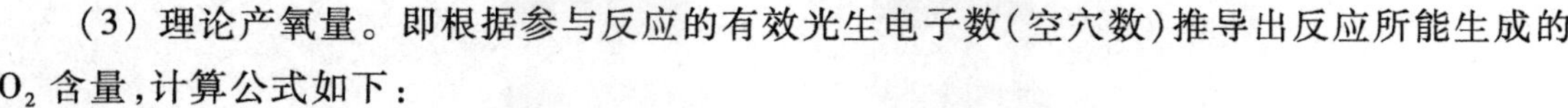

（3）理论产氧量。即根据参与反应的有效光生电子数（空穴数）推导出反应所能生成的 O_2 含量，计算公式如下：

$$理论产氧量(\mu mol)=\frac{n_{产物1}K_1+n_{产物2}K_2+n_{产物3}K_3+\cdots}{4}$$

式中，$n_{产物}$ 为目标产物的物质的量（μmol）；K_1、K_2、K_3 分别为不同产物对应转移的电子数。

（4）选择性（$S_{产物}$）。即目标产物的量占产物总量的百分数，计算公式如下：

$$S_{产物1}=\frac{R_{产物1}}{R_{电子}}=\frac{R_{产物1}}{R_{产物1}K_1+R_{产物2}K_2+R_{产物3}K_3+\cdots}\times 100\%$$

式中，$R_{产物}$ 为目标产物的反应速率（$\mu mol\cdot g^{-1}\cdot h^{-1}$）；$R_{电子}$ 为电子消耗速率（$\mu mol\cdot g^{-1}\cdot h^{-1}$）；$K_1$、$K_2$、$K_3$ 分别为不同产物对应转移的电子数。

（5）表观量子产率。即反应体系在特定单色波长下，反应转移的电子数与入射光子数之比，计算公式如下：

$$AQY=\frac{N_e}{N_p}\times 100\%=\frac{n_{产物1}K_1+n_{产物2}K_2+n_{产物3}K_3+\cdots}{N_p}\times 100\%$$

式中，N_e 为反应转移电子总数；$n_{产物}$ 为目标产物的物质的量（μmol）；K_1、K_2、K_3 分别为不同产物对应转移的电子数；N_p 为入射光子数。

（6）太阳能-化学能转化效率（solar to chemical energy conversion efficiency，STC）。即输入太阳能转化为化学能的效率，计算公式如下：

$$STC=\frac{反应储存的化学能}{入射太阳能}\times 100\%=\frac{R_{产物1}\Delta_r G_{m1}+R_{产物2}\Delta_r G_{m2}+R_{产物3}\Delta_r G_{m3}+\cdots}{P_{sun}S}\times 100\%$$

式中，$R_{产物}$ 为目标产物的反应速率（$mol\cdot s^{-1}$）；$\Delta_r G_m$ 为目标反应的摩尔吉布斯自由能（$J\cdot mol^{-1}$）；P_{sun} 为 AM 1.5G 标准太阳光谱的光功率密度（$1000\ W\cdot m^{-2}$）；S 为光照面积（m^2）。

思考题

1. 光源的选择如何影响光催化降解反应的效率？
2. 在光催化产氢实验中，如何设计一个有效的光催化反应器？
3. 如何评估光催化产氢的性能？
4. 光催化降解反应中的空白对照实验有什么作用？

第6章

光催化水分解

6.1 引　　言

水(H_2O)是由氢和氧两种元素组成的无机物,常温常压下为无色、无味的透明液体。地球上约 71%的表面被水覆盖,水是维系生命的基础要素,被誉为生命的源泉。

水具有氧化性,在适宜条件下能与比它活泼的金属(如锂、钠、钾等)或碳发生还原反应,释放出氢气,如金属与水反应时遵循以下一般化学方程式:$2M+2H_2O \longrightarrow 2MOH+H_2\uparrow$。而在高温高压下,碳与水蒸气会发生水煤气反应:$C+H_2O \longrightarrow CO+H_2$;此外,在极端条件下如遇到氟气($F_2$)时,水还可以被氧化生成氧气:$2H_2O+2F_2 \longrightarrow 4HF+O_2\uparrow$。通过可再生能源驱动,如太阳能、风电、水电、核电等,水可以在特定条件下同时被氧化和还原,实现水分解产生氧气和氢气,这一过程不产生任何碳排放,产出的氢气可作为绿色能源直接利用。

氢气的独特之处在于其燃烧产物仅为水,不排放硫氧化物、氮氧化物或其他有害固体颗粒物。因其高能量密度(120 $MJ\cdot kg^{-1}$,约是汽油的三倍),氢被视为极有前景的能源载体。目前,工业规模的制氢主要依赖化石燃料,如水蒸气甲烷重整、自热重整、部分氧化法和蒸汽铁法等。然而,上述工业方法存在诸多弊端,如大量温室气体 CO_2 排放及对不可持续化石燃料的高度依赖。

构建循环碳经济体系,整合氢能生产和应用,有望实现从生产到使用的全周期低碳甚至零碳排放的可持续氢能源利用。浩渺的海洋水资源及淡水资源构成了地球上最大的"氢库",有效开发这些资源有助于解决当前面临的能源危机和环境挑战。因此,"大规模""低能耗""高稳定"的工业化水分解制氢技术成为能源科研的焦点议题。

6.2 水分解的热力学和电化学

水的分解是指将其组成元素直接分解来产生氢气和氧气的过程,也就是氢气燃烧的逆过程:

$$H_2(g) + \frac{1}{2}O_2(g) \longrightarrow H_2O(l) \tag{6-1}$$

根据表 6-1,可知 101.325 kPa 下氢气燃烧的吉布斯自由能符合下式

$$\Delta G/(kJ\cdot mol^{-1}) = \Delta H - T\Delta S = -286000+163.34T/K \tag{6-2}$$

当 $T=298.15$ K 时,该反应 $\Delta G=-237.30\ kJ\cdot mol^{-1}$,从热力学角度看,$H_2$ 燃烧过程自发进行,相应的逆反应——水分解产生氢气和氧气就是一个吉布斯自由能增加的过程,也就是说水的分解反应在热力学上是一个非自发的过程(图 6-1),在标准状况下若要把 1 mol 水分解为氢气和氧气,理论上至少需要 237 kJ 的能量。

表 6-1　101.325 kPa 下 H_2O、H_2 和 O_2 的热力学数据

物质	标准摩尔生成焓 $\Delta H/(kJ\cdot mol^{-1})$	标准摩尔生成熵 $S/(J\cdot mol^{-1}\cdot K^{-1})$
H_2	0.00	130.68
O_2	0.00	205.14
H_2O	−285.80	69.91

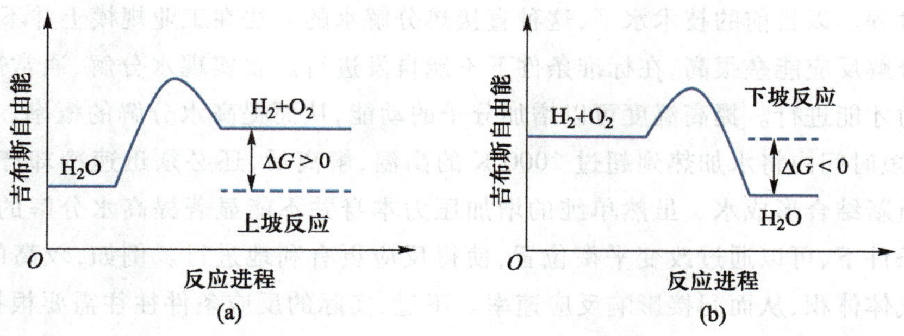

图 6-1　水分解(a)和氢气与氧气反应生成水(b)的热力学图示

[本图来源:Bie C, et al. Chem, 2022, 8(6): 1567.]

6.2.1 热分解

若要使水分解反应发生,式(6-1)逆反应的吉布斯自由能变要小于 0。仅依靠热做功,根据式(6-2)计算,可以得出当 $T>1751$ K 时水分解反应吉布斯自由能变才能翻转,此时水才能被分解,该过程称为水的热裂解或热化学水分解。

当水被加热到非常高的温度时,一些水蒸气解离成氢气和氧气。提取这些解离的产物,就有可能利用该反应来生产氢气。简单的水裂解过程可以分为两个步骤:(1) H_2O 分子分解成 HO 和 H;(2) HO 分解为 H 和 O。反应方程式如下:

$$H_2O \longrightarrow HO + H$$

$$HO \longrightarrow H + O$$

$$2H \longrightarrow H_2$$

$$2O \longrightarrow O_2$$

图 6-2 给出了总压为 101.325 kPa 时六种组分(H_2O、H_2、H、O_2、O 和 OH)的理论摩尔分数。可以看出,在 3000 K 时,约有 35%的水蒸气发生裂解,而在高于 3500 K 时,氢原子和氧原子在反应体系中的摩尔分数占主导地位。只有当温度在 2500 K 左右时,初级热能才可用

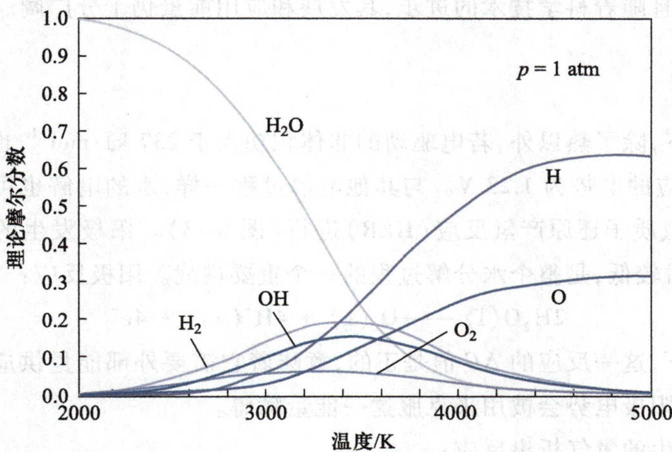

图 6-2　101.325 kPa 下 H_2O 热裂解产物(H_2、H、O_2、O 和 OH)的理论摩尔分数与温度的关系

(本图来源:Tsutsumi A. Thermodynamics of Water Splitting, Energy Carriers and Conversion Systems. Vol. I.)

于水分解过程。以目前的技术水平，这种直接热分解水的方法在工业规模上并不可行。

水热分解反应能垒很高，在标准条件下不能自发进行。要实现水分解，通常需要极高的温度或压力才能进行。提高温度可以增加分子的动能，从而提高水分解的概率。然而，要使水分解，在短时间内将水加热到超过 2000 K 的高温，解离后，还必须迅速冷却产物，以避免活性物质重新结合形成水。虽然单纯的增加压力本身并不能显著提高水分解的效率，但在高温高压条件下，可以通过改变平衡位置，使得反应更有利地进行。例如，较高的压力可以压缩产物气体体积，从而间接影响反应速率。不过，实际的反应条件往往需要根据不同的分解工艺和催化剂来确定。在某些条件下，使用合适的催化剂可以显著降低水分解所需的能量阈值，即使在相对较低的温度下也能提高水分解的效率。

通过优化温度、压力及使用有效的催化剂，可以改善水热分解的效率。但是，相比电解水等其他方法，水热分解在常规条件下的效率仍然较低，且由于其需要的极端条件而难以实现工业化规模应用。

水热分解反应需要在 2000 K 以上的极高温度下进行，这带来了巨大的能量消耗和工程技术挑战。近年来的研究进展主要包括：

（1）开发高效且稳定的高温反应器技术，如采用先进的耐高温材料和高效的热能传输系统，以减少能量损失并提高反应速率。

（2）探索和开发新型高效的催化剂，以降低水热分解反应的活化能，使得在较低的温度下就能实现水分解。一些研究表明，金属氧化物、碳基材料及其他复合材料有可能在适当条件下降低水热分解反应的温度。

（3）与太阳能热能利用相结合，如通过聚焦太阳能热能产生高温，驱动水热分解反应，形成太阳能热化学分解水制氢系统，这种技术称为太阳能热化学法，其特点是能直接利用太阳能进行高温反应，是一种颇具潜力的清洁能源制氢方式。

（4）开发新型热分解技术，如太阳能光热催化分解水、两步或多步循环热分解水等方法，试图通过引入额外的化学反应途径，提高热能利用效率和产氢速率。

总之，尽管水热分解产氢面临着诸多技术难题，但它作为未来绿色氢气生产的一种策略依然备受关注，并且随着科学技术的进步，其发展和应用前景仍十分广阔。

6.2.2 电分解

在标准条件下，除了热以外，若电驱动的非体积功大于 237 $kJ\cdot mol^{-1}$，也能促使水分解反应的 ΔG 翻转，对应的电势为 1.23 V。与其他电解过程一样，水的电解也可以通过水氧化产氧反应（OER）和氢质子还原产氢反应（HER）进行（图 6-3）。阳极发生的氧气析出反应的热力学驱动力相对较低，是整个水分解过程的一个重要挑战。阳极反应：

$$2H_2O(l) \longrightarrow O_2(g) + 4H^+(aq) + 4e^-$$

在标准条件下，这一反应的 ΔG 值是正的，意味着它需要外部能量供应才能进行。在实际操作中，较高的阳极电势会被用来克服这一能量障碍。

同时，阴极发生的氢气析出反应：

$$2H^+(aq) + 2e^- \longrightarrow H_2(g)$$

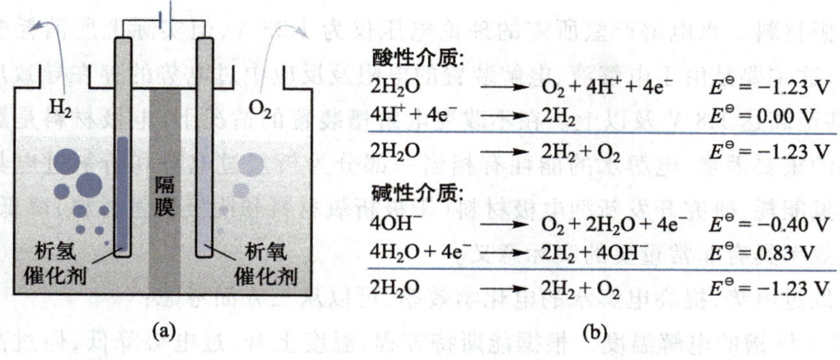

图 6-3 (a)电催化水分解反应机理和(b)在不同介质下的反应方程式

[本图来源:You B, et al. Acc. Chem. Res., 2018, 51(7): 1571.]

在某些 pH 条件下,特别是在酸性环境下,HER 的 ΔG 值较小甚至可能是负的,表明该反应更容易自发进行。

电解水的总反应仍然保持不变:

$$2H_2O(l) \longrightarrow 2H_2(g) + O_2(g)$$

整个电解过程的效率和速率受到电解液的 pH、电解质种类、电极材料及其催化性能等因素的影响。理想的电解水催化剂应该既能有效地降低 OER 的过电势,又能促进 HER 的进行,从而减少电解所需的能耗,提高整体的能量转换效率。

1. 电解水效率

(1) 法拉第效率。法拉第效率是描述电化学系统中电子参与所期望反应的效率。对 HER 而言,假设电流密度具有 100%的法拉第产出率,那么法拉第效率就可以通过计算实验检测到的产氢量与理论产氢量的比值得到。

(2) 稳定性。考虑到绝大多数 HER 一般都在极端条件下(如 pH 为 0 的强酸或 pH 为 14 的强碱)运行,因此,作为具有潜在应用前景的 HER 催化材料具有良好的结构和稳定性就显得至关重要。目前一般采用两种方法表征 HER 电催化剂的稳定性:第一种方法是固定电压(该电压对应的电流一般必须大于 10 $mA\cdot cm^{-2}$),观察记录电流随时间(该时间一般要大于 10 h)的变化趋势而得到电流-时间($I-t$)曲线[当然也有文献选择固定电流密度,如 10 $mA\cdot cm^{-2}$,观察记录电压随时间的变化趋势而得到电压-时间($V-t$)曲线];第二种方法是通过进行连续多圈(一般大于 500 次)CV 或 LSV 扫描以判定材料的稳定性。

2. 影响效率的因素

(1) 过电势。没有任何电化学反应仅考虑热力学而不考虑实际体系中所遇到的动力学阻碍而能在预测的电势下发生。由于这些阻碍的存在,为了实现此类电化学反应,需要额外的电势驱动力,这个额外的电势就称为过电势(用符号 η 表示)。对于 OER 和 HER,过电势有三个来源:活化过电势、浓度过电势及未补偿电阻引起的过电势,后者是由电化学界面产生的阻力。活化过电势是催化电极反应材料的一种固有属性,且因材料的不同而各异。因此,通过选择高效的催化剂可以尽量降低活化过电势。浓度过电势是电极反应开始后,界面上方附近浓度突然下降导致的,可以通过搅拌溶液来最小化这一影响。电阻过电势则可以通过执行欧姆降补偿来消除。

(2) 电极材料。水电解产氢所需的理论电压仅为 1.23 V,但实际上所消耗电荷量远远大于理论值,这主要是由于电解液、电解装置的电阻及反应中过电势的存在导致反应的外加电压增大,甚至高达 1.8 V 及以上。在不改变电解槽装置的情况下,电极材料是影响电解水效率和能耗的重要因素,电解水的能耗有相当一部分为析氢过电势和析氧过电势。为了降低电解水制氢能耗,研究开发新型电极材料(阳极析氧材料和阴极析氢材料)降低过电势,提高能量转化效率具有非常重要的实际意义。

为了降低过电势,提高电解水的电化学效率,可以从三方面考虑:

① 提高电解槽的电解温度。根据能斯特方程,温度上升,过电势降低,但过高的温度易使设备损坏而增加仪器成本,经济效益降低。

② 通过结构优化、化学功能化修饰和化学组分的掺杂增强电极材料的催化性能,构建新型低温、高效稳定的电解水电极材料。

③ 向电解液中加入少量的添加剂(主要是表面活性剂)构建新型电解液。目前,开发研制新型电极材料提高现有电极材料的电催化性能来降低过电势,不仅对设备要求低,且效率高、经济成本低,是解决问题的最佳途径,也是目前的研究热点。

在电解水生成氢气和氧气的过程中,氧气生成反应极其缓慢,需要大量的能量输入。这一过程可以通过使用高效的催化材料以提高水氧化的反应动力学,从而降低其能量需求来加速水电分解速率。目前,高效电极材料的设计仍存在挑战。首先,电极材料的效率和稳定性无法满足实际电解池的前提条件,即在 400 mV 的过电势下获得超过 500 $mA\cdot cm^{-2}$ 的大电流活性。瓶颈在于不利的热力学特性和迟缓的动力学特性。为此人们已经探索了多种改进策略,包括:

① 通过减小尺寸以最大程度暴露活性位点,增加活性位点密度和活性,提高电荷转移能力,增强纳米催化剂与集流体之间的电子和离子接触。

② 通过使用载体增强电催化剂的化学稳定性和机械稳定性。

③ 引入杂原子优化电催化剂的电子性质,提高活性位点的内在活性。

另外,当前几乎所有的水电解池(用于从水中制取氢气的装置)都采用贵金属基的催化剂,因此成本非常高昂。为了降低成本,这些电解池中的贵金属含量需要大幅降低,或者探索其他更便宜的替代方案。

深入理解基础机理对于先进 OER 和 HER 电催化剂的研发至关重要。电催化剂的制备依赖于试错方法,但多尺度层面的深入理论理解将是有效选择电催化剂的方法。原位光谱研究是一种有效的工具,可以揭示电催化的结构特征和机理细节。例如,傅里叶变换红外光谱、拉曼光谱、X 射线衍射谱等分析技术,以及其他基于光谱和显微镜的分析方法已被广泛应用于探测表面活性和机制。

6.2.3　光-电催化分解

使用吸收光的半导体电极利用太阳光的能量来电解水的尝试可以追溯到 40 多年前被广泛引用的 Fujishima 和 Honda 的工作,他们使用 n 型金红石(TiO_2)单晶通过光生空穴驱动水的氧化,同时在铂负电极上生成氢。他们的论文发表于 1973 年石油危机爆发之时,引发了科研人员十多年的持续努力,以期开发稳定、高效的太阳能水分解光电化学(photoelectrochemistry,简称 PEC)装置。1998 年,Khaselev 和 Turner 报道了 12.4%的 PEC 太阳能-氢转换效率,展示了 PEC 技术的巨大潜力。该技术将太阳能收集和电解水结合到一个单一的设备中。当一个具有适宜属性的 PEC 半导体器件浸没在水电解质中并受到阳光照射时,光子能被转换成电化学能,其可以直接将水分解为氢和氧(化学能)。

图 6-4 给出了一个基于单个光阳极和金属对电极的光电化学(PEC)电池的简化能级图。PEC 电池的主要组成部分是半导体(光电催化剂),它将入射光子转换为电子-空穴对。这些电子和空穴由于半导体内部的电场而在空间上分离,其起源在第 2 章第 4 节中的讨论。光生电子被迁移至导电基底,通过外部导线传输到金属对电极。在金属上,电子还原水形成氢气。光生空穴被迁移至半导体/电解质界面,氧化水形成氧气。

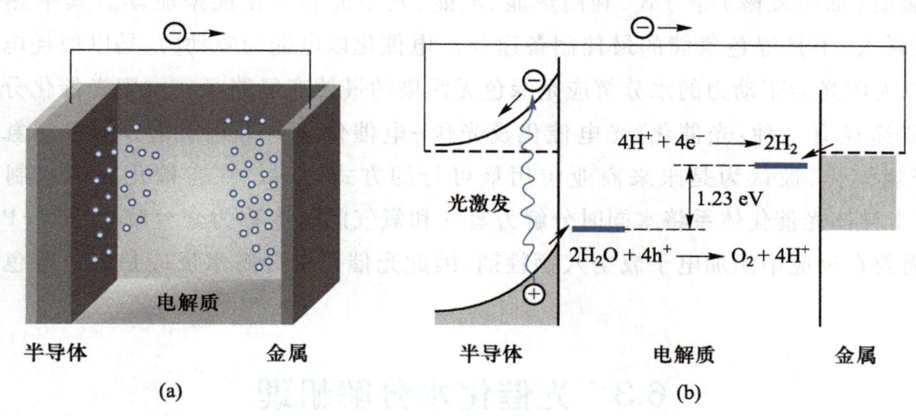

图 6-4 (a)由半导体光阳极和金属阴极组成的光电化学电池的示意图及(b)相应的能级图

[本图来源:van de Krol R.(2012). Principles of Photoelectrochemical Cells. In:van de Krol R., Grätzel,M.(eds) Photoelectrochemical Hydrogen Production. Electronic Materials: Science & Technology,vol 102. Springer,Boston,MA.]

PEC 太阳能分解水是一个强大而复杂的过程。为了有效和可持续地进行水的直接光电化学分解,必须同时满足如下三个关键要求:① 半导体材料必须在光辐照时产生足够的电压以分解水,它的带隙必须足够小以吸收大部分太阳光谱,表面处的带边电势必须跨越氢和氧氧化还原电势;② 系统必须在水电解质中表现出抗腐蚀的长期稳定性;③ 从半导体表面到溶液的电荷转移必须是容易的,以减少动力学过电势对析氢反应(HER)和析氧反应(OER)的选择性造成的能量损失。

迄今为止,没有一种经济高效的材料系统能够满足上述实际制氢的所有技术要求。虽然正在进行研究和开发,以发现具有符合这些标准的体积和界面特性的材料,但仍需要材料科学和界面电化学方面的进展。

太阳能光伏发电的成本已持续显著下降,使得集成太阳能电池与传统的水电解系统成为一种可行的策略,以经济高效的方式从阳光和水中生成氢气。理论上,若不考虑成本约束,采用极高效率的串联太阳能电池与优化的电解槽组合,可以从水分子中近乎理想地提取氢能源。然而,此类高端配置的高昂造价使其在大规模商业化应用中面临挑战。

6.2.4 光催化分解

自 1972 年,Fujishima 和 Honda 两位教授首次发现 TiO_2 单晶电极光催化分解水产氢气这一现象开始,揭示了利用太阳能直接分解水制氢的可能性,开辟了利用太阳能光解水制氢的研究道路。随着电极电解水向半导体光催化分解水制氢的多相光催化的演变和 TiO_2 以外的光催化剂的相继发现,兴起了以光催化方法分解水制氢(简称光解水)的研究,并在光催化剂的合成、改性等方面取得较大进展。

从热力学角度来看,水分解产氢是一个需要外加能量驱动的上坡反应,而非自发过程,因为其逆反应容易发生。氢气的生产可通过利用可再生及非可再生资源中的多种能量形式轻易实现,包括通过热裂解(如热化学循环)、电解(如电催化)、光解(如光催化)和生物裂解(如暗发酵)等方式,利用热能、电能、光子能和生化能来驱动。其中热裂解温度高、能耗大,不是绿色氢能的最佳制备途径。电催化以电能为驱动力,是以损耗电能为代价的。以太阳光为驱动力的水分解应是绿色无污染的最佳产氢路径。太阳光催化分解水制氢的主要途径有三种:光催化、光电催化及光伏-电催化。利用光催化分解水制氢成本低廉,易于规模化,被认为是未来商业应用最可行的方式之一。在光催化分解水制氢反应中,利用半导体光催化体系将水同时分解为氢气和氧气的反应称为全分解水反应(POWS)。由于不需要在反应中添加电子或空穴牺牲剂,因此光催化全分解水反应是完全绿色的制氢反应。

6.3 光催化水分解机理

光催化全分解水反应是一个热力学上不利的过程($\Delta G^\ominus = 237\ kJ\cdot mol^{-1}$, $\Delta H^\ominus = 286\ kJ\cdot mol^{-1}$),不能自发进行。它由两个半反应组成,即 HER 和 OER,这两个过程都是吉布斯自由能升高的过程。通过光催化剂在太阳光照射下,可以实现这一过程,相关反应方程式如下所示。

还原半反应 $$4H^+(aq) + 4e^- \longrightarrow 2H_2(g)$$

氧化半反应 $$2H_2O(l) + 4h^+ \longrightarrow O_2(g) + 4H^+(aq)$$

e^-和 h^+分别为光激发半导体产生的光生电子和空穴,光催化反应就是光生电子和空穴被氧化和被还原的过程,反应中将光能转变为化学能,实现能量的存储。

6.3.1 物理机制

利用半导体光催化剂实现分解水的原理如图 6-5 所示。① 当半导体光催化剂吸收光子能量大于其禁带宽度的光辐射时[图 6-5(a)],半导体价带上的电子会受激发跃迁至导带(对于有机络合物光催化剂,则光生电子从最高占据分子轨道跃迁至最低未占据分子轨道),从而在导带(CB)聚集电子,在价带(VB)聚集空穴,即生成光生电子-空穴对;② 光生电子-空穴对会发生分离并迁移至表面,和光生电荷向表面迁移竞争的是光生电子和空穴的复合过程;③ 能够成功迁移至半导体表面的电子和空穴分别(或被表面的助催化剂捕获)与表面吸附物种(电子供体和电子受体)发生还原反应和氧化反应[图 6-5(b)]。半导体的氧化和还原能力取决于其价带与导带的相对位置,对分解水反应而言,要求半导体的价带位置比水的氧化电势更低,半导体的导带位置比质子的还原电势更高。

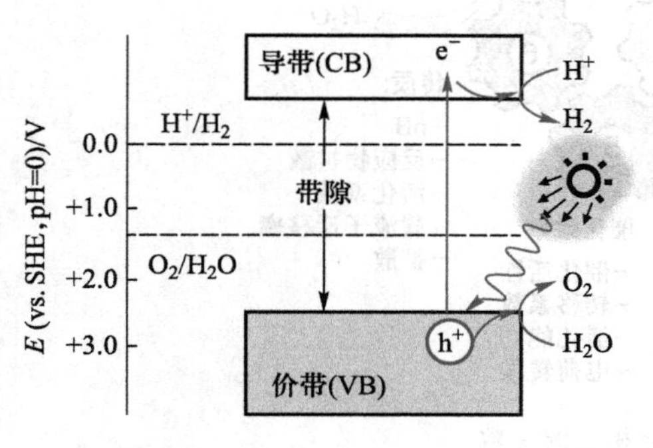

(a) 光分解水制氢的主要过程示意图

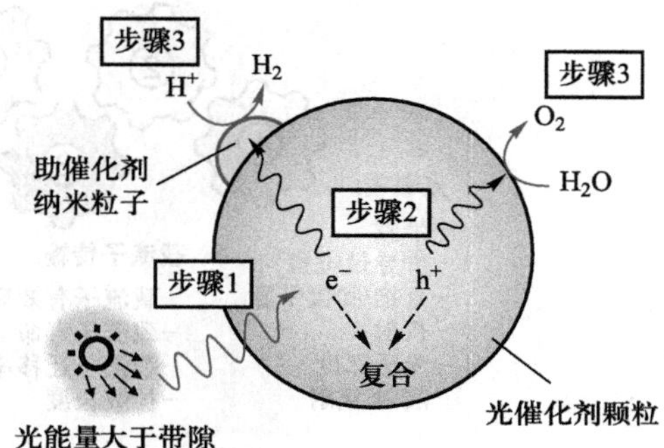

(b) 光解水反应过程
(即光吸收、光生电荷迁移和表面氧化还原反应)

图 6-5 光催化分解水制氢原理示意图
(本图来源:Wang W, et al. Chem. Soc. Rev., 2015, 44:5371.)

从本质上讲,光催化水分解反应涉及多个光物理和电催化过程。将图 6-5 中的光催化过程细分成六个步骤(见图 6-6),光催化水分解过程将在不同时间尺度上的依次发生。光吸收(步骤 1)触发了非平衡的光物理与光化学过程,其本质是将 VB 或最高占据分子轨道(HOMO)中的电子激发至 CB 或最低未占据分子轨道(LUMO),形成激子(步骤 2)。此类激发态的占据概率主要取决于半导体的电子结构(原子局域位移)。这一飞秒量级的过程后,电子与空穴将分别在相近时间尺度内弛豫至导带底与价带顶。随后,激子(电子-空穴对)通常需克服由电子结构决定的结合能以实现分离,此时电子与空穴(极化子)受其有效质量影响开始独立迁移。载流子的扩散与传输需有效利用界面势差,并通常在微秒量级内完成向表面修饰的光催化剂的电荷转移。然而,由于光催化动力学过程(步骤 5 和 6)的速度较前述步骤 1~4 显著缓慢,这些光生电子-空穴驱动的氧化还原反应通常耗时超过微秒级。

由于步骤 1 和步骤 2 产生的载流子的寿命短(约纳秒量级)以及会在远小于纳秒量级的时间复合,以及与化学反应相关的大时间尺度(毫秒至秒量级)的共同影响,大量的电荷载体会发生复合,导致净氧化还原反应效率低下,这是光催化的主要问题之一。通常在纳秒至飞秒的时间尺度内(步骤 1~4),电荷会转移到表面,与表面存在的化学物种相互作用(毫秒至秒量级,步骤 5 和 6),从而发生氢气还原反应和氧析出反应。所以连接激子产生和化学反应的电子-空穴对的分离和扩散(步骤 3 和 4)在提高水分解效率方面起着主导作用。

当然在整个水分解过程中,光催化剂的作用至关重要,它需有效地捕获光能,产生活性强、数量多的电荷载体,并在最短时间内将它们用于高效的水分解反应。半导体与光催化剂的特性参数及各阶段效率指标均可独立列出(图 6-6),并通过多种表征与动力学测量手段

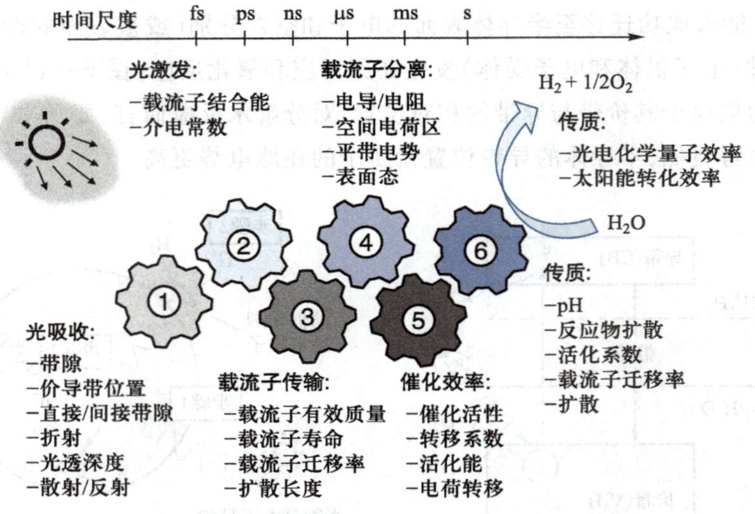

图 6-6　与光催化相关的参数

（齿轮 1、2、3、4、5 和 6 分别为光吸收、光激发、载流子分离、载流子传输、催化效率和反应物与产物的传质六个步骤，步骤 1 和 2 对应于前文中光捕获过程、步骤 3 和 4 对应载流子分离和迁移，步骤 5 和 6 对应表面催化反应过程。只有当所示六个步骤的效率均较高时，整体水分解才能成功。同时，图中还展示了各步骤的不同时间尺度。本图来源：Takanabe K. ACS Catalysis，2017，7：8006.）

实现定量评估。一旦材料合成完成，这些特性与效率的量化分析可帮助识别过程的瓶颈，进而提升整体效率。

6.3.2　分子机制

当光催化剂的禁带宽度能够覆盖质子还原和水氧化所需的电势范围时，理论上即可实现光驱动的全水分解，产生氧气和氢气，此过程在热力学上是合理的。那么，从分子层面深入探究，水分子是如何在催化剂表面经历一系列中间步骤转化为氢气和氧气的呢？

1. HER

反应介质不同，HER 反应过程会有一些差异。在酸性介质中，质子还原产氢反应过程比较简单，有两种可能的反应机理（图 6-7）：一是水合质子在催化剂表面吸附活化并接受一个光生电子生成吸附氢原子和水分子，吸附氢原子再和另一个水合质子耦合并接受一个光生电子生成氢气和水分子。二是水合质子在催化剂表面吸附活化并接受一个光生电子生成吸附氢原子和水分子，随后和相邻两个吸附氢原子发生耦合生成氢气。在碱性介质中，水分子接受一个光生电子被解离成吸附氢原子和氢氧根离子，吸附氢原子与水分子反应生成氢气和氢氧根，或者吸附氢原子跟相邻吸附氢原子耦合生成氢气。

机理一：$H_3O^+ + e^- \longrightarrow {}^*H^+ + H_2O$

$${}^*H + H_3O^+ + e^- \longrightarrow H_2 + H_2O$$

机理二：$H_3O^+ + e^- \longrightarrow {}^*H^+ + H_2O$

$$2\,{}^*H \longrightarrow H_2$$

图 6-7　两种析氢反应的机理

（“*”表示表面吸附态）

2. OER

水氧化产氧的反应较为复杂，反应涉及四个电子的转移。以金红石型 TiO_2 为例，其上存在两种水氧化机理，即电子转移机理和亲核攻击机理。电子转移机理认为光生空穴促使溶液中 OH^-（或 H_2O）或表面 Ti—OH 发生电子转移型氧化，产生的·OH 或[Ti·OH]$^+$自由基会重新组合形成 H_2O_2，随后 H_2O_2 被空穴氧化为分子氧[图 6-8(a)]。在亲核攻击机制中，光生空穴被表面的三配位氧所捕获，部分空穴会扩散到桥连氧处。水氧化被认为始于一个水分子（路易斯碱）对表面捕获空穴（路易斯酸）在桥连氧上的亲核攻击，随后 Ti—O 键断裂形成 Ti—O·HO—Ti 结构[图 6-8(b)]。

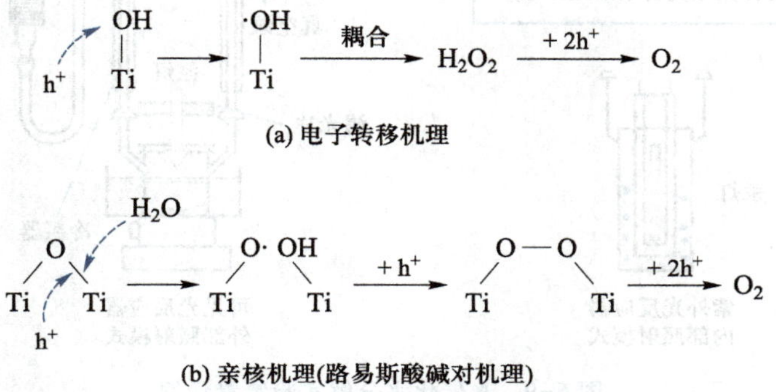

(a) 电子转移机理

(b) 亲核机理(路易斯酸碱对机理)

图 6-8 TiO_2 上光催化水分解产氧机理

[本图来源：Nakamura R，et al. J. Am. Chem. Soc.，2005，127(37)：12975.]

尽管这两种 OER 机理在分子水平上有所不同，但有三个重要的共同特征：第一，水氧化均从桥连氧位置开始，形成表面结合的羟基物种（Ti—OH·或 Ti—O·HO—Ti）；第二，二者都涉及表面结合过氧物种的形成；第三，质子与电子转移耦合在水氧化过程中发挥关键作用，特别是在 $pH<13$ 的条件下。

6.4 光催化水分解性能评价

光催化水分解的性能评估是催化剂研发、揭示水分解机理及促进产氢技术进步的关键环节。构建科学合理的性能评估体系，以精准量化水分解产物的产出量与转化效率，对于指导和推动这一系列研究领域的发展具有举足轻重的意义。

6.4.1 反应系统

光催化水分解系统又称光解水制氢系统或光解水产氢系统，是利用真空系统在常压下进行光照实验，产生的氢气利用气体搅拌器在系统中搅拌均匀，可以在线取样进入气相色谱进行检测，保证了样品取出到检测过程的真空性和一致性，减少测试数据的误差，保证微量氢气在线监测的准确性。

实现水分解的设备有多种类型。通常使用的是一种带有真空管线、反应池和直接连接到气相色谱仪的气体取样口的气体闭路循环系统，如图 6-9 所示。如果光催化活性过高，不适于使用气相色谱仪,则采用容积法来测定释放的气体。该装置应为无氧环境,因为氧气的检测对于评价光催化水分解性能至关重要。

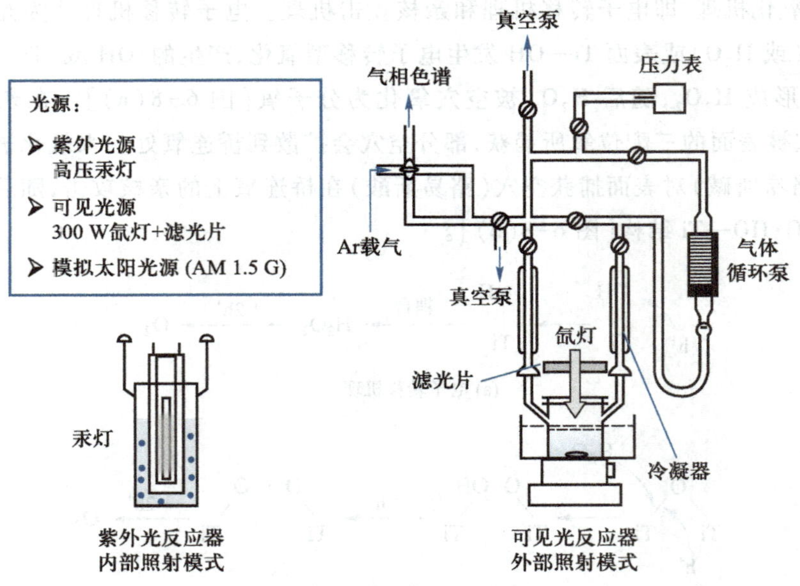

图 6-9 光催化水分解实验装置示例

(本图来源:Kudo A, et al. Chem. Soc. Rev., 2009, 38: 253.)

反应池有多种类型。通常,使用内部照射反应池时能够进行有效的光照。当需要特别强烈的紫外光照射,尤其是波长小于 300 nm 时,常采用带有石英池的高压汞灯与宽禁带光催化剂配合使用。若需要可见光照射,则通常使用配有截止滤光片的氙灯。因此,了解入射光的光谱非常重要,其取决于光源、反应池材料、光学滤镜和反射镜等因素。

如果考虑太阳能制氢,理想情况下应使用太阳光模拟器作为评估太阳能电池的标准光源。配置有空气质量 1.5 滤光片(AM 1.5G)的太阳光模拟器,能提供 100 $mV\cdot cm^{-2}$ 的功率照射。

6.4.2 产物 H_2 和 O_2 分析

水分解反应的产物为始终处于气态的 H_2 和 O_2,因此气相色谱法是最便于进行产物分析的技术。通常使用气密注射器将气体样品注入配备有热导检测器的气相色谱仪中(GC-TCD),实现对产物的分析。也可采用在线 GC-TCD 系统,该系统直接与反应体系相连。在任何反应系统中,取样空间的死体积都应尽可能小,因为较大的死体积会导致气体生成速率的实验误差增大。为了定量在光催化水分解过程中同时产生的 H_2 和 O_2,应使用适当长度的 5A 分子筛柱,其中氩气以可控速率流动。

气体注射器取样成本低且设置简便,但空气泄漏不可避免。因此,当光催化水分解过程中释放的 O_2 量较少时,可靠的氧气定量几乎无法实现。在线 GC-TCD 系统能最大限度地减少气体取样和注入过程中因空气泄漏带来的负面影响,从而实现氧气的精确定量及多次取样，这对于记录气体产生的时间过程数据尤为重要。但是这会使反应系统复杂化且成本增加。无论反应系统如何，适当的空白实验通常是必要的。

在研究光催化水分解机理时，有时会使用氘水（D_2O）和氧-18 水（$H_2{}^{18}O$）等同位素标记水。对于这类反应，需要使用质谱仪，因为标准 GC-TCD 无法检测到同位素标记的气体。

精确的数据获取还依赖于校准曲线，这些曲线应使用标准气体来建立。尽管光催化水分解通常在恒温浴控制的室温下进行，但操作条件下反应器和气体分析仪的温度会有所不同。特别是，在照射过程中反应器的温度可能上升，如果在校正曲线是在室温下获得的，不论光催化剂材料的类型，这种温差可能导致对生成气体量的高估。

图 6-10 给出了两种光催化水分解活性评价示意图。第一种为可靠的光催化水分解结果，可以看到光照下反应体系按 2∶1 的化学计量比产生 H_2 和 O_2，随着照射时间的延长，产生的气体量呈线性增加，可以有力证明水分解为氢气和氧气。在某些情况下，光催化水分解系统只产生氢气而不产生氧气（如不可靠结果所示），或者产生氧气的量少于化学计量比要求的量，或者生成氢气的量少于引入反应器中光催化剂的量。因为在还原过程中反应的光激发电子的数量必须等于在氧化反应中消耗的光激发空穴的数量，所以出现上述结果表明在光照期间发生了牺牲剂参与的反应或光催化剂的自身分解。因此，确保水分解反应不受污染，以及在重复实验循环中氢气和氧气的同时产生至关重要。进行多种对照实验，如无光催化剂实验或无光照实验，以证实观察到的气体生成确实是源于光催化作用。

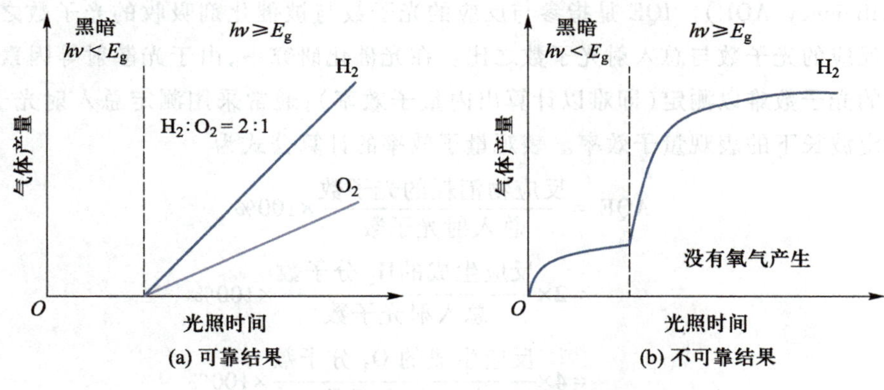

图 6-10 光催化水分解活性评价示意图

（本图来源：Wang Z, et al. Chem. Soc. Rev., 2019, 48: 2109.）

6.4.3 反应效率表示

光解水反应催化剂的反应性能是评价催化剂好坏的主要指标，它包括催化剂的活性、选择性和稳定性。对生产应用来说，效率是第一位的，因此催化剂的活性是最重要的性能。催化剂的活性，又称催化活性，是指催化剂对反应加速的程度，衡量光解水反应催化活性有多种方法，包括氢气和氧气的产率、转化频率法和稳定性。

1. 反应速率

光解水反应催化活性可以表示为在整个光照过程中释放的气体量或单位光照时间产生的平均气体量（气体释放速率）。因为两者都高度依赖于实验条件，所以需要提供光源强度、照射波长范围、光催化剂量、反应溶液体积、反应器类型和温度。比较光催化剂质量标准化释放速率（如 $\mu mol \cdot g^{-1} \cdot h^{-1}$）是没有意义的，因为在给定的一组反应条件下，光催化活性与光催化剂的质量不成正比（见 6.5.2 小节）。相反，光催化速率和光催化剂量之间的关系由特定的光催化剂材料和照射条件决定。

2. 量子效率

虽然光催化水分解研究领域中，人们习惯使用归一化的反应速率衡量催化剂的反应活性。然而，由于不同实验室之间在光源、反应器、催化剂用量等条件上存在差异，归一化的反应速率无法真实地反映催化剂的光催化活性。对于不同光催化反应体系，由于催化剂的光吸收系数、散射/反射作用和粉末悬浮程度之间存在巨大差异，不同体系的反应速率随着催化剂用量增加的变化趋势也有所不同。对于同一光催化反应体系，由于催化剂的过量加入会影响入射光的穿透深度及催化剂对入射光的散射程度，催化活性随着催化剂用量的增加保持不变甚至降低。基于以上原因，需寻找一种新的评价参数，在同一标准下评估光催化剂的催化活性。

正如前面讨论的那样，由于各实验室间光催化反应条件（尤其是照射条件）的差异，直接比较各实验室的光催化活性（如总气体生成量或生成速率）无助于深入理解。因此，评估光催化剂性能及当前光催化水分解领域的技术水平，需要用量子产率。表征光催化剂性能的量子效率分为内量子效率（internal quantum efficiency，IQE）和表观量子效率（apparent quantum efficiency，AQE）。IQE 是指参与反应的光子数与被催化剂吸收的光子数之比；AQE 是指参与反应的光子数与总入射光子数之比。在光催化研究中，由于光散射等因素，使得催化剂吸收的光子数难以测定（即难以计算出内量子效率），通常采用测定总入射光子数的方法计算特定波长下的表观量子效率。表观量子效率的计算公式为

$$\begin{aligned}\text{AQE} &= \frac{\text{反应物消耗的光子数}}{\text{总入射光子数}} \times 100\% \\ &= 2 \times \frac{\text{反应生成的}H_2\text{分子数}}{\text{总入射光子数}} \times 100\% \\ &= 4 \times \frac{\text{反应生成的}O_2\text{分子数}}{\text{总入射光子数}} \times 100\%\end{aligned} \tag{6-3}$$

在理想的光催化水分解过程中，一个光子应该足够激发一个电子从价带跃迁至导带，进而参与水分解成氢气和氧气的反应，理论上若每个光生电子都用于水分解且无其他损失，则量子效率可达 100%。然而，在实际操作中，由于光吸收不完全、光生电子-空穴对的复合、电荷传输效率低下等因素，量子效率往往远低于理论值。

3. 能量转化效率

表观量子产率（AQY）是根据光子通量来定义的。使用光子能量的概念，而光催化水分解能量转化效率是指在光催化过程中，将入射到光催化剂表面的太阳能转化为化学能（以氢能形式存储）的百分比例。这个效率衡量的是整个系统将太阳能有效利用的程度，包括光的吸收、电荷载流子的生成、传输及最终驱动水分解反应形成氢气和氧气的过程。在理想状态下，一个完整的水分解反应需要约 237 $kJ \cdot mol^{-1}$ 的净能量（考虑到光照和产物的化学势能）。

$$\mathrm{STH}=\frac{\text{反应储存的氢能}}{\text{入射太阳能}}\times 100\%=\frac{R_{\mathrm{H_2}}\Delta_r G^{\ominus}}{P_{\mathrm{sun}}S}\times 100\% \tag{6-4}$$

式中，$R_{\mathrm{H_2}}$为光催化分解水制氢速率（$\mathrm{mmol\cdot s^{-1}}$）；$\Delta_r G^{\ominus}$ 为分解水的反应的标准摩尔吉布斯自由能（$\mathrm{J\cdot mol^{-1}}$）；P_{sun}为 AM 1.5G 标准太阳光谱的光功率密度（$100\ \mathrm{mW\cdot cm^{-1}}$）；$S$ 为光照面积（$\mathrm{cm^2}$）。

分解水反应标准摩尔吉布斯自由能为 $237\ \mathrm{kJ\cdot mol^{-1}}$，上式可以简化为

$$\mathrm{STH}=\frac{2.37\times 10^3 R_{\mathrm{H_2}}}{S}\times 100\% \tag{6-5}$$

尽管传统的光催化水分解效率一般较低，但随着新材料和新工艺的发展，已经取得了一些突破，如前面提及的牛津大学团队研发的新方法达到了15.9%的能量转化效率，这是一个相当可观的进步。要实现商业化应用，通常认为至少需要10%以上的太阳能制氢效率才能具有经济竞争力。科学家们正在持续探索和优化光催化材料与系统设计，以期进一步提高这一关键指标。

4. 转化频率

转化频率（turnover frequency，TOF）定义为单位催化活性位点、单位时间内催化剂将反应物转化为目标产物数。转化频率可以反映每个催化位点的固有活性。然而，对于许多固态（多晶）催化材料，精确计算其转化频率并非易事。例如，对于一些氢析出纳米催化剂，通常既有可用的表面原子/催化基团，同时也有一些不可用的内部原子/催化物种。基于此，很多研究者试图仅计算催化材料的表面原子数或可用的催化位点数以得出转化频率数，这是一种合理的方法。另一计算方法是通过计算催化材料中的全部催化物种以得到转化频率，无论该催化物种是具有活性的还是不具有活性的。虽然第二种计算方法会降低材料的转化频率数，不能反映材料的真实转化频率数值，但如果严格按此方法执行仍可以有效地比较两种或多种材料（尤其是相似材料）的催化活性和效率。

5. 稳定性

光催化水分解的循环稳定性是指在重复使用过程中，光催化剂保持其催化活性的能力及持续有效地分解水产氢和氧而不发生显著性能衰退的特性。理想的光催化剂应当在长时间的光照和水介质作用下保持以下四方面的稳定性：

（1）结构稳定性。经过多个光催化循环后，催化剂的晶体结构和形貌不应发生明显变化，以防止活性位点丧失或催化剂粉化。

（2）光学稳定性。光催化剂的吸收边和能带结构应在反复光照下保持不变，确保其继续有效吸收光子并产生电子-空穴对。

（3）电荷传输稳定性。催化剂表面的电子和空穴应该能够在长期操作中维持高效的分离和迁移，避免电荷复合，保证持续的氧化还原反应。

（4）化学稳定性。催化剂在与电解液接触时不发生化学腐蚀或被杂质吸附，避免降低催化活性。

6.5 影响光催化全水分解效率的主要因素

如图 6-6 所示，整个光催化水分解反应涉及半导体催化剂捕光后被激发产生光生电荷、光生电荷分离和传输及光生电荷迁移到表面后发生反应三个过程。所以影响以上三个过程效率的因子就是关联光解水反应效率的主要因素。光捕获效率决定了光催化剂能否充分吸收太阳能光谱中的大部分光子，特别是波长较长的可见光和近红外光。电荷分离与传输效率是衡量光生电子-空穴对能否有效分离并避免复合的参数，同时快速到达催化剂表面进行水分解反应。表面催化反应效率也就是催化剂活性，是影响能量转化效率的重要因素之一。光催化水分解需要催化剂来降低反应的活化能，促进水分子的分解反应。三个参数之间密切相关。例如，为了提高半导体光催化剂的吸光效率，可以通过能带结构调控的策略缩小半导体的禁带宽度；而禁带宽度变窄的同时，光催化剂导带和价带能够提供还原反应和氧化反应的热力学驱动力就会减小，势必会影响到表面催化反应效率。此外，在能带调控过程中引入的杂原子会增加表面和体相的缺陷态浓度，也会影响其光生电荷分离的性质。因此，提升光解水效率需对这三者进行统筹优化。

以最常见的光催化剂 TiO_2 为例，分析影响其光催化水分解活性的因素。图 6-11 给出了影响 TiO_2 光催化剂活性的因素。TiO_2 光催化剂可通过多种方法制备。例如，通过四异丙氧基钛的水解可得到非晶态的 $TiO_2 \cdot nH_2O$。当非晶态 $TiO_2 \cdot nH_2O$ 经煅烧后，一些因素会同时发生变化。通过相变可获得锐钛矿和金红石。锐钛矿的带隙为 3.2 eV，而金红石的为 3.0 eV，表明即使成分相同，晶体结构也决定了带隙大小。锐钛矿和金红石带隙之间的差异主要归因于导带水平的差异。锐钛矿的导带底高于金红石的导带底，这导致两者光催化能力存在差异（金红石 TiO_2 可通过水热法选择性制备）。煅烧增加了结晶度（可通过 XRD 表征可知），降低了光生电荷的复合，这是一个积极因素。通过烧结粒子，尺寸随之增大，表面积减小（由 BET 测试获得），这是一个消极因素。小粒子尺寸有时会产生胶体粒子中所见的

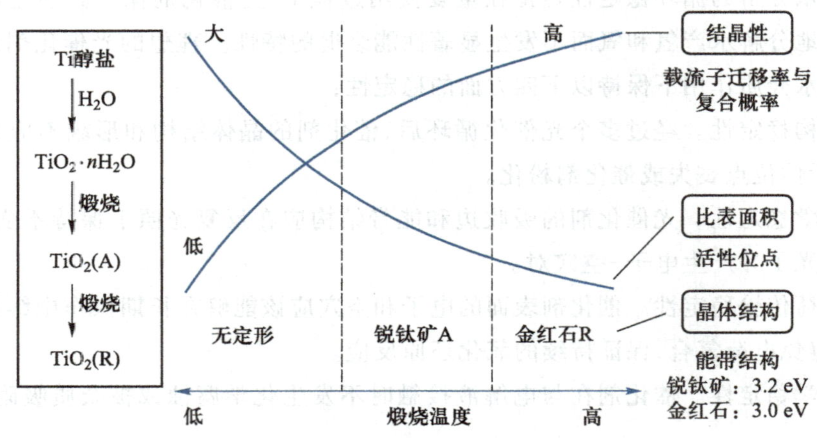

图 6-11 影响 TiO_2 光催化活性的因素

（本图来源：Kudo A，et al. Chem. Soc. Rev.，2009，38：253.）

量子尺寸效应,导致带隙拓宽和吸收光谱蓝移。最终的光催化活性由这些因素之间的平衡决定。对水分解而言,往往需要较高的结晶度而非大比表面积,因为光生电子和空穴的复合对于上坡反应尤其严重。相反,对于有机化合物的光催化降解,大比表面积是必要的,因为有机化合物的吸附是重要的过程。表面羟基浓度也可能影响光催化活性。

光催化过程中涉及化学反应,只有当图 6-5 所示的三个步骤同时完成时,才能获得光催化活性。因此,光催化剂需要合适的体相和表面性质及能级结构。所以光催化剂应该是高度功能化的材料。

6.5.1 光催化剂结构

光催化剂作为光催化水分解反应的主体,对活性的影响显著。表 6-2 总结了具有高效水分解活性的光催化剂的关键结构特性。

表 6-2 具有高效水分解活性的光催化剂的关键结构特性

	关键结构特性
带隙	光催化剂应具有窄的带隙来收集阳光,因为超过 50% 的太阳能分布在可见光区域
价导带电势	光催化剂的带边电势必须满足一步和两步激发 OWS 反应的热力学条件。理想情况下,光催化剂应具有更负的 CBM 电势和更正的 VBM 电势,以分别对还原反应和氧化反应具有更强的驱动力
晶形	光催化剂应具有高结晶度,以降低作为复合中心的缺陷密度并延长光生电荷载流子的寿命
颗粒大小	光催化剂应具有较小的颗粒尺寸,以减少电子和空穴在复合前向表面的迁移距离
晶面	光催化剂应暴露出不等价的特定面,以促进电子和空穴及还原和氧化位点的空间分离
表面	光催化剂应具有适合提供表面活性位点和负载助催化剂的表面性质

注:本表来源于 Ma Y, et al. Phys. Chem. Chem. Phys., 2023, 25: 6586.

综合以上特性,通过精细调控光催化剂的结构,可以显著改善其光捕获能力、电荷分离与传输效率及催化活性和稳定性,进而提高光催化水分解的效率和实用性。

6.5.2 反应条件

除了上述提及的基本结构、原理及与能源转化效率相关的方面,反应条件在光催化水分解过程中扮演着至关重要的角色,极大地影响着整体的效率与可行性。这些条件包括但不限于:

(1) 光源条件。针对不同类型的反应池,有几种不同的反应池选择和适合的光源(图 6-9)。对于实验室规模的水分解实验,外部光源(如卤素灯或 LED)较为常见,可以为任何类型的反应池提供光照。使用外部光源易于控制入射光的波长,并通过校准的光电二极管计算入射光子的数量,这对于 AQY(量子效率)计算至关重要。光源越强,提供的能量越多,理论上能够提升光催化效率。光催化剂对特定波长的光有较强的响应,通常需要与催化剂的禁带宽度匹配,以利于光吸收和电子激发。

(2) 温度。在典型实验中,通过使用温度可控的水浴来维持反应溶液(水)的温度接近室温。半导体的光电压通常随温度升高而降低。然而，提高反应温度可以加快光催化水分解的速率，因为涉及光催化剂与水分子间电荷转移的表面氧化还原反应存在一个活化能障碍。也有预测指出，超过 353 K 时，由于反应底物吸附这一速控步骤的限制，光催化活性会降低；而低于 273 K 时，活化能约为 40 $kJ \cdot mol^{-1}$（此时氢气脱附成为速控步骤），在 293～353 K 时则为几千焦每摩尔。

（3）反应介质。溶液 pH 对水的解离状态和催化剂表面电荷分布有影响，进而影响催化过程。适当提高温度可以加速化学反应速率，但过高可能会影响催化剂稳定性。反应液中的添加剂、离子浓度和其他物质可能促进或抑制反应进程。

（4）反应器设计与操作条件。不同的光照方式（如直射、漫反射还是透射）会影响光的利用率。反应物在催化剂表面停留的时间长短影响反应程度。液体流动速率、混合状况等对传质过程和光催化效率有直接影响。

（5）催化剂用量。光催化反应速率最初也会随着光催化剂浓度的增加而线性增长（图 6-12 中的斜线部分），这是由于吸收光强度（光子通量）的增加。随后，再增加光催化剂浓度，反应速率保持恒定。平台期开始时的催化剂量（例如，以 mg 计）则定义为最佳用量，此时的速率称为最佳速率（r_{Opt}）。显然，这两个参数都取决于吸收光强度和光反应器的几何结构。图 6-12 中 A、B、C 三种催化剂的气体产生速率都随催化剂量增加后达到一个最佳速率。原因在于过量的催化剂被其他催化剂颗粒遮挡，只有部分催化剂能充分接收光辐射后激发价电子跃迁来产生光生载流子。

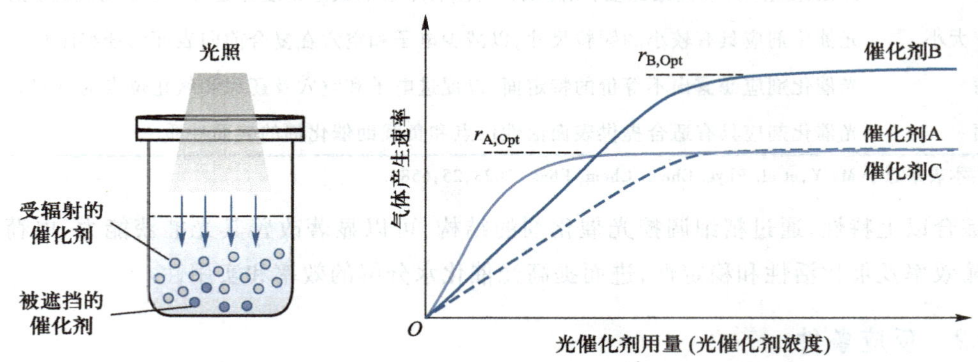

图 6-12　气体产生速率随给定光反应器中光催化剂用量的变化

（斜线部分代表差异条件，平台区域代表催化剂最佳用量。本图来源：Fang F, et al. Adv. Funct. Mater., 2023: 2215242; Qureshi M, Takanabe K. Chem. Mater., 2017, 29: 158.）

比较图中光催化剂 A、B 和 C。哪一个是最高效的光催化剂？在差异条件下，当光催化剂量不足以达到最佳速率时，光催化剂 A 的斜率比光催化剂 B 和 C 的更陡峭。这是高吸收系数、光子散射/反射及（通常与光催化剂团聚尺寸有关的）粉末悬浮程度等因素导致的。由于无法得知光催化剂吸收了多少光，因此无法正确比较光催化效率。

在最佳速率所在的平台区，可以看到光催化剂 B 表现更为优越。当关注光子效率为主要考量时，应将光催化剂 B 视为优于其他催化剂，以提供最高的光子效率。比较光催化剂 A 和 C。可以通过改变粉末悬浮程度和光子散射等方式减少所需的光催化剂量。例如，使用负载型光催化剂:将光催化剂均匀负载在惰性 SiO_2 支撑球上,可减少达到平台所需光催化剂量。另一个例子中,无论是否添加惰性支撑球,催化剂在平台处的最佳速率(固有光催化效率)均未受影响,且最佳速率相同。这表明使用支撑球时所需的光催化剂有效使用量减少了,但支撑材料的存在并未改变这些光催化剂的固有光催化效率(即光催化剂 A 和 C 的光子效率相同)。

需要说明的是,在某些情况下很多催化剂并未观察到图 6-12 中的平台区域,催化活性增大到一定程度后会观察到速率下降的现象,这是由入射光束的穿透深度减小和散射增强导致的。

6.5.3 助催化剂

对于半导体光催化剂体系,光生电子-空穴对在迁移至表面的过程中,大部分会发生复合,从而以发热或发光等形式消耗掉,这部分光生电荷不能被有效利用。为了减少光生电子-空穴复合的概率,通常在光催化剂表面负载少量的"助催化剂"以快速捕获光生电子与空穴使其参与表面催化反应,从而促进载流子的快速分离与迁移。一个高效的光催化剂体系不仅包括捕光半导体光催化剂,同时还需要在光催化剂表面为负载合适的助催化剂提供表面反应发生的位点。光催化分解水反应由质子还原和水氧化两个反应构成,需要同时负载具有质子还原功能和水氧化功能的助催化剂以分别加速这两个反应,整个反应速率由其中较慢反应的速率决定。与原始半导体(无助催化剂)和单一助催化剂的二元复合材料相比,配备双助催化剂的三元复合材料的光催化活性和稳定性得到了显著增强。双助催化剂促进水分解有五个优点:① 加快载流子迁移;② 增强电子-空穴分离;③ 加快氢气产生的动力学过程;④ 增强光催化稳定性;⑤ 抑制逆反应(图 6-13)。双助催化剂不仅提供表面氧化还原反应发生的场所,提升光生电子和空穴的利用效率,助催化剂和半导体界面的内建电场

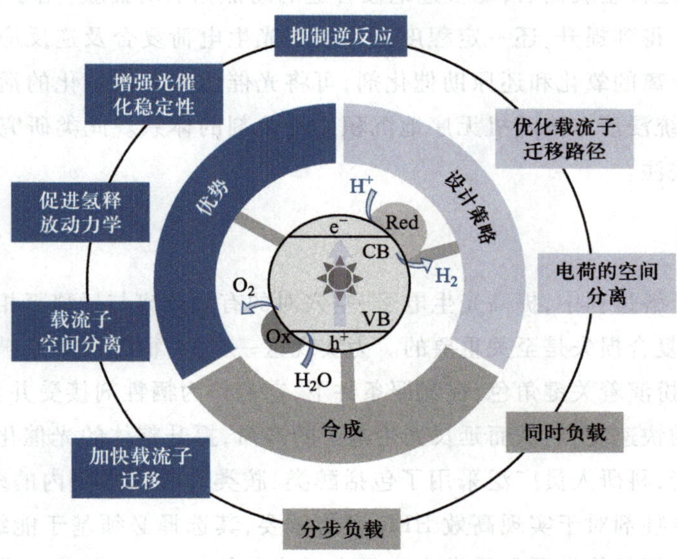

图 6-13 光催化水分解双助催化剂的优势、合成和设计策略总结

(本图来源:Wu C,et al. Chin. J. Catal.,2023,54:137.)

还优化了光生电荷的迁移路径，并促进光生电荷有效地空间分离。

在半导体上负载助催化剂的常见合成方法包括水/溶剂热处理、煅烧、光沉积、自组装和化学沉积。基于上述方法，可以采用两种策略来制备用于水分解的双助催化剂-半导体复合材料。第一种合成方法是一步同时将两种助催化剂负载到半导体上，第二种方法则是分两个步骤将两种助催化剂按顺序负载到半导体上。

常见的质子还原助催化剂一般为 Pt、Pd、Ag、Au、Rh 和 Ru 等贵金属，水氧化助催化剂大多数为金属氧化物、金属磷酸盐及一些金属配合物（如 IrO_2、RuO_2、NiO、MnO_x、CoO_x、CoPi、CoBi、NiFe）等。

双助催化剂策略在太阳能光催化分解水研究中已经被广泛应用。例如，以 CdS 为模型催化剂，在其表面共负载还原助催化剂 Pt 和氧化助催化剂 PdS 时，光催化产氢的活性得到了大幅度提升，420 nm 处表观量子效率可达 93%，几乎接近自然光合作用的光转化效率。光电化学表征结果显示，负载 PdS 后，CdS 光电极的光阳极电流有明显提高，说明 PdS 起到了氧化助催化剂的作用，而 Pt 则作为高效的还原助催化剂。共担载氧化和还原助催化剂不仅大幅度提升了光催化产氢的活性，还有效地阻止了 CdS 的光腐蚀，提高了光催化剂的稳定性。又如，Domen 研究组在（$Ga_{1-x}Zn_x$）（$N_{1-x}O_x$）光催化剂体系的研究中，发现 Rh/Cr_2O_3 核壳结构助催化剂主要起还原助催化剂的作用，进一步通过在光催化剂表面担载氧化助催化剂 Mn_3O_4，光催化分解水的性能可得到数倍提升，充分说明了双助催化剂的优越性。

随着对双助催化剂认识的不断加深，利用半导体光催化剂的不同暴露晶面间光生电荷分离的特性，可实现助催化剂在特定位点的可控沉积，从而达到理性设计高效光催化剂体系的目的。李灿院士研究组利用 $BiVO_4$ 光催化剂的晶面间光生电荷分离特性，将氧化助催化剂（MnO_x 或 Co_3O_4）和还原助催化剂（Pt）分别沉积于 $BiVO_4$ 光催化剂的（110）和（010）晶面上，构筑了空间上分离的氧化还原双助催化剂体系，实现了氧化和还原反应位点的有效分离，使得光生电荷迁移至表面后，能快速地被合适的助催化剂所捕获，用于表面催化反应，不仅使电荷分离效率得到提升，还一定程度上抑制了光生电荷复合及逆反应的发生。在不同晶面上组装空间分离的氧化和还原助催化剂，可将光催化和光电催化的活性提升 2 个数量级以上，远高于传统浸渍方法随机无序地沉积助催化剂的体系。此类研究逐渐受到了国内外研究者的广泛关注。

6.5.4　牺牲剂

在光催化水分解过程中，提高光生电子-空穴对的有效分离与迁移至相应的还原和氧化活性位点，以减少复合损失是至关重要的。为实现这一目标，牺牲剂策略被广泛应用。这种策略中，有机分子扮演着关键角色，在光照条件下，它们作为牺牲剂接受并消耗光生空穴，避免了空穴与电子的快速复合，从而延长光生电子的寿命，提升整体的光催化产氢效率。为了优化析氢反应性能，科研人员广泛采用了包括醇类、胺类和硫化物在内的多种牺牲剂材料。正确选择适合的牺牲剂对于实现高效 HER 尤为重要，其选择必须基于能级匹配原则，即牺牲剂与光催化剂之间的价带顶和导带底应具有适当的能级差，以促进电子和空穴的有效转移（图 6-14）。

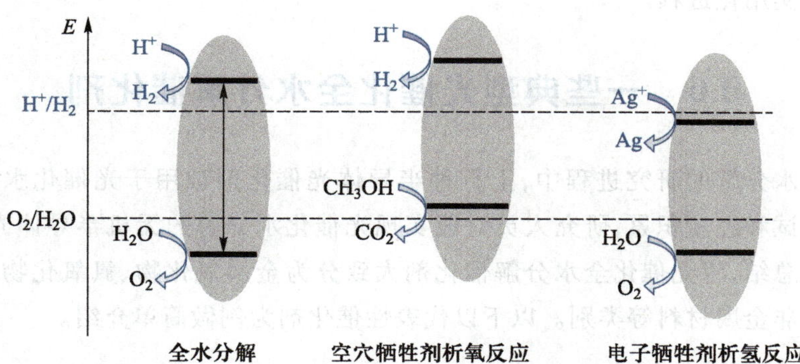

图 6-14 全水分解和牺牲剂半反应图示

（本图来源：Li R，et al. Adv. Catal.，2017，60：1.）

例如，硫属化物类光催化剂如 CdS、PbS、ZnS 和 MoS_2 等，因其对可见光有较高的响应能力，常常通过配合使用 Na_2S/Na_2SO_3 等牺牲剂来显著提高 HER 效率。而对于 TiO_2 及其相关复合材料，由于其特性，更倾向于利用甲醇、乙醇或甘油等醇类化合物作为牺牲剂，这些醇类可以有效地捕获并利用空穴，进一步增强析氢反应过程中的氢气生成速率。另外，对于具有 2.4 eV 带隙可见光活性的石墨相氮化碳（$g-C_3N_4$），常采用三乙醇胺（TEOA）作为牺牲剂以改善析氢反应效果。尽管牺牲剂的应用显示出明显的优势，关于牺牲剂与水作用的确切氢气生成量目前仍存在争议，需要进一步研究探讨。与此同时，在实际应用中还必须审慎权衡绿色氢气的产生量与伴随产生的氧化副产物（如 CO_2）的比例关系，以确保整个光催化分解水体系的环境友好性和经济效益。

一般来说，光催化水分解性能的评估是通过考察在不使用任何牺牲试剂情况下的全水分解效率来进行的。在全水分解过程中，氢气和氧气以 2∶1 的化学计量比同时产生。有时为了研究质子还原或水氧化半反应的动力学，也会引入牺牲剂以快速消耗光生空穴或电子，从而确保相应的半反应不是速率决定步骤。例如，通常使用甲醇、乳酸或三乙醇胺等作为空穴牺牲剂促进氢气产生的半反应[反应式（6-6），对应的产氢反应为式（6-7）]；而银离子（Ag^+）、铁离子（Fe^{3+}）或碘酸根离子（IO_3^-）等则作为电子牺牲剂促进氧气释放的半反应[反应式（6-8），对应的产氧反应为式（6-9）]。考虑半反应时需注意两个因素：① 定性评估特定光催化剂的导带或价带在热力学上是否足以进行质子还原或水氧化；② 确定在实际条件下的质子还原和水氧化的反应动力学速率。

在有空穴牺牲剂存在下，以甲醇为例的氢气产生半反应为

$$H_2O + CH_3OH + 6h^+ \longrightarrow CO_2 + 6H^+ \quad \text{（氧化反应）} \tag{6-6}$$

$$6H^+ + 6e^- \longrightarrow 3H_2 \quad \text{（还原反应）} \tag{6-7}$$

在有电子牺牲剂存在下，以银离子（Ag^+）为例的氧气释放半反应为

$$4Ag^+ + 4e^- \longrightarrow 4Ag \quad \text{（还原反应）} \tag{6-8}$$

$$2H_2O + 4h^+ \longrightarrow 4H^+ + O_2 \quad \text{（氧化反应）} \tag{6-9}$$

总之，提高光催化全水分解效率是一个多维度的挑战，涉及材料科学、物理化学、光电转换等多个领域的交叉融合。通过上述途径的综合运用与不断创新，有望在未来大幅度提升

水分解制氢的实用化进程。

6.6 一些典型光催化全水分解催化剂

在光催化水分解的研究进程中，上百种半导体光催化剂被用于光催化水分解的研究。经过大量的尝试和经验积累，研究人员对能实现光催化水分解的无机半导体光催化剂的元素构成进行了总结，将光催化全水分解催化剂大致分为金属氧化物、氮氧化物和氮化物、硫化物、固溶体、非金属材料等类别。以下以代表性催化剂为例做简单介绍。

6.6.1 金属氧化物 TiO_2

TiO_2 是一种多晶形的化合物，在自然界中有三种结晶形态：金红石型、锐钛矿型和板钛矿型。板钛矿型 TiO_2 在自然界中很稀有，属斜方晶系，是不稳定的晶形，在 650 ℃左右即转化为金红石型 TiO_2，因而不具有工业价值。金红石型 TiO_2 和锐钛矿型 TiO_2 为同一晶形，都属于四方晶系，但具有不同的晶格，因而 X 射线衍射图像也不同。锐钛矿型 TiO_2 的 XRD 衍射角 $2\theta=25.5°$，金红石型 TiO_2 的衍射角 $2\theta=27.5°$。金红石型 TiO_2 晶体细长，呈棱形晶体，通常是孪晶，而锐钛矿型 TiO_2 一般为近似规则的八面体。图 6-15 为二氧化钛的三种晶体结构示意图。

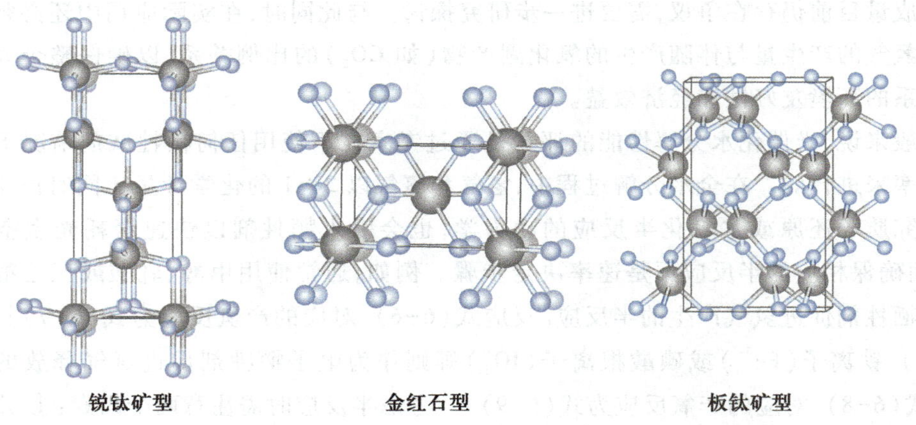

图 6-15 TiO_2 的三种晶体结构

在三种晶形的 TiO_2 中，锐钛矿型表现出高的光催化水分解活性。其原因如下：

① 锐钛矿型 TiO_2 的禁带宽度为 3.2 eV，金红石型 TiO_2 的禁带宽度为 3.0 eV，锐钛矿型 TiO_2 较高的禁带宽度使其电子-空穴对具有更正或更负的电势，因而具有较高氧化能力；

② 锐钛矿型 TiO_2 表面吸附 H_2O、O_2 及 ·OH 的能力较强，导致其光催化活性较高，在光催化反应中表面吸附能力对催化活性有很大的影响，较强的吸附能力对其活性有利；

③ 在结晶过程中锐钛矿型 TiO_2 晶粒通常具有较小的尺寸及较大的比表面积，对光催化反应有利。

尽管 TiO_2 的能带结构满足光催化全水分解的热力学要求，但仍存在四个主要障碍：

① 光激发电子-空穴对的快速复合；② 表面存在逆反应；③ 可见光响应能力差；④ H_2 和 O_2 的非化学计量产生，这种非化学计量性可能是因为 TiO_2 而非水分子被空穴氧化，以及生成的 O_2 在表面吸附形成含氧自由基和超氧离子。

人们已经做出努力，通过"外在"修饰（如非金属掺杂和助催化剂负载）和"自身结构"修饰（如氢化引起的自掺杂）来促进 TiO_2 上同时以化学计量比产 H_2 和 O_2。然而，其光催化效率仍然很低。因此，探索新型光催化剂引起人们越来越多的关注。

6.6.2 氮氧化物 TaON 和 Ta_3N_5

21 世纪初，新型可见光响应的 TaON 和 Ta_3N_5 材料被用于高效光解水产 H_2 和 O_2。图 6-16 给出了 Ta_2O_5、TaON 和 Ta_3N_5 的能带结构，其禁带宽度分别为 3.9 eV、2.4 eV 和 2.1 eV，经部分氧化后，产生具有更优带隙的 TaOH。这种新兴光催化剂与经典的基于金属氧化物的光催化剂具有相似性质，如耐腐蚀性。但其优势在于更小的禁带宽度及更负的价带电势，这归因于它们的杂化价带，该价带由 N 2p 和 O 2p 轨道组成，以及相应金属离子空 d 轨道构成的导带。例如，TaON 相对于 SHE（标准氢电极）的导带和价带电势分别为 -0.3 V 和 2.2 V。然而由于电荷的快速复合，氮氧化物（d^0 型）尚未实现整体一步水分解。因此，为了提高电荷分离效率，这些材料通常与其他材料耦合使用，或者纳入 Z 型体系。另一种提升氮氧化物还原能力的方法是表面修饰。例如，通过用 ZrO_2 纳米粒子修饰 TaON，可因形成 Ta—O—Zr 键而抑制表面缺陷，降低光生电荷复合概率。

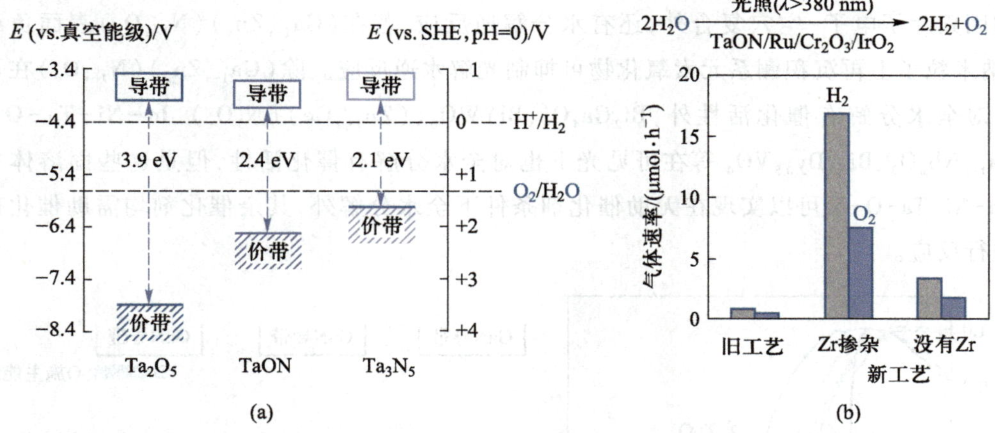

图 6-16 (a) Ta_2O_5、TaON 和 Ta_3N_5 的能带结构及(b) Zr 掺杂 TaON 基光催化剂全水分解活性

（本图来源：Hisatomi T, et al. Chem. Soc. Rev., 2014, 43: 7520; Xiao J, et al. Angew. Chem., 2022, 19: e202116573）

6.6.3 硫化物 CdS

作为典型的金属硫化物，CdS 具有 2.4 eV 的带隙，能够吸收可见光，但容易发生光腐蚀。覆盖惰性 Al_2O_3 壳层可以防止这种腐蚀，同时促进载流子的传输。科研人员在 Pt/CdS@ Al_2O_3 上获得了良好的 H_2 生成速率（62.1 $\mu mol \cdot g^{-1} \cdot h^{-1}$，以及 27.3 $\mu mol \cdot g^{-1} \cdot h^{-1}$ 的 O_2 生成速率），比 CdS 纳米粒子高出 126 倍。一些异质结构金属硫化物光催化剂（如 CdS-InS、ZnS-

CuS-CdS)也进行了研究,但它们进行整体水分解的潜力需要进一步探究。然而,硫化物由于被光生空穴氧化而不稳定,如图 6-17 所示。提高硫化物的稳定性仍然是一个挑战。

$$\text{电子受体} \quad H_2O + \text{硫化物} \xrightarrow{\text{光照}} H_2 + S, SO_4^{2-}\text{等}$$

图 6-17 硫化合物和金属硫化物光催化剂水分解产氢

(本图来源:Kudo A, et al. Chem. Soc. Rev., 2009, 38: 253.)

6.6.4 固溶体 GaN:ZnO

固溶体法是借助不同带隙半导体,通过合理调控比例实现带隙和带边调整以满足全水分解对能位的要求的一种方法。对固溶体光催化剂具有里程碑意义的是 Maeda 等 2005 年报道的工作,他们发现$(Ga_{1-x}Zn_x)(N_{1-x}O_x)$在可见光下对全水分解具有催化活性,但构成固溶体的纯 GaN 和纯 ZnO 均对全水分解没有活性。ZnO 和 GaN 属宽带隙半导体,带宽分别是 3.2 eV 和 3.4 eV,由于两者同属纤锌矿且有相似的晶格参数(GaN:$a=b=0.319$ nm,$c=0.519$ nm;ZnO:$a=b=0.325$ nm,$c=0.521$ nm),因此两者更易形成固溶体结构。有趣的是,两者形成固溶体后带宽变窄并对可见光有响应。$(Ga_{1-x}Zn_x)(N_{1-x}O_x)$固溶体的导带底主要由 Ga 的 4s 和 4p 轨道组成,而价带顶由 N 2p 轨道和 Zn 3d 轨道组成,较高价带中的 N 2p 和 Zn 3d 电子为价带最大值提供了 p-d 斥力,从而导致带隙变窄,吸收光谱红移(图 6-18)。该固溶体活性最佳样品的全水分解产氢产氧活性可稳定维持 3 个月。影响$(Ga_{1-x}Zn_x)(N_{1-x}O_x)$活性的因素除了电子-空穴复合外,还有水分解逆反应,若在$(Ga_{1-x}Zn_x)(N_{1-x}O_x)$表面负载的 Rh 纳米粒子上再沉积镧系元素氧化物可抑制光解水逆反应。除$(Ga_{1-x}Zn_x)(N_{1-x}O_x)$在可见光下对全水分解有催化活性外,$Bi_2Ga_4O_9$、$BiYWO_6$、$(Zn_{1+x}Ge)(N_2O_x)$、In-Ni-Ta-O-N、$AgTa_{1-x}Nb_xO_3$、$Bi_{0.5}Dy_{0.5}VO_4$ 等在可见光下也对全水分解有催化活性,但是这些固溶体中除了 In-Ni-Ta-O-N 可以实现在无助催化剂条件下全水分解外,其余催化剂均需助催化剂辅助进行反应。

(a) 固溶体的紫外-可见漫反射光谱　　(b) 固溶体的能带结构图

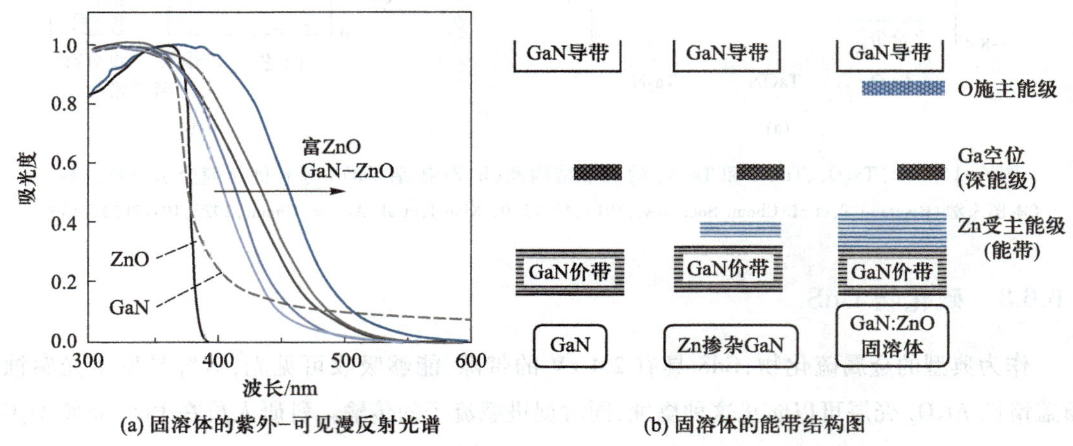

图 6-18 GaN:ZnO 固体溶液作为可见光驱动全水分解的光催化剂

[本图来源:Maeda T, et al. J. Am. Chem. Soc., 2005, 127(23): 8286; Maeda K, et al. Bull. Chem. Soc. Jpn., 2016, 89: 627.]

6.6.5 石墨氮化碳 g-C_3N_4

g-C_3N_4 为 C、N、H 元素组成的类似石墨的层状非金属化合物，层间堆叠，而平面内结构由基本的七嗪（三均三嗪）或三嗪单元构建，如图 6-19 所示。它具有生物相容性，易于从有机前体制备，且具有完全无金属结构，兼具良好的化学稳定性，带隙为 2.7 eV，价带和导带分别位于相对于 SHE 的-1.1 V 和 1.6 V，满足水分解的热力学要求。g-C_3N_4 被认为是用于太阳能驱动全水分解的潜在可见光光催化剂。在 6.3.2 小节我们已经了解到水分解氧气析出反应涉及四个电子的转移，伴随着 O—H 键的断裂和 O—O 键的形成，所以相较于涉及两个电子参与的氢气析出反应，氧气析出反应过程被视为具有更高过电势和活化能，以及更缓慢的 O—O 键形成动力学，从而在动态上更难以进行。g-C_3N_4 对水分解的价带氧化能力较弱，且其电子-空穴的高复合率抑制了用于水分解析氧反应的自由空穴数量，未缩合氨基在光生空穴氧化下生成氮气析出。因此，不利的动力学导致纯 g-C_3N_4 无法催化全水分解。

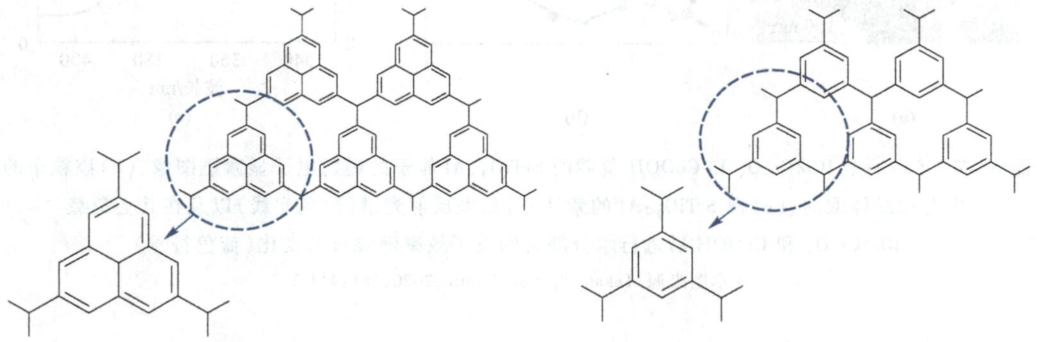

(a) (b)

图 6-19 g-C_3N_4 的三嗪（a）和三均三嗪（七嗪）（b）结构示意图

但是，g-C_3N_4 具有电子结构调控、纳米结构设计、晶体结构工程和异质结构构建等灵活的改性方式。自 2009 年王心晨教授等发表了 g-C_3N_4 相关的开创性工作以来，科研人员已经研究了多种策略来克服其低量子效率，如掺杂、异质结构构建和结构修饰等。例如，在沉积了 Pt 和 CoO_x 双助催化剂后，g-C_3N_4 或基于结晶聚（三嗪咪唑）骨架的 CN 聚合物光催化剂实现了全水分解，这证明了双助催化剂在设计新型颗粒光催化剂中的重要性。此外，采用 CoP 和 Pt 作为双助催化剂同样能在石墨相 C_3N_4 上实现全水分解。

6.6.6 钛酸锶（$SrTiO_3$）

钙钛矿型 $SrTiO_3$ 是一种具有高热电功率、高介电常数和高金属导电性的材料，是众多综合性研究中的焦点。由于其适当的电子能带结构、各向异性晶体面和高度对称的立方钙钛矿型结构有利于光生电荷载流子的分离与传输、低成本和长期稳定性等，它已成为最常用于研究的光催化剂之一。得益于对 $SrTiO_3$ 光催化剂的广泛研究，光催化全水分解领域取得了巨大进展。例如，2017 年，$SrTiO_3$:La，Rh 和 $BiVO_4$:Mo 光催化剂与碳电子媒介体的组合通过实现 1.2%的太阳能到氢（STH）转换效率，成为 Z 型水分解系统的基准。2020 年，Domen 团队通过合理的光催化剂设计策略，包括共催化剂负载、结晶度改进、晶体面和缺陷工程，使 $RhCrO_x/SrTiO_3$:Al 光催化剂在一步水裂解中获得了接近 1 的表观量子效率(图 6-20)，这一效率至今仍为记录的全部光催化剂材料全水分解的最大量子效率。同时，$SrTiO_3$ 逐渐发展成为 Z 型水分解系统中氢进化的基准光催化剂。此外，由于其高效率，$SrTiO_3$ 光催化剂也被用于构建几种光催化剂面板反应器，以评估光催化水分解技术的可行性，包括迄今为止建造的最大氢生产面板反应器。

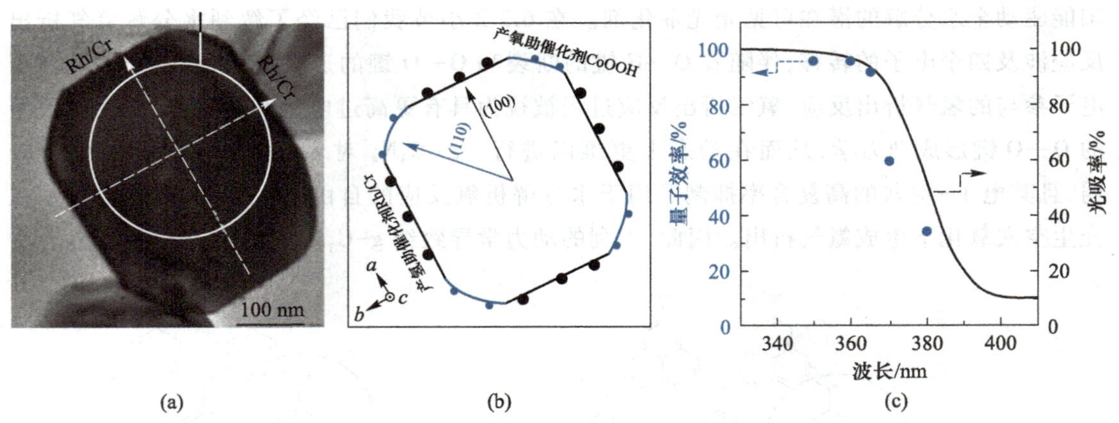

图 6-20　(a)一个 Rh/Cr_2O_3 和 CoOOH 负载的 $SrTiO_3$:Al 粒子的透射电子显微镜图像、(b)该粒子的形态和晶体取向、(c)裸 $SrTiO_3$:Al 的紫外-可见漫反射光谱(黑色实线)以及在其上负载 Rh/Cr_2O_3 和 CoOOH 后进行水分解时的量子效率随波长的变化(蓝色符号)

(本图来源：Takata T，et al. Nature，2020，581：411.)

6.7　应用情况

1. 大规模光催化水分解

实验室规模的光催化水分解系统实验通常使用悬浮在水中的光催化剂粉末进行，以便离子和可溶性反应物及产物的质量传递。然而，悬浮系统存在多个复杂问题，包括分散(需要额外的搅拌机械能)和使用后(有时失活)光催化剂的分离/收集。使用光催化剂板/片的方法可能避免这些问题，使实际操作成为可能。通过全天候操作使用光催化剂板/片，也能更有效地追踪太阳光。技术经济分析表明，太阳跟踪聚光器阵列比固定床板阵列更具成本效益。由 $Ru/SrTiO_3$:La，Rh、$BiVO_4$:Mo 和导电层(如金或碳)组成的光催化剂片，能够通过 Z 型机制进行全水分解，在减压状态下最大 STH 转换效率为 1.1%(在 331 K 下)。已开发出一种面积为 100 m^2 的大规模全水分解系统，该系统采用经 H_2 释放的 Rh/Cr 共催化剂和 O_2 释放的 Co 共催化剂改性的 $SrTiO_3$:Al。此系统具有约 0.76%的 STH 转换效率，持续 1600 h，以及产物气体的收集/分离。使用类似改性的 $SrTiO_3$:Al 光催化剂，在单床粒子悬浮“袋装”反应器中获得了 0.11%的 STH 值。

2. 海水裂解

覆盖地球表面约 70%的海水是地球上最大的水资源。这使得它成为光催化水分解吸引

人的 H_2O 来源。虽然在海水中裂解的性能低于在纯水中裂解的性能，但仍有一些报道称全水分解为 H_2 和 O_2 的光催化剂能够裂解海水。对于由 $(Rh/Cr_2O_3)/GaN:ZnO$ 光催化剂进行的人工海水裂解，低活性被归因于最优操作 pH 与 Cl^- 氧化之间的不匹配，Cl^- 竞争水的氧化并引起不良副反应。尽管完全抑制不良的 Cl^- 氧化可能非常困难，但在光催化海水裂解期间，已提出从 Cl^- 氧化中产生 ClO^- 和 Cl_2 等增值氧化产物。

3. 其他潜在应用

氮氧化物型光催化剂的一般特性之一是它们在牺牲电子供体存在时对水还原为 H_2 的活性较低。这似乎成为实现氮氧化物高效水分解的关键瓶颈。然而，水还原的低活性对于与金属配合物（光）催化剂结合应用于 CO_2 光还原可能是有用的。事实上，使用进一步修饰了金纳米粒子和双核钌（Ⅱ）超分子光催化剂的 GaN:ZnO 光催化剂，在可见光下，CO_2 转化为 HCOOH 的选择性可达 80%左右。

要实现太阳能制氢工业化这一最终目标，需应对若干挑战。目前，光催化技术可重复获得的 STH 转换效率最多约为 1%，但必须提升至 10%。为达到这一目标，假设采用一步光激发途径，应开发出操作波长范围在 600～700 nm 且 AQY 为 40%～60%的光催化剂。如图 6-21 所示，如果光催化剂的吸收带边在 400 nm，即使其量子效率达到 100%，其理论最高 STH 效率仍不足 3%；如果光催化剂的吸收带边在 500 nm，其量子效率达到 100%时 STH 效率仍然小于 10%；当光催化剂的吸收带边拓展至 600 nm 时，如果量子效率达到 60%以上，就可以实现 STH 效率超过 10%；若光催化剂的吸光范围更宽，则满足 10%的 STH 效率所需的量子效率更低。因此，研发高效稳定的宽光谱捕光半导体材料（尤其是吸收带边在 600 nm 以上的），是太阳能分解水制氢未来规模化应用的努力目标。另一个重要挑战是消除对稀有昂贵元素的使用。例如，当前活性光催化剂往往含 Ta 及各种贵金属。这些元素应被第四周期过渡金属等廉价且丰富的元素取代。同时，也应审慎考虑在台架规模上设计太阳能制氢装置，包括反应器类型及爆炸性 H_2-O_2 混合物的安全分离。基于未来实际应用中预期的数十年使用寿命要求，对光催化剂及相关设备进行实地试验也是必要的。在这方面，与光电催化

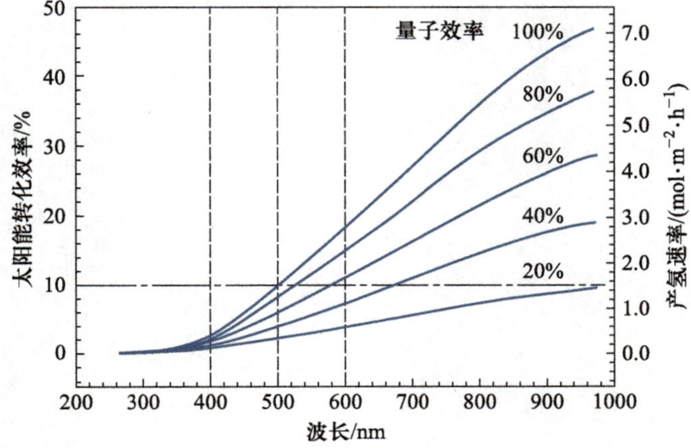

图 6-21 半导体光催化剂的波长、量子效率与太阳能转化效率之间的关系

（本图来源：Hisatomi T, et al. Catal. Lett., 2015, 145: 95.）

或光伏电催化系统相比，颗粒状光催化剂系统因其更高的可扩展性和可操作性而具有优势。

鉴于当前的知识和技术水平，要利用由廉价且丰富的元素组成的窄带隙光催化剂将光催化效率提升至所需水平，仍然是一项挑战。实现这一目标需要更为先进的材料设计策略，并结合来自多个研究领域的突破性发现。

思　考　题

1. 简单描述电催化水分解和光催化水分解有何区别。

2. 从半导体物理角度简述光催化水分解反应的基本原理。

3. 催化剂用量与光催化水分解活性之间的关系是什么？

4. 用于光催化反应的理想光催化剂必须符合哪三个条件？

5. 以 Pt/TiO_2 催化水分解产氢为例，计算催化频率。设 Pt 的负载量为 1%，分散度 30%，催化剂用量为 0.1g，60 min 内水分解产氢量为 500 μL。

第7章

光催化 CO_2 还原

7.1 引　　言

随着世界人口的增长和能源需求的增加，化石燃料（煤炭、石油和天然气）的消耗日益加剧。近年来，全球每年二氧化碳的排放量不减反增，目前的日均排放量已达到数百万吨。由于电力生产、交通运输和工业活动高度依赖化石燃料的燃烧，这些领域成为二氧化碳排放的主要来源。尽管绿色植物通过光合作用吸收二氧化碳以维持地球生态平衡，但随着人类活动的扩张和需求的增加，绿色植物维持的种平衡正面临着前所未有的挑战。大气中二氧化碳的含量已从工业革命前的 0.028%（280 ppm）上升到 2023 年的 0.042%（420 ppm）。全球气温较工业革命前提高 1.45 ℃，这导致了冰川融化和海平面上升，频繁的极端天气开始威胁人类赖以生存的环境。

我国每年排放的二氧化碳总量约为 110 亿吨，其中约 50 亿吨来自煤炭和天然气等化石燃料的燃烧，约占 45%。此外，运输燃料（10%）、煤化工（13%）、冶金（12%）、水泥（12%）和石化（6%）等行业也是重要的排放源。2020 年 9 月，我国正式提出 2030 年“碳达峰”、2060 年“碳中和”的目标。倡导低碳生活、绿色生活的理念逐渐深入人心。这一理念的核心在于恢复 CO_2 的产生与消耗之间的生态平衡，旨在解决当前 CO_2 失衡的问题。

目前解决 CO_2 失衡问题的可行途径不外乎三条：一是倡导低碳生活以减少其排放；二是将 CO_2 直接使用；三是用先进技术将其转化。第一条途径取决于政府、企业和公众在能源消费观念上的转变及对新型替代能源的支持和发展。第二条途径不仅需要发展有效且低成本的捕获技术，还需要寻找 CO_2 广泛的用途。第三条途径则是基于化学过程的一种积极方法，即把 CO_2 看成一种丰富和可再生碳源，通过化学反应将其转化成有机化合物。这是构建“化石燃料—CO_2 废气—燃料”新碳循环系统的关键路径。利用可再生能源技术（如太阳能、风能、生物质、地热等）替代传统化石能源已成为研究重点。多年来，研究人员已经开发出多种新技术，能够利用可再生能源将 CO_2 转化为高附加值的燃料。要实现这一目标关键在于深入了解 CO_2 分子的结构特性，设计高效的转化反应。

CO_2 分子非常稳定、化学惰性，具有闭壳的电子结构和良好的对称性。如图 7-1 所示，C 原子和 O 原子的电子构型分别为 $1s^22s^22p^2$ 和 $1s^22s^22p^4$。为了理解 C 原子和 O 原子如何结合形成 CO_2 分子，可以运用杂化轨道理论来解释它们在形成分子过程中的电子重排和键的形成。在一个 CO_2 分子中，C 原子形成两个 sp 杂化轨道，并保持两个 p 轨道。同时，每个 O 原子形成三个 sp 杂化轨道，并保留一个 p 轨道。C 原子的 sp 杂化轨道和 O 原子的 sp^2 杂化轨道形成 σ 键，C 原子和 O 原子的 p 轨道形成 π 键。这种组成使 CO_2 分子中的两个 C═O 具有极高的键能（750 $kJ\cdot mol^{-1}$），C—O 键（327 $kJ\cdot mol^{-1}$）、C—H 键（411 $kJ\cdot mol^{-1}$）和 C—C 键（336 $kJ\cdot mol^{-1}$）更稳定。

为了从能量的角度描述 CO_2 分子中的电子排布，图 7-1 还从分子轨道理论的角度展示了 CO_2 分子中的电子排布。在 CO_2 分子中，C 是中心原子，O 是外围原子。外层 O 原子的 2p 轨道发生重叠形成新的轨道，这些新轨道会与 C 原子的 2s 和 2p 轨道重叠。首先，O 原子的 2s 轨道不参与成键，只留下两对孤电子对。C 原子的 2s 轨道与 O 原子的基团轨道结

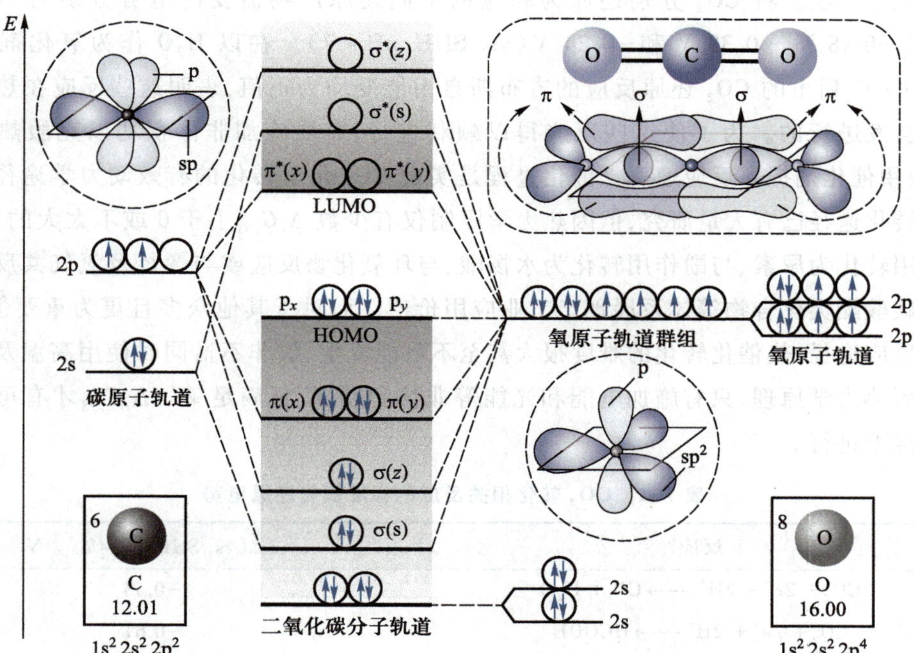

图 7-1 二氧化碳分子的分子轨道图

（左上：C 原子的 sp 杂化轨道；右下：O 原子的 sp^2 杂化轨道；右上：CO_2 分子中的杂化轨道。本图来源：Huang H，et al. J. Energy Chem.，2022，67：309-341.）

合，形成一个 σ(s) 成键轨道和一个 σ^*(s) 反键轨道。同样地，C 原子的 $2p_z$ 轨道与 O 原子的轨道重叠形成一个 σ(z) 成键轨道和一个 $\sigma^*(z)$ 反键轨道。C 原子剩余的两个 $2p_x$ 和 $2p_y$ 轨道与 O 原子的基团轨道形成两个 p 成键轨道和两个 π^* 反键轨道。最后，两个 O 原子仍然是两个充满孤电子的基团轨道 p_x 和 p_y。从每个轨道的能量排列可以看出，其中电子的最高占据分子轨道（HOMO）和最低未占分子轨道（LUMO）分别为 CO_2 分子的 p_x+p_y 和 $\pi^*(x)+\pi^*(y)$ 轨道。因此，CO_2 还原反应需要克服高能量势垒来破坏 C═O 键。

7.2 CO_2 还原的热力学

7.2.1 还原反应热力学参数

理论上，还原转化和固定 CO_2 的化学途径众多，主要包括直接加氢还原，与水作用转化为甲烷、醇、醛、酸等简单化合物，以及通过与各类有机化合物的氧化还原反应转化为更复杂的有机化合物。然而，这些反应大多数在标准状态下具有正的吉布斯自由能变化（$\Delta_r G_{298}>0$ eV），意味着它们在低温下热力学上几乎不可行或趋势极小。虽然加热和加压可以逆转这些反应的吉布斯自由能变化，使其在热力学上变得可行，但这种方法需要大量热能输入，大大降低了化学转化的实际价值。表 7-1 列举了涉及 CO_2 还原的主要化学反应及其标准氧化还原电势。化学上，CO、HCOOH、HCHO、CH_3OH、CH_4 分别是 CO_2 用 H_2O 经 2、2、4、6、8 电子还原的主要产物。将 CO_2 分别还原为相应的不同还原产物需要的电势分别为-0.53 V、-0.61 V、-0.48 V、-0.38 V 和-0.24 V(vs. SHE,pH=7)。在以 H_2O 作为氧化剂的情况下,表 7-1 中列出的 CO_2 还原反应的吉布斯自由能变均为正值,表明这些反应在热力学上是不可自发进行的。为了使这些反应得以顺利进行,需要施加非体积功以克服热力学障碍,并使用催化剂提高反应速率。催化过程是实现 CO_2 化学转化的有效动力学途径。传统热催化转化途径已有大量研究,但因热力学限制仅有少数 $\Delta_r G_{298}$ 小于 0 或不太大的反应,如与氨作用转化为尿素、与酚作用转化为水杨酸、与环氧化物反应或与烯烃及氧气共反应转化为环状碳酸酯类化合物等体系展现出工业应用价值。而对于其他众多且更为重要但 $\Delta_r G_{298}$ 很正的反应途径,热催化转化的难度很大甚至不可能发生,除非不惜同时使用高温及高压条件。按照热力学原理,只有施加电能和光能等非体积功 W' 且满足 $W'>\Delta_r G_{298}$ 才有可能使反应在低温下进行。

表 7-1 CO_2 转化相关反应的标准氧化还原电势

反应	$E^\ominus$(vs. SHE,pH=7) / V
$CO_2 + 2e^- + 2H^+ \longrightarrow CO + H_2O$	-0.53
$CO_2 + 2e^- + 2H^+ \longrightarrow HCOOH$	-0.61
$CO_2 + 4e^- + 4H^+ \longrightarrow HCHO + H_2O$	-0.48
$CO_2 + 6e^- + 6H^+ \longrightarrow CH_3OH + H_2O$	-0.38
$CO_2 + 8e^- + 8H^+ \longrightarrow CH_4 + 2H_2O$	-0.24
$2CO_2 + 12e^- + 12H^+ \longrightarrow C_2H_5OH + 3H_2O$	-0.33
$2H^+ + 2e^- \longrightarrow H_2$	-0.41
$2H_2O + 4h^+ \longrightarrow O_2 + 4H^+$	+0.82

热催化 CO_2 反应是将 CO_2 转化为有价值产品的最广泛的方法之一。热催化 CO_2 转化可分为氢化和重整两种途径。在氢化反应中,H_2 用于活化 CO_2 并将其转化为其他产物。在重整反应中,CO_2 被还原为 CO 以产生其他化学物质。这些反应包括萨巴蒂尔反应(SR)、逆水煤气变换反应(RWGS)、CO_2 转换成甲醇反应(CO_2-to-MeOH)、甲烷干重整(DRM)、甲烷的三重整(TRM)和 CO_2 费托合成反应/加氢制烯烃(CO_2 FT/MFT)。其中,RWGS、DRM 和 TRM 是主要的 CO_2 重整途径,用于生产合成气。而 SR、CO_2-to-MeOH 和 CO_2 FT/MFT 是 CO_2 氢化的典型例子,用于生成 C1 和 C2+产物。为了减少环境影响,所有涉及的 CO_2 加氢反应所需的氢气应当来源于可再生资源或工业余热。然而,多数 CO_2 热催化转化过程都是在高温下进行的,这不仅可能导致催化剂因焦炭沉积而失活,而且高温本身也是焦炭形成的诱因之一,后者会加速金属颗粒的聚集和烧结。因此,抑制或减少焦炭的形成及金属烧结对于提升热催化的稳定性、产率、选择性和整体效率至关重要。

电催化 CO_2 过程是指依靠可再生能源产生的电能,利用电催化剂将 CO_2 转化为碳氢化合物,实现从含碳燃料到 CO_2 再到含碳燃料的循环利用。因为 CO_2 中的碳原子处于其最高氧化态,CO_2 分子表现出极高的惰性和稳定性,导致对其的还原具有一定的难度。相较于需要高温高压条件的热催化转化,由可再生电力驱动的电催化 CO_2 还原反应提供了一种更具

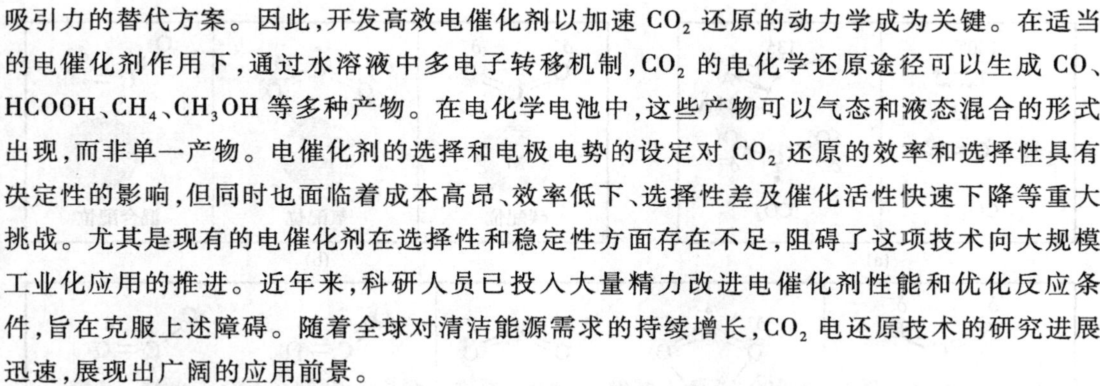

吸引力的替代方案。因此,开发高效电催化剂以加速 CO_2 还原的动力学成为关键。在适当的电催化剂作用下,通过水溶液中多电子转移机制,CO_2 的电化学还原途径可以生成 CO、HCOOH、CH_4、CH_3OH 等多种产物。在电化学电池中,这些产物可以气态和液态混合的形式出现,而非单一产物。电催化剂的选择和电极电势的设定对 CO_2 还原的效率和选择性具有决定性的影响,但同时也面临着成本高昂、效率低下、选择性差及催化活性快速下降等重大挑战。尤其是现有的电催化剂在选择性和稳定性方面存在不足,阻碍了这项技术向大规模工业化应用的推进。近年来,科研人员已投入大量精力改进电催化剂性能和优化反应条件,旨在克服上述障碍。随着全球对清洁能源需求的持续增长,CO_2 电还原技术的研究进展迅速,展现出广阔的应用前景。

光催化技术因其利用丰富的太阳能将 CO_2 转化为多种燃料而备受关注。受自然光合作用的启发,众多研究致力于开发人工光合作用,以将二氧化碳作为原料转化为高价值燃料。相比于高温高压 CO_2 转化,光催化 CO_2 转化是一种非常温和的过程,其唯一的能量输入来自光照射的光子。这种方法温和且无污染,是实现可持续发展的重要途径之一。目前,由于光捕获与利用效率及催化材料的限制,光催化 CO_2 还原的效率仍然较低。但随着对光催化机理的深入理解和技术的发展,光催化 CO_2 转化反应有望取得新的突破。因此,CO_2 光催化转化的研究得到了全球的广泛关注,成为降解有机污染物和水分解之外的第三个热点。

7.2.2 CO_2 分子的吸附和活化方式

正如 7.1 节所述,CO_2 还原反应需要克服高能量势垒以断裂 C═O 双键。C═O 键键长约为 1.15 Å,键角约为 180°。如图 7-2 所示,当 CO_2 与催化剂发生化学吸附时,亲电性的 C 原子与催化剂表面原子发生相互作用而获得新的电子,这导致 C 与 O 原子上的自由电子对之间产生排斥,促使电子进入 π^* 反键轨道,从而使得 CO_2 的分子结构弯曲,形成 $CO_2\cdot$ 中间体。CO_2 分子能够通过降低键级来容纳一个额外的电子,形成单个的 C—O 单键和 O 原子上的第三个电子对,多余的电子则位于碳原子的悬空键上。电子注入后,所有原子仍保持 sp^3 杂化,并维持 $CO_2\cdot$ 的弯曲几何结构。这种具有 C_{2v} 对称性的弯曲结构,自由电子对之间的排斥力增大,对称性破坏导致 $CO_2\cdot$ 的 LUMO 能量较高,从而降低了分子的电子亲和力。$CO_2\cdot$ 中间体的平均寿命为 60~90 μs,意味着在接受光电子后可以用光谱学来鉴别。$CO_2\cdot$ 的键长约为 1.24 Å,键角约为 135°,相比于 CO_2 更容易转化,这通常也是 CO_2 转化的第一步。

$CO_2\cdot$ 的吸附具有多样性,例如在单原子位点,如图 7-2 所示,分为碳配位,氧配位和混合配位三种模型。对于平坦的金属表面,单一的碳或氧配位导致 $CO_2\cdot$ 的吸附具有 C_{2v} 对称性。然而,根据表面的几何形状,明确的区分是不可能的。对于金属氧化物表面,由于路易斯酸碱对的存在,吸附位置更容易预测,应为表面上的碱基对。第一种情况是一个表面金属原子与 C 配位;在第二种情况下,CO_2 的 C 原子指向上方,CO_2 的两个 O 原子与两个金属原子结合形成桥接构型。在第三种情况下,生成了一个桥式碳酸盐结构,CO_2 的 C 原子指向下方,CO_2 的两个 O 原子指向上方;在最后一种情况下,混合配位导致 C═O 键的氧与金属原子 M 成键,C 与金属氧化物的 O 相连。由热能驱动的反应,CO_2 有三种典型模式激活包括配位激活、插入反应和受阻路易斯对(FLP)的协同作用。

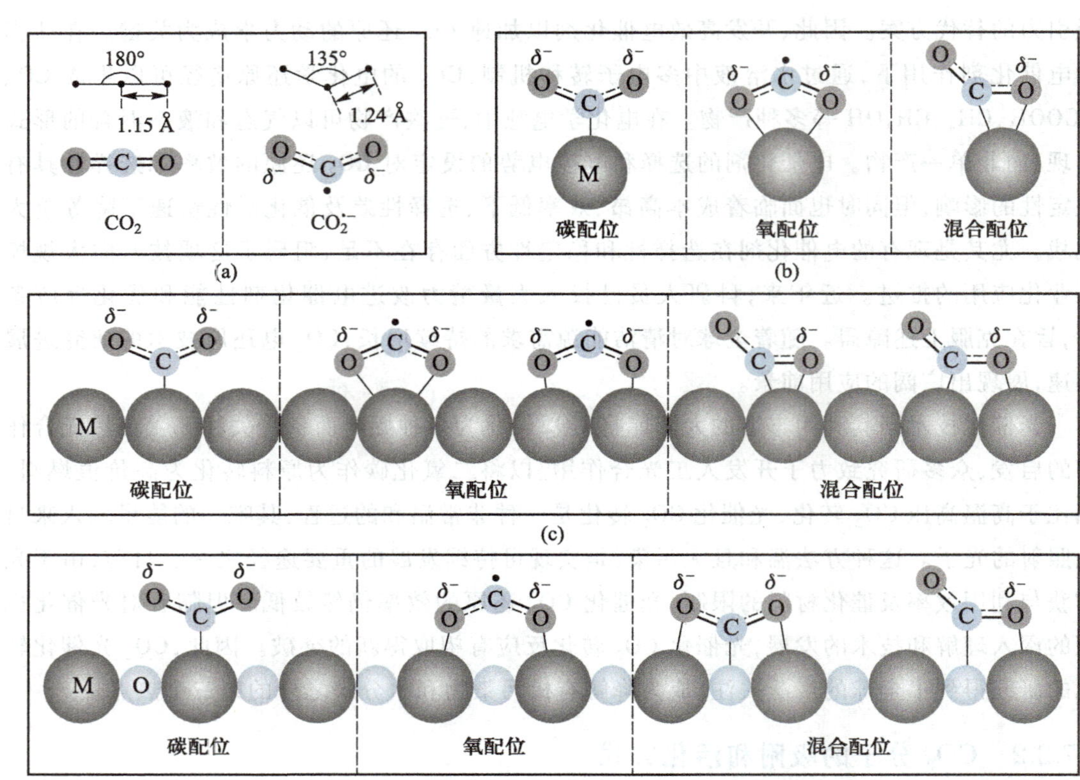

图 7-2　(a) CO_2 分子和 $CO_2\cdot$ 物种的构型；活化的 CO_2 物种在(b)孤立的单原子位点、(c)平面金属表面和(d)金属氧化物表面上的吸附模型

（本图来源：Huang H, et al. J. Energy Chem., 2022, 67: 309-341.）

CO_2 与金属的配位不仅可以利用缺电子的 C 原子作为电子受体，还可以利用 C═O 键或 O 原子作为电子供体。图 7-3(a) 表示了 CO_2 分子的几种配位构型。特别是，缺电子的金属表面有利于端式配位，如构型 Ⅰ 中与 CO_2 的 O 端连接，这些表面包括一氧化物，如 TiO、CrO、VO 和 MnO。这种配位方式，CO_2 分子可以保持其线性结构或略微扭曲。富电子的金属表面通常采用构型 Ⅱ 活化 CO_2，典型的金属表面包括 Ni(110)、Cu(100) 等。这种构型，金属的 d_{z^2} 轨道电子转移至 C 的未占据 π^* 轨道。当 CO_2 采用卧式吸附构型 Ⅲ 时，σ 键会发生电子从 CO_2 转移到金属的未占据 d_{z^2} 轨道。这种构型形成的键是稳定的，通过反馈作用从金属位点的空 d_{xy} 轨道到 CO_2 分子不饱和的 π^* 反键轨道。这种结构被各种碳配合物所采用，如 $Ni(PCy_3)_2(CO_2)$、$AlCO_2$ 和 $AgCO_2$。构型 Ⅴ 是 CO_2 在金属表面以双齿配位形式的吸附。当活性中心同时包含电子受体位点和电子供体位点时，CO_2 通常吸附在桥位，采用 Ⅴ 或 Ⅵ 的方式吸附。

CO_2 可以通过插入 M—X 键（X＝C、H、O、N、P、S、Si 等）来激活。插入机制分为两种途径，是 CO_2 中 C 原子之间的键合和富电子位点(X)形成构型 Ⅶ，适用于芳基 C—H 键、Zn—H 键、Cu—Si 键等。另一种方式是 C 原子和缺电子位点(M)形成构型 Ⅷ，如 Ni—H 键。考虑到 CO_2 具有亲电子的 C 原子和亲核的 O 原子，CO_2 分子也可以被路易斯酸碱对活化，如构型

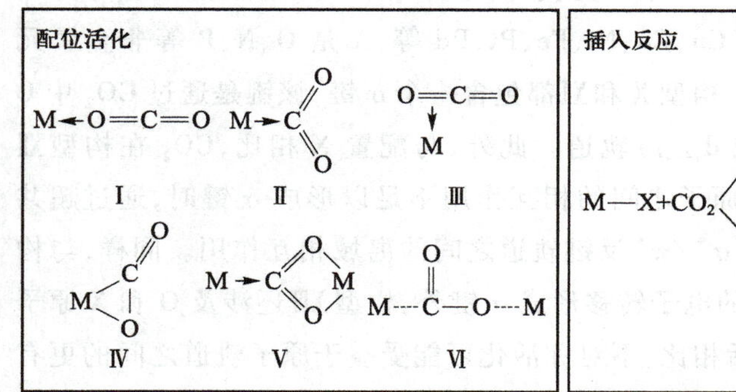

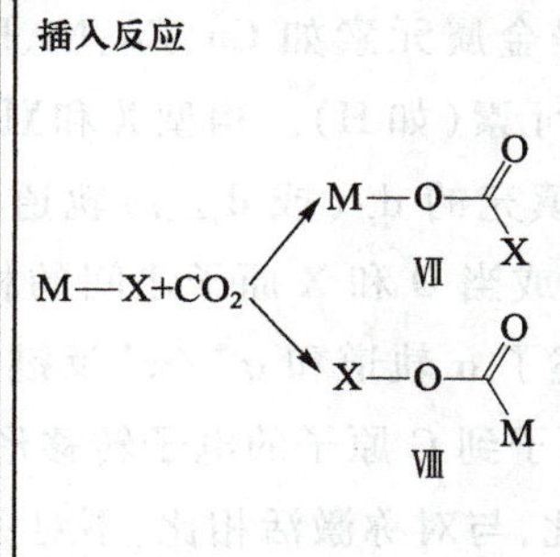

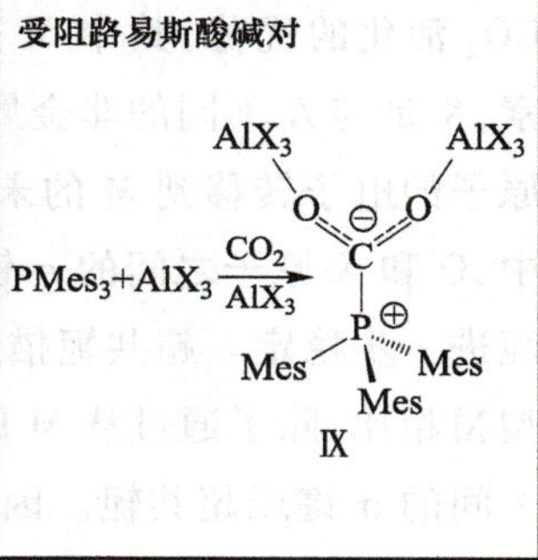

(a) CO_2活化模式

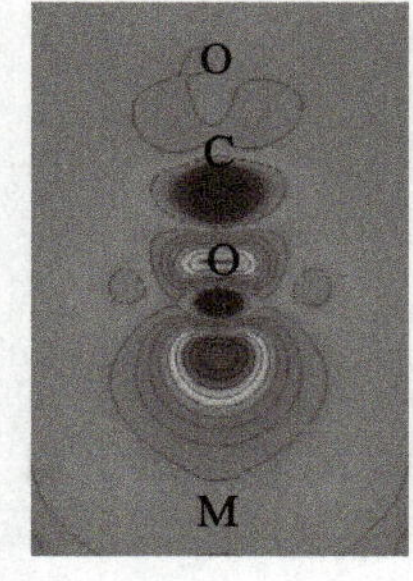

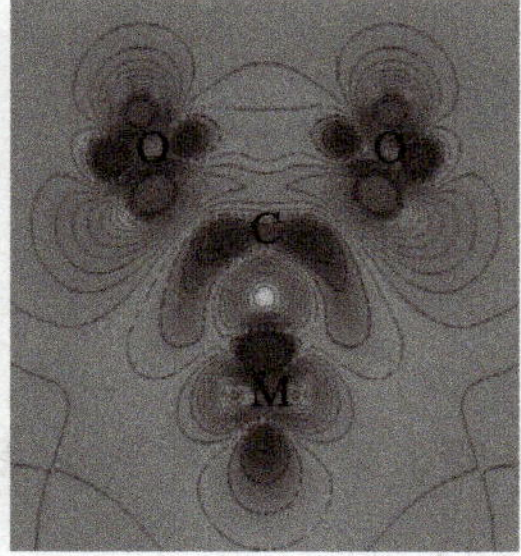

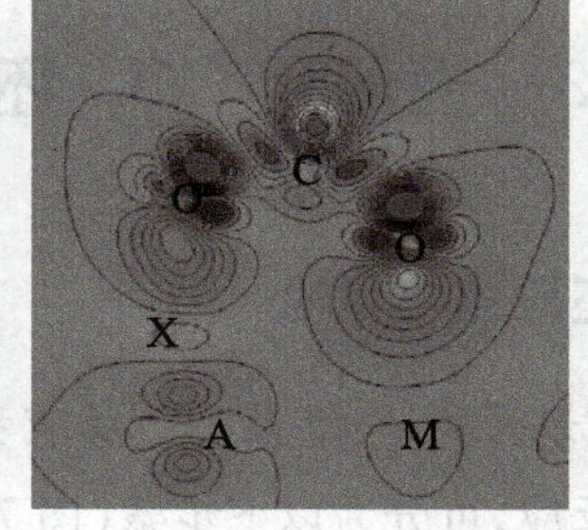

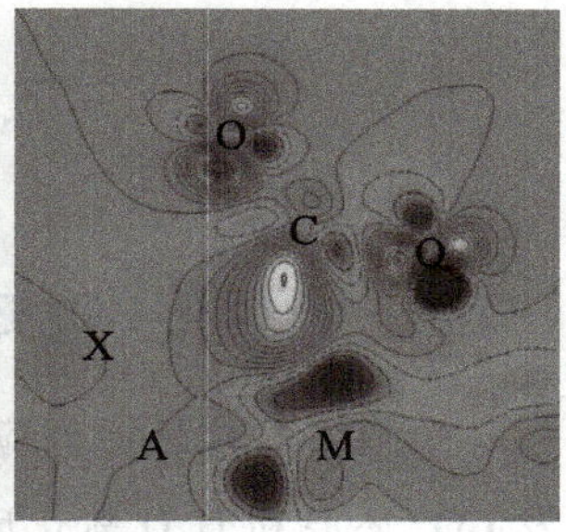

(b) CO_2对称活化和非对称活化时电荷密度差异的二维等值线图

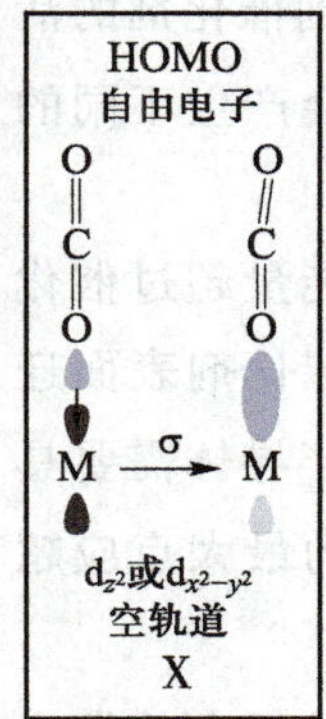

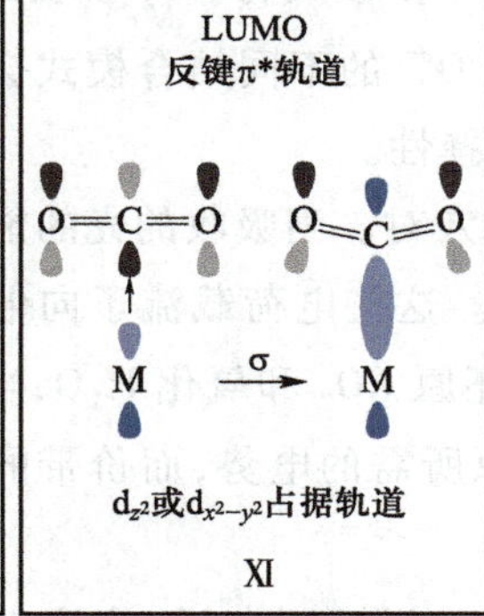

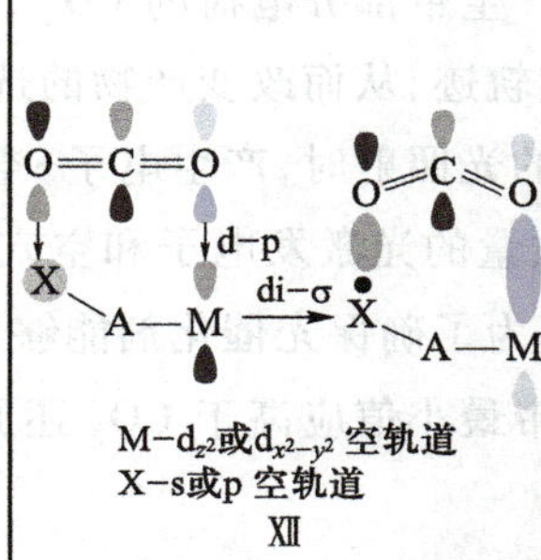

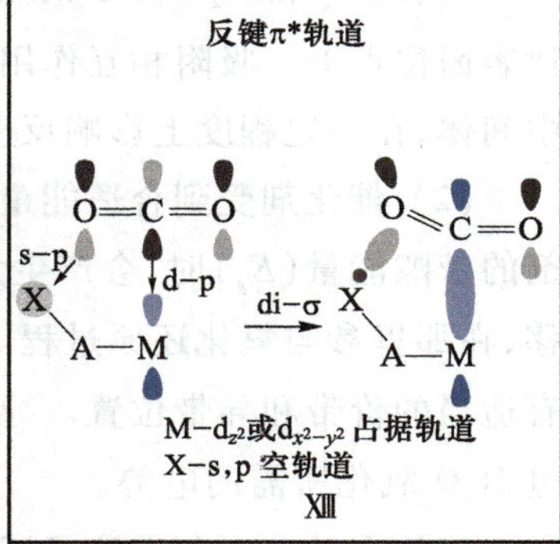

(c) CO_2对称活化和非对称活化的轨道分析示意图

图 7-3 CO_2 分子的活化

（本图来源：Li H, et al. Acc. Chem. Res., 2021, 54: 1454-1464.）

Ⅸ。路易斯酸碱对是电子受体中心（路易斯酸）和电子供体中心（路易斯碱）的组合。一旦 CO_2 与金属表面接触，主要有三条路径：① H^* 原子攻击 CO_2 的 C 原子形成甲酸盐（$HCOO^*$）物种；甲酸盐路径；② CO_2 直接解离形成 CO^*，逆水煤气路径；③ CO_2 的 O 原子接受 H 原子形成羧酸盐（$COOH^*$），称为羧基路径。

CO_2 具有两个极性 C=O 键，是一种难以被激活的非极性分子。一种活化方式是构建对称性破坏位点以活化 CO_2 分子。从电子性质的角度来看，在对称性破坏中心存在明显的电荷密度梯度，导致非极性 CO_2 的电子结构扰动并极化吸附物质［图 7-3(b)］。从吸附构型的角度来看，对称破坏位点具有局部扭矩，使原子轨道能够更有效地重叠，从而使线性 CO_2

更容易弯曲分子[图 7-3(c)]。以 M—A—X 中心为例,简单介绍一下对称位点的破坏对于 CO_2 活化的优势,其中 M 是金属元素如 Cu、Co、Ni、Fe、Pt、Pd 等,A 是 O、N、P 等非金属元素,X 是与 A 不同的非金属元素(如 H)。构型Ⅹ和Ⅻ都包含一个 σ 键,该键是通过 CO_2 中 O 原子的电子转移到 M 的未填充的 d_{z^2}(或 $d_{x^2-y^2}$)轨道。此外,与配置 X 相比,CO_2 在构型Ⅻ中,O 和 X 原子之间的 σ 键或当 O 和 X 原子之间的相互作用不足以形成 σ 键时,通过超共轭进一步稳定。超共轭描述了 σ 轨道和 σ^*/π^* 反键轨道之间的离域相互作用。同样,与构型Ⅺ相比,除了通过从 M 原子到 C 原子的电子转移形成 σ 键外,构型ⅩⅢ还涉及 O 和 X 原子之间的 σ 键或超共轭。因此,与对称激活相比,不对称活化可能受益于原子轨道之间的更有效的重叠,从而促进 CO 的弯曲。

7.3　光催化 CO_2 还原基本原理

7.3.1　光催化 CO_2 还原基本过程

光催化 CO_2 还原反应过程复杂,涉及多个反应步骤。利用光作为激发能在半导体上引发 CO_2 还原和 H_2O 氧化反应,可分为以下步骤(图 7-4):

(1) CO_2 和 H_2O 分子的吸附活化。光催化的关键第一步涉及将 CO_2 吸收到催化剂的活性表面位点上。吸附相互作用产生带部分电荷的 $CO_2^{\delta-}$,$CO_2^{\delta-}$ 的不同结合模式会产生不同的中间体,在一定程度上影响反应轨迹,从而改变产物的选择性。

(2) 催化剂受到合适能量的光照射时,产生电子-空穴对。当吸收的光的能量超过催化剂的带隙能量(E_g)时,会产生大量的光激发电子和空穴。这些电荷载流子向催化剂表面迁移,在那里参与氧化还原过程。为了确保光催化剂能够还原 CO_2 和氧化 H_2O,半导体需要具有适当的价带和导带位置。导带最小值应高于 CO_2 还原所需的电势,而价带的最大点应超过 H_2O 氧化所需的电势。

(3) 有效的电荷载流子迁移率和分离是至关重要的。考虑到电子-空穴对复合的发生速率明显快于电荷传输和耗尽速率,必须充分延长光激发电子的寿命,以促进光催化氧化还

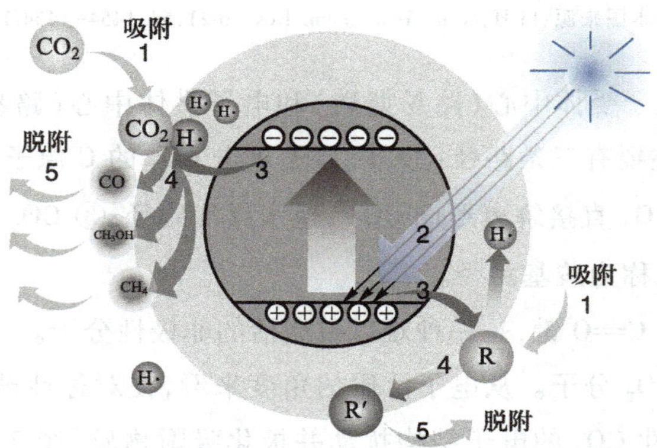

图 7-4　光催化转化 CO_2 的五个主要步骤的示意图

原反应。光生电子-空穴的有效分离提高了表面光生电子密度，有利于加速氧化还原反应，促进碳氢化合物的产生。

(4) 表面活性位点上的光生电子与 CO_2 发生还原反应，产生碳氢化合物，而光生空穴与 H_2O 发生氧化反应，产生 O_2 等氧化产物。这是光催化 CO_2 还原的关键步骤。

(5) 反应产物从光催化剂表面解吸，新产生的表面活性位点参与下一个催化反应。要设计用于 CO_2 转化的高效光催化剂，必须同时满足上述条件。

从热力学角度来看，光催化反应效率的基本决定因素在于半导体的能带结构。半导体导带和价带的相对位置决定了它们的氧化还原能力。针对 CO_2 光催化还原转化的要求，至关重要的是，与 CO_2 的还原电势相比，光催化剂的导带(CB)需具有明显更负的化学电势。相反，对于水氧化的过程，价带(VB)必须具有超过水氧化所需的能级的正电势。CO_2 光催化还原的热力学特性显著影响光催化过程的可行性和最终还原产物。而这种还原在速率和产物形成方面控制反应的速率。光催化动力学的详细分析是复杂的，因为它涉及许多过程，包括光生电子-空穴对的分离及反应物分子的吸附和活化。

(1) 光生电子-空穴对的分离。在光催化反应中，光生电子-空穴的复合寿命非常快，通常只有几皮秒，远远超过其从体相到表面层的传输速率(需要数百皮秒)。同时，电荷载流子在催化剂表面的复合速率相对较快，在几十皮秒内发生，远快于它们参与催化反应的速率(从几纳秒到几毫秒)。电子和空穴的快速结合显著降低了光催化性能。在许多光催化剂中观察到的量子效率差背后的根本原因在于这些电荷载流子在与吸附物质结合之前过早地复合。增强电荷载流子的分离或抑制其复合对于增强 CO_2 还原反应至关重要。此外，光生电荷载流子向半导体催化剂表面的加速迁移有助于提高 CO_2 的多电子还原过程的速率，从而提高最终产物的产率和光催化动力学。

(2) 反应物分子的吸附和活化。二氧化碳的化学惰性很高，C—O 键的解离需要大量的能量输入，这使得 CO_2 分子的热力学活化变得困难。进行 CO_2 还原的关键动力学障碍在于催化剂表面对 CO_2 分子的吸附和活化。在光催化还原过程中，CO_2 分子的活化需要其吸附到催化剂表面，经历从线形构型到弯曲构型的结构转变。然后，电子从光催化剂表面转移到这些弯曲结构的 CO_2 分子上，从而促进 CO_2 活化。因此，CO_2 与催化剂表面的结合在 CO_2 的吸附中起着至关重要的作用。如 7.2.2 小节所述，CO_2 在光催化剂表面的吸附主要涉及三种吸附模式：碳配位、氧配位和混合配位。在这种机制中，CO_2 和表面原子之间的相互作用产生了带部分电荷的 $CO_2^{\delta-}$ 物种。特征活化中间体的产生对反应路线起决定性作用，这反过来又影响不同产物的选择性。此外，光解 CO_2 转化中多级表面催化反应的动力学特性表明，光催化剂表面的催化活性位点在决定产物选择性方面发挥着作用。因此，催化剂表面的不同活性位点可以产生各种不同的产物。例如，C 原子与路易斯碱的单齿结合形成以催化剂为中心的羧基(·COOH)，而两个 O 原子的双齿结合有利于 H^+ 与 $CO_2^{\delta-}$ 的碳连接，这导致甲酸根阴离子以双齿方式结合在催化剂表面。

在光催化过程中，热力学和动力学在反应中相互交织，共同决定了反应效率和产物。为了提高光催化效率，有必要综合考虑这两方面因素，通过优化光催化剂的能带结构、表面化学性质和反应条件来对其性能进行调控。

7.3.2　CO_2 转化途径及路线

到目前为止，人们已经提出许多光催化 CO_2 还原转化的反应机理，它们几乎都遵循以下三种途径：甲醛途径、卡宾途径和乙二醛途径。如图 7-5 所示，在甲醛途径中，CO_2 首先得到电子激发生成 $CO_2^{\cdot-}$，然后 $CO_2^{\cdot-}$ 与质子结合生成甲酸中间体，进一步接受质子生成甲酸，同时在甲酸的基础上，通过电子偶联和质子转移得到甲醛、甲醇和甲烷。该途径可用于解释 HCOOH、HCHO 和 CH_4 的形成，但无法解释 CO 的产生。在卡宾途径中，可以解释一氧化碳

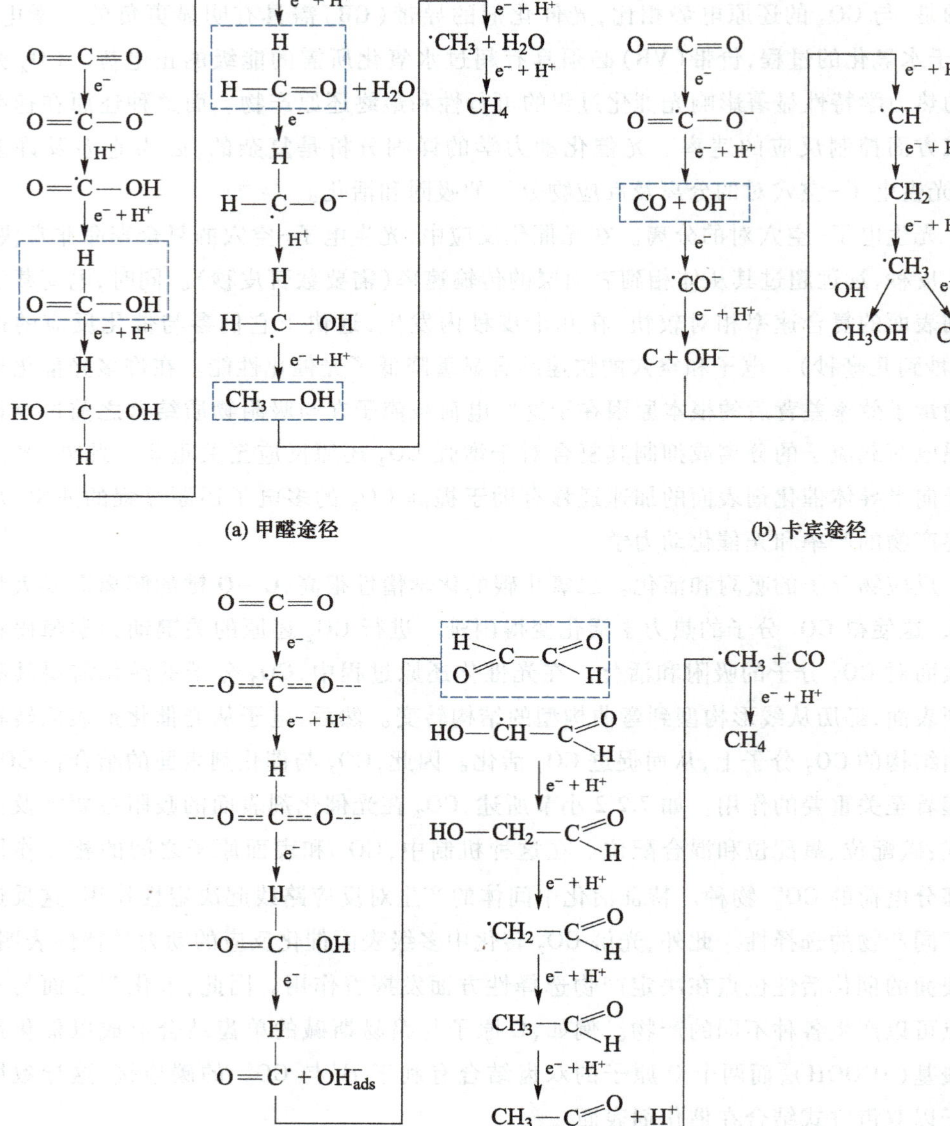

图 7-5　光催化 CO_2 还原转化的三种可能途径

的产生。活化的 CO_2 接受电子产生 CO，CO 可用作进一步形成甲烷或甲醇的中间产物。只有当中间自由基稳定以防止与上述氢原子复合时，才能允许 C–C 偶联。相比之下，乙二醛途径更多地涉及 C2 化合物，其中 $CO_2^{\cdot-}$ 与电子和质子结合形成甲酸，由于氧转移和进一步的电子受体而产生游离甲酰自由基（CHO·），最终将甲酰基二聚化为乙二醇，或演化成其他 C2 和 C3 产物。光催化 CO_2 还原的整个过程涉及多个步骤、中间体和不同产物，这使得产物选择性的过程更加复杂。为了准确调控产物，可以通过优化光催化 CO_2 的关键步骤来调整产物，包括能带结构、电荷分离效率、反应物的吸附和活化等，在调节半导体能带结构方面，半导体的价带和导带的位置决定了它们的氧化还原能力。在更负的导带中会发生更多的还原反应，而在更正的价带中可能会发生更多的氧化反应。但是，带隙过宽会影响催化剂的光吸收范围。因此，根据半导体导带和价带电势选择合适的催化剂，对提高催化剂的活性和选择性具有重要意义。

7.4 光催化 CO_2 还原性能测定

光催化 CO_2 还原反应中光催化剂反应效率的评估通常基于产物产率进行。为了进行比较，光催化 CO_2 还原的产率通常标准化为 $\mu mol \cdot g_{cat}^{-1} \cdot h^{-1}$。然而，由于不同催化体系中催化剂用量、$CO_2$ 来源、压力条件和牺牲剂种类等因素的变化，单凭产率来比较催化性能存在一定的挑战。为了确保不同反应条件下催化活性的可比性，表征光催化 CO_2 还原反应光催化剂性能的关键参数包括选择性（基于电子或基于产物）、表观量子产率（AQY）、周转数（TON）和太阳能-燃料能量转换效率（STF）。

选择性和活性是评估 CO_2 减排工业适用性的关键参数。CO_2 还原为产物的选择性（SA）可以通过下两式计算：

基于电子的选择性
$$\mathrm{Sel}_{电子}(\mathrm{A}) = \frac{\alpha n(\mathrm{A})}{\alpha n(\mathrm{all})} \times 100\% \tag{7-1}$$

基于产物的选择性
$$\mathrm{Sel}_{产物}(\mathrm{A}) = \frac{n(\mathrm{A})}{n(\mathrm{all})} \times 100\% \tag{7-2}$$

式中，α、$n(\mathrm{A})$ 和 $n(\mathrm{all})$ 分别是产物中转移电子的数量、单位时间内 A 产物的形成速率和单位时间内所有产物的总速率。

AQY 表示光催化过程在特定波长下的效率，用作其性能的定量测量，经常用于评估太阳光谱利用的效率。AQY 可通过下式计算：

$$\mathrm{AQY}(\%) = \frac{实际参与反应的电子数}{入射光子数} \times 100\% \tag{7-3}$$

STF 被定义为输出化学能与输入光能的之比，即“化学能输出/光能输入”，通常用于评估反应的整体能量转换效率。STF 可通过下式计算：

$$\mathrm{STF} = \frac{\sum [\Delta G^{\ominus}(\mathrm{A}) \cdot n(\mathrm{A})]}{P_{\mathrm{in}} \cdot t} \tag{7-4}$$

式中，$\Delta G^{\ominus}(\mathrm{A})$ 是 CO_2 还原为产物 A 的标准吉布斯自由能变化；P_{in} 是输入太阳能强度（当

AM 1.5G 照射时，P_{in} 为 100 $mW\cdot cm^{-2}$）；t 是产生 A 所需的时间。

TON 表示单位时间内可实现的最大周转数，是评估催化剂在工业应用中的实用性的关键参数。TON 可通过下式计算：

$$\mathrm{TON}=\frac{\text{单位时间参与反应的电子数}}{\text{催化剂表面活性位点数}} \tag{7-5}$$

7.5　影响光催化剂还原效率的主要因素

尽管光催化 CO_2 还原转化研究已经取得了重大进展，但由于光吸收能力差、光生载流子的快速重组及 CO_2 吸附能力差等问题，研究人员在开发高活性催化剂方面仍然存在困难。近年来，研究人员相继提出了许多优化策略以改善还原产物稳定性差、选择性低和活性低的问题。

7.5.1　光催化剂

1. 光催化剂的电子结构

光催化剂的电子结构主要包括催化剂的能带结构、费米能级、功函数等。对于光驱动的 CO_2 和 H_2O 反应，催化剂的电子结构对光催化反应性能的影响是非常重要的。这包括光催化材料的光激发行为、光激发后光生电子的迁移和扩散，以及催化剂对底物的吸附和产物的脱附。

能带结构中的关键因素包括光催化剂的禁带宽度、导带和价带的电势，以及功函数和费米能级的大小。其中禁带宽度决定了催化剂对光的吸收范围。半导体只有在一定能量的光照条件下才能被激发产生用于光催化反应的活性物质——光生电子和空穴。因此，较小的禁带宽度有利于光的吸收，从而产生更多的光生载流子。值得注意的是，禁带宽度的大小应该和半导体导带、价带的电势之间存在一定的制约关系。如果半导体光催化剂的禁带宽度较小，可能导致其价带和导带的电势较低，无法满足 CO_2 还原的热力学要求（导带电势必须负于 CO_2 光还原的电极电势）以及 H_2O 氧化的热力学要求（价带电势必须正于 H_2O 氧化的电极电势）。因此，禁带宽度和导价带电势之间的平衡成为高效 CO_2 光还原催化剂能带结构的基本要求。

费米能级的位置往往也影响着光催化剂反应活性的高低，因为它的位置决定了半导体的属性。如果费米能级处于禁带中间，则半导体属于本征半导体；如果费米能级靠近半导体材料的导带，则属于 n 型半导体；如果费米能级靠近半导体材料的价带，则属于 p 型半导体。对于 n 型半导体和 p 型半导体，主要区别在于半导体内导电的粒子属性不同。n 型半导体导电的粒子是自由移动的电子，而 p 型半导体导电的则是定向移动的空穴。因此，对于光催化反应，是不是 n 型半导体适合还原反应而 p 型半导体适合氧化反应目前还不是很清楚，有待进一步研究。值得一提的是，利用掺杂等改性措施所实现的半导体光催化剂的费米能级可控调节，可能实现对光催化剂电子密度最大化，从而实现光催化性能的显著提高。

半导体能带结构中导带和价带的色散关系分别决定了光生电子和空穴的有效质量。较小的有效质量意味着光生电子和空穴具有较高的迁移速率。光生电子和空穴有效质量的比值可以反映出它们的复合特性。一般来讲,光生电子和空穴有效质量的比值如果接近1,意味着光生电子和空穴具有相接近的迁移速率,从而在迁移过程中比较容易复合而湮没。如果光生电子和空穴有效质量的比值过大或过小,就表明其迁移速率相差很大,则不容易复合。此外,能带结构中的色散关系也决定了无机半导体光催化材料导带和价带的离域性能。离域性能一般是指光生载流子在半导体中存在的范围。一般而言,导带和价带的离域性能越好,光生载流子的迁移能力越强,越有利于光催化反应的进行。

2. 光催化剂的晶体结构

晶体结构对于光催化剂的影响体现在两个方面。首先是结晶性。较高的结晶性往往有利于光催化反应。这是因为较高的结晶性使得无机半导体光催化剂组成的原子或离子的排列更加有序与规则。这种有序的排列有助于光生电子和空穴的迁移及扩散。当无机半导体材料的结晶性较低时,光生电子和空穴在晶体结构中的迁移变得困难,晶体原子和离子与光生载流子间的碰撞次数增多,这可能导致光生电子和空穴的能量降低,从而削弱了光催化反应的性能。其次,晶体结构的对称性也是影响光催化性能的重要因素。对称性越高,载流子的复合可能越严重,越不利于光催化反应。值得注意的是,由于晶体各向异性和晶向的差异,载流子在不同方向的迁移速率也存在差异。因此,设计和制备暴露不同晶面的光催化剂已成为无机纳米材料合成领域的重要研究方向。

3. 光催化剂的微纳米结构

纳米材料因其独特的结构和性质在光催化的研究领域被广泛研究和应用。研究发现,光催化属于界面反应,其反应的活性位点位于光催化剂的表面。因此,光催化剂的比表面积越大,其活性位点越多,活性就越强。纳米材料由于具有较大的比表面积,可提供较多的活性位点,从而被应用于光催化领域。因此,绝大多数光催化剂都要求尽可能纳米化、微米化。同时,纳米化的光催化剂的能带结构相较于块体材料也表现出不一致的特点,因此将光催化剂纳米化是提高光催化效果的有效方法和途径。光催化剂的纳米尺寸造成的量子尺寸效应还可以使光催化材料光吸收阈值蓝移。更为重要的一点是,纳米粒子可以发生大尺寸微粒所不能发生的反应。例如,粒径为3 nm的ZnS半导体粒子对于光催化CO_2的还原显示了高达80%的量子效率。但体相的ZnS半导体粒子对CO_2的光催化还原却没有活性。因此,对于光催化剂,对其纳米化、微米化就显得尤为重要。

4. 光催化剂的晶格缺陷

晶格缺陷对光催化反应的作用一般体现在两个方面。一方面,一些研究报道表明缺陷可以成为光生电子和空穴的复合中心,从而降低光催化反应的性能。另一方面,有报道称缺陷有利于光生电子和空穴的分离,从而对光催化反应起到促进作用。这两种看似矛盾的观点源于对缺陷不同的认识和理解。一般来讲,催化剂的表面缺陷往往可以促进光生电子和空穴的分离。因为缺陷位点的电荷密度不同,能够诱导光生电子和空穴的迁移位点。由于从体相往表面迁移的过程中,载流子迁移速率不同,故电子和空穴达到的时间不同。而迁移到表面的电子或空穴又能瞬间和表面缺陷位点上的反应底物相互作用,从而实现光催化反应。如此看来,界面缺陷往往促进光生电子和空穴的分离。然而,体相的缺陷则可能成为无机半导体光催化剂光生电子和空穴的复合中心，这是因为当光生电子或空穴迁移到体相缺陷位点后无法实现进一步的转化，只能依靠相反电荷属性的载流子进行湮灭，因此体相缺陷常成为光生电子和空穴的复合中心。除此之外，体相缺陷结构的存在会造成光催化材料晶体结构的势场和晶格的振动发生改变，从而使光子和光生载流子的迁移受阻，迁移路径变长，不能顺利地迁移到无机半导体光催化材料的表面发生光催化反应。

除此之外，表面缺陷对于反应底物的吸附和活化也起到了一定的促进作用。无论是金属缺陷还是非金属缺陷，都可以通过自身的电荷属性或电荷密度差异来促进底物分子的吸附和活化，从而促进光催化反应。

由于 CO_2 是弱酸性分子，路易斯碱性位点具有捕获和吸附 CO_2 分子的能力。因此，构建路易斯碱性位点成为提供 CO_2 结合位点的替代方法。在金属氧化物半导体的活性位点表面上设计氧空位，形成路易斯碱性位点是一种通用的方法。在水介质中，羟基倾向于在氧空位上生成，这有利于弱酸性 CO_2 分子的吸附。一些固体碱性氢氧化物或金属氧化物，如 NaOH 和 MgO，由于其碱性性质，可以与 CO_2 中的碳原子相互作用。此外，用羟基改性表面可以通过如 NaOH 碱处理来实现。例如，用 NaOH 改性 TiO_2 以促进 CO_2 的化学吸附。增加 NaOH 处理用量可以促进 CO_2 在表面上的吸附，从而提高 CO_2 还原产物 CH_4 的产生。然而，过量的 NaOH 导致表面包封并诱导 TiO_2 纳米粒子的聚集，这阻碍了 CH_4 的产生。除了碱性氢氧化物和金属氧化物作为常见的路易斯碱外，具有碱性的基团如氨基的表面官能团化也已广泛用于 CO_2 捕获。例如，通过热退火方法一步制备 P 掺杂的 C_3N_4 纳米晶，傅里叶变换红外光谱证实，磷的间隙掺杂产生了富含氨基的表面，有利于 CO_2 的吸附和转化为 CO 和 CH_4。

7.5.2 反应条件

光传输及其对 CO_2 光还原动力学的影响是反应发生的最关键的过程参数。温度和压力的变化，很可能是由于光催化剂表面的传质，会影响 CO_2 的光还原动力学。下面将讨论这些参数，特别注意它们对传质的影响。

1. 光源

光辐射在光催化过程中起着至关重要的作用。为了确定本征动力学 Langmuir-Hinshelwood(L-H)模型，必须考虑反应介质吸收的辐射和光催化剂吸收的辐射。在解析本征动力学模型时，光反应器中的光分布和催化剂光吸收的能量是很重要的。对于非光微分光反应器，反应对光照射的依赖性取决于光催化剂在光反应器中的位置。然而，要做到在光催化剂表面具有均匀照射的光微分光反应器是一个挑战。此外，光源到光催化剂表面的距离将影响光强度分布。例如，模拟研究了在涂有 P25 TiO_2 的方形单片通道内，光源点沿着通道方向的光强度是如何降低的。在通道内纵横比为 3~4 距离处，光强度显示已快速降低到入射光束强度的 1%。再如，有研究表明，光催化$(CH_3)_2S$ 氧化性能受到阵列 LED 灯源到光催化剂表面距离的影响。在 LED 阵列直角照射光催化剂，光源到光催化剂表面为中等距离时，$(CH_3)_2S$ 氧化的转化率最高。光的衰减和有限的方向性是设计具有光均匀分布的微分光反应器的障碍。为了开发独立于所用光反应器几何结构的固有 CO_2 光还原动力学模型，用于收集动力学数据的光反应器必须增加光催化剂上每个活性位点参与 CO_2 光还原的同等概率。

2. 温度

温度可以影响 CO_2 光还原种反应气体的吸附。尽管温度没有在 L-H 动力学模型中体现，但其对 CO_2 光还原动力学的影响可能是通过增加扩散速率引起的二次效应，产物的解吸释放了活性位点，并增加了反应物在光催化剂表面碰撞的可能性，导致反应速率增大。光反应器系统可能使用太阳能大规模地运行，因此最大限度地利用包括红外光谱热能和紫外-可见光谱光能在内的全太阳辐射光谱具有实际意义。CO_2 光还原的未来方向是开发综合利用热能和光能的光催化剂。

使用 L-H 的 CO_2 光还原动力学模型，速率限制步骤是光催化剂表面上两个相邻占据的活性位点之间的反应。增加两个相邻活性位点被占据的可能性不仅会受到吸附气体分压的影响，还会受到反应物分子在不同温度下沿着光催化剂表面移动速率的影响。例如，高温（250~350 ℃）对 SiC 和 Si 光催化剂的 CO_2 光还原具有影响，温度对 SiC 和 Si 光催化剂 CO_2 光还原活性有促进作用，氢化产物 CH_4 和 H_2 的选择性增加。这与反应中间体在光催化剂表面的稳定、反应温度的升高促进了 C—O 键的裂解和 H_2O 的解离相关。

温度对 CO_2 光还原的影响尚未被深入研究，目前的研究主要集中在光催化剂的开发和光催化剂在有限的辐照度和温度光反应条件下的比较。温度很可能会影响反应物种的吸附，并使这些吸附物种和反应中间体通过表面扩散迁移到活性位点。温度也有助于克服一些机械热屏障。人们对温度对 CO_2 光还原动力学的影响仍然知之甚少，目前 CO_2 光还原动力学模型的仅适用于非常有限的温度范围。

3. 压力

压力是一个重要的考虑因素，尤其是当系统被设计为将 CO_2 光还原光反应器耦合到 CO_2 捕获和/或存储设施时。理想操作压力、气体纯度容限性和 H_2O/CO_2 组分的分压等是建立 CO_2 光还原动力学模型必不可少的信息。总压力极大可能影响反应气体和中间体的表面吸附。根据 L-H 的动力学模型，CO_2 和 H_2O 的分压都可能影响反应速率。有文献报道，在一定范围内，随着 CO_2 压力的增加，一般产物形成的数量也增加。但当压力过大时，生产的产物反而会减少，这是由于 CO_2 吸附在催化剂表面的多数活性位点，限制了 H_2O 分子的吸附，从而导致活性下降。当然，也可能是在高的 CO_2 分压下，吸附的 CO_2 之间的排斥力增大，导致更大的表面扩散活化能，从而使表面迁移率降低。了解 CO_2、H_2O 和 O_2 分压对二氧化碳光还原动力学的影响有助于了解理想的反应压力和所需的光反应器类型。这也有助于决策将这项技术应用于现有和未来的二氧化碳捕获及储存设施。

7.5.3 助催化剂

一个高效的光驱动 CO_2 和 H_2O 反应的催化体系往往需要在催化剂的表面修饰助催化剂。根据反应类型的不同，可以将助催化剂分为两类。一类是还原性助催化剂，如 Pt、Ag、Au 等贵金属。另一类是具有高效电子转移的助催化剂，如 MoS_2、氮化钼、碳化钼等。一些提高水氧化反应效率的助催化剂被称为氧化性助催化剂，如氧化钴、磷酸钴、氧化钌、氧化铱等。

一般来说，助催化剂的作用体现在以下两个方面。一方面是可以实现光生电子和空穴的高效分离。由于助催化剂具有合适的功函数，往往可以实现光生电子或空穴的高度集中，从而实现高效的光催化氧化还原反应。另一方面，助催化剂往往可能成为反应的反应位点，因为助催化剂表面具有较高的光生电荷密度。此外，助催化剂的表面对于反应底物的吸附和活化、产物的脱附都可能具有一定的促进作用。

7.6 一些典型的 CO_2 还原催化剂及作用机理

利用太阳能驱动 CO_2 和 H_2O 转化为 CO、CH_4 等太阳能燃料的核心和关键在于高效光催化剂的设计与开发。近十年来，CO_2 光催化还原的研究报道剧增，大量光催化剂被发现。迄今为止，无机半导体材料和有机聚合物均被广泛应用于 CO_2 和 H_2O 的光催化转化。

7.6.1 无机半导体光催化剂

随着对光催化还原 CO_2 领域的关注，人们已经发现了许多光催化剂，如金属氧化物或混合氧化物（TiO_2、ZnO、Cu_2O、$InVO_4$、Bi_2WO_6 等）、金属硫化物（CdS、Ag_2S、$ZnIn_2S_4$ 等）、碳基半导体（SiC、g-C_3N_4、石墨烯等）等。1978 年，Kraeutler 和 Bard 首先在 TiO_2 上加载 Pt，通过光沉积还原 CO_2。随后，许多团队受到启发，证明在 TiO_2 上加载贵金属 Pt 后，CH_4 的选择性会提高。

(1) 金属氧化物及含氧酸盐。金属氧化物光催化剂种类众多，主要包括二氧化钛（TiO_2）、氧化锌（ZnO）、三氧化二镓（Ga_2O_3）、三氧化二铟（In_2O_3）、二氧化铈（CeO_2）、二氧化锡（SnO_2）、氧化亚铜（Cu_2O）、四氧化三钴（Co_3O_4）及氧化锡钛固溶体等。其中 TiO_2 光催化剂应用最为广泛。

TiO_2 是最早被发现拥有光催化活性的光催化剂。TiO_2 作为光催化剂具有很多优势，如化学性质稳定、绿色无污染及廉价易得等。同时，TiO_2 也是最早应用于 CO_2 和 H_2O 光催化转化反应的光催化剂之一。TiO_2 的导带电势约为-0.1 V，价带电势约为 3.1 V，基本可以匹配 CO_2 还原及 H_2O 氧化的热力学要求。然而，TiO_2 作为光催化剂由于具有较宽的禁带宽度（3.1~3.2 eV），仅仅只能在紫外光区产生光催化活性，而太阳光谱中紫外光区仅占 5%左右，这就极大地限制了 TiO_2 光催化剂的应用。因此，减小 TiO_2 的禁带宽度，拓宽其光吸收范围，提高太阳光利用率成为科研人员的主要研究方向。新型的氢化蓝色 TiO_2，成功实现了接近环境压力下光催化 H_2O 和 CO_2 制备 CH_4 的转化，甲烷的生成速率达到了 16.2 $\mu mol \cdot g^{-1} \cdot h^{-1}$，选择性达到了 81%。此外，关于非金属元素 C、N、S 等掺杂的 TiO_2 均在可见光的条件下表现出一定的光催化 CO_2 还原活性。

除此之外，TiO_2 具有不同类型的晶相结构，晶相结构不同，TiO_2 的光催化性能也不同。而且，最为重要的一点是，TiO_2 光催化剂晶相的类型及其比例会显著影响其光催化 CO_2 还原的活性。与单相 TiO_2（锐钛矿、金红石或板钛矿）相比，不同晶相的混合物在光催化活性方面更有利，这是因为不同晶相可以构成有利于光生载流子转移和分离的异质结。科研人员使用一种简单的水性过氧化 TiO_2 路线合成了富氧 TiO_2 纳米粒子。富氧合成环境在约 300 ℃（通常要求的温度高于 600 ℃）的相对较低煅烧温度下刺激金红石相 TiO_2 的形成。因此，所

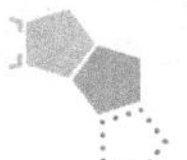

得 TiO_2 纳米粒子同时含有锐钛矿相和金红石相，形成异相结以促进光生电子和空穴的分离。此外，富氧还增强了对异相结的 TiO_2 对可见光的吸收。由于改善了电荷的分离和光吸收，当金红石含量为 17.5%时，异相结 TiO_2 纳米粒子的活性比纯锐钛矿相 TiO_2 高出 10 倍以上。此外，还揭示了形态诱导的晶体结构变化对 TiO_2 光催化活性显著的影响，其中形态和晶体变化的协同效应起到了作用。例如，通过使用静电纺丝和溶胶-凝胶相结合的方法制备了由 TiO_2 纳米粒子相互连接的构成的分层 TiO_2 纳米纤维，这些纳米纤维形成了一维介孔纳米纤维。与随机聚集的 TiO_2 材料相比，一维介孔纳米纤维形态具有更高的电荷转移速率和更低的电子-空穴复合速率。同时，一维约束效应导致锐钛矿相 TiO_2 向金红石相 TiO_2 的部分相变，这种异相结进一步促进电荷分离。使用在静态氩气（Ar）下退火的一维 TiO_2 纳米纤维，主要以 10.2 $mmol \cdot g^{-1}$ 的速率生成 CO。同样，暴露不同晶面的 TiO_2 光催化剂也展现了不同的光催化活性。已知具有高表面能的（001）面比（101）面显示出更好的活性，并且建立了许多技术来提高 TiO_2 晶体中（001）面的研究，以增强 TiO_2 的光催化活性，从而提高 CO_2 的光催化转化。2014 年，科研工作者提出了“晶面异质结”新概念，并强调了（001）面和（101）面之间协同效应的关键作用，如图 7-6 所示。通过氢氟酸（HF）处理制备了一系列具有不同晶面组成的 TiO_2 样品，并通过实验联合密度泛函理论（DFT）计算进行了探索和研究。在合适的比例下，（101）面和（001）面的存在形成了类似于半导体基异质结构中的Ⅱ型异质结。异质结有助于将电子和空穴分别分离到（101）面和（001）面，从而导致更长的载流子寿命和抑制的电子-空穴复合速率。在室温下，在紫外光照射和大气压下，对于约 0.55 个（101）面，CH_4 的最高产率。

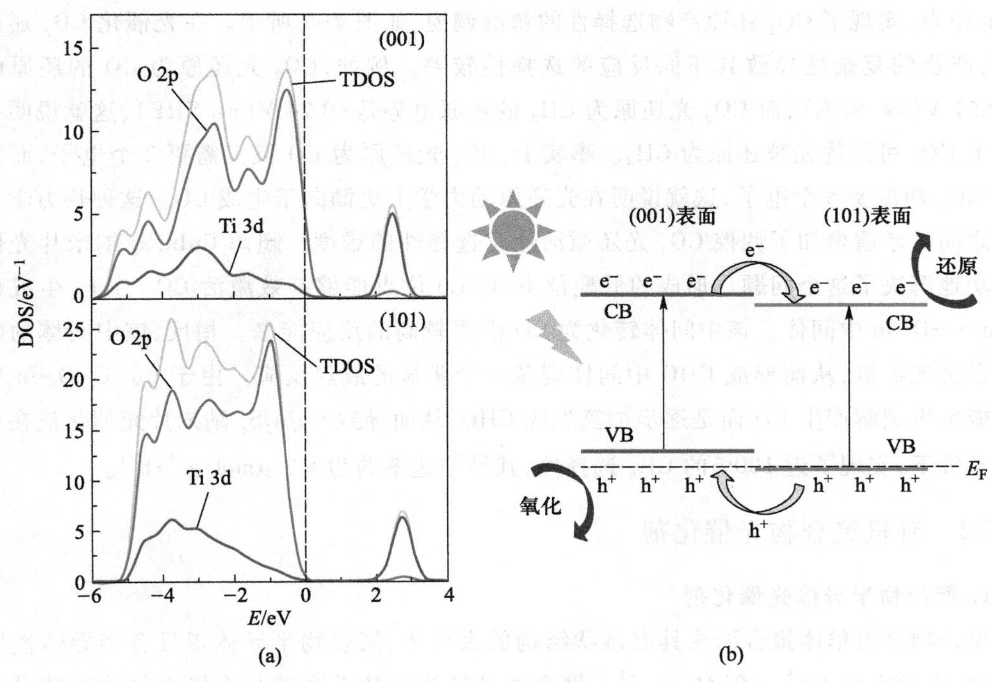

图 7-6 暴露不同晶面的 TiO_2 光还原 CO_2 示意图

（本图来源：Yu J, et al. J. Am. Chem. Soc., 2014, 136: 8839-8842.）

相比于单金属氧化物，金属含氧酸盐往往表现出更为优异的光催化 CO_2 还原性能。金属含氧酸盐往往具备双金属氧化物半导体光催化剂的协同效应，进而表现出较高的 CO_2 光还原性能。例如，将数百微米长、厚度约为 7 nm、长/径比高达 10000 的超薄超长 Zn_2GeO_4 单晶纳米带作为光催化剂应用于 CO_2 光还原，结果表明 CO_2 被高效地还原成甲烷。再如，约 1.5 nm 均匀厚度的原子层单晶 $InVO_4$ 纳米片光催化剂可以实现 CO_2 到 CO 的高效光催化转化。具有(010)面的六角钨青铜 $M_{0.33}WO_3$(M=K,Rb,Cs)催化剂在全波段(紫外、可见、近红外)光照射下，可实现高效光催化还原空气中的 CO_2。尤其是 $Rb_{0.33}WO_3$ 光催化剂在近红外光的照射下，4 h 就可以将空气中约 4.32%的 CO_2 转化为 CH_3OH，选择性达到 98.35%。实验及理论计算表明，引入碱金属原子占据六方结构的空隙，并且提供自由电子来影响 $M_{0.33}WO_3$ 的电子结构，增强极化子的跃迁，改善能带结构，可增强 CO_2 的吸附能力，降低 CO_2 的活化能，从而使得空气中 CO_2 还原成为现实。

(2) 金属硫化物光催化剂。相比于金属氧化物光催化剂，金属硫化物光催化剂具有很多优势，首先金属硫化物具有在地球上储量丰富、价格低廉、制备工艺绿色、光吸收范围广等优点，已成为最有希望的 CO_2 还原光催化剂候选者之一。其次，金属硫化物价带往往由 S 3p 轨道组成，与金属氧化物的 O 2p 轨道相比，S 3p 轨道不仅具有更大的负电势，而且具有更广的价带范围，这就充分保证了金属硫化物在拥有更宽光吸收范围的同时能够实现光生载流子的有效分离和快速迁移。最后，金属硫化物种类众多，主要包括硫化镉(CdS)、硫化锌(ZnS)、三硫化二铟(In_2S_3)、二硫化锡(SnS_2)、硫化铜(CuS)、硫化铟铜($CuIn_5S_8$)、硫化铟锌($ZnIn_2S_4$)、硫化铟镉($CdIn_2S_4$)及多元金属硫化物硫化锡锌铜(Cu_2ZnSnS_4)等。

以双金属的超薄 $CuIn_5S_8$ 纳米片光催化剂为例，通过引入表面硫缺陷形成低配位的 In 和 Cu 位点，实现了 CO_2 还原产物选择性的精准调控，如图 7-7 所示。在光催化 CO_2 还原过程中，产物的复杂性导致其还原反应的选择性较差。例如，CO_2 光还原为 CO 的还原电势是-0.51 V(vs. SHE)，而 CO_2 光还原为 CH_4 的还原电势是-0.24 V(vs. SHE)，这就说明在热力学上 CO_2 可能优先被还原为 CH_4。事实上，CO_2 光还原为 CO 仅仅需要 2 个电子，而光还原为 CH_4 却需要 8 个电子，这就说明在光还原动力学上更倾向于生成 CO。这种热力学与动力学之间的矛盾增加了调控 CO_2 光还原活性及选择性的难度。超薄 $CuIn_5S_8$ 纳米片光催化剂成功地解决了这个问题。形成的低配位 In 和 Cu 位点能够高效激活 CO_2 分子，生成稳定的 Cu-C-O-In 中间体。该中间体转化为 CO 需要较高的反应能垒。相反，该中间体的碳原子可以优先加氢，从而形成 CHO 中间体则是一个明显的放热反应。由于 Cu-C-O-In 中间体未能发生裂解产生 CO 而是逐步加氢生成 CHO，从而导致 $CuIn_5S_8$ 纳米片光催化剂在可见光的条件下，实现了近 100%的 CH_4 选择性，其平均速率约为 8.7 $\mu mol\cdot g^{-1}\cdot h^{-1}$。

7.6.2　有机聚合物光催化剂

1. 聚合物半导体光催化剂

聚合物是由单体聚合而成具有链状结构的大分子，聚合物半导体指具有半导体性质的聚合物，电导率在 $10^{-8}\sim10^{3}\ \Omega\cdot cm^{-1}$。聚合物半导体的禁带宽度与无机半导体的禁带宽度相当。因此，在一定的光照条件下，聚合物半导体光催化剂也能够实现 CO_2 和 H_2O 的光催

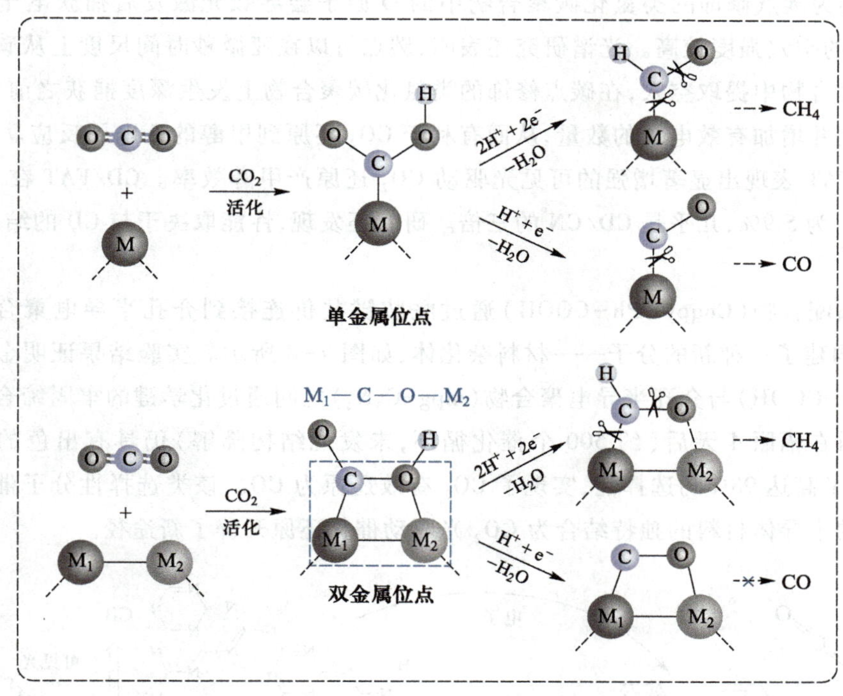

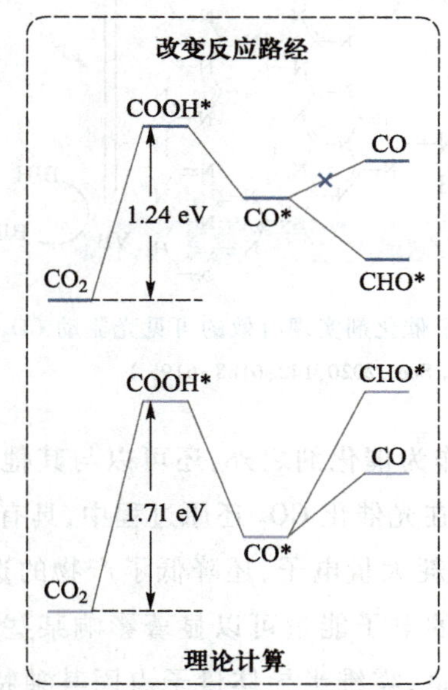

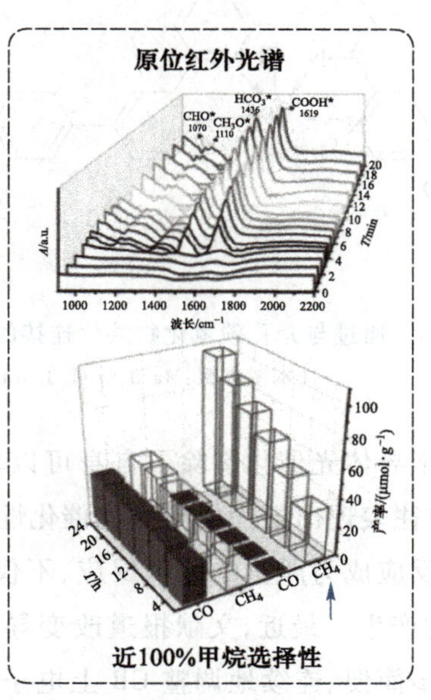

图 7-7 原子级薄 $CuIn_5S_8$ 纳米片介导的选择性可见光驱动光催化 CO_2 还原为 CH_4

(本图来源:Li X, et al. Nature Energy, 2019, 4:690-699.)

化转化反应。氮化碳(CN)是最典型的聚合物半导体光催化剂之一,同时也是最有前景的无金属光催化剂之一,因为它具有高的析氢和 CO_2 还原性能。然而,其宽带隙(2.7~2.9 eV)、快速电荷复合和有限的可见光吸收仍然限制了其性能。通过减少严重的电荷复合并通过新型材料设计增强光吸收来优化氮化碳的光催化活性至关重要。通过改变氮化碳中的末端和连接基团,并与接受空穴的碳点(CD)形成连接可提高 CO_2 还原的性能。将氮化碳中的一些

N 原子替换为碳点修饰的类氮化碳聚合物中的 O 原子会导致光激发后捕获电子的密度较低，而捕获的空穴强度较高。光谱研究还表明，碳点可以在亚微秒时间尺度上从碳点修饰的类氮化碳聚合物中提取空穴，在碳点修饰的类氮化碳聚合物上发生深度捕获之前，保留空穴的反应活性并增加有效电子的数量，从而有利于 CO_2 还原到甲醇的 6 电子反应。与 CD/CN 相比，CD/FAT 表现出显著增强的可见光驱动 CO_2 还原产甲醇效率。CD/FAT 在 420 nm 处测得的 IQY 为 5.9%，几乎是 CD/CN 的三倍。研究还发现，性能取决于与 CD 的结晶度、负载量和 pH。

将金属配合物（Coqpy-Ph-COOH）通过酰胺键共价连接到介孔半导电聚合物（mpg-C_3N_4）上，构建了一种新的分子——材料杂化体，如图 7-8 所示。实验结果证明金属配合物（Coqpy-Ph-COOH）与介孔半导电聚合物（mpg-C_3N_4）之间通过化学键的牢固缔合作用使得该分子材料在辐照 4 天后（约 500 个催化循环，未发现结构降解）仍具有出色的长期稳定性，且获得了高达 98%的选择性，实现了 CO_2 有效还原为 CO。该类选择性分子催化剂与简单而坚固的半导体材料的独特结合为 CO_2 光驱动催化还原开辟了新途径。

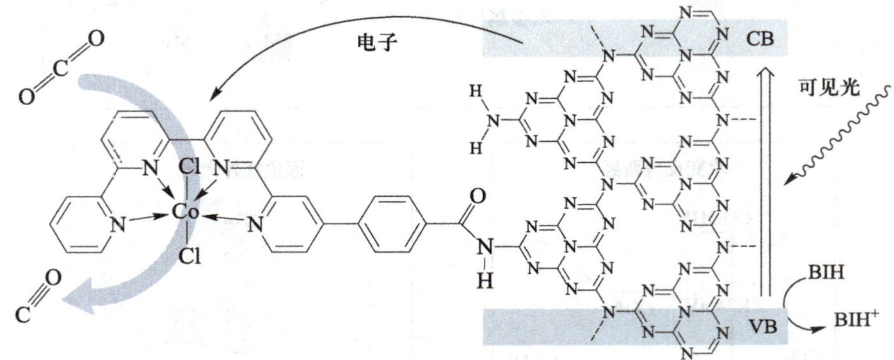

图 7-8　通过与介孔碳氮化物共价连接的钴分子催化剂实现有效的可见光驱动 CO_2 还原

（本图来源：Ma B，et al. J. Am. Chem. Soc.，2020，142：6188-6195.）

聚合物半导体光催化剂除了自身可以单独作为催化剂之外，还可以与其他无机半导体材料复合，往往表现出更为优异的光催化性能。在光催化 CO_2 还原过程中，具有更优动力学特性的析氢反应成为严重的竞争反应，不仅会消耗大量电子，还降低了产物的选择性，并抑制 CH_3OH 的产生。最近，文献报道改变导带上的电子能量可以显著影响某些产物的选择性。为进一步简便、连续地调整 CB 上电子的能量，零维半导体量子点因其独特的优点（如表面积大、原子利用率高及有效电荷转移长度短等）而备受关注。QDs 的最重要特征之一是由量子限域引起的尺寸可调光电特性，可用于控制某些产物的生成。尽管已证实用电子能量可部分抑制 H_2 生成，但精确控制电子的还原电势以提高 CO_2 还原的选择性和活性仍然是一个巨大的挑战。

此外，电子能量变化的定量分析对于理解电子能量对产物选择性的重要作用也是必要的。由聚合物 C_3N_4 纳米片和 CdSe 量子点组成的 0D/2D 材料，可促使载流子分离，并缩短其扩散长度。载流子的迅速传递可抑制自腐蚀，并因此增强了稳定性。此外，基于 QD 的量

子限制效应，可以将电子的能量调节到适当的水平以抑制析氢反应，从而提高光催化 CO_2 还原过程产生 CH_3OH 的选择性和活性。研究人员基于量子限制效应控制 CdSe 粒径，将 E_{CB} 调节到适当的位置，即低于 $E(H^+/H_2)$ 而高于 $E(CO_2/CH_3OH)$，通过抑制 H_2 产生来提高 CH_3OH 的选择性和活性。在这种情况下，导带上的电子能量足以产生 CH_3OH，但不足以产生 H_2，这使得大多数电子能够被输送到 CO_2 以产生 CH_3OH。此外，p-C_3N_4 的大比表面积和足够的悬空键为 CdSe 量子点提供了足够的负载位点，使 p-C_3N_4 与 CdSe 之间形成强相互作用，形成异质结，可有效促使电荷分离和增强 CdSe 的稳定性。上述策略为利用量子限制效应和 0D/2D 结构的其他光催化体系提供了十分有益的参考。

2. 金属有机框架材料

20 世纪 90 年代，美国 Yaghi 研究团队和日本 Kitagawa 研究团队成功合成了一种纳米多孔材料——金属有机框架（metal organic frameworks，MOFs）材料，这是一种由有机配体和无机金属离子或团簇通过配位键自组装形成的具有分子内孔隙的有机-无机杂化材料，是一类具有周期性网络结构的晶态多孔材料，它既不同于无机多孔材料，也不同于一般的有机配合物，而是同时具有无机材料的刚性和有机材料的柔性特征，这使得其作为一种新型材料迅速成为材料领域的研究热点和前沿，在接下来的二十年内以惊人的速度发展，各种 MOFs 材料被相继开发出来。研究人员通过改变有机配体和金属离子的种类与配比，成功合成上万种不同形态和特征的 MOFs 材料。此外，由于这些 MOFs 材料具有孔隙率和比表面积较大、孔尺寸可调、具有仿生催化和生物相容性等特点，随后被广泛应用于各研究领域，如催化、气体吸附、光学成像、载药诊疗等。

透气 MOFs 膜可以改变金属单原子的电子结构和催化性能，在可见光和温和条件下促进气体分子（如 CO_2、O_2）的扩散、活化和还原成液体燃料。以 Ir 金属单原子为活性中心，在 420 nm 处，含有特定缺陷的 MOFs（如活化的 NH_2-UiO-66）颗粒可以在三相反应界面上，将 CO_2 还原为 HCOOH，表观量子效率（AQE）为 2.51%。在多孔气-固界面上促进气体扩散，透气的金属单原子/MOFs 膜可以将湿润的 CO_2 气体直接转化为 HCOOH，在 420 nm 处的 AQE 显著提高了 15.76%。这项工作提供了桥接光催化中心的设计策略，以及反应界面设计方法，可以解决光催化反应中传质和催化转化的复杂性。单原子和 MOFs 化学的强大功能为设计金属单原子/MOFs 膜的化学结构提供了无限的可能。

过渡金属配合物能够形成长寿命的电荷分离激发态，常常被用于将太阳能转化为电力或化学燃料的有效光捕获组分，特别是 Ru 基和 Ir 基多吡啶类配合物，是公认的优良光敏剂（PSs）。但由于这两种元素在地壳中含量极低，且存在成本高、毒性高等缺点，实际应用受到很大限制。过去的十年中，以高地壳丰度的元素（如 CuI 配合物）为基础，开发出更多种类的光敏剂，并在析氢反应、染料敏化太阳能电池（DSSC）和有机光催化中表现出光敏化潜力。然而，由于铜基光敏剂（Cu-PSs）存在相对不稳定的 CuI-配位键合作用，且倾向于形成溶剂辅助猝火的激发态，其性能弱于 Ru 基和 Ir 基光敏剂。因此，开发提高 Cu-PSs 光敏性能的新策略具有重要意义。MOFs 作为一类新型的具有清晰结构的多孔分子材料，在催化反应中具有稳定均相体系中极易失活的金属位点的作用，同时，MOFs 的合成多样性还允许多个功能化基团的分级整合，从而实现协同反应以促进能量和电子传递。因此，美国芝加哥大学林文斌教授团队报道了两种具有光催化产氢和 CO_2 还原作用的多功能金属有机框架材料 mPT-Cu/Co 和 mPT-Cu/Re,它们分别由铜光敏剂(Cu-PSs)和 Co 或 Re 催化活性中心组成,如图 7-9 所示。Cu-PSs 和 Co/Re 催化剂在 MOFs 中的集成显著增强了它们的光催化活性,mPT-Cu/Co 的 HER TON 为 18700,mPT-Cu/Re 的 CO_2RR 的 TON 为 1328,这一数值相比于均相体系提高了近两个数量级。这一结果可以归因于两点:一是 MOFs 显著增加了 Cu-PSs 和分子催化剂的稳定性,二是 MOFs 中 Cu-PSs 和 Co/Re 催化剂之间近距离排列极大促进了多电子转移过程。

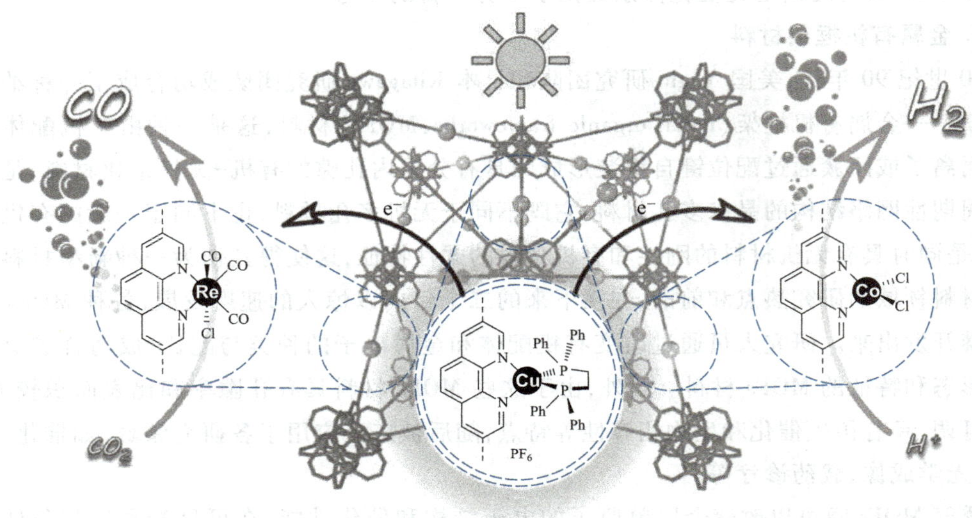

图 7-9　金属有机框架显著增强了铜光敏剂的光催化活性

(本图来源:Feng X,et al. J. Am. Chem. Soc.,2020,142:690-695.)

总体而言,金属有机框架材料确实是一种潜在的可以在可见光条件下将 CO_2 和 H_2O 转化为太阳能燃料和氧气的催化剂。然而,由于其制备条件苛刻和制备成本较高,MOFs 材料在 CO_2 和 H_2O 的光催化转化过程中应用受限。除此之外,MOFs 材料较差的光稳定性也是制约其在光催化领域中应用的一个重要原因和因素。

7.6.3　复合体系

1. 异相结/异质结

异相结/异质结本质上都可以归属于异质结,因为它们都是由两个或多个不同的半导体组成的光催化体系。物理化学中将化学性质和物理性质相同的部分称为相。因此,异相结是指构成的光催化体系由同一物质的不同晶相组成。不同的晶相具有不同的物理化学性质,因此在相界面处可以实现光生电子和空穴的高效分离,从而提高光催化性能。常见的有 TiO_2 异相结、CdS 异相结、Ga_2O_3 异相结、黑磷/红磷异相结等。

异质结是指一种半导体通过和第二种物质(如半导体等)复合而组成的新结构。半导体异质结的定义是两种或多种半导体复合而组成的新结构,是出现在不同晶体半导体两层或区域之间的界面，在化学上是由两种半导体材料元素相互扩散而形成的过渡层，或者是物理上移动电荷载流子已经扩散的耗尽层。根据异质结的类型，可将其分为常规异质结、Z 型异质结及 M-S 异质结等。

2. 常规异质结

根据半导体材料价带和导带位置的差异性可以将常规异质结进一步分为Ⅰ型（带隙包含）、Ⅱ型（带隙交错）和Ⅲ型（带隙分离）三类，如图 7-10 所示。

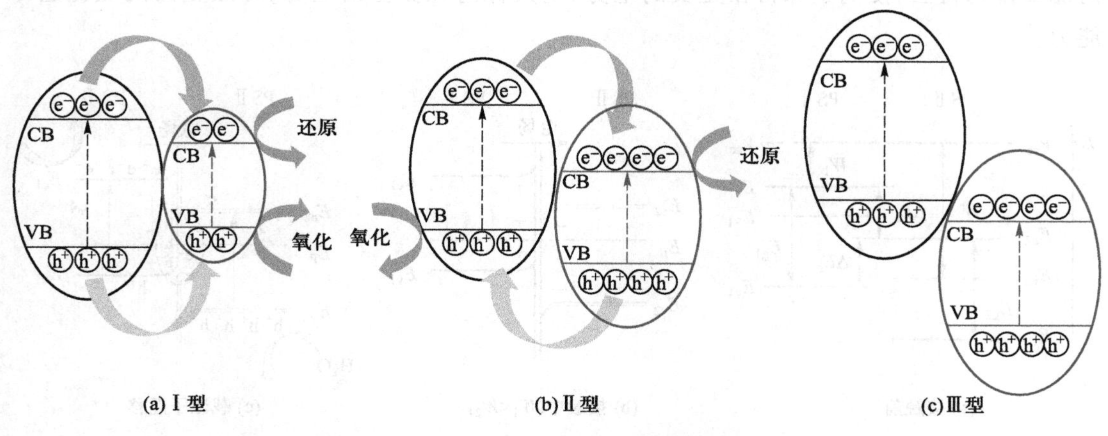

图 7-10　异质结光催化剂构型示意图

对于Ⅰ型异质结，一种半导体的导带和价带分别高于和低于另外一种半导体。因此，在光的激发条件下，电子和空穴会加速从半导体 A 转移到半导体 B 上。不过，由于电子和空穴对都转移到半导体 B 上，故不能有效地将其分离。此外，氧化和还原反应都发生在电势较低的半导体 B 上，这也会大大降低这类异质结材料的光还原和光氧化能力。对于Ⅱ型异质结，半导体 B 的导带和价带都要高于半导体 A，所以光生电子会从半导体 A 的导带转移到半导体 B 的导带，同时，光生空穴也会从半导体 B 的价带转移至半导体 A 的价带。这样是有利于电子和空穴的快速分离的。对于Ⅲ型异质结，由于两种半导体材料的导带和价带位置间隔太大，以至于没有重叠的部分，故在Ⅲ型异质结中，电子和空穴对不会在两种半导体间转移，不能有效地增强电子和空穴对的分离效率。通过分析比较以上三种类型的常规异质结，可以知道Ⅱ型异质结是最有效的常规异质结，这种有效的电子和空穴分离结构可以改善半导体材料的光催化活性。所以，构建Ⅱ型异质结是一种有效提高其光催化性能的方法，这也是文献中报道最多的。尽管Ⅱ型异质结光催化剂具有有效的电子和空穴分离结构，但仍存在一些局限。例如，Ⅱ型异质结的还原和氧化反应分别发生在还原和氧化电势较低的半导体上，从而极大限制了它的氧化还原能力。此外，由于电子与电子或空穴与空穴之间的静电排斥，电子从半导体 A 迁移到半导体 B 的富电子 CB 或相应的空穴从半导体 B 迁移到半导体 A 的富空穴 VB 在物理上是不利的。因此，迫切需要开发更有效的光催化剂异质结。

3. Z 型异质结

构成 Z 型异质结的两个半导体在能带结构上与Ⅱ型异质结类似，但是电子-空穴的转移机制不同，因而其氧化还原性能不同。低导带半导体的导带电子与低价带半导体的价带空穴结合发生湮灭，使得异质结中的电子和空穴分别位于较负的导带上和较正的价带上，实现了电子和空穴有效分离，导致更高的氧化还原能力，这种异质结称为 Z 型异质结。因此，Z 型异质结不仅拓宽了光谱吸收范围，电子与空穴也具有高的氧化还原能力，有效解决了Ⅱ型异质结中载流子迁移造成的氧化还原性降低问题。图 7-11 是直接 Z 型异质结形成过程示意图，两种材料之间的载流子传输是通过直接接触的界面来完成的，无需其他介质；在直接 Z 型异质结中，光催化剂由具有不同功函数的两种半导体组成，最重要的是，它们的能带排列得当，使电子保持在更负的电势，空穴保持在更正的电势，导致更高的氧化还原能力。

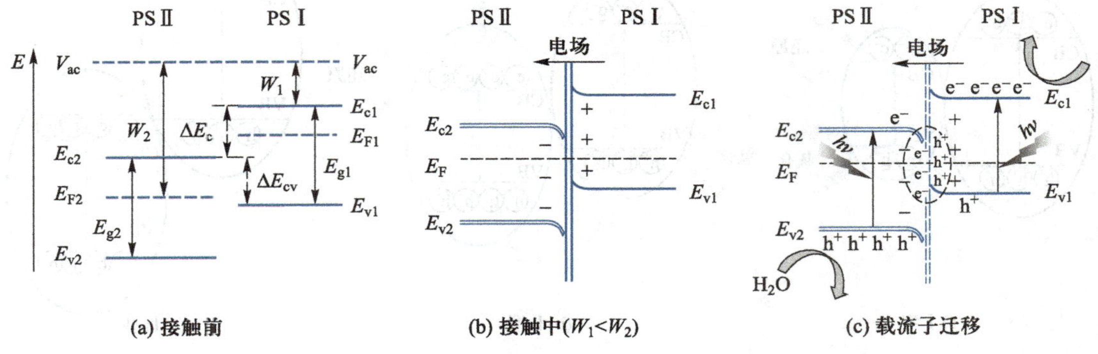

图 7-11 直接 Z 型异质结形成过程示意图

例如，Cu_2O-Pt/SiC/IrO_x 复合 Z 型异质结具有良好的光催化 CO_2 还原性能。首先通过光沉积法将 Pt 纳米粒子负载在 SiC 表面，然后将其分散在含有 Cu^{2+} 和 $IrCl_6^{3-}$ 的水溶液中。在紫外光照射下，Cu^{2+} 被还原为 Cu_2O，$IrCl_6^{3-}$ 被氧化为 IrO_x，制得 Cu_2O-Pt/SiC/IrO_x 复合催化剂。对于 Cu_2O-Pt/SiC/IrO_x 光催化剂，Cu_2O-Pt 和 IrO_x 助催化剂在 SiC 表面上相互分离，Pt 夹在 Cu_2O 和 SiC 之间。单独 SiC 的光吸收边缘在 501 nm 处，其带隙能量和导带（CB）电势分别约为 2.48 eV 和 −1.08 V（vs. SHE）。单独 Cu_2O 的带隙为 1.93 eV，其 CB 为 −1.28 V。据报道，IrO_x 可以通过可见光照射从 d(t_{2g}) 激发到 d(e_g) 带隙能量为 1.5~2.75 eV，如果通过紫外光照射从 O_p 带激发到 d(e_g) 带所需的能量 >3.0 eV，其 CB 为 +0.35 V，则 Cu_2O-Pt/SiC/IrO_x 的能带排列符合 Z-Scheme 异质结要求，如图 7-12(a) 所示。由于 Pt 具有优异的导电性和高功函数，位于 Cu_2O 和 SiC 之间的 Pt 纳米粒子将加速从 SiC 的 CB 到 Cu_2O 的价带（VB）的 Z-scheme 电子转移。另外，IrO_x 沉积在 SiC 表面不同于 Cu_2O-Pt 的位置，另一种 Z-scheme 光电子转移发生在 IrO_x 和 SiC 的界面，因为 SiC 比 IrO_x 的 CB 具有更多的正 VB。结果，当 Cu_2O-Pt/SiC/IrO_x 中的所有三种组分，包括 SiC、Cu_2O 和 IrO_x，都被可见光激发时，来自 IrO_x 的 CB（+0.35 V）的光生电子将向 SiC 的 VB（+1.40 V）转移。同时，来自 SiC 的 CB（−1.08 V）的光生电子将向 Pt 纳米粒子转移，然后向 Cu_2O 的 VB（+0.65 V）转移，与 Cu_2O 的光生空穴结合。总的来说，两个 Z-scheme 过程导致光生电子积聚在 Cu_2O（−1.28 V）的 CB 中，其中吸附的 CO_2 被还原为 HCOOH，而 IrO_x（t_{2g} = +1.85 V）的 VB 上的光生空穴将 Fe^{2+} 氧化为 Fe^{3+}，如图 7-12(b) 所示。在可见光照射下，SiC 中的光生电子迁移到 Cu_2O，并将 Cu_2O 纳米粒子表面的 CO_2 还原为 HCOOH，产率为 896.7 $\mu mol \cdot g^{-1} \cdot h^{-1}$。

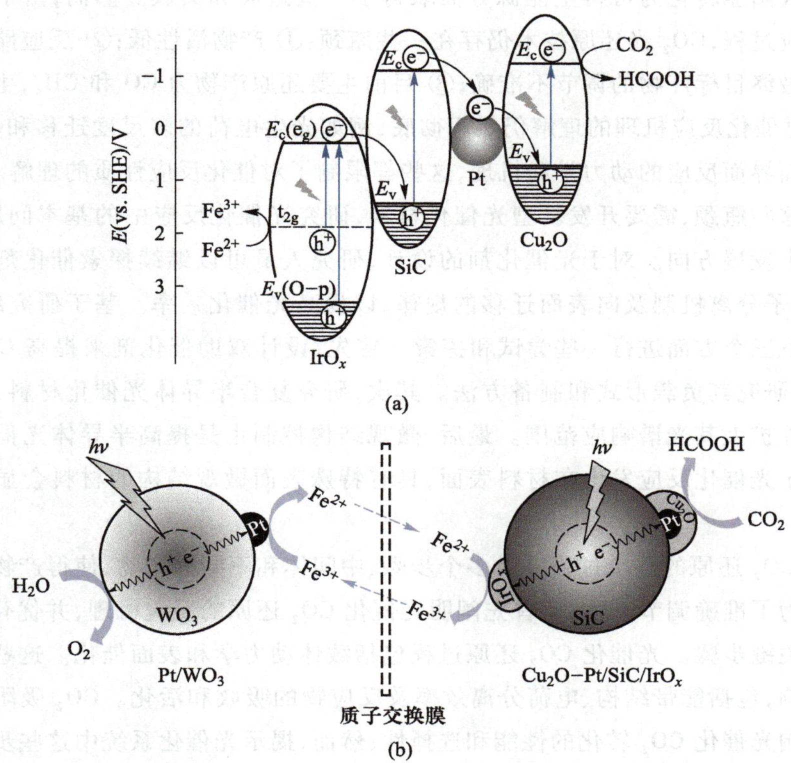

图 7-12 (a) Cu_2O-Pt/SiC/IrO_x 在光照下的电子转移过程和 (b) 分离反应体系的光催化 CO_2 还原和 H_2O 氧化机理

(本图来源：Wang Y, et al. Nat. Commun., 2020, 11: 3043.)

4. M-S 异质结

构建肖特基势垒同样是促进光吸收和增强电荷分离的重要方法。在半导体(常见的是 n 型半导体)和金属形成异质结时，由于各自费米能级的差异，电子会从费米能级较高的金属流向费米能级较低的 n 型半导体，直至费米能级达到匹配状态。在这一过程中，金属和半导体的界面处形成肖特基势垒，从而导致金属一侧有过剩负电荷，而半导体一侧有过剩的正电荷。此外肖特基势垒能够有效捕获电子，防止在光催化过程中电子-空穴的复合，从而提高光催化活性。

7.7 应用前景

利用半导体材料和太阳能光催化还原 CO_2 合成碳氢燃料是目前净化环境和可再生利用碳资源的理想模式之一。近年来用于 CO_2 还原的光催化剂的常见设计策略，包括缺陷构建、助催化剂负载、掺杂、异质结形成、单原子工程和表面有机金属催化。这些改性方法通过提高电子和空穴的分离和迁移效率，操纵电子和能带构型，以及增强吸附 CO_2 的能力来提高 CO_2 还原性能和调节产物的选择性。目前，通过世界各地研究人员的努力，光催化技术在清洁环境和将太阳能转化为可再生能源方面取得了一些进展和突破。然而，由于光催化是一个复杂的反应过程，CO_2 光还原技术仍存在一些瓶颈：① 产物活性低；② 反应路径和中间体不明确导致最终目标产物的调节不准确；③ 目前主要还原产物为 CO 和 CH_4，生产多碳产品很困难；④ 对催化反应机理的理解仍然不彻底，例如光生电荷的多尺度迁移和分离机制，以及催化剂表面界面反应的动力学和机理，这些都限制了对催化反应性质的理解。

要突破这些瓶颈，需要开发新型光催化材料，研究光催化反应中的基本问题，这也是光催化的下一个发展方向。对于光催化剂的设计，研究人员可以继续探索催化剂的光吸收性质、光生载流子分离机制及向表面迁移的规律，以提高光催化效率。基于研究结果，我们认为可以在以下三个方面进行一些尝试和探索。首先，设计双助催化剂来提高 CO_2 的光催化还原活性，并研究其负载形式和制备方法。其次，研究复合半导体光催化材料，以提高其电荷分离效率并扩大其光谱响应范围。最后，微观结构控制也是提高半导体光催化活性的重要因素。由于光催化反应发生在材料表面，具有特殊表面微观结构的材料会显著影响其光催化活性。

光催化 CO_2 还原的整个过程涉及多个步骤、中间体和不同的产物，使得产物选择性调节更加复杂。为了准确调节产物，需首先阐明光催化 CO_2 还原的反应机理，并优化光催化 CO_2 调节产物的关键步骤。光催化 CO_2 还原过程包括载体动力学和表面催化。这些过程受到许多因素的影响，包括能带结构、电荷分离效率及反应物的吸收和活化。CO_2 吸附和活化的动力学显著影响光催化 CO_2 转化的性能和选择性；然而，揭示光催化系统中这些步骤的动力学仍然是一项艰巨的任务。因此，系统研究这些影响光催化 CO_2 还原机制和产物选择性的因素是极其重要的。与光催化 CO_2 还原过程中的每个步骤相关的载流子动力学和能垒可以通过理论模拟和原位或空间/时间分辨率的高级表征技术来阐明。这将有助于深入探索控制产物生成的因素，并揭示光催化 CO_2 还原的潜在机制。预计通过对光催化剂结构效应关系的联合研究，利用太阳能将 CO_2 和 H_2O 转化为各种碳燃料将开辟新的天地。这为开发高选择性光催化 CO_2 还原催化剂，从而实现碳中和目标提供了有价值的理论指导。

思 考 题

1. 光催化 CO_2 用 H_2O 还原反应包含哪些基本过程？
2. 光催化 CO_2 还原反应效率受哪些热力学和动力学因素影响？
3. 光催化 CO_2 还原反应目前面临的挑战有哪些？

第8章

光催化氮还原

8.1 引　　言

氮循环是自然界中一个至关重要的过程，它涉及氮元素在不同形态之间的转换。其中，氮气转化为氨是这一循环中的核心环节，对于维持生态系统的平衡具有举足轻重的意义。在促进植物生长方面，氨扮演着至关重要的角色。作为植物所需的关键营养素之一，氨通过转化为硝酸盐等形式，为植物提供了必要的氮源，进而促进了植物的生长与发育。因此，将氮气有效转化为氨，对于提升农作物的产量与质量具有深远的意义。

此外，氨在工业领域的应用同样广泛且重要。它不仅是制冷剂的重要成分，还是制造氮肥、炸药、塑料及合成纤维等产品的关键原料。因此，将氮气转化为氨，对于满足日益增长的工业需求具有不可替代的作用。更为引人注目的是，氨还展现出作为能源储存与转化媒介的巨大潜力。通过氮气转化而来的氨，不仅可以高效地储存和运输氢能源，还可以通过燃烧或催化转化等方式释放出能量，为能源领域的发展开辟新的可能性。

将游离态的氮转化为化合态的氮是一项极为艰难的任务，这主要归因于 N_2 分子所展现出的极端化学惰性。在热力学层面，这种转化面临着巨大的挑战。N_2 分子中的两个氮原子通过三键紧密相连，这一三键由一个 σ 键和两个 π 键构成，形成了高度稳定的 N≡N 三键结构。该三键的键能高达 941 $kJ \cdot mol^{-1}$，且键长约为 109.8 pm，这种强大的结合力使得氮气分子变得异常稳定，极难被破坏。空气中 N_2 含量约为 78%，因此如果氮可以在常温常压下直接使用将带来巨大效益。

全球氨产量约为每年 150 亿吨。随着经济发展和人口增长，这一数字正在增加。目前，Haber-Bosch 法是工业合成氨的主要方式。然而，Haber-Bosch 工艺必须在高于 200 kPa 的压力和高于 673 K 的温度下进行，并且蒸汽重整产生 H_2 的过程需要消耗化石燃料。世界上大约 35%的天然气和 13%的电能被消耗在 Haber-Bosch 工艺中。因此，在环境压力和温度下的 NH_3 生产催化工艺，对于实现氨合成的清洁化、安全化具有迫切的必要性。

目前，固氮技术主要包括生物固氮、光催化固氮、电催化固氮及光电催化固氮等多种途径。早在 20 世纪中叶，科研人员便涉足光催化合成氨领域的研究。Schrauzer 等率先利用光能，成功地在二氧化钛表面促使水和氮气发生反应，合成了氨气，这一突破性进展为光催化固氮的后续研究指明了新的方向。此后，众多研究者致力于对二氧化钛进行改性，以提升其在光催化固氮反应中的性能。这种方法不仅绿色环保、无污染，而且经济高效，所需设备简单且易于操作，为氮气的活化提供了一种全新的途径。鉴于这些显著优势，各种新型催化剂相继被研发并应用于光催化合成氨过程中，进一步验证了光催化活化氮气的科学性与广阔的应用前景。

在光催化过程中，太阳能的转换、存储与利用构成了整个循环的基石，确保了氮循环过程的经济性、绿色性和可持续性。作为一种举足轻重的绿色技术，太阳能光催化已被广泛应用于通过光诱导产生的电子和/或空穴来活化和转化原本惰性的分子，其中，光催化固氮尤为引人注目，它代表了一种环境友好的氮基化学品生产方式。因此，如何高效地利用太阳能来驱动氮气分子的充分活化，成为实现人工固氮的关键所在，同时也是一大技术难点。这一

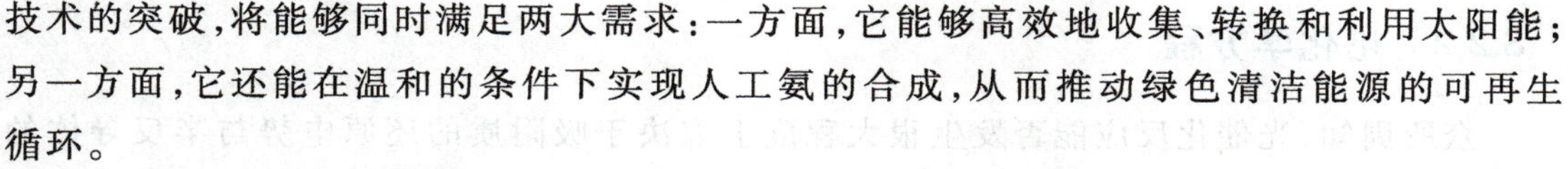

技术的突破，将能够同时满足两大需求：一方面，它能够高效地收集、转换和利用太阳能；另一方面，它还能在温和的条件下实现人工氨的合成，从而推动绿色清洁能源的可再生循环。

光催化合成氨面临的主要挑战包括：

（1）氮气分子的高度惰性及在水溶液中极低的溶解度，使其难以被有效活化。这一特性极大地阻碍了光催化过程中氮气向氨的转化效率。

（2）众多催化剂的光响应范围相对狭窄，仅能吸收和利用特定波长范围的光能，导致可见光和红外波段的大量光能未能得到充分利用，造成了光能的显著浪费。

（3）光生载流子的快速复合现象也是制约光催化固氮效率的关键因素之一，它会导致太阳能的利用和转换效率大幅降低。

为了克服这些挑战，有效地利用太阳能并提高光催化合成氨的产率，开发高效、稳定的氨合成光催化剂及构建优化的反应体系显得尤为重要。

8.2 氮气用 H_2O 的还原化学

8.2.1 热力学参数

光催化水还原氮气是一个热力学上不利的过程[$\Delta G^{\ominus}=678.6\ \mathrm{kJ\cdot mol^{-1}}$，$\Delta H^{\ominus}=764.3\ \mathrm{kJ\cdot mol^{-1}}$。数据来源：Medford A J, et al. ACS Catalysis, 2017, 7(4): 2624-2643.和 Chen X, et al. Mater. Horiz., 2018, 5(1): 9-27.]。

总反应：

$$N_2 + 3H_2O(l) \longrightarrow 2NH_3 + \frac{3}{2}O_2 \tag{8-1}$$

由如下两个半反应方程式组成：

$$3H_2O(l) + 6h^+ \longrightarrow 6H^+(aq) + \frac{3}{2}O_2(g) \tag{8-2}$$

$$N_2(g) + 6H^+(aq) + 6e^- \longrightarrow 2NH_3(g) \tag{8-3}$$

通过光催化剂在太阳光照射下，可以实现上述过程。在光催化固氮反应过程中，太阳光作为唯一的驱动力，运用氮气的逐步氢化最终实现断裂，而整个过程不需要苛刻的反应条件、热能的供给及复杂的设备。

对于整体氮还原反应，大多数研究重点关注还原半反应，而氧化半反应经常被忽略。在热力学上，如果导带位于更负的电势，还原反应将发生；如果半导体材料的价带电势高于水的氧化电势，那么光生空穴氧化水甚至可能生成强氧化性的·OH，反应生成的 NH_3 可被·OH 氧化成亚硝酸盐或硝酸盐。因此，氧化半反应生成的·OH 也有可能不利于氮气的还原。

8.2.2　电化学方程

众所周知，光催化反应能否发生很大程度上取决于吸附质的还原电势与半反导体的带边位置。在光催化固氮中，催化剂的导带（CB）位置应该比氮气分子氢化的电势更高（更负），价带（VB）位置则应该比 H_2O 氧化的电势更低（更正）。表 8-1 列出了半导体光催化固氮过程中涉及的还原电势。N_2 分子活化步骤主要有两种可能方式：$N_2+e^- \longrightarrow N_2^-$ 与 $N_2+H^++e^- \longrightarrow N_2H$，它们相对于标准氢电极的还原电势分别为-4.16 V 和 3.2 V，这是克服氮气被活化成氨气的限制条件。

表 8-1　半导体光催化固氮过程中涉及的还原电势

反应	$E^\ominus$ (vs. SHE)/V
$H_2O \longrightarrow \frac{1}{2}O_2 + 2H^+ + 2e^-$	0.81 *
$2H^+ + 2e^- \longrightarrow H_2$	-0.42 *
$N_2 + e^- \longrightarrow N_2^-$	-4.16
$N_2 + H^+ + e^- \longrightarrow N_2H$	-3.2
$N_2 + 2H^+ + 2e^- \longrightarrow N_2H_2$	-1.10 **
$N_2 + 4H^+ + 4e^- \longrightarrow N_2H_4$	-0.36
$N_2 + 5H^+ + 4e^- \longrightarrow N_2H_5^+$	-0.23
$N_2 + 6H^+ + 6e^- \longrightarrow 2NH_3$	0.55
$N_2 + 8H^+ + 8e^- \longrightarrow 2NH_4^+$	0.27

* pH=7。

** 相对于可逆氢电极，其余 pH=0。

注：本表数据来源于 Chen X, et al. Mater. Horiz., 2018, 5(1): 9-27.

8.3　氮气光催化还原机理

8.3.1　物理机理

光催化固氮的反应主要分为三个过程。首先，半导体催化剂对氮气有较好的吸附能力。其次，当光照射到半导体时，半导体吸收的光子能量大于等于其带隙宽度时电子会发生跃迁，价带的电子 e^- 获得能量被激发到导带，价带留下了空穴（h^+），与此同时，也有一些光生电子-空穴会彼此复合，该过程如图 8-1 中步骤（1）和（2）所示。最后，剩余的电子-空穴从催化剂的体相迁移到催化剂表面，接着与吸附在催化剂表面的反应物发生氧化还原反应。就光催化活化氮气而言，导带的电子与氮气发生还原反应生成氨气，而价带光生空穴可以氧化氢气和水生成氢质子或氧，该过程如图 8-1 中步骤（3）所示。

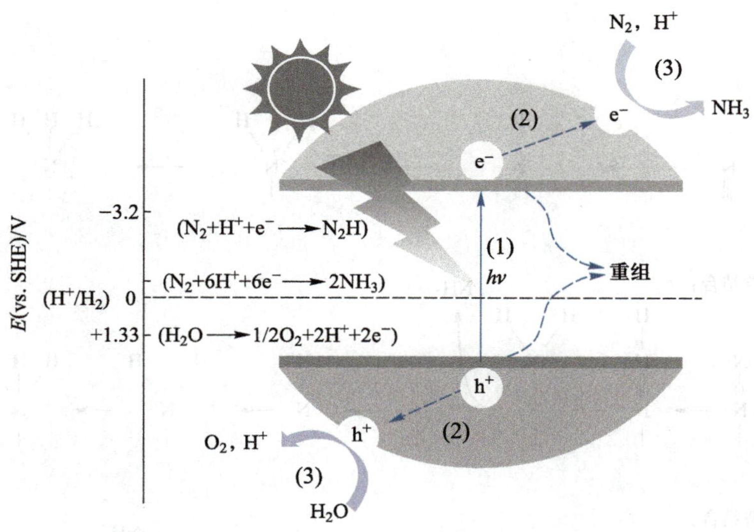

图 8-1　光照射下的半导体光催化氮还原示意图

［本图来源：H Shen, et al. Nano Res., 2022, 15(4): 2773-2809.］

8.3.2　分子机理

光催化 N_2 还原为两当量的 NH_3 是一个六电子-六质子过程，涉及 N_2 吸附、N≡N 键活化和断裂、加氢化及氨解吸，过程比较复杂。目前公认的催化固氮机理分别是解离（associative）机理、缔合（dissociative）机理［远端（distal）结合和交替（alternating）结合］、酶促（emzymatic）机理及表面加氢机理（图 8-2）。人们根据反应前 N≡N 键是否断裂将光催化固氮分为解离机理和缔合机理。

在解离机理中，涉及破坏 N≡N 键，通常需要较大的能量输入来克服 N≡N 键的解离能（941 $kJ \cdot mol^{-1}$）。在解离机理中利用较大的能量将 N≡N 键激活并完全断裂，形成两个氮原子分别再与氢通过质子-电子对相互作用产生两个 NH_3，解离机理是 Haber-Bosch 法生成氨的反应途径。

缔合机理有远端结合和交替结合两种模式。这两种模式中氮气分子首先通过端位吸附的方式与催化剂表面结合，形成一个吸附态的氮气分子。

远端结合模式中：质子首先进攻远离催化剂的氮原子（即"远端"氮原子）。形成一个中间态，随后脱去一分子氨气（NH_3）。质子再进攻原先与催化剂结合的氮原子，继续氢化过程。最终脱附第二个氨气分子，完成整个氢化反应。这一途径的特点在于质子进攻的顺序和 N≡N 键的逐级裂解。

交替结合模式中：质子（H^+）首先进攻吸附态氮气分子中的一个氮原子，形成一个中间态。随后，质子再进攻另一个氮原子，继续氢化过程。两个加氢反应是交替进行的，直到两个氮原子都被氢化成氨气分子（NH_3）并脱附。

酶促机理是指 N_2 侧面吸附在催化剂上且两个 N 均与表面活性位成键，随后质子交替加在两个 N 原子，直到两个氮原子都被氢化成氨气分子（NH_3）并脱附。

解离机理：

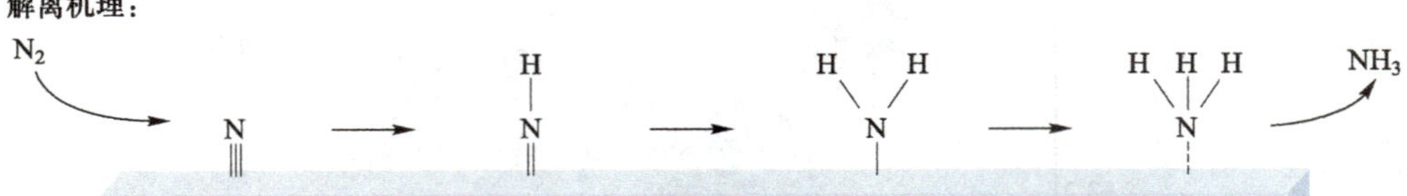

缔合机理的远端结合：

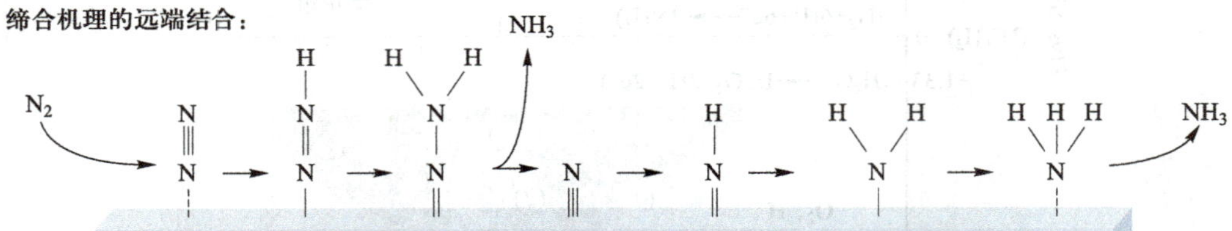

缔合机理的交替结合：

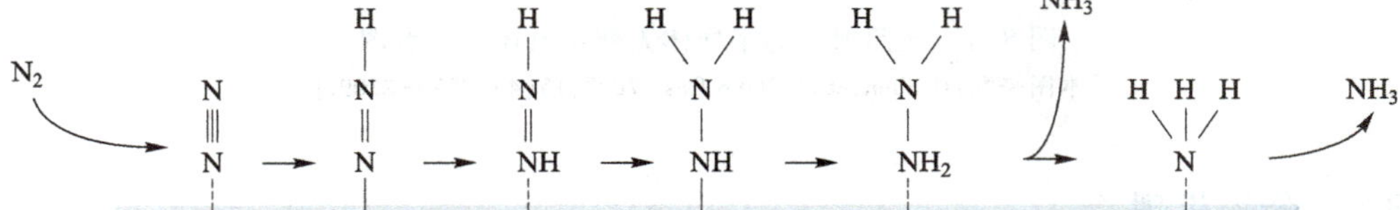

酶促机理：

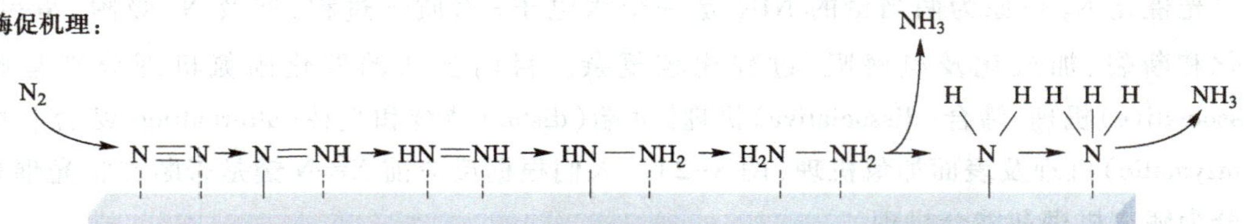

表面加氢机理：

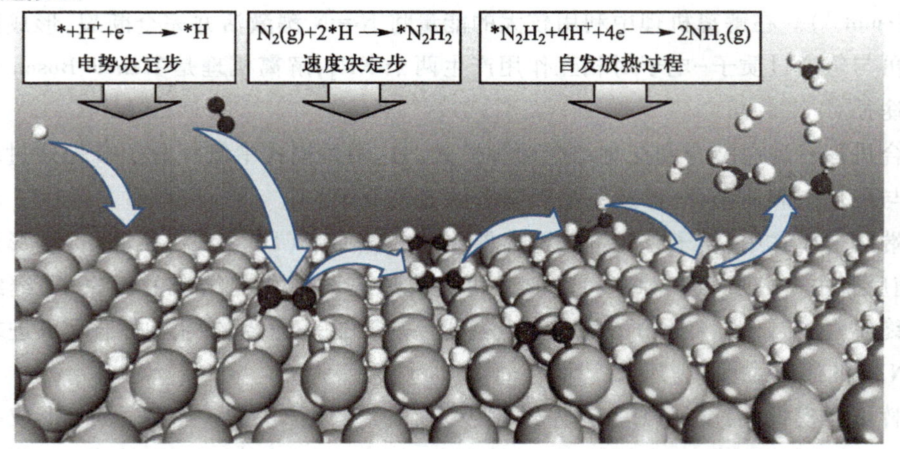

图 8-2　几种可能的固氮途径

[本图来源：C Ling, et al. J.Am.Chem.Soc., 2019, 141(45): 18264-18270; L Du, et al. SusMat, 2021, 1(2): 150-173.]

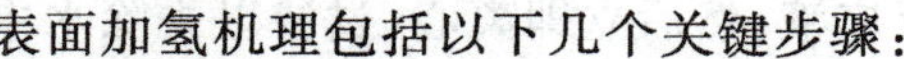

表面加氢机理包括以下几个关键步骤：

① 氢离子的还原：H^+ 在催化剂表面被还原为 $^*H$，这是整个反应的起始步骤，也是电势决定步骤。

② 氮气的吸附与活化：在 $^*H$ 原子与催化剂的协同作用下，氮气分子被吸附并活化在催化剂表面。

③ 生成 $^*N_2H_2$ 中间体：氮气与 H 原子反应生成 N_2H_2 中间体，这是整个反应的速率决定步骤。

④ 生成氨气：$^*N_2H_2$ 中间体进一步被还原为 NH_3，并脱附离开催化剂表面。

尽管已经提出了丰富的反应机理，但应该注意的是，NRR 途径很复杂，可能包括上述多种途径，催化剂表面金属离子周围的配位环境也会影响 NRR 的还原途径，目前尚未完全了解其确切机理。

8.4 光催化反应性能评价

8.4.1 反应系统

将分散好的催化剂和水的悬浮液加入石英固氮反应器中。针对氮气在水中溶解度低的问题，针对性设计了固氮反应器（图 8-3），以尽可能提升氮气在水中的分布密度，提升固氮反应的传质效率。反应器配备了空气冷却系统以尽量消除温度的影响。催化剂悬浮液在黑暗中持续搅拌，同时 99.999% 的高纯度 N_2 以 60 $mL \cdot min^{-1}$ 的流量对悬浮液曝气，持续 60 min，以排除水中溶解氧的干扰，获得 N_2 饱和的悬浮液。然后用 300 W 氙灯对反应器进

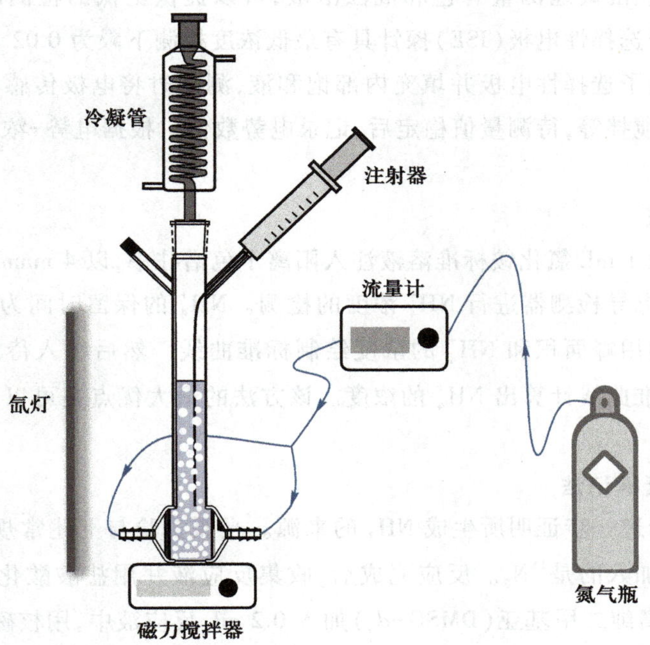

图 8-3 固氮反应器

行照射。每隔一段时间，用注射器收集 0.5 mL 反应液，然后立即离心，过滤以去除水中的催化剂，进行产物分析。

8.4.2 产物分析

氨产率的准确测定对于解释光催化剂的固氮性能尤其重要。目前，几乎所有关于光催化还原氮的研究都使用以下五种方法来测试氨的量：纳氏试剂法、靛酚蓝检测法、氨气敏电极法、离子色谱法和 $^{15}N_2$ 同位素标记法。

1. 纳氏试剂法

用 2 mL 去离子水稀释 0.5 mL 反应上清液，然后加入 0.25 mL 酒石酸钾钠溶液（0.2 $mol\cdot L^{-1}$）和 0.25 mL Nessler's 试剂溶液（0.09 $mol\cdot L^{-1}$ K_2HgI_4 和 2.5 $mol\cdot L^{-1}$ KOH 混合液）。将溶液充分混合，静置 20 min。生成的 NH_3 可以在碱性条件下与碘离子和汞离子发生反应，具体反应方程式为

$$2[HgI_4]^{2-} + NH_3 + 3OH^- \longrightarrow HgONH_2I + 7I^- + 2H_2O \tag{8-4}$$

经分光光度计测量 420 nm 处的吸光度值，根据预先建立的标准曲线，计算出 NH_4^+ 的浓度。每个光催化 N_2 还原实验，包括对照实验，在相同条件下重复进行三次。

2. 靛酚蓝检测法

取 2.5 mL 反应离心溶液置于 7.5 mL 离心管中，用超纯水将其稀释至 5 mL，再向离心管中分别加入 0.5 mL 水杨酸和柠檬酸三钠的混合溶液、0.1 mL 次氯酸钠溶液和 0.1 mL 亚铁基氢化钠溶液，显色 2 h 后，用紫外-可见分光光度计对显色溶液进行评估。用对苯二氨基苯甲醛来分析 N_2H_4 的副产物。

3. 氨气敏电极法

该方法能迅速、准确地测量有色和混浊溶液，可以提供更低的检测限和更大的检测范围。使用的氨离子选择性电极（ISE）探针具有最低浓度检测下限为 0.02 $\mu g\cdot mL^{-1}$，每次均用超纯水彻底清洗离子选择性电极并填充内部饱和液，测试时将电极传感器浸入待测样品溶液中，控制温度和搅拌等，待测量值稳定后，记录电势数值。根据电势-浓度半对数曲线获得浓度。

4. 离子色谱法

用注射器吸取 1 mL 氯化铵标准溶液注入阳离子色谱柱中，以 4 $mmol\cdot L^{-1}$ 甲烷磺酸溶液作为淋洗液，利用电导检测器进行 NH_4^+ 浓度的检测。NH_4^+ 的保留时间为 3.8 min，记录该位置处的峰面积。利用峰面积和 NH_4^+ 的浓度绘制标准曲线。然后注入待测反应样品溶液计算峰面积，根据标准曲线计算出 NH_4^+ 的浓度。该方法的最大优点是可以在线检测反应过程中氨的实时浓度。

5. $^{15}N_2$ 同位素标记法

该方法被用于进一步证明所生成 NH_3 的来源。光照实验与上述常规光催化 N_2 反应实验基本相同，只是加入的是 $^{15}N_2$。反应完成后，收集反应液并用盐酸酸化至溶液的 pH = 2.0 左右。将 0.3 mL 高纯二甲基亚（DMSO-d_6）加入 0.2 mL 反应液中，用核磁共振仪测量 ^{15}N 核磁共振峰的强度和化学位移，可以推断出氮气的来源，也可通过质谱分析获得样品中氮同位

素的含量。

8.4.3 活性表示方法

1. 反应速率

反应速率是光催化固氮过程中的一个核心指标，它受到多种因素的直接影响，这些因素涵盖了反应设备的设计与性能、反应环境的温度和压力条件、光源的类型及其强度，以及可能存在的外部杂质等。目前，光催化反应的效率、催化性能及光利用率的评估主要依赖于两类标准。其中，绝对产率（μmol）和产物生成速率（$\mu mol \cdot g_{cat}^{-1} \cdot h^{-1}$或$\mu mol \cdot h^{-1}$）已成为评价光催化性能时广泛采用的指标。为了确保评价的准确性和严谨性，在报告这些指标时，必须详尽地说明催化剂的质量，特别是包括催化剂和助催化剂在内的光催化剂的总质量，以及所生成产物的最终浓度。此外，催化剂的活性位点数量也是一个不可忽视的考量因素。

2. 量子效率

表观量子效率（AQE）是指反应物消耗的光子数与总入射光子数之比。在光催化研究中，由于光散射等因素，使得催化剂吸收的光子数难以测定（即难以计算出内量子效率），通常采用测定入射光子数的方法计算特定波长下的表观量子效率。表观量子效率的计算根据反应式（$N_2+3H_2 \longrightarrow 2NH_3$）可知，每生成一个氨气分子需要 3 个电子的转移过程，所以，可通过下式计算 AQE：

$$\begin{aligned} \text{AQE} &= \text{反应物消耗的光子数/总入射光子数} \times 100\% \\ &= 3 \times \text{反应生成的 } NH_3 \text{ 分子数/总入射光子数} \times 100\% \end{aligned} \tag{8-5}$$

3. 太阳能-氨转换效率

根据下式计算 SACE 值：

$$\text{SACE} = \frac{NH_3 \text{ 生成的 } \Delta G(J \cdot mol^{-1}) \times \text{生成 } NH_3 \text{ 的物质的量(mol)}}{\text{总输入光功率(W)} \times \text{反应时间(s)}} \tag{8-6}$$

式中，NH_3 生成的 ΔG 为 339 $kJ.mol^{-1}$；总输入光功率为 AM 1.5G 标准太阳光谱的光功率密度（100 $mW \cdot cm^{-1}$）与光照面积（cm^2）相乘。

4. 转化频率

转化频率（TOF）是指在单位时间内、单位活性位点上发生催化反应的次数或生成目标产物的数目或消耗反应物的数目。TOF 是表示催化反应速率的重要指标参数。目前，可以通过比表面积测试（BET）来确定催化剂活性位点的数量，或者通过电化学测量来计算 TOF 数值。但是需要注意的是，TOF 数值不能简单地通过转化数（TON）与时间的比值来计算，需要考虑一些因素，如反应器的状态（微分还是积分反应器）、扩散的影响及瞬时反应速率的计算等。此外，TOF 仅在反应扩散层中靠近电极表面催化剂的活性有意义，而主体电解液中的催化剂活性则无关紧要。尽管 TOF 可以用于比较同一类型催化剂的活性，但在实际催化剂的组成和表面结构较为复杂的情况下，获得准确的 TOF 值仍存在较大挑战。

8.5 影响氮气光催化还原的主要因素

8.5.1 光催化剂的结构

1. 电子结构

带隙:对于光催化反应,半导体对光的吸收能力和范围也是制约光催化固氮效率的影响因素。在光催化领域,应该选择带隙宽度合适的催化剂用于可见光的固氮反应。对于光固氮催化反应的理想带隙在 2 eV 左右。

带边位置:众所周知,光催化氧化还原反应能力与半导体的能带位置和反应物的氧化还原电势有关,所以半导体要实现高效的光催化固氮反应不仅要有合适的禁带宽度,而且价带和导带的位置也是至关重要的。半导体导带的位置应该高于氮气还原电势的位置,而价带的位置应该低于发生氧化反应的位置。从表 8-1 中可以看出,第一个电子的转移需要最大能量过渡态[4.16 V(vs. SHE)],阻碍了整个动力学的反应。因此,为了提高光催化固氮反应的效率,半导体的禁带宽度应该跨越氮气的氧化还原电势。

2. 晶格缺陷

本征缺陷特指仅由晶体自身的不完善所产生的缺陷,而不需要引入其他异质材料。实验发现,缺陷丰富的 Bi_3O_4Br 二维纳米片光催化氮气还原产氨活性是 Bi_3O_4Br 块材的 30.9 倍。这是因为在单原胞厚度的二维薄片结构中,铋缺陷的形成会直接影响氧缺陷的形成和分布,改变态密度(DOS)。这种独特的结构和缺陷不但能够促进材料光生电子和空穴的分离,还能暴露更多的活性位点,确保氮气更好地吸附在催化剂表面,最终提升了光催化活性。

3. 晶面类型

实验研究发现光催化剂的固氮效率还取决于所暴露出的晶面类型,而且不同的晶面有可能导致固氮产物的不同。实验发现 Bi_5O_7I(001)完整晶面(11.15 $\mu mol \cdot g^{-1} \cdot h^{-1}$)比 Bi_5O_7I(100)完整晶面(4.76 $\mu mol \cdot g^{-1} \cdot h^{-1}$)具有更高的光催化固氮效率,这可能是由于 Bi_5O_7I(001)晶面具有更负的导带位置和更高的光生载流子分离效率。对于 BiOCl 体系,其(001)晶面固氮产物主要为 NH_3,而(010)晶面则倾向于生成 N_2H_4。

8.5.2 反应条件

1. 光源的影响

光催化剂利用光作为能源赋予其氧化还原能力,从而可以达到活化氮气的目的。由于太阳光的光强度具有不确定性,不适合定量分析催化剂固氮活性的高低,所以人们通过人造光源进行光催化的实验探究。所用的人造光源一般有氙灯、汞灯、钨灯、单色光源、LED 光源和红外激光。其中,氙灯包括紫外-可见近红外光源,所以大多催化反应利用氙灯作为催化反应的光源。通过安装不同范围的滤光片进行不同特定波长范围的实验。由于科研人员追求在可见光范围内的光催化固氮反应,所以在氙灯表面安装波长大于等于 400 nm 的滤光片

实现可见光下的反应。一般来说,在一定范围内当光强度较低时,光催化合成氨的速率与光强度呈正相关。因为光子数目随着光的增强而增加,当催化剂接收到更多的光子时,有更多的电子用于光催化固氮反应。但是当光强度增加到特定值后,由于较强的光能很有可能破坏催化剂,造成催化剂的失活,反而会降低光催化活化氮气的能力。

2. 反应温度的影响

光催化活化氮气时的反应温度对催化效率有重要的影响。温度升高加快氮气分子之间的碰撞,有利于氨气的生成。Mao 等制备的 $Ru/TiO_{2-x}H_x$ 用于光热合成氨反应,该催化反应利用光能和热能的协同作用实现氮气还原。半导体受到光激发时产生大量的电子-空穴,当反应的温度升高,增加电子转移到表面的速率,使吸附在催化剂表面的氮气获得更多的电子以便氮气的活化。另外,合成氨过程是不断放热的,因此降低反应温度有利于合成氨的正向进行。但是温度过低会影响反应速率,导致反应到达平衡时所需要的时间过长,计算单位时间内氨的产量低。综合考虑,在光催化合成氨反应中,找到合适的光催化温度是有利于氨合成的关键。

3. 催化剂的用量

光催化固氮反应中,催化剂的用量和氨的产量具有一定的关系。一般来说,氨的产量随催化剂用量的增多而增加。但是在光催化氮气和氢气的异相催化反应中,有效利用的催化剂只有表面一层,由于光照射到催化剂表面,光激发的电子-空穴数量一定,在以每克催化剂每小时为单位的氨合成反应速率中,催化剂的用量越少,计算所得的速率越高,所以在准备样品时应尽可能用少量的样品铺平整个烧杯。但是过少的样品容易导致烧杯底部有余留的空隙,在反应过程中会造成一部分光损失。对于光催化氮气和水的反应中,催化剂用量也是氨合成效率的影响因素,当催化剂用量增加,更多的催化剂被光激发产生相对更多的电子用于氮气的活化。但是,当催化剂的用量过多时容易造成光损失,使溶液底部的催化剂很难吸收电子,因而这样会引起光催化固氮反应效率的降低。

4. pH 的影响

在光催化氮气和水相合成氨的反应中,pH 也会影响氨的合成效率。当反应液的酸性较强时,溶液中过多的氢离子会与催化剂表面的羟基相结合,导致空穴的有效利用率减少,进而降低光催化合成氨的产量。另外,由于氨气本身就是碱性物质,氨合成的反应是一个可逆的过程,所以强碱性溶液不利于反应向氨合成方向进行,会造成合成氨产率的降低。所以在液相光催化合成氨反应中,体系的酸碱度也是非常重要的。

8.5.3 助催化剂

在光催化固氮的研究过程中发现,除了光催化剂本身对催化效率的影响外,反应过程中助催化剂的影响也是一个特别重要的因素。助催化剂可以提高光生电子的迁移率,从而提高光催化剂的催化效率。迄今为止,人们开发的助催化剂可分为四类:单元素助催化剂、合金型助催化剂、过渡金属助催化剂和多元复合助催化剂。

单元素助催化剂分为两类:金属元素助催化剂和非金属元素助催化剂。金属元素助催化剂包括贵金属铂(Pt)、金(Au)和银(Ag),它们不仅是发现最早的单元素助催化剂,同时也是使用最广泛的助催化剂。非金属元素助催化剂，如碳量子点和黑磷纳米片，也可以像贵金属一样发挥良好的共催化作用。合金型助催化剂由普通金属和贵金属或几种普通金属复合而成。过渡金属硫化物、磷酸盐、碳化物或硼化物也可以用作助催化剂。一些多元复合材料也是重要的助催化剂。最新研究发现单原子助催化剂倾向于被困在光催化剂的阴离子空穴中，而不是光催化剂的表面。这种阴离子空位可以保证金属原子在光激发过程中的最佳电子俘获能力，从而降低金属原子上 NRR 的能量势垒，有效提高光催化剂的催化效率。

8.5.4　牺牲剂

光催化反应中，半导体光催化材料吸收光被激发，产生光生电子和空穴；光生电子和空穴迁移到材料表面后，既可以发生氧化反应，也可以发生还原反应。然而，现有光催化还原材料的反应效率较低，制约了其实际应用。为了有效增进光催化还原反应的效率，科研人员通常会引入空穴牺牲剂（如 Na_2SO_3、EDTA、胺类及醇类等），以消耗那些可能积聚的空穴，从而进一步优化光催化活性。在这众多空穴牺牲剂中，甲醇因其独特的性质而脱颖而出。甲醇拥有较低的最高占据分子轨道（HOMO）能级，这意味着它更容易失去电子，因此成为消耗空穴的理想选择。甲醇不仅能够加速光生电子与空穴的分离与迁移，提升反应动力学，同时还能增大氮气在两相介质中的溶解度，并参与到 N_2 的质子化反应中。

然而，值得注意的是，空穴牺牲剂的引入并非全然利好。一方面，它并非一个可持续的过程；另一方面，空穴牺牲剂可能对后续的 NH_3 检测造成干扰，甚至对光催化剂产生腐蚀作用。因此，在使用空穴牺牲剂时，必须审慎权衡其利弊，确保在提升光催化效率的同时，不对后续步骤和催化剂本身造成不利影响。

8.6　一些典型催化剂及作用机理

光催化剂是光催化技术的核心，光催化剂的发展决定了光催化技术的发展。自从光催化固氮出现以来，各种光催化固氮材料不断涌现，如金属氧化物、金属硫化物、卤氧铋化合物、氮化碳基材料、层状双氢氧化物（LDHs）、金属有机框架材料（MOFs）等（见图 8-4）。理想的光催化剂应具有可见光吸收能力强、载体分离效率高、稳定性强、比表面积大、结构可调等特点。金属氧化物是光催化固氮研究的第一类材料，通常具有规则的晶体结构、很强的稳定性和紫外光响应能力，其紫外光响应限制了金属氧化物的应用，如何提高光响应范围是研究的重点。金属硫化物由于其可见光吸收能力而引起了人们的关注，然而低的物理化学稳定性阻碍了其进一步发展。研究人员转向了二维材料，如氧化卤化铋、$g-C_3N_4$ 和 LDHs。

二维材料作为新一代光催化剂，展现出独特的优势。首先，量子尺寸效应使得通过调控层数来自由定制能带位置成为可能，从而实现了对光催化剂性能的精准调控。其次，由于二维材料的超薄性质，载流子的迁移路径大大缩短，光生载流子的传输和分离效率得到显著提高。此外，二维材料的比表面积巨大，为催化反应提供了更多的活性位点。更重要的是，二

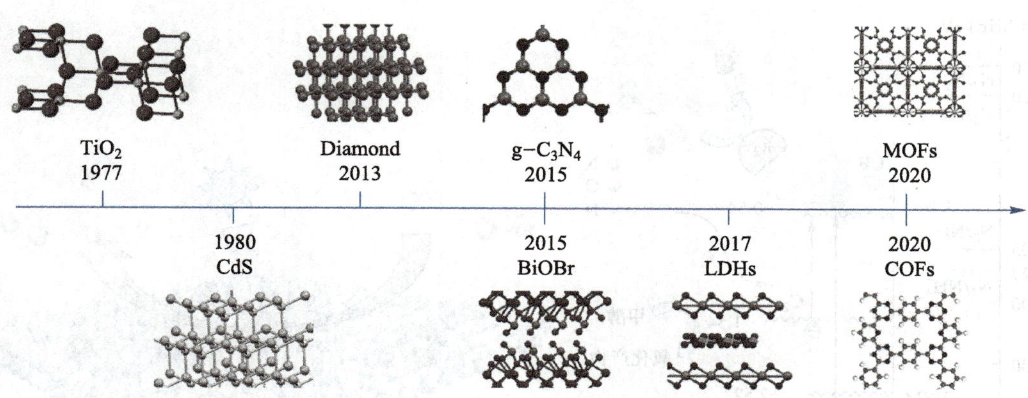

图 8-4 典型光催化固氮材料的发展史

维纳米结构上的边缘缺陷、拓扑缺陷等有助于 N_2 分子的吸附和活化，同时缩小了带隙，扩大了光催化剂的光吸收范围。

回顾光催化固氮催化剂的发展历程，其结构从简单到复杂不断演变，可编程性和可设计性逐渐增强。这一趋势为活性中心的设计、微环境的调控及材料的整体优化提供了更多的可能性和空间。接下来，我们将详细介绍这些光催化固氮材料的特点、优势及在实际应用中的表现。

8.6.1 金属氧化物

金属氧化物基催化剂是光催化领域最常见的半导体催化剂之一，由于其具有化学稳定性、催化能力强等优点受到了科研人员的广泛关注。常见的金属氧化物催化剂有 TiO_2、WO_3 和 ZnO 等。锐钛矿型的 TiO_2 因具有催化能力强、无毒、高化学稳定性、价格低廉等优点，是目前应用最广泛的光催化剂之一。

40 多年前，Schrauzer 和 Guth 在 TiO_2 的光催化固氮合成氨方面做出了开创性贡献。随后，基于 TiO_2 的二维结构超高的比表面积和超大平面结构及明显提高的电荷分离效率，已被用于高效光催化 NRR。然而 TiO_2 的带隙较大（锐钛矿 3.20 eV），导致其光吸收范围较窄，只能吸收紫外光，然而紫外光只占太阳光的 4%左右，这说明紫外光响应的光催化剂对太阳光的利用率低，并且 TiO_2 光激发出的光生载流子和空穴较易复合，纯的 TiO_2 的表面没有足够的活性位点来有效催化还原反应，这些都限制了 TiO_2 在光催化领域的进一步应用。为了解决这些问题，科研人员提出可以通过 TiO_2 催化剂表面形成缺陷、构建 Ti^{3+}/Ti^{4+} 不饱和配位、元素掺杂、构建异质结和负载助催化剂等方式来缩小带隙，从而提高催化剂对可见光的响应，加强光生电子-空穴对的分离速率。

构造氧空位（OV）：TiO_2 的超薄结构边缘暴露出更多的 OV 位点，电子可以从 OV 注入 N_2 的反键轨道上，从而对提高 N_2 分子的吸附和活化有益［图 8-5(a)］；此外，Zhao 等通过铜掺杂策略成功地水热合成了具有丰富的氧空位超薄 TiO_2 纳米片，这些富含缺陷的超薄 TiO_2 纳米片对 N_2 到 NH_3 的光催化还原表现出显著且稳定的性能。氧空位和应变效应促进了分子 N_2 的吸附和活化，导致在可见光照射下异常高的 NH_3 释放速率［图 8-5(b)］。

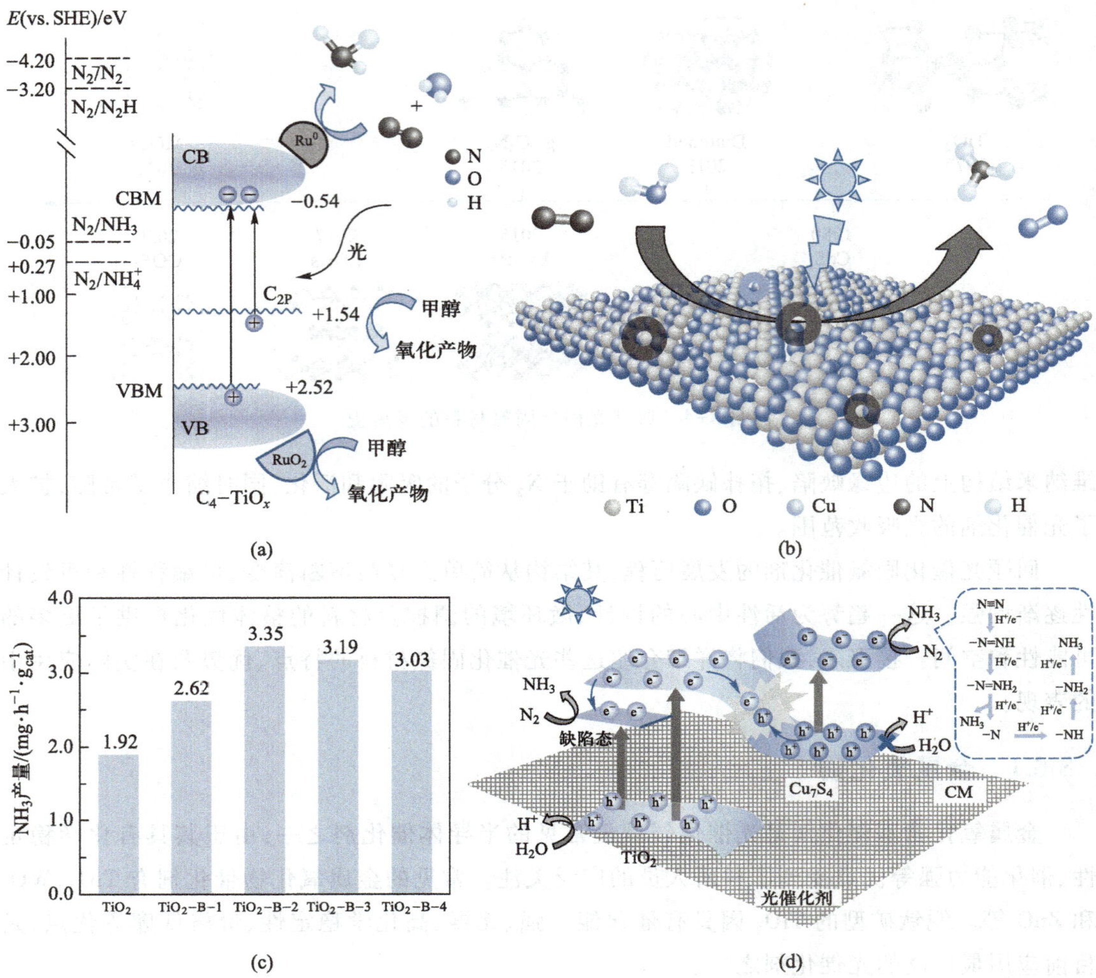

图 8-5　(a) C_4-TiO_x 的电子能带结构，以及在可见光照射下负载 Ru/RuO_2 纳米粒子的 C_4-TiO_x 上光催化产生 NH_3 的机理；(b) 具有 OV 的超薄二氧化钛纳米片表面上的光催化 N_2 固定过程（OV 标有蓝色圆圈）]；(c) 纳氏试剂模拟太阳光照射下五种物种的光催化氨产率；(d) OV-TiO_2@Cu_7S_4 异质结的光催化反应机理

[本图来源：Q Han, et al. Adv. Mater., 2021, 33(9): 2008180; Y Zhao, et al. Adv. Mater., 2019, 31(16): 1806482; C Liu, et al. Adv. Energy Mater., 2023, 13(8): 2204126; C Zuo, et al. Opt. Mater., 2023, 137: 113560.]

构建 Ti^{3+}/Ti^{4+} 不饱和配位：Han 等通过自下而上的方法合成了一种具有高浓度 Ti^{3+} 活性位点的多孔碳掺杂 TiO_x（C-TiO_x）纳米片，证实了碳掺杂可以引入并控制 Ti^{3+} 活性中心的浓度，这可以促进光生电子从光催化剂向 N_2 的转移。Ti^{3+}/Ti^{4+} 浓度为 72.1% 的最佳 C-TiO_x 的氨生成速率为 109.3 $\mu mol \cdot g^{-1} \cdot h^{-1}$，表观量子效率为 1.1%。

元素掺杂：Liu 等设计了掺硼二氧化钛光催化剂，发现 B 掺杂不但可以使带隙变窄，从而改善光吸收，而且 Ti 和 B 的双活性中心可以协同作用促进 N_2 的活化和还原，实现了产量为 3.35 $mg \cdot g^{-1} \cdot h^{-1}$ 的氨生产[图 8-5(c)]；过渡金属的掺杂是一种有效的改性的方法，Zhang 等通过掺杂钼获得了一种能在介孔二氧化钛表面形成氧缺陷的高稳定性的高效光催化剂。在

可见光下，掺杂钼二氧化钛的最佳光催化产氨率为 183.02 $\mu mol\cdot g^{-1}\cdot h^{-1}$。Mo 掺杂可以促进光生载流子的分离，抑制载流子的复合。

构建异质结：TiO_2/Cu_7S_4 复合材料通过水热法和煅烧法负载到铜网上，在界面形成 S-方案异质结图[8-5(d)]。光催化剂的富氧空位和 S 型异质结构加速了光生载流子的分离和传输，使光催化剂具有很强的氧化还原能力。在可见光下，OV-TiO_2@Cu_7S_4 光催化剂合成 NH_3 的产率达到 133.42 $\mu mol\cdot cm^{-2}\cdot h^{-1}$，分别是纯 TiO_2 和 Cu_7S_4 的 5.2 倍和 2.2 倍。

负载助催化剂：在 TiO_2 光催化剂中也可以添加 Au、Ru、Rh、Pd 和 Pd 等助催化剂进行氨转化。结果表明，添加钌的效果最好，同时最佳负载量取决于金属的种类。当助催化剂具有较高的 M—H 键强度时，氨的产量也随之提高。总的来说，二氧化钛基光催化剂材料用于 N_2 还原在近年来取得了很大的进展。然而，TiO_2 光催化 N_2 还原为 NH_3 的一些原子级的行为尚未完全清楚。

8.6.2 金属硫化物

相较于金属氧化物，金属硫化物凭借其相对较窄的禁带宽度，在可见光吸收方面展现出了非凡的优势，极大地提升了太阳能的利用效率。在众多金属硫化物中，MoS_2 以其独特的魅力脱颖而出，成为备受瞩目的焦点。为了提高 MoS_2 在光催化固氮反应中的活性，科研人员们通过制备超薄 MoS_2 纳米片、负载单原子及构建异质结等手段，成功地为 MoS_2 注入了新的活力。

值得注意的是，块状 MoS_2 在光催化固氮反应中表现平平，几乎没有任何活性可言。然而，当 MoS_2 被“瘦身”成超薄纳米片时，其活性却得到了质的飞跃。在可见光下，超薄 MoS_2 纳米片展现出了惊人的氨产率，高达 325 $\mu mol\cdot g_{cat}^{-1}\cdot h^{-1}$。超薄 MoS_2 纳米片能够拥有高活性的原因在于超薄 MoS_2 纳米片中的 S 空位数量显著增加，这些空位能够吸附并激活氮气分子，为后续的氨合成反应提供了源源不断的“原料”[图 8-6(a)]。

Azofra 等借助密度泛函理论(DFT)计算，深入揭示了 Fe 单原子负载的 MoS_2 在光催化作用下将 N_2 转化为 NH_3 的机理。研究显示，电荷由 Fe 向 MoS_2 转移，导致 Fe 带上正电荷，这一变化促进了 N_2 的孤对电子向 Fe 未占据的 d 轨道转移，从而使得 N_2 在 Fe 位点上的吸附与活化成为一个自发进行的过程[图 8-6(b~e)]。另外，Sun 等发现，经过超声波处理后的超薄二硫化钼，在无牺牲剂或助催化剂的条件下，氨气的产量竟高达 325 $\mu mol\cdot g_{cat}^{-1}\cdot h^{-1}$，并且展现出极高的稳定性。这可能是由于光生激子有效捕获了超薄二硫化钼中的自由电子，在钼原子附近形成了带电激子。这些带电激子促进了与吸附态 N_2 之间的多电子转移，降低了反应的热力学势垒，进而加速了氮的光催化还原进程。

8.6.3 卤氧化铋化合物

卤氧化铋 BiOX(其中 X 代表 Cl、Br 或 I)属于 V-Ⅵ-Ⅶ族元素构成的多元复合半导体层状无机化合物，该类材料具备成本低廉、化学稳定性强的特点，在光降解有机污染物及光催化固氮领域均展现出卓越的性能。

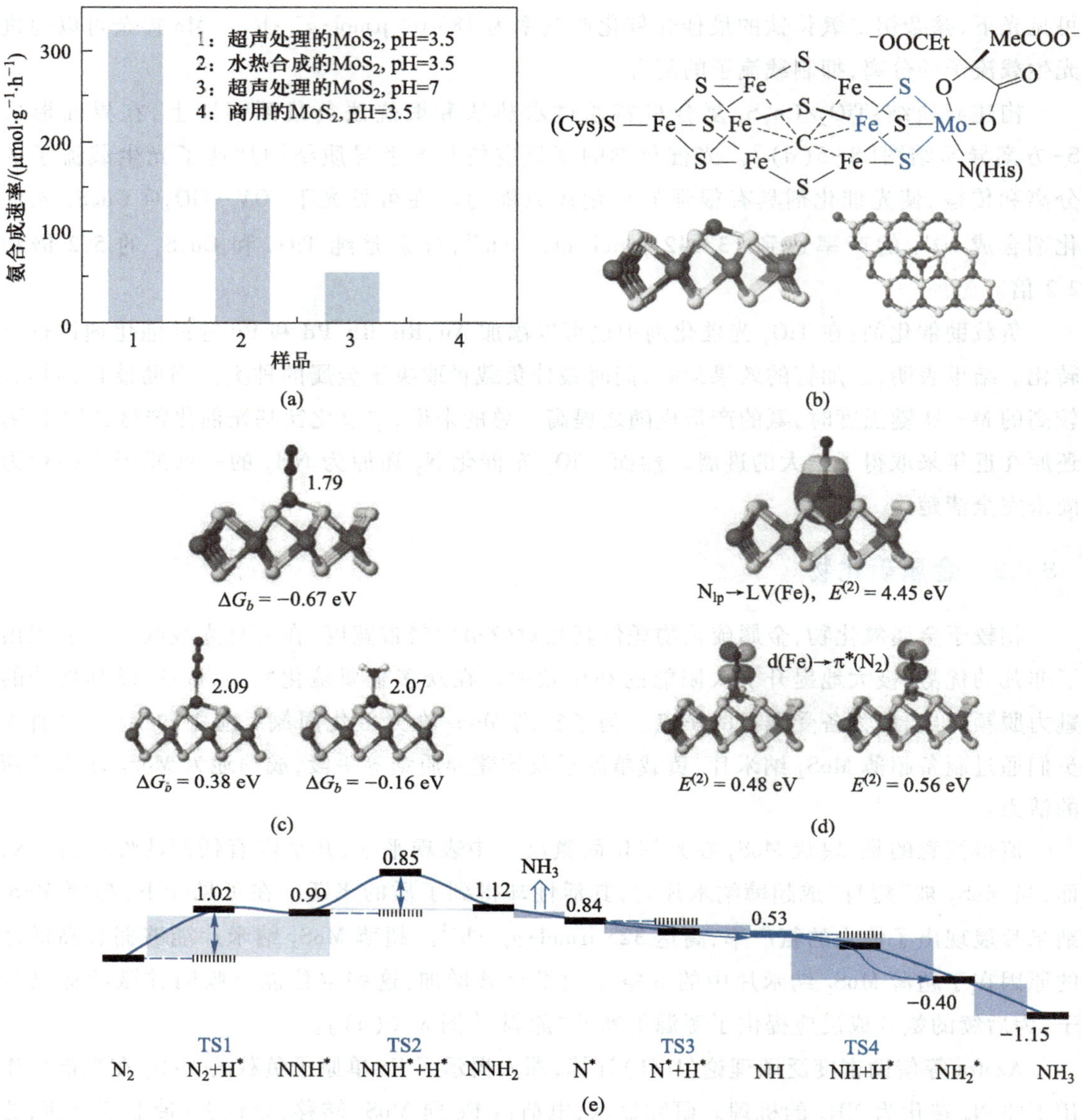

图 8-6 (a) 不同条件下 MoS_2 样品的氨产率;(b) 固氮酶 MoFe 辅因子和优化的二维 MoS_2 上 Fe 的示意图;(c) N_2、CO_2 和 H_2O 化学吸附在二维 MoS_2 上 Fe 位点;(d) N_2 化学吸附质在二维 MoS_2 上 Fe 位点的成键轨道透视图;(e) 锚定在二维 MoS_2 上 Fe 活性位点上的最小 NRR 反应路径图

[本图来源:S Sun,et al. Appl. Catal. B,2017,200:323-329;L M Azofra,et al. Chem. Eur. J.,2017,23(34):8275-8279.]

BiOX 化合物呈现出共价堆叠的四方紧密且高度结晶的特性,其晶体结构由多个[Bi_lO_m]与[X_n]层交织而成。在[Bi_lO_m]层内,Bi 与 O 原子通过牢固的共价键紧密相连,而[$Bi_lO_mX_n$]单层之间及[Bi_lO_m]与[X_n]层间的相互作用则主要依赖于范德华力。这种层状结构不仅构建了内部电场,有效促进了光催化过程中光生电子-空穴对的分离,还显著提升了材料的光电性能。

铋在光催化固氮过程中能够有效地抑制 HER 的竞争反应,从而显著促进固氮反应的进行。这一特性使得铋基材料,特别是卤氧化铋 BiOX,在光催化固氮领域具有独特的优势。

为了进一步提升 BiOX 的光催化固氮性能，科学家们通过创造表面氧空位及选择性暴露特定晶面等一系列策略，旨在改善 BiOX 的表面性质、能带结构及光生载流子的分离与迁移效率，从而增强其光催化固氮性能。

研究揭示，Bi_5O_7I 在紫外光照射下，其不同暴露晶面的光催化固氮活性呈现出显著差异。具体而言，相较于 Bi_5O_7I(100) 晶面，Bi_5O_7I(001) 晶面展现出了更为卓越的光催化固氮性能，其生成率高达 111.5 $\mu mol \cdot g^{-1} \cdot h^{-1}$。

进一步的研究发现，经过氢化处理的 Bi_5O_7I(即 H-Bi_5O_7I) 在可见光照射下，无须借助任何有机牺牲剂或贵金属助催化剂，便能实现令人瞩目的光催化固氮效果。H-Bi_5O_7I 的固氮产率攀升至 162.48 $\mu mol \cdot g^{-1} \cdot h^{-1}$，这一数值不仅是 Bi_5O_7I 的两倍，更是 BiOI 的 7.4 倍。

探究其背后的原因，氢化过程中引入的氧缺陷起到了至关重要的作用。这些氧缺陷不仅优化了光催化剂的导带位置，还显著提升了其光吸收能力。此外，氧缺陷还促进了半导体光催化剂与 N_2 界面间的电子转移效率，进而增强了氮分子的吸附与活化能力。同时，它们还有效地降低了光生电子-空穴对的复合速率，从而进一步提升了光催化固氮的整体效率。

Bi_5O_7Br 纳米管在可见光下合成氨的产率可以达到 223.3 $\mu mol \cdot g^{-1} \cdot h^{-1}$，这是由于 Bi_5O_7Br 纳米管上光诱导氧空位(OV)的存在，在半导体的导带底部形成缺陷能级，有利于电子的跃迁。Bi_5O_7Br 纳米管上光诱导氧空位(OV)的生成及其促进光催化氨合成的机理，可精炼地概括为以下四个连贯的过程，如图 8-7 所示。

(1) 氧空位的产生与氧气释放。在光照条件下，Bi_5O_7Br 纳米管表面会诱导产生氧空位，并伴随氧气的释放。这一过程为后续的催化反应奠定了基础。

(2) 氮分子的吸附与活化。这些新生的氧空位(OVs)作为活性位点，能够高效地吸附并活化氮气(N_2)分子，为后续的氨合成反应提供了必要的反应物。

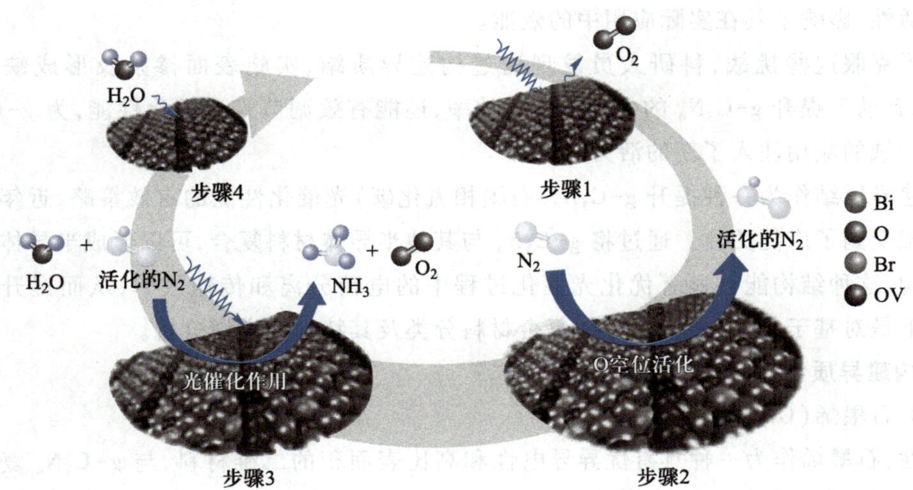

图 8-7　在 Bi_5O_7Br 纳米管上光诱导的 OV 产生和光催化氨合成的机理

[本图来源：S Wang, et al. Adv. Mater., 2017, 29(31): 1701774;
H Li, et al. J. Am. Chem. Soc., 2015, 137(19): 6393-6399.]

(3) 光生电子注入与氨生成。在光照激发下，Bi_5O_7Br 纳米管产生的光生电子被注入已活化的 N_2 分子中，经过一系列化学反应，最终生成氨(NH_3)。这一过程是光催化氨合成的核心步骤。

(4) 氧空位的再填充与结构恢复。为了维持 Bi_5O_7Br 纳米管的化学稳定性和持续催化能力，这些光诱导产生的氧空位会通过从水中捕获氧原子来重新填充，从而恢复其原始的、稳定的化学组成。

8.6.4　氮化碳基催化剂

近年来，C_3N_4 凭借其独特的物理特性和化学性质，在众多无金属层状聚合物半导体光催化剂中脱颖而出，成为备受瞩目的明星材料之一。早在1996年，Teter 和 Hemley 便通过第一性原理计算，前瞻性地揭示了 C_3N_4 存在的五种不同相态，它们分别是 α-C_3N_4、β-C_3N_4、石墨化 C_3N_4(即 g-C_3N_4)、准立方 C_3N_4 及立方 C_3N_4。

在这些相态中，g-C_3N_4 以其独特的石墨烯状二维层状结构和 π-π 共轭体系而著称。g-C_3N_4 的构成元素——碳(C)和氮(N)原子，通过 sp^2 杂化方式形成了高度离域的 π 共轭体系，这一结构特性赋予了 g-C_3N_4 众多非凡的性能。例如，它拥有适宜的带隙，能够响应可见光；同时，它还表现出卓越的化学稳定性。

尤为值得一提的是，g-C_3N_4 的能带位置恰到好处，其最高占据分子轨道(HOMO)和最低未占据分子轨道(LUMO)的电势分别为+1.4 V 和−1.3 V(相对于可逆氢电极，pH 为7)。这一独特的能带结构，使得 g-C_3N_4 完全满足了光催化氮还原反应(NRR)的热力学要求，为其在光催化领域的应用开辟了广阔的前景。

2015年，Dong 及其研究团队成功发表了关于利用 g-C_3N_4 进行固氮的研究。然而，尽管 g-C_3N_4 具备诸多独特优势，但其在实际应用中仍面临一些挑战，主要包括对可见光的吸收能力不足、比表面积相对较小及光载流子易于复合等问题，这些因素共同限制了 g-C_3N_4 的光催化活性，影响了其在实际应用中的效能。

为了克服这些挑战，科研人员发现通过构建异质结、实施表面掺杂及形成缺陷等策略，不仅有助于提升 g-C_3N_4 的太阳能吸收效率，还能有效调节其光催化性能，为 g-C_3N_4 在光催化领域的应用注入了新的活力。

构建异质结作为一种提升 g-C_3N_4(石墨相氮化碳)光催化性能的有效策略，近年来在光催化领域受到了广泛关注。通过将 g-C_3N_4 与其他半导体材料复合，可以形成半导体异质结复合结构，这种结构能够显著优化光催化过程中的电荷分离和传输效率，从而提升催化性能。以下是对基于 g-C_3N_4 的半导体复合材料分类及其特性的详细分析。

1. 构建异质结

(1) 石墨烯(GR)复合材料。

特性：石墨烯作为一种具有优异导电性和高比表面积的二维材料，与 g-C_3N_4 复合后形成的 GSCN 复合材料能够展现出独特的电子、机械和化学性能。

电荷分离：石墨烯在 GSCN 中作为电子导电通道，能够有效地分离光生电荷载流子(即光生电子和空穴)，减少它们复合的概率，从而提高 g-CC_3N_4 的催化活性。

（2）其他非金属材料。

碳纳米材料：如碳纳米管、碳纳米纤维等，它们与 g-C_3N_4 复合后也能形成有效的电荷分离通道，提升光催化性能。

红磷：红磷作为一种低成本、环境友好的半导体材料，与 g-C_3N_4 复合后能够形成具有优异光催化性能的复合材料。

（3）与金属氧化物复合（TiO_2、WO_3 和 ZnO 等金属氧化物）。

特性：这些金属氧化物通常具有稳定的化学性质和良好的光催化性能。

电荷传输：与 g-C_3N_4 复合后，金属氧化物可以作为电子受体或供体，与 g-C_3N_4 形成 TypeⅡ型或 Z 型异质结，进一步优化电荷传输路径。

（4）与硫化物复合（MOS_2 和 CdS 等硫化物）。

特性：硫化物半导体通常具有较窄的带隙和较高的光吸收能力。

光吸收：与 g-C_3N_4 复合后，硫化物能够拓宽复合材料的光吸收范围，提高光利用效率。

电荷分离：同时，硫化物与 g-C_3N_4 之间也能形成有效的电荷分离机制，减少光生电荷的复合。

2. 表面掺杂

掺杂改性作为一种常见的改性方法，在提升 g-C_3N_4（石墨相氮化碳）的性能方面展现出了显著的效果。这一方法主要分为金属掺杂和非金属掺杂两大类。

金属掺杂方面，金属的引入为 g-C_3N_4 带来了多方面的性能提升。一方面，金属元素能够增强材料对可见光的吸收能力，这意味着材料能够更有效地捕获和利用光能，从而可能提高光催化等过程的效率。另一方面，金属掺杂还能加速电荷迁移速率，这有助于在光催化反应中更快地传递电子和空穴，减少能量损失。此外，金属掺杂还能延长电荷载流子的寿命，使得这些载流子有更多的机会参与到化学反应中去，进一步提高反应效率。

特别值得一提的是过渡金属掺杂。过渡金属具有特殊的电子结构，其中的空轨道可以接受 N_2 分子成键轨道中的电子，而过渡金属 d 轨道中占据的电子则可以转移到 N_2 分子的反键轨道。这种电子转移过程能够削弱 N_2 分子的键强度，从而有利于 N_2 的活化。例如，Hu 等的研究发现，掺铁的蜂窝状 g-C_3N_4 具有良好的光催化固氮活性。当 N_2 吸附在 Fe^{3+} 位上时，N 原子中的 $\sigma_g 2p$ 轨道（HOMO）的电子发生明显离域，使得其轨道能量与 $\sigma_g^* 2p$ 轨道（LUMO）的能量几乎一致。这一发现证明了 Fe^{3+} 掺杂确实能够激活 N_2，从而提高光催化固氮的效率。

除了金属掺杂外，非金属掺杂也是提高 g-C_3N_4 光催化性能的有效手段。常见的非金属掺杂元素包括 B、O、S、P 等。这些非金属元素在 g-C_3N_4 中的掺杂可以调节其结构缺陷，进而改变材料的电子结构和光学性质。具体来说，非金属掺杂能够扩大 g-C_3N_4 对可见光的吸收范围，使其能够吸收更多波长的光能。同时，非金属掺杂还能调节 g-C_3N_4 的氧化还原电势，使其更适合于特定的光催化反应。这些性质的提升都有助于提高 g-C_3N_4 的光催化性能。

3. 形成缺陷

研究者们发现氮空位及其他类型的缺陷是提高 g-C_3N_4 光催化性能的关键因素之一。

（1）氮空位的作用。氮空位作为一种重要的缺陷类型，对 g-C_3N_4 的光催化性能产生了显著影响。首先，氮空位与 N_2 分子中的单原子具有相同的形状和大小，这使得氮空位成为 N_2 活化和选择性吸附的理想位点。此外，氮空位还能作为电子捕获中心，通过捕获电子使导带下移，从而降低电子与空穴对的复合率，提高光催化效率。同时，氮空位还能影响 g-C_3N_4 的结构，导致层斥力降低，层间叠加距离减小，其性能进一步优化。

（2）氮空位与 B 掺杂的协同效应。Liang 等制备了氮空位的 B 掺杂 g-C_3N_4[图 8-8(a)]，并发现其 NH_3 转化率显著提高。这一提高归因于氮空位和 B 掺杂的协同效应。氮缺陷有利于提高载流子分离效率，而 B 掺杂则增强了 N_2 的吸附和活化能力，同时保证了催化剂的高还原能力。这种协同效应使得氮空位的 B 掺杂 g-C_3N_4 在光催化固氮方面展现出了优异的性能。

（3）O 掺杂对 g-C_3N_4 性能的影响。Huang 的小组提出 g-C_3N_4 中的 O 掺杂也能有效地提高 NH_3 转化率[图 8-8(b)]。O 掺杂通过调节 g-C_3N_4 的电子结构和光学性质，扩大了其对可见光的吸收范围，提高了光能的利用效率。同时，O 掺杂还能增强 g-C_3N_4 的稳定性，使其具有良好的循环稳定性。这一发现为 g-C_3N_4 的光催化固氮提供了新的思路。

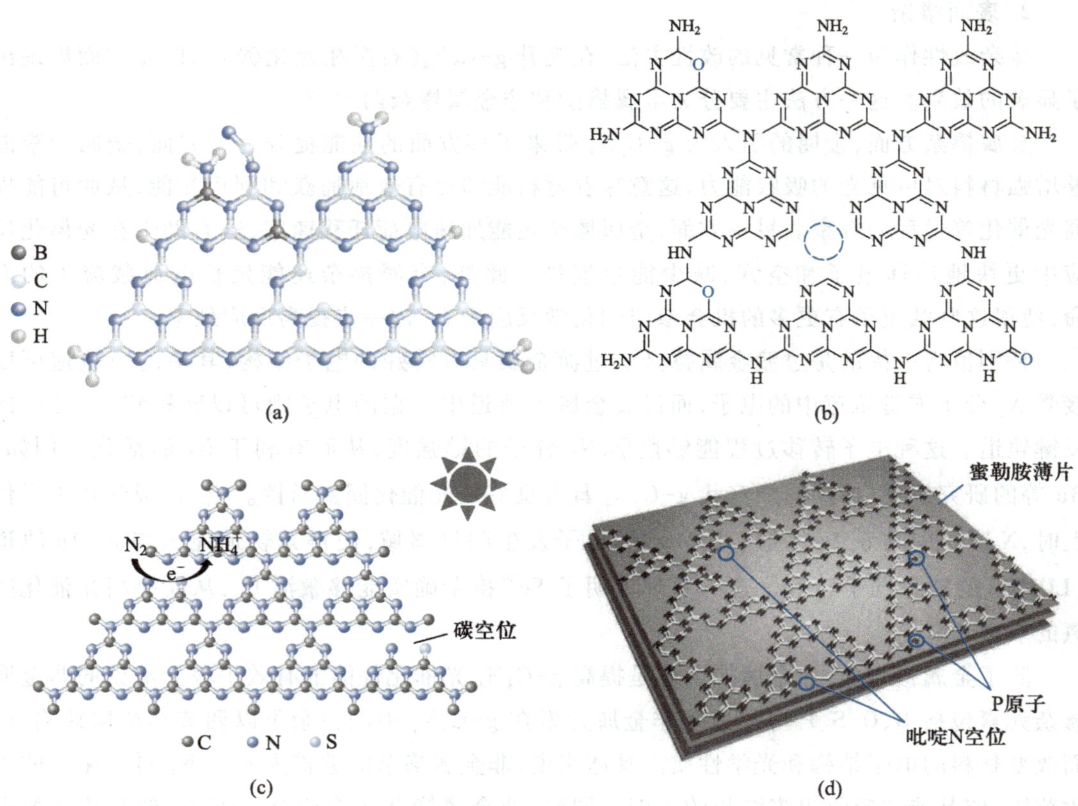

图 8-8　(a) 氮空位的 B 掺杂 g-C_3N_4 的结构示意图；(b) 氮空位的 O 掺杂 g-C_3N_4 的结构示意图；(c) 用于光催化固氮的具有碳空位的 S 掺杂 g-C_3N_4 的结构示意图；(d) 氮空位的 P 掺杂 g-C_3N_4 的结构示意图

[本图来源：C Liang, et al. Chem. Eng. J., 2020, 396: 125395; T Huang, et al. Nanoscale, 2020, 12(3): 1833-1841; S Cao, et al. Chem. Eng. J., 2018, 353: 147-156; Y Shiraishi, et al. ACS Appl. Energy Mater., 2018, 1(8): 4169-4177.]

(4) 碳空位与 S 掺杂的协同作用。Cao 等合成了碳空位的 S 掺杂 g-C_3N_4 多孔纳米片[图 8-8(c)],并发现其具有优异的光催化固氮性能。这种多孔片状结构不仅提供了更多的活性位点,还有利于电荷载流子的分离和传输。硫掺杂和碳空位的协同作用使得该催化剂在光催化固氮方面表现出色。

(5) 氮空位的 P 掺杂 g-C_3N_4 的光固氮效率。Zhang 等发现用 P 掺杂氮空位的 g-C_3N_4 后,光固氮的太阳能-氨转换效率达到了 0.1%[图 8-8(d)]。这一效率与典型植物的自然光合作用的平均太阳能到生物质的转化效率相当。这一发现进一步证明了缺陷工程在提升 g-C_3N_4 光催化性能方面的巨大潜力。

8.6.5 层状双氢氧化物

层状双氢氧化物(LDHs)作为一类新型的光催化材料,在光催化氮气还原反应(NRR)中展现出巨大潜力。这类材料的独特性质,包括其可控的二维厚度和横向尺寸及纳米片上可调整的二价/三价金属阳离子不饱和位点,为缺陷工程和带隙调整提供了可能,进而提高了光催化 NRR 的效率。

Zhang 课题组的研究工作在这一领域取得了显著的进展。他们通过简单的共沉淀法,成功地合成了富含氧空位(OVs)的二维 $M^{II}M^{III}$-LDHs(M^{II} = Mg, Zn, Ni, Cu; M^{III} = Al, Cr)。在这些材料中,超薄 CuCr-LDH 在纯水中展现出了优越的可见光下 N_2 光还原活性。与块状对应物相比,CuCr-LDH 纳米片在性能上表现出了明显的优势。为了深入理解这些 LDH 纳米片在光催化 NRR 中的反应机理,研究人员还采用了第一性原理计算和原位漫反射红外光谱等方法进行了研究。他们发现,不饱和金属原子活性中心在 N_2 活化和电荷分离过程中起到了关键作用,显著降低了反应能垒,从而提高了光催化 NRR 的效率(图 8-9)。

此外,Zhang 课题组还采用了一种简便的合成后碱蚀刻策略,将大量的配位不饱和金属活性位点引入了 NiAl-LDH、ZnCr-LDH 和 ZnAl-LDH 纳米片中。这种蚀刻策略不仅保留了原始纳米片的结构特征,还显著提高了它们在纯水溶液中将 N_2 还原成 NH_3 的性能。特别是经蚀刻的 ZnCr-LDH 纳米片,在紫外-可见光下的氨释放速率达到了 33.19 $\mu mol \cdot g^{-1} \cdot h^{-1}$,这一数值比原始 ZnCr-LDH 纳米片的高约 10 倍。

8.6.6 金属有机框架材料

在探索高效、可持续的氮气固定技术的征途中,金属有机框架材料(MOFs)以其独特的结构和性质脱颖而出,成为光催化固氮领域的一颗璀璨新星。MOFs,这类由金属离子或金属簇与有机配体通过自组装形成的多孔晶体材料,不仅拥有巨大的比表面积,还具备孔径和框架结构的可调性,这些特性使得 MOFs 在气体吸附、分离及催化等领域展现出巨大的应用潜力。

2019 年,Zhang 等开创性地将 MOFs 应用于光催化固氮领域,这一突破性尝试不仅验证了 MOFs 作为光催化固氮催化剂的可行性,更为后续研究开辟了全新的方向。在这项研究中,他们选择了 MOF-76(Ce)纳米棒作为研究对象,通过精细的实验设计,在全波段光源的照射下,MOF-76(Ce)展现出了令人瞩目的氨生成率——34.2 $\mu mol \cdot g^{-1} \cdot h^{-1}$。这一性能表现

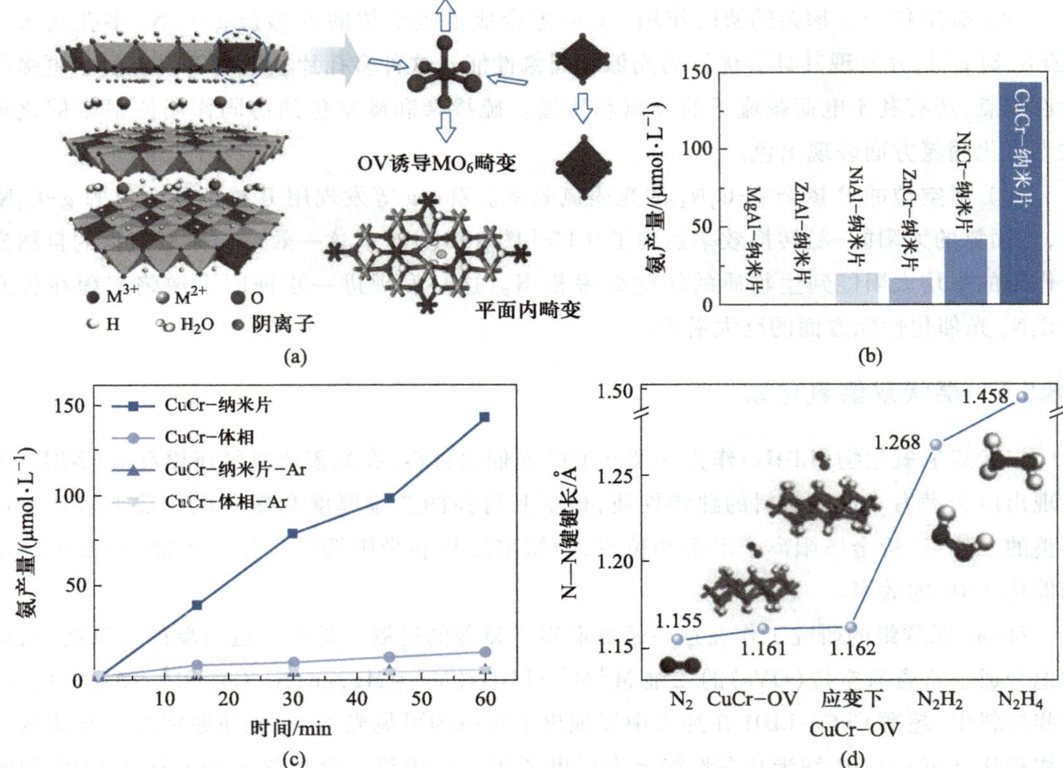

图 8-9 (a)超薄 LDH 结构中 OV 诱导的扭曲和压缩应变 MO_6(M 为金属)八面体示意图;(b)在可见光照射下,不同 LDH 光催化剂在 1 h 测试期内的 NH_3 产量;(c)在可见光照射下,CuCr-NS 和 CuCr-Bulk 上 N_2 或 Ar 在水存在下的光固定过程中 NH_3 释放的时间过程;(d)自由态 N_2、CuCr-OV 和应变下 CuCr-OV 上的 N_2、N_2H_2 和 N_2H_4 的 N—N 键长的理论计算

[本图来源:S Zhang, et al. Adv. Energy Mater., 2020, 10(8):1901973.]

不仅超越了退火后的 CeO_2,更彰显了 MOFs 在光催化固氮领域的独特优势。为了进一步提高 MOFs 的光催化固氮活性,研究人员不断探索新的策略和方法。其中,配体修饰和引入混合价态金属团簇是两种常用的手段。

1. 配体修饰

2020 年,Huang 等通过溶剂辅助配体交换法,以 MIL-125 为前驱体,成功合成了三种可见光活性的 Ti-MOF,分别是 CH_3-MIL-125、OH-MIL-125 和 NH_2-MIL-125。这些配体修饰的 MOFs 在光催化固氮过程中展现出了令人瞩目的性能提升,特别是在没有牺牲剂参与的情况下。在这三种 Ti-MOF 中,NH_2-MIL-125 的氨产率最高,达到了 12.3 $\mu mol \cdot g^{-1} \cdot h^{-1}$。这一卓越的性能可以归因于 NH_2 基团的引入,它显著增强了 MOF 的光吸收能力,将光吸收范围扩大到了 550 nm。此外,NH_2-MIL-125 中的连接体缺陷导致 Ti 配位不饱和位点的暴露,这些位点作为活性中心[图 8-10(a)],进一步促进了光催化固氮反应的进行。

与此同时,Shang 等受到生物分子叶绿素和固氮酶的启发,将含有 Fe 活性中心的卟啉引入 Al-PMOF 中[图 8-10(b)],从而实现了对 Al-PMOF 的修饰。与原始的 Al-PMOF 相比,修饰后的 Al-PMOF 在光催化固氮方面展现出了显著的性能提升。具体而言,其 NH_3 产

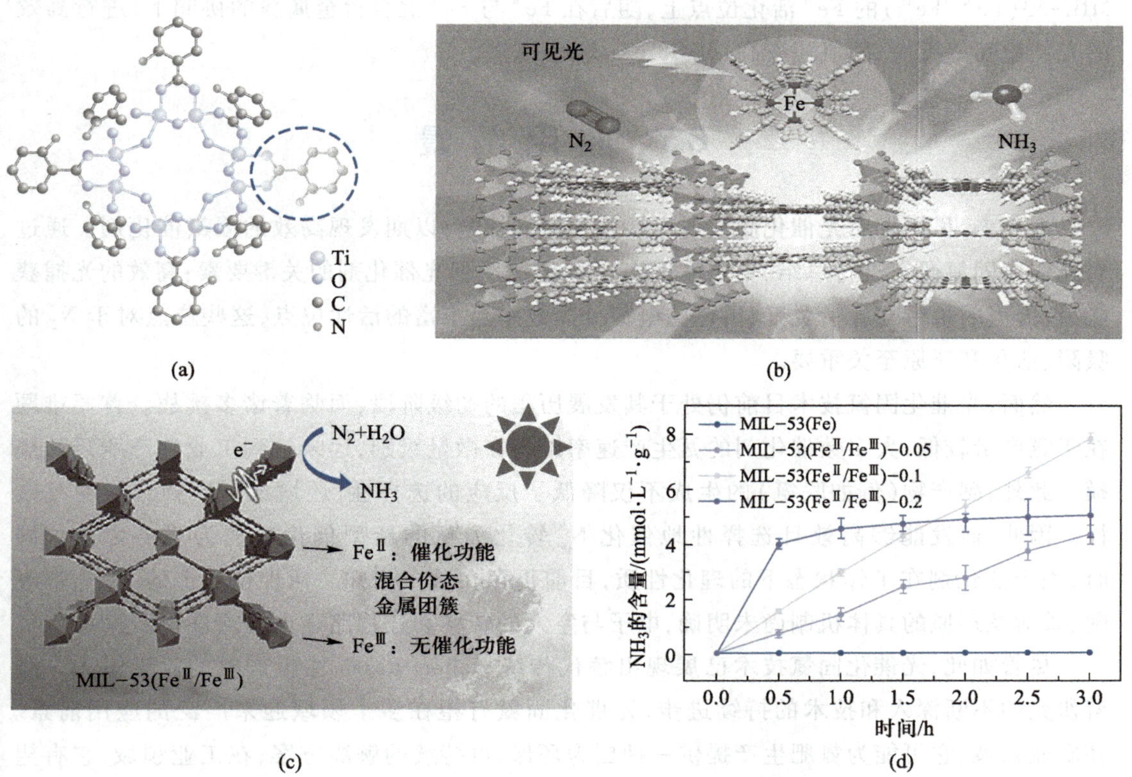

图 8-10 (a) NH_2-MIL-125(Ti)连接缺陷示意图；(b) Al-PMOF(Fe)的结构；(c) MIL-53($Fe^{Ⅱ}/Fe^{Ⅲ}$)实现光催化固氮；(d) 不同 $Fe^{Ⅱ}/Fe^{Ⅲ}$配比下 MIL-53($Fe^{Ⅱ}/Fe^{Ⅲ}$)的 NH_3 产率

［本图来源：H Huang, et al. Appl. Catal. B, 2020, 267: 118686; S Shang, et al. ACS Nano, 2021, 15(6): 9670-9678; Z Zhao, et al. Chem. Eng. J., 2020, 400: 125929.］

量和产率分别比未修饰的提高了 82%和 50%，达到了 635 $\mu g \cdot g_{cat}^{-1}$和 127 $\mu g \cdot g_{cat}^{-1} \cdot h^{-1}$。

这两种 MOF 的改性策略都有效地提升了材料的光催化固氮性能。对 NH_2-MIL-125 而言，NH_2 基团的引入不仅拓宽了光吸收范围，还通过暴露 Ti 配位不饱和位点增加了活性中心的数量。而对于修饰后的 Al-PMOF，卟啉的引入则模拟了生物固氮过程中的关键酶——固氮酶的结构和功能，从而提高了材料的光催化固氮效率。

2. 引入混合价态金属团簇

Zhao 团队精心设计了金属有机框架（MOFs）光催化剂 MIL-53($Fe^{Ⅱ}/Fe^{Ⅲ}$)，巧妙地将 $Fe^{Ⅱ}$和 $Fe^{Ⅲ}$融入混合价金属簇中，分别模拟固氮酶的关键 $Fe^{Ⅱ}$活性位点及辅助的高价金属离子［图 8-10(c)］。实验揭示了一个有趣的现象：MIL-53 中的 $Fe^{Ⅲ}$能被乙二醇（EG）部分还原为 $Fe^{Ⅱ}$，通过精细调控 EG 的添加量，可以精确调整 $Fe^{Ⅱ}$与 $Fe^{Ⅲ}$的比例。当这一比例达到理想的 1.06 ∶ 1 时［图 8-10(d)］，催化剂不仅表现出卓越的催化活性，还兼具出色的稳定性。

在混合价金属簇的协同催化与稳定结构的共同作用下，MIL-53($Fe^{Ⅱ}/Fe^{Ⅲ}$)表面暴露出大量协同作用的不饱和活性位点，这些位点极大地增强了材料的光吸收能力，使其光吸收边缘得以扩展，并显著提升了电子的利用效率。在可见光的照射下，N_2 分子被有效地吸附到

MIL-53(Fe^{II}/Fe^{III})的 Fe^{II} 活化位点上，随后在 Fe^{II} 与 Fe^{III} 混合价金属簇的协同下，进行高效的光催化固氮反应，固氮速率高达 306 $\mu mol\cdot g^{-1}\cdot h^{-1}$。

8.7 应用前景

近年来，科研界对光催化固氮技术展开了深入探索，以期发现高效的固氮催化剂。通过对光催化固氮研究进行总结，不难发现实现高 NH_3 产率光催化剂的关键要素：高效的光捕获能力、恰当的价带与导带位置、出色的电荷分离效率及丰富的活性位点，这些位点对于 N_2 的吸附、活化和还原至关重要。

然而，光催化固氮技术目前仍处于其发展历程的初级阶段，面临着诸多挑战。首要难题在于氨产量较低，大多数催化剂的氨生产速率维持在微量级别，远未达到工业生产所需的规模。此外，副产物(例如联氨)的生成不仅降低了反应的选择性，还增加了产物分离的复杂性。因此，研发能够高效且选择性地催化 N_2 转化为氨的新型催化剂成为当务之急。同时，关于催化剂在工作状态下的理化性质，目前仍存在诸多未知。活性位点上的 N_2 化学吸附、激活及还原的具体机制尚未明确，电子与空穴的转移和迁移路径也亟须进一步探究。

尽管如此，光催化固氮技术已展现出替代传统 Haber-Bosch 法生产氨的巨大潜力。随着研究的不断深入和技术的持续进步，光催化固氮有望在多个领域迎来广泛的应用前景。在农业领域，它可能为氮肥生产提供一种更为环保、可持续的解决方案；在工业领域，它有望降低氨的生产成本，提高生产效率；而在环保领域，它则可能为空气净化和水体净化提供新的技术路径。

展望未来，随着催化剂设计的不断优化和机理研究的深入，光催化固氮技术有望实现突破性进展，为解决全球粮食安全和环境保护问题贡献重要力量。同时，跨学科的合作与交流也将为光催化固氮技术的发展注入新的活力，推动其不断向前迈进。

思考题

1. 固氮的意义是什么？
2. 光催化固氮的反应机理有哪几种？
3. 目前光催化固氮常见的反应体系是什么？区别是什么？
4. 如何测定氨的产率？测定方法的优缺点是什么？
5. 实现优异的光催化剂高 NH_3 产率的关键是什么？

第9章

光催化环境净化

9.1 引　　言

随着经济的快速发展和人们生活水平的显著提高,环境中难降解有毒污染物的排放量持续增加,这不仅严重威胁着人类健康,也对生态系统造成了破坏。特别是一些新兴污染物,如溴化阻燃剂、全氟化合物及药品和个人护理产品,它们具有类似环境激素的内分泌干扰特性,对人类健康构成了潜在的巨大风险。这些化合物因其结构复杂、浓度低且难以降解,使得传统污染物处理方法难以达到预期的净化效果。在众多新兴的环境净化技术中,光催化技术以其独特的优势而备受关注。早在 20 世纪 60 年代,基于 TiO_2 的光催化方法已被证实能够有效降解水体和气相中的有机污染物。1976 年,Carey 首次利用光催化技术成功实现了多氯联苯的脱氯降解。1982 年,Bard 等发现通过光催化作用能够氧化氰根等无机离子,这为光催化环境净化研究开辟了新的领域。1997 年,Fujishima 等发现 TiO_2 在光照下具有光诱导亲水性和抗菌特性,进一步拓宽了其在自洁净领域的应用。

光催化环境净化技术的基本原理是:利用光催化反应过程中产生的电子、空穴及具有高氧化还原电势的活性氧化物质,通过氧化还原反应断裂有机或无机污染物的化学键,实现其彻底降解。在这一过程中,有机化合物被转化为 CO_2 和 H_2O,其 Gibbs 自由能(ΔG)显著下降,形成了一种自发进行的“下坡反应”。光催化反应通过降低反应的活化能,促进了降解反应以高效低耗的方式进行。光催化技术在环境净化领域的应用具有以下优势:(1) 成本低:可使用廉价且稳定的光催化材料(如 TiO_2),无须额外添加反应试剂,利用广泛存在氧气作为氧化剂,大幅降低了技术成本;(2) 安全性高:所用的光催化剂无毒无害,光催化反应能够将有机化合物彻底转化为无害的 CO_2 和 H_2O,减少了有害中间产物的产生;(3) 效率高:光催化剂通常为纳米粒子,具有较大的比表面积和光学吸收系数,加之活性物质如 ·OH 的高氧化还原电势,使得光催化降解反应具有较高的效率;(4) 太阳能利用潜力大:光催化剂如 TiO_2 能够吸收紫外光,实现低浓度有机污染物的降解。改性催化剂的光吸收范围可拓展至可见光区域,进一步提升了太阳能的利用效率,能够针对不同的污染物进行有效的净化处理。

9.2 环境光催化基础

9.2.1 反应热力学

环境光催化反应的热力学基础可以从两个维度进行阐述:一是光化学反应的热力学基础,二是催化反应的热力学基础。

光化学反应即在光照作用下发生的化学反应,或光照导致反应速率显著提升的过程,其核心热力学原理涉及光的能量和电子的能级。

光波的能量由其频率决定,频率越高,波长越短,其携带的能量也就越大。光的能量可通过公式 $E=h\nu$ 计算,其中,E 代表光的能量;h 是普朗克常量(6.626×10^{-34} J·s);ν 是光波的频率。

电子能级是指电子在原子、分子、晶体等化学系统中所占据的能量状态。在光反应中，化学物质中的电子从一个能级跃迁到另一个更高的能级，这一过程通常是由外部能量的输入所引起的。因此，光化学反应的热力学基础可以概括为：光能激发电子跃迁至高能态，引发化学反应。

化学催化则指催化剂加速反应速率而不被消耗的过程。其热力学基础主要包括催化剂的吸附能、裂解能和反应的活化能。

催化剂的吸附能描述了催化剂吸附位点与反应物之间的物理或化学相互作用，这种相互作用的强度直接影响反应速率和选择性。理想的吸附能应适中，过强或过弱均可能对反应速率产生不利影响。

裂解能涉及催化剂内部的键能大小，它影响反应物在催化剂表面活性中心上形成化学键的难易程度。简而言之，裂解能的大小决定了催化剂与反应物之间的反应机制。

反应的活化能指反应物转变为产物时需要克服的化学激活能。在催化反应中催化剂通过改变反应物的活化能，降低反应能垒，从而提高反应速率。此外，催化剂的活性还与反应物分子的大小、形状和结构有关。

综上所述，光催化技术的热力学原理主要涉及光化学反应的能量和电子能级，以及催化反应中的吸附能、裂解能和活化能。深入理解这些热力学基础，有助于我们更深刻地把握光催化反应的本质和机理，进而推动光催化技术的发展和应用。

9.2.2 反应动力学

Langmuir-Hinshelwood（L-H）模型是一种用于描述多相催化过程中的动力学模型，它也适用于光催化反应。这个模型基于以下假设：(1) 反应物分子扩散至催化剂表面；(2) 反应物分子吸附至催化剂表面，并达到吸附和解吸动态平衡；(3) 反应物分子在催化剂表面发生光催化反应；(4) 反应产物从催化剂表面解吸；(5) 反应产物扩散至流动相。

在发生光催化反应之前，反应物在催化剂表面吸附和解吸速率可表示为

$$r_a = k_a(1-\theta)c \tag{9-1}$$

$$r_d = k_d\theta \tag{9-2}$$

式中，k_a 和 k_d 分别是吸附和解吸速率常数；θ 是覆盖位点的比例；c 是反应物浓度。

在平衡状态下，$r_a = r_d$，可得

$$\theta = \frac{Kc}{1+Kc} \tag{9-3}$$

式中，$K = k_a/k_d$，K 是吸附平衡常数。

反应物分子吸附后随即发生光催化反应，可得 L-H 方程：

$$r = -\frac{dc}{dt} = \frac{k_r Kc}{1+Kc} \tag{9-4}$$

式中，r 为随时间变化的光催化反应速率（$mol \cdot m^{-2} \cdot s^{-1}$）；$k_r$ 为在给定实验条件及最大覆盖度下反应的速率常数（$mol \cdot m^{-2} \cdot s^{-1}$）；$c$ 为反应物浓度（$mol \cdot m^{-3}$）。k_r 和 K 由反应体系中许多方

面的因素决定，包括催化剂用量、光照强度、反应物初始浓度、反应温度、反应物物理性质和气相氧浓度等。

由于在实际中利用光催化降解环境中污染物的浓度较低，即 $c \ll 1$，Kc 一项可忽略不计，反应速率符合一级表观反应动力学，方程即可简化为

$$\ln(c_0/c) = k_r Kt = K_{app} t \tag{9-5}$$

式中，K_{app} 是表观一级动力学常数；c_0 是反应物初始浓度。因此反应物初始降解速率可表示为

$$r_0 = K_{app} c_0 \tag{9-6}$$

在许多光催化降解污染物的实验结果表明，这些反应过程往往遵循一级动力学方程。例如，陆虹雁等发现 $g\text{-}C_3N_4$、TiO_2 及复合 $TiO_2/g\text{-}C_3N_4$ 光催化降解罗丹明 B 的速率常数分别为 0.076 min^{-1}、0.013 min^{-1}和 0.00808 min^{-1}。范山湖等在光催化降解甲基橙和酸性大红两种偶氮染料在 pH = 3.0、6.0 和 9.0 时的反应速率常数分别是 0.105 min^{-1}和 0.048 min^{-1}、0.084 min^{-1}和 0.11 min^{-1}、0.063 min^{-1}和 0.097 min^{-1}。然而，当污染物浓度过大时，可能出现 Kc 远大于 1 的情况，根据式(9-4)，此时反应速率 $r=k$，转变为零级动力学。例如，孙根行在研究水中橡梳栲胶的光催化降解行为时发现，当橡梳栲胶浓度较高时，降解液的光催化降解过程符合零级动力学方程；而在浓度较低时，降解液的光催化降解则符合一级动力学方程。

9.2.3　反应机理

光催化技术是一种利用光能激发催化剂诱导化学反应的技术，它在环境领域的应用主要基于以下五个关键步骤。

(1) 光吸收与能量转换。光催化过程的第一步是光催化剂对光的吸收。光催化剂通常具有特定的能带结构，能够吸收特定波长的光，使得价带电子跃迁至导带，产生光生电子和空穴。这个过程的反应效率受催化剂的能带结构、光子能量和催化剂粒子尺寸等因素影响。

(2) 光生载流子的形成。光吸收后，导带中的电子和价带中的空穴形成高活性的电子-空穴对。这些电子-空穴对可以参与氧化还原反应，但也可能发生复合，从而降低光催化效率。因此，如何通过设计催化剂结构或引入助催化剂等方式抑制电子-空穴复合，是提高光催化性能的关键。

(3) 电子扩散与传递。光生电子和空穴在催化剂内部或表面发生扩散与传递，这个过程受到催化剂的晶体结构、表面形貌和缺陷等因素的影响。优化这些特性有助于促进电子和空穴的有效分离和传递。

(4) 活性物种生成。光生电子和空穴与催化剂表面的吸附物种(如水、氧气等)反应，生成具有强氧化还原能力的活性物种，如羟基自由基、超氧自由基等。这些活性物种能够降解有机污染物或还原重金属离子。

(5) 氧化还原反应机理。光催化过程中的氧化还原反应涉及多个步骤，包括光生电子和空穴与表面吸附物种的还原和氧化反应，以及随后与目标污染物的氧化还原反应，实现污染物的降解或转化，经过一系列的反应，环境污染物得以分解为低分子化合物(如 CO_2 和 H_2O)，最终实现彻底降解。氧化还原反应机理的具体路径和速率受到催化剂的性质、反应

条件及污染物种类等因素的影响。

9.3 光催化效率评价

9.3.1 反应系统

光催化反应器的设计对于提高光催化效率和处理效果至关重要。整体结构的设计需要综合考虑光源、催化剂和待处理液的几何位置关系，以优化光的利用和催化反应的效率。目前使用的光催化反应器大致分为以下两类。

1. 流化式光催化反应器

流化式光催化反应器是一种较早研究的类型，特别适合于废水处理。在这种设计中，催化剂粉末可以直接使用，或者负载在颗粒状载体上，以悬浮态存在于水溶液中。由于催化剂粉末与液体充分接触，反应物与催化剂之间的传质限制较小，反应速率较高，结构简单，操作方便。不足之处是催化剂难以回收再利用。

2. 固定式光催化反应器

固定式光催化反应器将催化剂固载在一定的载体材料上，可以处理液态也可以处理气态污染物。根据载体材料和催化剂在载体上的形式，可进一步细分为两类。镀膜式：催化剂以薄膜形式存在于载体表面，例如将 TiO_2 涂覆在反应器内外壁、紫外灯管外壁或光导纤维管壁上。这种设计利用紫外光辐照，可以有效降解和矿化吸附在膜表面的污染物。填充床式：催化剂负载在具有三维结构的多孔小颗粒表面上，这些小颗粒作为填充物设计成填充床反应器。这种设计有助于提高催化剂的利用效率和传质效率。

在设计光催化反应器时，还需要考虑以下因素。

(1) 光源的选择。根据催化剂的光响应特性选择合适的光源，如紫外光、可见光等。

(2) 光照面积与溶液体积的比例。增大这个比例可以提高光的利用率和光化转换率。

(3) 催化剂的负载和分散。确保催化剂能够有效分散在反应体系中，以最大化光催化活性。

(4) 温度和压力的控制。根据反应条件调整温度和压力，以优化反应速率。

(5) 反应器的几何形状和尺寸。设计合适的几何形状和尺寸，以提高光的传播效率和反应物的混合效率。

通过综合考虑这些因素，可以设计出高效、经济且操作简便的光催化反应器，以满足不同的环境治理需求。

9.3.2 产物分析

分析测试是光催化降解污染物研究中的重要步骤，它将直接影响检测结果的准确性和可靠性。通常可以采用色谱法、光谱法和质谱法对污染物进行定量与定性分析。

气相色谱法（GC）和液相色谱法（LC）均是广泛用于分析有机污染物的技术。对于脂溶性高和挥发性有机污染物，如多氯联苯和部分有机氯农药，GC 是一种非常有效的分析方法。

对于不易挥发或热敏感的有机化合物及具有极性的有机污染物，LC 是一种高效的分析方法。在这两种色谱法中，首先要提取样品，并加入内标物质进行定量分析。然后，通过色谱柱实现对有机物的分离。最后，通过比对标准物质的保留时间，识别出样品中存在的有机物，并计算其浓度。

离子色谱法（IC）适用于测定水溶液中的离子，如饮用水、食品和环境样本中的离子。IC 能够分析多种离子，包括有机阴离子、碱金属、碱土金属、重金属、稀土离子、有机酸根及胺与铵盐等。

质谱法（MS）是一种高灵敏度和高精确度的检测技术，通过将化合物电离成离子并根据质量和电荷分离，可鉴定和量化化学物质。质谱法的高分辨率使其能够准确识别复杂的化学混合物中的特定化合物。常与色谱技术联用（如 GC-MS 或 LC-MS），以提高分析的选择性和灵敏度。

光谱分析法是根据物质的光谱来鉴别物质及确定其化学组成和相对含量的方法，是以分子和原子的光谱学为基础建立起的分析方法。紫外-可见光谱法（UV-Vis）基于化合物对紫外光或可见光的吸收特性，常用于检测具有特定吸收特性的化合物。红外光谱法（IR）则通过分析化合物对红外光的吸收来识别化合物的功能团，可用于化合物的定性分析。每种分析方法都有其独特的优势和应用领域。在实际应用中，根据样品的性质和分析目标，选择合适的分析方法至关重要。通过这些方法的结合使用，可以更全面和准确地分析样本中的污染物。

9.3.3 活性表示方法

为了全面评估光催化系统在实际应用中的潜力，必须直接测量其在不同应用场景中对模型污染物的降解效果，包括降解百分比、降解速率、矿化率和化学耗氧量等关键指标。研究人员已经根据光催化技术在污水处理、空气净化和自清洁材料等不同领域的应用，建立了相应的性能评价体系。

在污水处理领域，光催化性能的评估通常涉及对水中有机物降解率、染料脱色率、重金属离子去除率及细菌灭杀率的测定。此过程需要深入考虑模型污染物与光催化剂之间的相互作用，以及水环境温度、pH 和常见离子等因素对催化剂性能的影响。此外，设计符合催化剂特性的间歇式或流动式反应装置也是至关重要的。

对于空气净化应用，光催化性能的评价则侧重于大气污染物在一定时间内的去除率。这需要综合考虑载气的选择、流速、温度、湿度及可能影响催化剂活性的大气环境因素。催化剂的可重复使用性同样是评价其性能的一个重要维度。

在自清洁材料的应用中，光催化性能的评价则通过测量单位面积的自清洁薄膜在一定时间内对油酸的降解效果和细菌的灭杀效果来进行。这需要考虑自然外力和外界能量（如重力、雨水、风力或太阳能）的影响、光催化材料的亲水性及其与基底的附着能力。因此，选择与特定反应环境相适应的模型污染物和评价指标至关重要。然而，由于影响光催化性能的因素众多，即便是在同一应用场景下，催化剂的用量、比表面积、表面电荷、污染物浓度等多种参数均可能对其性能产生显著影响。在统一的实验条件下，人们对市售的 TiO_2 产品

(如 Degussa P25)的反应动力学常数进行了测试,并将其结果作为基准,这为建立标准化的测试方法做出了重要贡献。但目前还没有形成一个被广泛认可的评价标准。

科研人员在量化评估光催化活性方面取得了显著进展。在高级氧化技术领域,采用单位质量能耗作为衡量水处理效率的指标,这是指降解 1 kg 污染物所需的电能(kW·h)。在初始污染物浓度较低的情况下,可通过计算将 1 m^3 水体中污染物浓度降低一个数量级所需的电能来进行评估。此外,转换数(即污染物降解量与催化剂用量的比值)也被视为一种评价指标,尽管这一标准并没有完全考虑到光能的影响。计算光催化过程中的总量子产率,被认为是评价光催化性能的直接和有效标准。然而,由于非均相光催化过程中存在的光反射、散射、透射及热损耗等,实验室测定的量子产率可能存在偏差,使得实际吸收的光子数目难以精确测量。因此,关于光催化性能的量化评价标准,目前学术界仍存在一定的争议。

综合来看,评估光催化性能是一个涉及众多因素的复杂任务,全球尚未形成一个统一的评价标准。然而,为了推动光催化技术的持续发展和广泛应用,世界各地的科研机构和行业专家正在积极开发和完善相应的评估方法和标准体系。建立一套公认的评价方法和标准,将确保不同实验室和企业的研究成果具有更高的可比性和一致性。这不仅有助于促进科学交流和知识共享,还将为光催化技术的商业化和规模化生产奠定基础,加速其在环境保护和可持续发展领域的实际应用。

9.4 环境光催化影响因素

9.4.1 光催化剂

光催化剂的固有特性对其光催化效能起着至关重要的作用。它决定了光催化剂的光吸收能力、电子-空穴对的生成与分离效率及后续的光催化反应,这些因素共同影响着光催化的整体效率。以下是对影响光催化效率的光催化剂属性进行的深入分析。

晶体结构是影响光催化剂光催化效率的一个核心要素。不同的晶体结构赋予了光催化剂各异的电子结构和能带结构,这些结构特征决定了光催化剂对光的吸收能力及光生电子-空穴对的分离效率。以 TiO_2 为例,其三种不同的晶体形态(锐钛矿型、金红石型和板钛矿型)各自展现出独特的光电特性。锐钛矿型和金红石型是最为常见的两种形态,它们不同的晶形结构导致了不同的禁带宽度。与金红石型 TiO_2 相比,锐钛矿型 TiO_2 具有更大的比表面积和更多的晶格缺陷,这增强了其捕获载流子的能力,有利于电子-空穴对的有效分离,进而提升了其光催化性能。除此之外,光催化剂的氧化还原状态、晶面取向及局部浓度等其他因素也会对其光催化性能产生影响。因此,通过精心设计光催化剂的晶体结构,可以有效地优化其光吸收和电子传输的能力,进而提升光催化效率。

光催化剂的形态对其光催化效率同样具有显著影响。形态的多样性可以改变催化剂的表面积、孔隙结构和活性位点的数量,这些因素共同决定了光催化反应的进行和速率。不同的制备方法、反应时间和温度条件会导致光催化剂呈现花状、球状、片状等多种形态。形态的差异直接影响比表面积的大小,进而影响与反应物的接触面积。一般而言,比表面积越大，其吸附性能和催化性能越好。例如，纳米粒子形态的光催化剂因其较大的比表面积，能提供更多的活性位点，从而有效提升光催化效率。此外，特殊形态的催化剂如纳米线、纳米管或纳米片等，能够通过增加特定表面积和光吸收率来进一步提高光催化性能。

光催化剂的内部结构，即织构，也是影响其效率的关键因素。织构主要指催化剂内部的孔隙结构和颗粒间的排列方式。一个优化的织构设计可以增强催化剂的扩散性能，促进反应物和产物的传输，减少传质阻力。同时，良好的织构还有助于提高催化剂的稳定性，减少在反应过程中的失活现象，维持高效率。

在实际应用中，光催化剂的结构、形态和织构是相互联系和影响的。为了提高光催化效率，必须综合考虑这些因素，并进行协同优化。通过精心设计和优化，可以提升光催化剂的光吸收能力、电子传输效率和反应活性，实现更高效的光催化反应。

9.4.2　光源

光源在环境光催化过程中扮演着至关重要的角色，因为它不仅能够显著影响催化反应的效率和选择性，还能调控催化剂的激发状态和反应机理。不同的光照条件会引发光催化过程中各异的反应路径，而光源的强度和稳定性更是对反应成效起着决定性的作用。在光照强度较低的情况下，随着光照强度的增加，催化剂产生更多载流子并参与反应。然而，当光强度达到某一临界值后，由于催化剂产生电子-空穴对的能力有限，光强度的进一步增加对催化性能的提升作用将变得微乎其微。更为严重的是，如果光照强度过大，可能会导致体系温度升高，引发催化剂的团聚现象，从而降低其催化活性。此外，如果光源的稳定性不好，光催化反应的效率可能会受到不稳定的光源引起的波动影响，尤其是在太阳光驱动的光催化过程中，反应效率会受到天气变化的显著制约。同时，光源的波长范围也是影响光催化反应选择性的关键因素。特定的光催化反应往往需要特定波长范围的光源来激发催化剂，以促进反应的进行。

9.4.3　氧化剂

在光催化降解有机污染物过程中，氧化剂扮演着至关重要的角色，它们通过增强反应体系的氧化能力，促进污染物分解。氧气（O_2）作为一种经济、环保的氧化剂，不仅因其广泛可用性而受到青睐，还能在氧化还原反应中充当电子受体，帮助光催化剂产生的电子-空穴对分离，从而加速光催化反应并提高其效率。

与氧气相比，过氧化氢（H_2O_2）展现出更高的氧化潜力，它可以直接氧化底物分子，提升体系的氧化能力。在光催化反应中，H_2O_2 能够与光催化剂产生的激发态电子反应，生成其他活性氧物种，这些物种进一步促进光催化降解反应。H_2O_2 的存在可能以多种方式影响光催化效率，包括作为反应物参与反应过程，作为电子受体或供体影响电子-空穴对的分离和传输，以及生成活性氧物种。然而，H_2O_2 对光催化效率的具体影响是多方面的，依赖于光催化剂的种类、反应条件、H_2O_2 的浓度等因素。在某些情况下，H_2O_2 的加入可以提升光催化效率，而在有些情况下则可能降低光催化效率。

9.4.4 反应条件

1. 温度

通常,温度的轻微变化对光催化反应的速率影响不大。这是因为相对于热化学反应,光催化反应的活化能非常低,除了光子能量不需要额外提供其他能量,可以在室温下进行。此外,光催化降解反应是活性氧自由基参与的反应,因此温度的影响不大。然而,提高温度有利于底物和中间产物的脱附,从而增加催化剂的有效表面积。在低温条件下,解吸作用可能成为光催化反应速率的决定性因素。Bouanimba 等对溴酚蓝(BPB)的光催化降解速率常数 k_{app} 与反应温度之间的关系进行了研究。如图 9-1 所示,通过提高反应温度,两种光催化体系的表观反应速率常数 k_{app} 均有所提升。表观活化能(E_a)可以通过阿伦尼乌斯方程来表达:

$$k_{app}=k_0\exp\left(-\frac{E_a}{RT}\right) \tag{9-7}$$

$$\ln k_{app}=f(1/T) \tag{9-8}$$

式中,k_{app} 为表观速率常数(min^{-1});k_0 为与温度无关的因子(min^{-1});E_a 为光催化降解的表观活化能($J\cdot mol^{-1}$);R 为摩尔气体常数($8.314\ J\cdot mol^{-1}\cdot K^{-1}$);$T$ 为溶液温度(K)。$\ln k_{app}=f(1/T)$ 的线性变换,其斜率等于 $-E_a/R$。

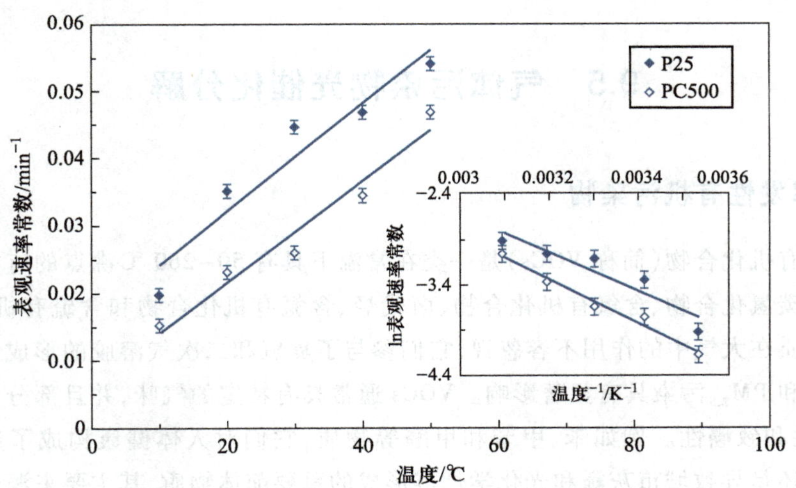

图 9-1 温度对 BPB 光催化降解的影响

[本图来源:Bouanimba N, et al. Desalination, 2011, 275 (1): 224-230.]

2. 介质

在液相反应中,pH 对光催化反应具有显著的影响。这种影响可以从两个方面考虑:一方面 pH 变化将改变表面羟基浓度,导致半导体的价带和导带位置发生偏移;另一方面 pH 直接影响催化剂的表面性质,同时影响反应底物或中间产物的状态,进而改变底物和催化剂间的吸附作用。因此,pH 的作用机制颇为复杂,对于同一底物在不同光催化剂上的降解实验,可能会展现出截然不同的规律。

溶液的 pH 还会影响颗粒的表面电荷特性及其聚集形态，通过调节 pH 来控制颗粒的表面电荷，可实现对特定污染物的优先降解。Parvin Gharbani 等研究了纳米 CdSe 光催化降解亚甲基蓝（MB）的过程，发现当溶液的 pH 低于 CdSe 的零点电荷 pH（$pH_{ZPC}=8.1$）时，CdSe 的表面电荷为正；反之，当 pH 高于 pH_{ZPC} 时，CdSe 的表面电荷为负。因此，在 pH>8.1 的条件下，CdSe 能够有效吸附阳离子染料 MB，这是由于带正电荷的染料与带负电荷的 CdSe 表面之间的静电吸附作用。

3. 催化剂用量

在液相反应中，光催化剂用量将影响总比表面积、催化剂活性位点数量和入射光穿透深度等，从而影响光催化降解速率。一般而言，非均相光催化反应的速率先随光催化剂用量增加而加速，但当用量过多时，光的散射效应会增强，从而降低对光子的有效吸收。因此，当光催化剂用量达到一个临界值时，光催化反应速率将达到最大值，并且不会再有显著的提升。Vafaee 等使用 W-ZnO 纳米复合材料在紫外光照射下光催化降解草莓红偶氮染料时发现，当 ZnO/W 的用量增加到 $0.16\ g\cdot L^{-1}$ 时染料的去除率显著，然而，超过这一用量后，催化剂负载量的增加对脱色效果不再产生显著影响。这可能是因为悬浮液的浊度增加，虽然催化剂表面上的可用活性位点数量增多，但由于散射效应的增强，紫外光的穿透能力降低，导致光催化剂的去除效率下降。此外，随着投加量的增加，可能会导致颗粒团聚，部分催化剂表面无法吸收光子，悬浮液对光的捕获能力降低，活性中心的数量减少，进而导致光催化活性降低。

9.5 气体污染物光催化分解

9.5.1 挥发性有机污染物

挥发性有机化合物（简称 VOCs）是一类在常温下具有 50~260 ℃沸点的有机化合物，涵盖了非甲烷碳氢化合物、含氧有机化合物、卤代烃、含氮有机化合物和含硫有机化合物等种类。这些物质在大气中的作用不容忽视，它们参与了臭氧和二次气溶胶的形成，对区域性大气臭氧污染和 $PM_{2.5}$ 污染具有显著影响。VOCs 通常具有特定的气味，并且部分具有毒性、刺激性、致畸性和致癌性。例如苯、甲苯和甲醛等物质，它们对人体健康构成了严重的威胁。此外，VOCs 还是导致城市灰霾和光化学烟雾形成的重要前体物质，其主要来源于煤化工、石油化工、燃料涂料制造、溶剂制造与使用等工业过程。

近年来，半导体光催化技术因其在降解气相有机污染物方面的高效性和环保性，已成为一种理想的环境治理技术。该技术具有以下显著优点：首先，与传统的气相污染物处理方法相比，光催化技术展现出更高的处理效率和更短的反应时间；其次，光催化技术易于实现材料的回收和连续化处理；最后，该技术使用低能量光源，光能利用率高，有助于实现污染物的彻底氧化。因此，光催化技术在消除大气污染物方面展现出巨大的潜力。随着技术的不断发展和完善，预计光催化技术将在环境保护等领域得到更广泛的应用，并为解决大气污染问题提供有力的技术支撑。

光催化去除 VOCs 过程大致分为三个步骤(图 9-2):首先在光照下($E_{h\nu} \geq E_g$),半导体光催化剂吸收光子产生电子-空穴对;随后光生电子-空穴分离并迁移至半导体催化剂表面;最后催化剂表面吸附的反应物及 H_2O 与光生电子-空穴发生氧化还原反应生成高反应活性的氧化物种($\cdot O_2^-$, $\cdot OH$, $^1O_2$),这些物种进一步攻击 VOCs,将其降解/矿化为小分子产物或 CO_2 和 H_2O。同时,光生空穴也可以直接氧化吸附在催化剂表面的有机污染物,进一步促进 VOCs 的去除。

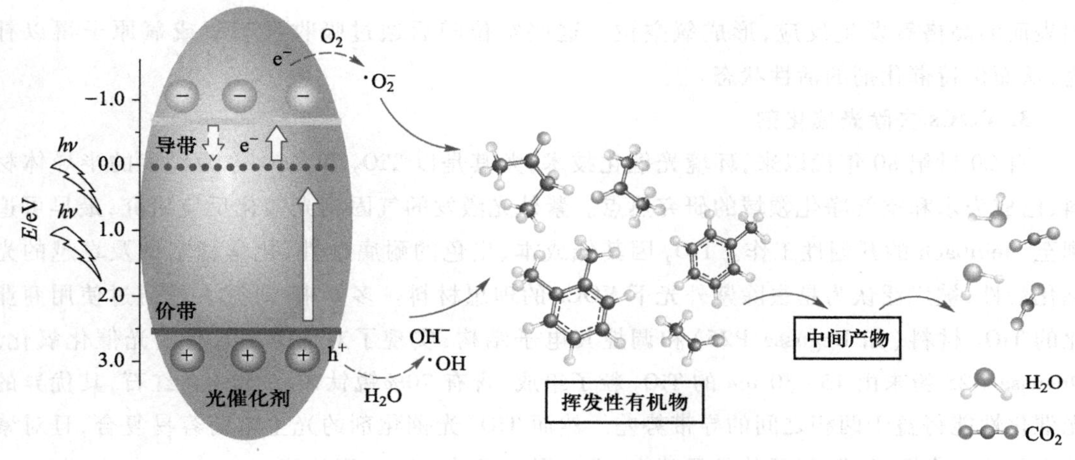

图 9-2 光催化去除 VOC 反应机理图
(本图来源:Almaie S, et al. Chemosphere, 2022, 306: 135655.)

1. 气相光催化去除 VOCs 反应机理

在气相 VOCs 的光催化去除反应中,特别是在存在一定湿度的条件下,羟基自由基($\cdot OH$)的生成被普遍认为是 VOCs 去除过程中的关键因素。然而,如果体系中的水蒸气相对含量过高,水分子可能会与反应物及中间产物发生竞争性吸附,进而降低整体反应速率。反之,如果光催化剂对反应物的吸附能力更强,水蒸气的存在对反应速率的影响将会被大幅度减弱。

在无水条件下,如果催化剂表面吸附的反应物具有比半导体导带更正的还原电势,那么半导体的光生电子可以有效地将其还原,生成活性氧物种(如 $O_2 + e^- \longrightarrow \cdot O_2^-$)。当反应物具有比半导体价带更负的氧化电势时,光生空穴可有效地氧化 VOCs。对于具有较高价带电势的半导体催化剂,光生空穴的氧化性可能比羟基自由基的氧化性更强。因此,只要存在合适的物质作为电子和空穴的捕获剂,并有效抑制电子-空穴对的复合,氧化还原反应就能顺利进行。此外,在该条件下,电子捕获剂通常是吸附在催化剂表面的氧气,而空穴捕获剂可能是有机物本身。这种机制为光催化去除 VOCs 提供了一种高效途径,从而实现环境污染物的无害化处理。

2. VOCs 氧化动力学模型

动力学研究揭示了反应物向产物转化的深层机理,为人们理解这一过程提供了关键信息。在挥发性有机化合物(VOCs)的氧化速率描述中,目前已有三种主要的动力学模型得到了广泛认可，它们分别是Eley-Rideal（E-R）机理、Langmuir-Hinshelwood（L-H）机理和Mars-van Krevelen（MVK）机理。这些模型各有所长，适用于不同的催化剂类型和VOCs的特定属性。E-R机理描述了一种气相反应，其中VOCs分子直接与催化剂表面吸附的氧原子发生反应，强调了气相分子与表面吸附氧之间的直接相互作用。L-H模型是目前应用最为广泛的动力学模型，涉及氧和VOCs分子在催化剂表面的吸附过程。氧分子首先在催化剂表面吸附形成活性位点，随后VOCs分子与之反应，完成污染物的降解。MVK模型通常被解释为一种氧化还原机理，它特别适用于金属氧化物催化剂。在此模型中，VOCs分子首先与催化剂表面的晶格氧发生反应，形成氧空位。这些空位随后通过吸收气态氧或氧原子得以补充，从而保持催化剂的活性状态。

3. VOCs去除光催化剂

自20世纪80年代以来，环境光催化技术，尤其是以TiO_2和ZnO等为代表的半导体材料，已成为水和空气净化领域的研究热点。紫外光激发的气固相光催化反应研究，最早可追溯至Steinbach的开创性工作。TiO_2因其低成本、出色的耐腐蚀性、化学稳定性及卓越的光催化活性，被广泛认为是去除紫外光下VOCs的理想材料。多年来，研究人员通过使用商业化的TiO_2材料（如Degussa P25）和调控其电子结构，实现了对VOCs的有效光催化氧化。Degussa P25粉末由15~30 nm的TiO_2粒子组成，含有70%锐钛矿和30%金红石，其优异的光催化性能得益于两相之间的导带势差。然而TiO_2光催化剂的光生电荷容易复合，且对紫外光的响应有限，这限制了其量子效率，进而影响了其实际应用效能。

为了克服这些不足，表面修饰技术应运而生，成为提升TiO_2性能的有效手段。表面修饰不仅能增强反应物的吸附，促进电荷转移，还能抑制光生电子与空穴的复合。通过引入氧化还原惰性阴离子或无机非金属进行表面改性，可以显著提高降解有机污染物的光催化效率。Jing等对TiO_2进行磷酸盐改性的研究显示，磷酸基团通过Ti—O—P—OH的形式锚定在纳米晶锐钛矿TiO_2上，显著调节了表面的酸度。增加的表面酸度有利于氧气的吸附，有效促进了光生载流子的分离。此外，表面改性还增强了对有机污染物的吸附能力。密度泛函理论（DFT）计算结果表明，丙酮在氟改性TiO_2上的吸附能为-0.33 eV，低于无氟改性TiO_2的吸附能（-0.24 eV）。这一差异表明，氟改性TiO_2纳米片与丙酮之间具有更强的相互作用，这有利于光催化氧化反应进行。同时，表面改性策略还能抑制VOCs降解中间物种的吸附，防止催化剂的失活。

在光催化过程中，缺陷不仅是捕获光生电荷载流子的陷阱，也是重要的吸附位点，它们能够高效地诱导电荷向VOCs分子转移，促进光生电子和空穴的有效分离。缺陷工程的精心设计可以激活氧分子，抑制电子与空穴的复合，并调整TiO_2的表面化学性质，从而优化其在VOCs氧化反应中的活性。Kong等通过制备具有可调节的体相和表面缺陷TiO_2纳米催化剂，并研究了这些缺陷对光催化活性的影响，发现这些缺陷在光催化中扮演着关键角色。通过调整TiO_2的体相和表面缺陷比例，可以显著降低电子和空穴的复合，提升光催化效率。

除了表面修饰和缺陷工程，金属沉积和离子掺杂也是提高TiO_2量子效率、可见光利用率和光催化活性的有效方法。Chen等的研究表明，在TiO_2表面沉积Pt可以增加活性基团

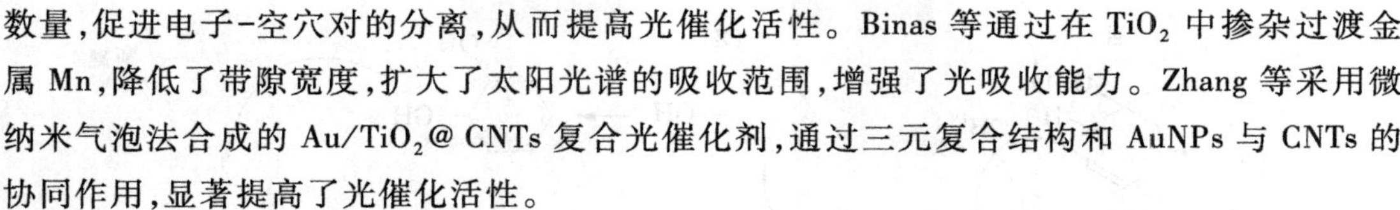

数量,促进电子-空穴对的分离,从而提高光催化活性。Binas 等通过在 TiO_2 中掺杂过渡金属 Mn,降低了带隙宽度,扩大了太阳光谱的吸收范围,增强了光吸收能力。Zhang 等采用微纳米气泡法合成的 Au/TiO_2@ CNTs 复合光催化剂,通过三元复合结构和 AuNPs 与 CNTs 的协同作用,显著提高了光催化活性。

除了基于 TiO_2 的光催化剂,一系列新型光催化剂也已投入 VOCs 的光催化降解研究中,这些催化剂以其对可见光的吸收能力、强大的有机物质吸附力和较大的比表面积而脱颖而出。其中,g-C_3N_4 作为一种非金属半导体,以其 2.7 eV 的较小带隙,成为备受瞩目的可见光响应型光催化剂。尽管如此,g-C_3N_4 的光生电荷易于复合,这限制了其光催化效率。此外,其价带电势的负值[2.7 V(vs. SHE)]也阻碍了·OH 自由基的生成。为解决这些问题,构建 Z 型异质结提供了一种有效的策略,它不仅优化了能带结构,还促进了光生电荷的分离和活性自由基的生成。Zheng 等成功制备了 $BiVO_4$/rGO/g-C_3N_4 三元 Z 型异质结,并用于 VOCs 的光催化降解。研究表明,在可见光的照射下,$BiVO_4$ 和 g-C_3N_4 中的光生电荷得到有效激发,并在材料的接触界面形成了内建电场。在内建电场作用下,rGO 作为电子传递桥梁,有效地促进了光生载流子的空间分离,从而显著提升了 VOCs 的光催化降解效率。此外,活性炭、碳纳米管、石墨烯和生物炭等碳基材料,以其出色的吸附性能,可以与光催化剂结合,促进 VOCs 在催化剂表面的吸附,实现吸附和光催化的协同效应,进一步提高光催化降解 VOCs 的性能。这些创新方法和策略的应用,预示着光催化技术在环境净化领域的广阔前景。

4. 气相降解有机污染物种类

(1) 苯。在苯的光催化氧化过程中,苯酚通常作为第一种中间产物出现。He 等的研究表明,羟基自由基(·OH)在这一降解过程中扮演着关键角色,并基于气相色谱-质谱联用(GC-MS)分析结果,提出了苯的降解路径:苯首先被氧化生成苯酚,随后苯酚进一步降解为 2-环乙烯醇,继而发生开环反应,形成醛、醇和酸等中间产物,最终被彻底矿化为二氧化碳和水。Zhong 等的研究进一步证实,苯酚主要是通过光生空穴(h^+)的氧化作用产生的,而苯的降解过程主要涉及异构化反应。Hennezel 等提出了苯降解的三种主要途径:首先,苯分子被光生空穴直接氧化,形成苯自由基阳离子,该阳离子与水或氢氧根反应生成苯酚,苯酚随后被进一步氧化;然后,苯分子与羟基自由基发生加成反应,然后被氧气氧化成苯酚;最后,苯自由基阳离子与苯分子反应,形成聚合物。

在光催化过程中,光激发产生的空穴能够与吸附在催化剂表面的苯分子直接反应,生成苯基自由基阳离子($\cdot C_6H_5^+$)。这些空穴同样能够氧化吸附的水分子,产生羟基自由基。苯基自由基阳离子随后可以与吸附的氧气或其负离子反应,形成苯酚,这一过程涉及过氧化自由基的生成。另外,苯基自由基阳离子与羟基自由基的直接反应,也能生成酚类化合物。这些化合物经过进一步氧化,最终转化为二氧化碳和水(图 9-3)。苯基自由基阳离子与羟基自由基之间的这种直接相互作用,是苯酚及其他羟基化中间产物,如对苯二酚和苯醌等生成的关键途径。然而,苯基自由基阳离子也可能与其他苯分子发生反应,通过聚合作用形成焦炭沉积物,这些沉积物在催化剂表面积累,可能会覆盖活性位点,从而降低光催化剂的效率。

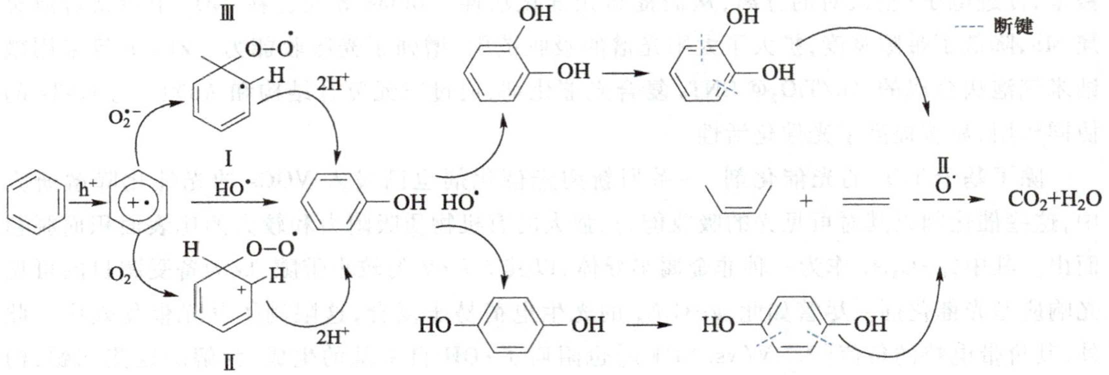

图 9-3 苯光催化氧化的可能反应途径

[本图来源:Zhuang H Q,et al. RSC Adv.,2014,4 (65):34315-34324.]

(2) 甲苯。在甲苯的降解过程中,苄基作为初始中间体首先形成,随后转化为苯甲酸、苯甲醛等关键中间产物。Xia 等提出,以羟基自由基或超氧阴离子为氧化剂,甲苯的降解路径可以概括为:甲苯转化为苄基,再进一步形成苄基醇,最终经过开环反应生成乙酸、甲酸等,直至完全矿化为二氧化碳和水。开环反应通常由氧化剂如羟基自由基、超氧阴离子或过氧自由基触发。Huang 等则指出,当超氧阴离子作为氧化剂时,甲苯的降解路径与羟基自由基作为氧化剂时不同。在超氧阴离子的作用下,甲苯直接氧化为苯甲醛,而不经过苯甲醇的生成。而羟基自由基作为氧化剂时,甲苯的降解路径依次为:甲苯首先被氧化生成苄基,随后转化为苯甲醇,进一步氧化形成苯甲醛和苯甲酸,最终降解为甲酸、乙酸等小分子有机酸,并最终完全矿化为二氧化碳和水。此外,Ardizzone 等提出,在大多数情况下,羟基自由基直接攻击甲苯的甲基,也可能攻击芳环中甲基的对位,形成对甲酚,进一步降解为对苯二酚,最终转化为二氧化碳和水。Zhan 等通过气相色谱-质谱联用(GC-MS)技术检测中间体,研究了极紫外光/气体和极紫外光/水体系中甲苯的降解途径。除了通过萃取氢形成苄基后的一系列反应外,甲苯还存在其他三种破坏途径,包括羟基自由基的加成、异构化和去甲基化。异构化过程主要出现在极紫外光/水体系中,而去甲基化过程则主要出现在极紫外光/气体体系中。在极紫外光/气体体系中,高能光子直接作用于挥发性有机化合物(VOCs),促使甲苯甲基脱除形成苯基;而在极紫外光/水体系中,光子与水相互作用产生的羟基自由基在甲苯异构化为苯酚的过程中起主导作用。

9.5.2 氮氧化物

尽管传统氮氧化物处理技术,如吸附、选择性催化还原、热催化和催化燃烧等,在处理高浓度氮氧化合物方面取得了广泛应用,但是不适用于 10^{-9} 级低浓度氮氧化合物的处理。从经济可行性的角度来看,迫切需要寻找一种适宜的、可持续的方法去除低浓度的 NO_x。光催化技术,作为一种太阳能驱动的清洁技术,以其温和的反应条件和低能耗等优势,已经在产氢、CO_2 还原、燃料降解和有机合成等多个领域展现出广泛的应用潜力。自从 1994 年 Ibusuki 和 Takeuchi 首次探索将光催化技术用于 NO_x 的去除以来,这一领域便迅速吸引了研

究者们的广泛关注。当光催化剂表面受到足够能量的光照时，能够激发半导体材料产生光生载流子，这些载流子在电场作用下迁移至催化剂表面。随后，它们与表面吸附的物质发生氧化还原反应，有效促进氮氧化物的转化与去除。

1. 光催化氧化去除氮氧化物

当前光催化氧化去除氮氧化物的研究主要致力于将 NO 转化为环境友好的硝酸盐和亚硝酸盐。在光照激发下，半导体光催化剂能够产生电子和空穴，这些载流子能够与催化剂表面吸附的氧气和水分子反应，生成超氧自由基和羟基自由基等高活性氧化物种，进而促进 NO 的转化。然而，鉴于 NO_2 的毒性远高于 NO，控制其生成量是实现 NO 深度氧化的关键。为了有效抑制 NO_2 的形成，研究人员模拟自然环境，探索了提高催化剂性能和效率的新途径。例如，Duan 等通过在 TiO_2 纳米粒子上负载 Ag 纳米团簇，制备了 Ag/TiO_2 复合催化剂。在可见光照射下，Ag 团簇的电子能够激发并迁移到 TiO_2 的导带，产生超氧自由基，有效氧化 NO，同时抑制了 NO_2 的生成，展现出良好的稳定性。Dong 等首次报道了非贵金属 Bi 纳米粒子在光催化 NO 氧化中的表面等离子体效应，并提出了相应的机理模型。Bi 元素作为反应活性位点，增强了 NO 在催化剂表面的吸附和解吸，从而提升了催化效率。Zhou 等采用熔盐法制备了一种高结晶度氮化碳（CN-NaLi），其独特的结构促进了光生载流子的离域、分离和转移，显著提高了电荷动力学效率。这种材料在光催化氧化 NO 方面表现出色，将副产物 NO_2 的浓度从 CN 的 7.03×10^{-11}（70.3 ppb）大幅降低至 CN-NaLi 的 3.7×10^{-12}（3.7 ppb），展现了其在环境治理方面的应用潜力。

2. 光催化还原去除氮氧化物

光催化还原氮氧化物技术，以其将氮氧化合物直接转化为无害氮气的能力，为改善空气质量提供了一种有效手段。这一技术在光照和还原剂共存的条件下进行，不仅能耗低，而且常选用氨、一氧化碳和碳氢化合物等作为还原剂。目前，科研工作的重点在于提升催化剂的活性与选择性。例如，Su 等发现，在室温下使用负载了钯的二氧化钛作为催化剂，能够显著增强对丙烷的吸附能力，将一氧化氮的转化率提升至 90%，同时避免了副产物一氧化二氮的生成。

类似于热催化还原，利用氨的选择性还原反应（NH_3-SCR）也是研究的热点之一。Teramura 等阐明了 NH_3 在二氧化钛上的还原机理，并指出中间产物 NH_2NO 可通过热处理轻易分解。此外，光助一氧化碳还原一氧化氮（CO-SCR）技术也引起了广泛关注，通过引入光照，促进了 CO 和 NO 在催化剂表面的吸附与活化，有效降低了反应所需的温度。更有甚者，NO-CO-H_2O 反应能够将有毒的一氧化氮和一氧化碳转化为具有高经济价值的氨，堪称理想的化学反应。

光催化技术去除氮氧化合物的终极目标是实现商业化。近几十年来，这项技术已被多个国家应用于室内外空气净化。例如，在西班牙巴伦西亚的欧洲光电反应堆项目中，光催化技术已被大规模部署；日本早在 20 世纪 80 年代就开始在道路上喷涂光催化剂以净化空气；我国的国家大剧院、国家体育场等标志性建筑也采用了光催化剂来改善室内环境。随着对光催化技术研究的不断深入，其在未来的应用前景无疑将更加广阔。

9.5.3　硫化物

当前,处理含硫挥发性有机物(S-VOCs)的方法主要分为三大类:物理法、生物法和化学法。物理法根据 S-VOCs 的物理化学特性,采用如过滤、吸附、膜分离和吸收等技术手段进行气体分离与净化。这些技术以其操作简单和适用范围广而受到青睐,但它们通常不会彻底消除有机硫,存在残留恶臭物质引发二次污染的风险。生物法则利用微生物的力量,通过细菌和真菌等将废气中的有机成分转化为无害的无机物,如二氧化碳和水。生物处理技术,如生物过滤、洗涤和膜法,以其环保和可持续性而受到推崇,但它们需要较大的设备空间,对微生物的生活环境有较高要求,且处理周期较长。化学法则通过破坏污染物的化学键来实现 S-VOCs 的高效去除,涵盖了化学吸收、氧化脱硫和光催化氧化等方法。化学吸收法通过吸附剂中的活性基团与有害气体形成化学键,实现污染物的去除,常用的吸附剂包括活性炭、分子筛和碱溶液。尽管这种方法在去除效率上有优势,但对有机硫的选择性不强,难以实现超低硫含量,且因吸附剂和吸收液的消耗量大,增加了运行成本。氧化催化脱硫作为一种深入研究的深度脱硫技术,通过分子筛、金属氧化物、碳纳米管等催化剂将有机硫化物氧化为二氧化硫并予以去除。然而,由于 S-VOCs 中 C—S 键的稳定性,这一过程往往需要较高的温度和能耗。

光催化氧化法结合了氧化脱硫的优点,能够在常温常压下进行。该技术利用光子激发催化剂,产生电子-空穴对,进而驱动氧化还原反应,实现深度脱硫。光催化过程大致包含四个步骤:首先是 S-VOCs 分子在催化剂表面的吸附;接着是光激发产生的电荷分离与转移;然后是活性物种的生成及其参与的化学反应;最后是光催化反应的循环进行。因其环境友好的特性,光催化氧化脱硫技术正逐渐成为环境污染防治的前沿技术。尽管如此,光催化降解硫化物的研究仍处于早期探索阶段,面临着一些挑战,包括催化剂易受硫酸化影响、再生过程复杂及光催化效率偏低等问题。为了克服这些障碍,未来的研究需要集中于开发和优化更高效、更稳定的新型光催化脱硫材料,以实现更广泛的应用和更显著的环境效益。

1. 常用光催化脱硫材料及其应用

1996 年,Hirai 等首次将光催化氧化的方法应用到柴油的深度脱硫中,使用空气为氧化剂,300 W 高压汞灯为光源,对商品柴油光照 30 h,脱硫率达到 75%,从此光催化氧化脱硫进入研究者的视野。光催化脱硫具有反应条件温和、工艺简单、投资少、脱硫效果好等优点,成为近年来具有广泛前景的研究课题。光催化脱硫的关键在于催化剂的设计与合成,2002 年,Matsuzawa 报道了二氧化钛(TiO_2)光催化氧化二苯并噻吩(DBT),在紫外光照射下,反应 10 h,DBT 的降解率为 40%。此后,多种光催化剂相继问世,它们被广泛应用于不同硫化物的催化氧化,包括氧化铁、氧化铜、氧化锌、铋系催化剂、金属硫化物、水滑石、金属有机框架、共价有机框架、氮化碳等,针对噻吩、苯并噻吩、4,6-二甲基二苯并噻吩、正十二硫醇、甲硫醇、硫化氢、二氧化硫等多种硫化物的催化氧化。然而,大多数光催化剂在超过 40 h 的使用后稳定性会下降,表现为材料逐渐中毒。这种现象主要由以下 4 方面因素引起:① 有些催化剂对氧化产物 DBT 砜的吸附能力超过了对反应物 DBT 的吸附,这导致催化剂活性逐步降低。② 对于负载型催化剂,在每次再生过程中可能会损失一部分催化剂或其活性组分,进而导致性能下降。③ 常温下 H_2S 氧化产生的硫难以从催化剂表面脱附，可能引起孔道堵塞。④ H_2S 和 SO_2 氧化产生的硫酸在常温下也难以脱附，这会导致活性位点被覆盖或流失。为了解决这些问题，可以采取不同的策略：对于由产品吸附引起的失活问题，可以通过在空气中进行退火来恢复催化剂的活性；对于催化剂或活性组分流失的情况，补充适量的催化剂是必要的；而对于硫酸导致的活性位点覆盖或流失问题，可以通过水洗的方式来再生催化剂。

2. 氮化碳在光催化脱硫中的应用

石墨氮化碳（$g-C_3N_4$）是一种由碳氮前驱体在特定条件下热聚合而成的非金属半导体材料。它主要有两种结构类型：一种是由三嗪环构成的三嗪基氮化碳，另一种是由七嗪环构成的七嗪基氮化碳。这些环状结构通过碳和氮原子的 sp^2 杂化，形成了广阔的 π 共轭体系，并通过末端氮原子的连接，构成了平面的网状结构。这些平面结构通过范德华力堆叠，形成了类似石墨的二维层状结构。其带隙宽度大约为 2.6 eV，能够吸收波长小于 475 nm 的太阳光谱中的可见光。$g-C_3N_4$ 的 LUMO 和 HOMO 能级分别位于 -1.1 V 和 +1.6 V（相对于标准氢电极），满足水分解的热力学条件，是光解水产氢研究的一种热门材料。考虑到硫化氢（H_2S）与水（H_2O）分子结构的相似性，以及光解 H_2S 产氢所需的能量远低于水分解的能量，光催化 H_2S 裂解产氢不仅能有效处理有毒污染物，还能生产清洁能源，实现了环境治理与能源生产的双重效益。

尽管 $g-C_3N_4$ 因其合适的能带位置、二维层状结构和良好的化学稳定性，被认为是一种理想的光解 H_2S 产氢催化剂。然而，原始的 $g-C_3N_4$ 因光生载流子的高复合率，其光催化效率并不尽如人意。为了提高其性能，研究人员通过将 $g-C_3N_4$ 与其他功能材料复合，优化了界面结构，有效提升了光催化效率。张春灵等通过光沉积法将二硫化钼（MoS_2）原位沉积到 $g-C_3N_4$ 表面，制备了 $MoS_2/g-C_3N_4$ 复合光催化剂，在 300 W 氙灯光源下，3% $MoS_2/g-C_3N_4$ 的 H_2S 光催化降解产氢速率显著，是纯 $g-C_3N_4$ 的 3 倍，同时展现了良好的稳定性。这种提升得益于 MoS_2 的费米能级低于 $g-C_3N_4$ 导带电势，促进了光生电子从 $g-C_3N_4$ 向 MoS_2 的快速转移，有效参与质子还原生成氢气。谢章辉等在全非金属基 H_2S 光催化裂解体系中取得了突破，通过水热法制备的硫、氮双掺杂碳量子点（S,N-CDs）修饰的氮化碳体系，在 460 nm 光照下展现出极高的产氢效率，是 $g-C_3N_4$ 的 38 倍。S,N-CDs 的光敏化效应显著提高了光能的利用效率，从而大幅提升了 H_2S 光催化裂解性能。

尽管 H_2S 光催化裂解脱除方法仍处于起步阶段，主要应用于固-液反应体系，但 $g-C_3N_4$ 在 H_2S 的热催化氧化中已显示出卓越的潜力。对氮化碳基材料的设计调控、构效关系及反应机制的深入研究，有望推动 H_2S 光催化脱除领域的新发展。此外，$g-C_3N_4$ 在需氧型 S-VOCs 的光催化氧化处理中也显示出卓越的效果。设计和调控氮化碳基材料时，需综合考虑光吸收、载流子分离与传输以及反应物分子吸附位点，以应对 S-VOCs 的弱极性和空间位阻。鉴于氧气分子活化的多样性和有机硫反应路径的复杂性，$g-C_3N_4$ 在 S-VOCs 光催化氧化中的选择性研究同样至关重要。针对氮化碳在 CH_3SH 光催化氧化（矿化）中存在的光生载流子易复合、表面活性位点不足等问题，研究者们已经采取了多种策略来有效提升该材料的光催化性能。

(1) 异质结构筑。通过与其他材料结合,可以促进激子解离,加速光生电子与空穴的分离,减少载流子复合,从而增强催化效率。例如,夏德华课题组通过水热法在氮化碳表面生长层状钨酸铋,形成的二维 CN/BWO 复合体系通过 C—O—Br 键有效抑制了载流子复合,显著提升了 CH_3SH 的氧化性能。此外,该课题组还开发了全固态的 g-C_3N_4/I_3^-—BiOI Z 型异质结构,利用 I_3^-/I^- 作为介质,进一步加速了载流子动力学,增强了材料的氧化还原能力,产生更多活性氧化物质,极大提高了 CH_3SH 的氧化效率。

(2) 元素掺杂。通过在氮化碳结构中引入金属或非金属元素,可以优化材料的电子结构,增强其光吸收能力和载流子分离效率。例如,胡兵等采用熔融尿素预聚合法制备的氧掺杂氮化碳(OCN),不仅提高了可见光吸收能力,还增加了载流子迁移率,有效抑制了载流子复合,氧原子的引入促进了 CH_3SH 的矿化。

(3) 晶相结构调控。传统热聚合法制备的氮化碳通常为结构松散的 melon 基氮化碳,存在大量缺陷,限制了其光催化性能。通过调控聚合介质,如熔盐、气氛等,可以获得结构更加有序的氮化碳材料,提高载流子分离效率,从而提升催化效率。郭芳松等通过氯化钠晶体表面诱导聚合法制备的有序氮化碳纳米片(PCNNs-IHO),引入钠离子作为结构性碱位点,与其他氮化碳相比,在可见光照射下展现出更优异的 CH_3SH 氧化活性与稳定性。

综上所述,氮化碳作为一种有机半导体材料,具有可见光响应范围、适宜的氧化还原带边位置、化学结构稳定等多重优势,并且其结构内丰富的结构性碱位点使其在挥发性硫化物的光催化转化中展现出巨大潜力。目前,多个课题组已在高效氮化碳基光催化剂的设计调控、构效关系和反应机制研究中取得进展。然而,如何进一步提升氮化碳的挥发性硫化物光催化转化性能,以适应更广泛的硫脱除场景,仍是实现其实际应用的关键。未来的研究可以从以下几个方面着手:① 建立标准化的性能评价体系,以准确评估氮化碳光催化脱硫材料的实际效率;② 采用多元化的调控手段,实现载流子动力学和表面反应动力学的多功能调控;③ 深入探究氮化碳结构对电子转移过程和反应物分子吸附构型、演变途径的作用机制,总结高效氮化碳基光催化脱硫的关键因素;④ 开发经济高效的氮化碳放大制备技术及适合的硫化物光催化脱除小试装置,为氮化碳光催化脱硫的实际应用打下坚实基础。

9.6　水体污染物光催化消除

9.6.1　水体有机污染物

有机污染物以其持久性和耐受性闻名,对水体的清洁构成全球性挑战。这些污染物主要包括药物残留、农药、有机染料和酚类化合物等。光催化技术提供了一种有效的解决方案,其降解过程基于半导体的能带理论,涉及多个复杂的反应步骤:

$$\text{光催化剂} + h\nu \longrightarrow h^+ + e^- \tag{9-9}$$

$$h^+ + H_2O \longrightarrow \cdot OH + H^+ \tag{9-10}$$

$$h^+ + OH^- \longrightarrow \cdot OH \tag{9-11}$$

$$e^- + O_2 \longrightarrow \cdot O_2^- \tag{9-12}$$

$$\cdot O_2^- + H^+ \longrightarrow \cdot OOH \quad (9-13)$$

$$2\cdot OOH \longrightarrow O_2 + H_2O_2 \quad (9-14)$$

$$H_2O_2 + \cdot O_2^- \longrightarrow \cdot OH + OH^- + O_2 \quad (9-15)$$

$$H_2O_2 + h\nu \longrightarrow \cdot OH \quad (9-16)$$

$$\text{污染物} + (\cdot OOH, h^+, \cdot OH \text{ 或} \cdot O_2^-) \longrightarrow \text{降解产物} \quad (9-17)$$

在光催化过程中，空穴 h^+ 与催化剂表面的水分子或氢氧根离子反应，生成强氧化性的羟基自由基（$\cdot OH$），同时，光生电子与氧气反应生成超氧自由基（$\cdot O_2^-$），这些自由基进一步反应生成过氧化氢自由基（$\cdot OOH$）和 H_2O_2，后者在光照下又能产生更多的$\cdot OH$。由于空穴 h^+ 具有高氧化还原电势，而有机物的氧化还原电势相对较低，光催化氧化有机物在热力学上是可行的，这一过程通常通过 Photo Kolbe 反应实现，但受氧化条件和催化剂类型的影响。

羟基自由基$\cdot OH$ 在光催化降解有机污染物中扮演关键角色，通过去氢和羟基化两种途径发挥作用。去氢反应中，$\cdot OH$ 攻击有机污染物的 C—H 键，生成水和有机物自由基；而羟基化反应则是$\cdot OH$ 与不饱和有机化合物的加成反应。除了$\cdot OH$，$\cdot O_2^-$ 和$\cdot OOH$ 也对有机污染物的降解起到重要作用。

光催化降解现象一般会发生在溶液中靠近光催化剂或污染物分子的表面，因此光催化氧化反应机理会受反应条件和催化剂表面化学性质等影响。例如，在 2,4-二氯苯酚的光催化降解过程中，溶液 $pH<6$ 时，以 h^+ 氧化为主；而溶液 $pH>6$ 时，$\cdot OH$ 氧化2,4-二氯苯酚是该氧化反应体系的主要机理，这是由于催化剂的表面吸附大量 OH^-，可促进$\cdot OH$ 生成。当反应溶液中存在 Ag^+ 时，h^+ 在光催化降解苯酚的过程中起主要作用；若溶液含有 O_2，$\cdot OH$ 作为光催化降解苯酚体系中的主要活性剂；当 H_2O_2 存在于溶液时，则会出现两种机理。在光催化降解 2,4-二氯苯酚的过程中，修饰后的 TiO_2 的降解机理不同于纯的 TiO_2。研究表明，在杂多酸（POM）/TiO_2 共催化剂体系中，POM 在 TiO_2 表面的覆盖率会影响中间产物的生成量，同时 POM 修饰的 TiO_2 具有更优异的光生电子-空穴对分离效率，促进了 2,4-二氯苯酚的羟基化。此外，与纯 TiO_2 相比，经过磷酸修饰的 TiO_2 在光催化降解 4-CP 过程中会产生更多浓度的氢醌（HQ）。在 UV-H_2O_2 均相光催化降解对氯苯酚（4-CP）体系中，HQ 是主要的中间产物，其产生和分解的趋势与磷酸修饰的 TiO_2 相似，表明这两个体系可能具有相似的光催化降解 4-CP 的反应途径，且磷酸的修饰有助于促进$\cdot OH$ 的氧化反应。

光催化剂的氧化还原能力由价带和导带的位置决定，光催化剂的电子结构不同，产生的不同活性物质对不同有机污染物的降解作用也会不同。在光催化降解大多数抗生素的过程中，铋基光催化剂产生的 h^+ 发挥了优先作用。例如，喹诺酮类药物分子上的哌嗪部分容易受到 h^+ 攻击，所以铋基催化剂光催化降解效率较高。在 $BiVO_4$ 光催化降解四环素过程中，h^+ 也是该氧化反应体系中的主要活性物质。$\cdot OH$ 在 TiO_2 光催化降解硝基酚中发挥了重要的作用。硝基苯酚的降解路径主要分为两步：① 硝基被羟基自由基取代，生成多羟基化芳香族化合物；② 原始和改性 TiO_2 进攻芳香环，产生亲水性化合物和有机酸（如乙酸、甲酸等），最终，它们会降解为 CO_2、H_2O、NO_3^- 和 NO_2^-。

电子自旋捕集技术（ESR）能够检测反应体系中的自由基，并能定量测定它们的量子产率。为了确定反应过程中的主要活性物质，通常会向反应体系中添加不同的清除剂来捕获活性物质，如 $AgNO_3$（电子 e^- 清除剂）、KI（空穴 h^+ 清除剂）、苯醌（超氧自由基 $\cdot O_2^-$ 清除剂）和 MeOH（羟基自由基 ·OH 清除剂）。如果 ·OH 在反应体系中起主导作用，那么加入 MeOH 后，光催化降解有机污染物的效率会受到最大的影响。

9.6.2　水体无机污染物

随着工业化和城市化的快速推进，水体中无机阳离子的污染问题变得日益严重。这些阳离子，包括铵离子、铜离子、镉离子等，通常源自工业排放、农业活动和生活污水，对环境和人体健康构成了重大威胁。特别是重金属等无机污染物，它们因高毒性、易传播性和难以逆转的特点而备受关注。这些污染物可能通过食物链累积并放大，对人类健康构成长期风险。

光催化去除无机污染物的过程主要基于半导体的能带理论，涉及一系列复杂的还原与氧化反应。

1. 还原反应去除金属阳离子

光催化还原金属离子主要通过如下两种机理：

① 当导带激发的电子氧化还原电势大于金属阳离子的氧化还原电势时，光生电子从导带转移到金属阳离子并将其还原，反应过程如下：

$$\text{光催化剂} + h\nu \longrightarrow e^- + h^+ \tag{9-18}$$

$$M^{n+} + xe^- \longrightarrow M^{(n-x)+} \tag{9-19}$$

$$H_2O + h^+ \longrightarrow H^+ + \cdot OH \tag{9-20}$$

其中 M 代表金属离子；x 是电子数。

金属离子的氧化还原电势是决定光催化反应能否有效进行的关键，同时，金属离子在催化剂表面的吸附行为、水解过程及可能形成的化合物对反应效率也有显著影响。直接通过光生电子还原是最直接的反应路径。对于金属 M，要实现直接的光催化还原反应，光生电子的还原电势必须低于 M^{n+}/M 的氧化还原电势，如图 9-4 所示。

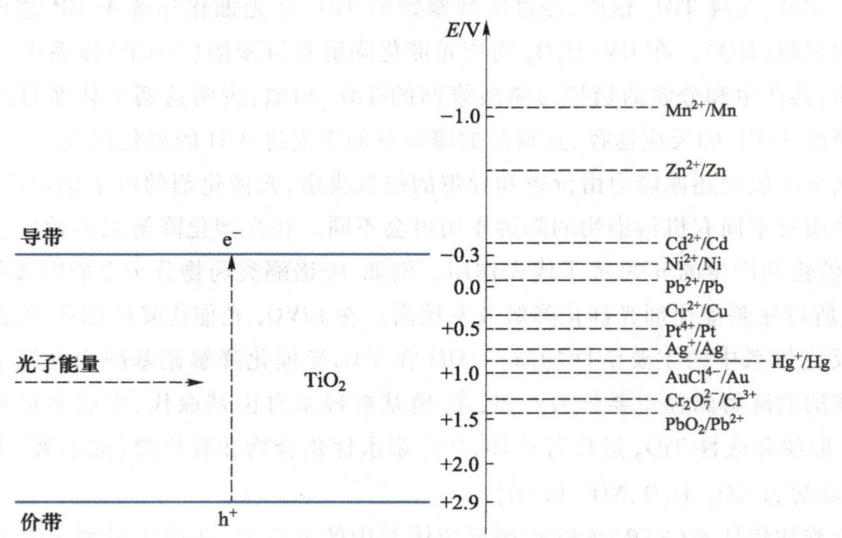

图 9-4　TiO_2 能级位置与金属离子的氧化还原电势

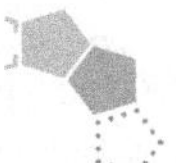

例如重金属铬的去除，当光生电子具有较强的还原能力时，可以将 Cr(Ⅵ)还原到 Cr(Ⅲ)[$E(Cr_2O_7^{2-}/Cr^{3+}) = 1.35$ V 和[$E(HCrO_4^-/Cr^{3+}) = 0.57$ V]。再通过后续处理溶液 pH>8，使 Cr(Ⅲ)沉淀出来，从而达到去除的目的。反应过程如下：

$$\text{光催化剂} + h\nu \longrightarrow e^- + h^+ \tag{9-21}$$

$$HCrO_4^- + 7H^+ + 3e^- \longrightarrow Cr^{3+} + 4H_2O \tag{9-22}$$

$$Cr_2O_7^{2-} + 14H^+ + 6e^- \longrightarrow 2Cr^{3+} + 7H_2O \tag{9-23}$$

$$H_2O + h^+ \longrightarrow H^+ + \cdot OH \tag{9-24}$$

② 通过光生 h^+氧化额外添加的有机物所形成的中间体，进行间接还原。然而，光致空穴或羟基自由基可能会将已被还原的重金属离子重新氧化，导致还原效果降低。为了提高光催化还原的效率，添加有机电子供体是一种有效的策略。这不仅可以防止光生电子与空穴的复合，还能提升整体的光催化性能。有机电子供体，如醇类和酸类，能够转化为具有强还原性的物质，并通过间接途径促进重金属离子的还原。Wang 等的研究表明，葡萄糖作为一种有机电子供体，在 N-TiO_2 光催化去除 Cr(Ⅵ)的过程中发挥了重要作用。当葡萄糖与 Cr(Ⅵ)的物质的量之比达到 1∶1 时，N-TiO_2 对 Cr(Ⅵ)的光催化去除率显著提高，从 83.7% 提升至 96.6%。N-TiO_2 光催化降解 Cr(Ⅵ)的过程分为两个阶段：吸附和光催化还原。在吸附阶段，Cr(Ⅵ)被 N-TiO_2 表面捕获。随后，在光生电子的作用下，Cr(Ⅵ)被还原为较低毒性的 Cr(Ⅲ)。最终，水体中的 Cr(Ⅵ)离子向光催化剂表面迁移，而还原产物 Cr^{3+}和 O_2 则从 N-TiO_2 表面解吸，完成整个去除过程。反应机理如下：

$$N\text{-}TiO_2 + h\nu \longrightarrow e^- + h^+ \tag{9-25}$$

$$Cr(\text{Ⅵ}) \longrightarrow Cr(\text{Ⅵ})_{ads} \tag{9-26}$$

$$Ti^{4+} + e^- \longrightarrow Ti^{3+} \tag{9-27}$$

$$3Ti^{3+} + Cr(\text{Ⅵ}) \longrightarrow 3Ti^{4+} + Cr^{3+}_{ads} \tag{9-28}$$

$$Cr(\text{Ⅵ}) + 3e^- \longrightarrow Cr^{3+}_{ads} \tag{9-29}$$

$$Cr^{3+}_{ads} \longrightarrow Cr^{3+} \tag{9-30}$$

$$H_2O + h^+ \longrightarrow H^+ + \cdot OH \tag{9-31}$$

$$2\cdot OH \longrightarrow H_2O + \frac{1}{2}O_2 \tag{9-32}$$

2. 氧化反应去除金属阳离子

重金属如铅、铊和锰等，其去除通常依赖于光催化氧化技术。对于具有较负标准电极电势的金属，如铅[$E(Pb^{2+}/Pb) = -0.126$ V]或锰[$E(Mn^{2+}/Mn) = -1.026$ V]，通过 TiO_2 光催化系统直接还原这些金属在理论上是不可行或非常困难的。然而，由于这些金属的高氧化态相对稳定，它们可以通过空穴的攻击而被氧化。Kabra 等的研究表明，pH 对 Pb^{2+}的去除效率有显著影响，在太阳光照射下，使用柠檬酸作为配体，当 pH 调整至 4 时，Pb^{2+}的去除率能够达到 64.9%。Sethy 等以纳米 TiO_2 为光催化剂处理初始浓度为 8.621×10^{-6} 的铅溶液，实现了 75.5%的化学需氧量(COD)和 82.53%的铅离子(Pb^{2+})去除率。

总体来看，光催化技术去除水体中的无机阳离子主要通过氧化和还原两种反应机理，这两种机理相互配合，为实现无机阳离子的有效去除提供了一种强有力的技术手段，对环境保护具有重要的应用价值。

9.7 光催化抗雾和自清洁

9.7.1 表面超亲水性和抗雾

超亲水性表面通常被定义为水接触角（water contact angle）小于 10°的表面。这种表面的超亲水特性使得油污等污染物难以附着，并且可以通过水的冲刷、风力或自重的作用迅速从表面剥离，从而有效地保持表面的清洁，并降低清洁成本，实现自清洁的效果。1997 年，Wang 等研究发现当紫外光辐照 TiO_2 时，TiO_2 与水和甘油三油酸酯、十六烷等有机物的接触角可以从数十度降低至接近 0°，这一现象被称为光诱导的强亲水性。此外，TiO_2 材料在一定强度的紫外光的辐照下，能发生光催化反应将有机污染物分解为 H_2O 和 CO_2。这些特性使得 TiO_2 材料在光催化表面自清洁领域得到广泛应用，如室外墙体涂料、玻璃和瓷砖等。尽管光催化效应和光诱导强亲水性的机理不同，但是两种效应之间存在明显的相关性。在黑暗条件下，TiO_2 薄膜本身就具备良好的亲水性，但是其表面容易吸附其他物质，如污染物、水和 O_2，使得本身的表面能降低，亲水性下降，从而变为疏水状态。当在紫外光照射下，TiO_2 薄膜表面会发生光催化氧化反应，能够有效地去除表面附着的污染物，恢复其表面的超亲水性。

学术界对 TiO_2 薄膜在光照下表现出的超亲水性机理主要有三种理论。其中，光生表面空穴理论得到了广泛认可。这一理论认为，当 TiO_2 薄膜受到适当波长的光照时，光子能量可以激发电子从价带跃迁到导带，产生电子-空穴对。这些电子将 Ti^{4+} 还原为 Ti^{3+}，而空穴则氧化表面氧，可能形成氧缺陷。这些氧缺陷能吸附水分子，形成表面羟基，创建亲水微区，而其他区域保持疏水性。由于水滴尺寸相对于这些微区较大，因此在宏观层面上，表面表现出亲水性。Nobuyuki 等提出的光生表面羟基重建理论认为，TiO_2 的光诱导亲水性与光生空穴在表面的转移和扩散紧密相关，这导致表面羟基结构的重建。而疏水层氧化分解作用理论指出，TiO_2 通过光催化作用去除表面附着的有机层，如碳氢化合物。在紫外光照射下，TiO_2 表面产生的活性物种能分解并清除有机污染物，一旦这些污染物被清除，水分子就能在表面均匀铺展，形成超亲水状态。

TiO_2 薄膜涂层除了具有光催化氧化活性和光诱导表面超亲水性两个重要特性外，深入研究发现该表面还具有其他各类特性，如防雾和表面抗菌杀菌。基于 TiO_2 和 SiO_2 薄膜开发的表面亲水的防雾镜子，能有效防止水雾在镜表面上形成水滴，保持镜面可视度；即使在雨水冲刷下，也能形成均匀的水膜，确保视野的开阔。

9.7.2 表面自清洁的应用

自清洁材料因其卓越的性能及在环境治理领域的实际应用而受到广泛关注。超亲水性涂料，以其自洁和透明的特性，在服装、建筑和金属防腐等领域展现出巨大的应用潜力。这种超亲水表面能够将接触的水扩散形成一层水膜，从而带走灰尘和污垢，实现自清洁。

在服装领域，通过将 TiO_2 作为光催化剂与棉、羊毛、涤纶等纤维复合，可以显著提升织物的自清洁能力。然而，目前面临的主要挑战是 TiO_2 与纺织品结合的稳定性不足，特别是在洗涤后，自清洁效果可能会降低。此外，TiO_2 在光照下产生的空穴和电子可能对纺织品或树脂造成损害。为解决这些问题，研究人员采取了多种策略，例如通过功能化改性 TiO_2 纳米粒子，并将其与织物表面结合。Gao 等通过马来酸酐与 TiO_2 羟基的酯化反应，在 TiO_2 纳米粒子表面引入 C═C 键，并通过 γ 射线照射，将功能化的 TiO_2 与丙烯酸-2-羟基乙酯共同链接到织物上，即使经过 30 次加速洗涤循环，其仍然稳定存在。另一种方法是将氧化石墨烯与 SiO_2 或 TiO_2 复合，以提高涂层的均匀性、光滑度及光吸收和光催化活性，同时增强涂层与织物间的粘接均匀性。此外，还有研究通过辐射诱导接枝共聚反应，实现 TiO_2 与有机载体的有效结合，如 Shami 等通过辐射诱导 γ-甲基丙烯酰氧基丙基三甲氧基硅烷的接枝共聚反应，合成了一种新型纺织复合材料，该材料具有抗紫外线和高度耐用的特性。

随着建筑行业的发展，人们对安全、节能、健康、低碳的生活理念有了更深的追求。传统的建筑外观，主要由混凝土和建筑涂料构成，容易受到生活污水、灰尘、有机染料、霉菌及微生物等的污染和腐蚀，这不仅影响建筑物的美观，还会降低其耐用性。目前，建筑物的清洗多依赖人工或机械方式，这些方法不仅耗费大量人力、电力和水资源，而且在清洗过程中产生的废水往往直接排放到城市水循环系统中，对环境造成污染。因此，开发具有自清洁能力的建筑材料，不仅能降低维护成本，还能提升建筑的美观度和整体耐久性，是一种具有巨大应用潜力的绿色材料。Eshaghi 等在玻璃基板上制备了具有优异光诱导超亲水性的 TiO_2-SiO_2-In_2O_3 复合薄膜。Yao 等利用再生砖粉和 TiO_2 制备了环保建筑自清洁涂料，并揭示了其自清洁性能增强的机理。日本 TOTO 公司开发的 Hydrotech™技术，利用太阳光分解可被水冲走的污染物，通过在表面喷涂二氧化钛液体悬浮液并进行高温烧结，使 TiO_2 层牢固地附着在表面上，实现了光致的超亲水性和疏油性。

9.8 光催化在医学上的应用

9.8.1 光催化抑菌和杀灭病毒

在医学领域，光催化技术以其在抑制细菌生长和消灭病毒方面的潜力而备受瞩目，展现出广阔的应用前景和巨大的发展空间。抗菌剂通常分为两大类：有机抗菌剂和无机抗菌剂。无机抗菌剂主要依赖银离子，但银离子的作用仅限于杀灭细菌，并不能分解内毒素。与之相比，TiO_2 光催化杀菌技术能够有效地克服这一局限。TiO_2 在光催化反应中产生的羟基自由基能够迅速分解有机化合物，例如细菌的主要成分。此外，羟基自由基与其他光催化产生的活性自由基，如·OH 和·O_2^-等，共同作用，对细菌进行更为频繁的攻击，并与生物大分子如脂质、酶和核酸等发生反应，直接或通过一系列反应破坏细胞结构。TiO_2 作为光催化剂，在消毒抗菌方面展现出了巨大的潜力和优势，被认为是最有前途的催化剂之一。

1985 年，Tadashi Matsunaga 等首次发现 TiO_2 在紫外光下具有杀菌作用。实验结果显示，在负载 TiO_2 纳米粒子的情况下，共培养的嗜酸乳杆菌、酵母和大肠杆菌可以在卤化物灯照射下 60~120 min 被完全杀死。这一发现为灭菌领域开启了新纪元。基于 TiO_2 光催化技术在消毒领域的潜力，研究人员开始尝试将其应用于饮用水消毒和室内空气环境的生物气溶胶去除。然而，由于锐钛矿 TiO_2 的带隙较宽（金红石的带隙为 3.2 eV，锐钛矿的带隙为 3.0 eV），它只能利用波长小于 385 nm 的紫外光，这仅占太阳能的不到 5%。因此，将 TiO_2 的吸附区域从紫外光扩展到可见光区域是至关重要的。这可以通过非金属和金属掺杂或构建异质结半导体来实现。同时，开发用于光催化消毒的新型候选纳米材料也是一种有效的策略，如 g-C_3N_4、碳纳米管（CNTs）和氧化石墨烯（GO）等碳材料在光催化方面的研究已经取得了深入进展。此外，其他一些纳米材料，如 ZnO、CdS、CeO_2 和 $BiVO_4$ 等，在光催化杀菌中也显示出了优异的性能。这些纳米材料通过直接接触破坏细胞膜，导致细胞内含物泄漏，并同时攻击 DNA、蛋白质和酶等重要成分，影响细胞的正常生长、增殖、分化和信息传递。纳米材料还可以通过光催化氧化损伤、电解质失衡和抑制酶活性等方式干扰细菌的正常功能，最终导致细胞损伤或死亡。具体来说，光催化灭菌需要阳光照射来进行。辐照后在半导体表面产生光生电子和空穴。随后，光诱导电子转移到导带，在价带中留下空穴。这些光诱导的电子和空穴可以与氧和水分子发生反应，产生能够杀死细菌的活性氧。与传统抗生素相比，基于纳米材料的光催化灭菌策略具有更明显的优势，并且具有广谱抗菌性能。

光催化剂在医疗消毒抗菌方面的应用主要涉及以下方面：

（1）伤口敷料。感染是皮肤创伤修复过程中最常见的并发症之一。抗菌敷料在伤口愈合过程中起到临时性皮肤替代作用，通过其中的抗菌成分减少或防止细菌感染，加速伤口愈合。目前广泛应用的银纳米粒子虽然具有广谱抗菌性，但其与人体组织和细胞的交互可能引起银离子的深层积累，从而引发安全性担忧。因此，研究者正在寻找无机抗菌剂的替代品。据报道，将光催化剂应用于伤口敷料可增强抗菌活性。例如，Archana 等通过将 TiO_2 纳米粒子嵌入壳聚糖-果胶基质中，开发了一种三元纳米伤口敷料。该敷料对五种主要病原微生物显示出卓越的抗菌效果，并具有良好的血液相容性。TiO_2 纳米粒子因其出色的光敏性和稳定性，在预防细菌黏附、促进血液凝固和药物输送方面发挥了关键作用。

（2）医用材料涂料。随着医疗技术的进步，医用材料在人们的日常生活中越来越普遍，如导管在脑血管、心血管等微创手术中的应用。细菌在生物材料表面的黏附可能导致生物膜的形成，使得细菌感染难以治愈，例如在聚氯乙烯（PVC）气管导管中形成的生物膜可能引起通气患者的呼吸机相关性肺炎（VAP）。传统的擦拭消毒方法存在作用时间短、无法标准化、费时费力等问题，而强紫外光消毒由于渗透深度不足，效果往往不尽如人意，且存在职业健康风险。人们发现，通过在医用材料表面涂覆抗菌涂料可以有效抑制细菌滋生。目前，多种抗菌剂如银、铜、锌、抗生素和杀菌剂已被整合到医疗设备中，但其带来的微生物耐药性和成本问题促使研究者探索替代方案。近年来，光催化杀菌或"自清洁"表面的研发成为研究热点。Liu 等利用 TiO_2 纳米粒子和聚二甲基硅氧烷开发了一种超疏水表面，可防止生物黏附，适用于医疗植入物和伤口敷料表面。

在医学领域，光催化技术的未来发展前景广阔，预计将朝着更精准化和个性化的治疗方向发展。未来，人们将根据病原体的特性和病情的严重程度，设计出具有针对性和定制性的光催化治疗方案。随着技术的进步，有望开发出更小型化、便携式的光催化设备，甚至可能将其集成到可穿戴设备中，如口罩和手套，以方便医护人员的实时使用。此外，光催化技术的未来可能会与智能化系统和自动化控制相结合，实现设备的智能操作、监测和控制，从而提高治疗效率和安全性。随着光催化技术的不断发展，我们预期将促进医学领域与材料科学、纳米技术、光学等其他领域的跨界合作与融合。这将加速新技术的创新和转化，并逐步将这些技术深入应用于临床实践。

9.8.2 光催化抗癌

光催化技术在光动力疗法(photodynamic therapy，简称 PDT)中扮演着关键角色，通过激活特定的药物或光敏剂，并与氧气结合产生活性氧，诱导细胞凋亡或坏死，实现对肿瘤细胞的有效杀灭。PDT 因其潜在的高癌症选择性而被视为一种充满前景的癌症治疗替代方案，有望提高肿瘤治疗的针对性，同时减少对正常组织的影响。PDT 的成功实施依赖于三个基本要素：光敏剂、特定波长的光源及充足的分子氧供应。相较于正常组织，光敏剂更倾向于在肿瘤组织中积累，尽管这种选择性定位的确切机制尚待进一步研究，但肿瘤的特有属性，例如血管系统的渗漏、pH 的降低、低密度脂蛋白的过表达及淋巴引流的障碍，被认为有助于增强这种选择性。

在光催化治疗中，选择合适的光敏剂是第一步。理想的光敏剂通常是一种特定化合物，如卟啉类或其衍生物。这些光敏剂在特定波长的光照下能够触发光激活反应。理想的光敏剂应具备以下特性：高量子产率以产生单线态氧或其他活性氧(ROS)，在水中具有高溶解度、两亲性以平衡水溶性和对亲脂性癌细胞的亲和力，通过载体增强靶向性和选择性，防止聚集，最小化光敏性，能够被适当波长的光激活。治疗过程中，将含有光敏剂的药物注射到患者体内或直接涂抹于肿瘤组织上，随后使用特定波长的光源(通常是激光)照射患者，以激活光敏剂。光激活的光敏剂通过光化学反应产生活性氧(ROS)，包括单线态氧($^1O_2$)、过氧化氢(H_2O_2)、超氧离子($\cdot O_2^-$)和羟基自由基($\cdot OH$)，这些 ROS 通过直接杀伤癌细胞和间接损伤血管，引发免疫应答。由于 ROS 在细胞内环境中的半衰期非常短(小于 0.1 μs)，它们的作用范围主要限制在肿瘤组织内，导致细胞膜损伤、线粒体功能受损及细胞核 DNA 的破坏。最终，这些反应促使癌细胞发生凋亡或坏死，实现对癌症组织的治疗效果，同时光敏剂的选择性聚集在肿瘤细胞中，最大限度地减少对周围健康组织的伤害。

逯乐慧团队利用铜基金属有机框架(Cu-DBC)纳米平台，开发了一种近红外(NIR)光增强·OH 生成策略，用于癌症免疫治疗。实验结果显示，Cu-DBC 纳米平台能够通过光热效应(PT)增强的铜催化类芬顿反应及近红外光照射下的光催化电子转移，有效诱导羟基自由基的增强，从而放大肿瘤细胞死亡(ICD)的免疫原性，为免疫治疗提供了新的策略。黄怀义团队则开发了一种红光激发的三齿配位钌光催化剂。在 635 nm 波长的光照射下，Ru3 能够高效催化肿瘤细胞内 NADPH 的耗竭，通过调节肿瘤细胞的多肽、脂质和甘油磷脂代谢，对多种耐药肺癌细胞展现出显著的光催化治疗活性，并在斑马鱼模型中证明了其良好的生物相容性。白春礼团队首次设计了一种基于富勒烯的缺氧敏感型光敏剂系统，用于光触发的癌症免疫治疗。该系统整合了缺氧增强的光动力疗法(PDT)和肿瘤免疫治疗，协同作用于深部缺氧肿瘤，突破了当前癌症治疗的局限。

总体而言，光催化技术在癌症治疗领域的研究正迅速发展，新技术和新方法层出不穷。尽管目前还面临一些挑战，例如光穿透深层组织的限制和副作用的控制，但科学家们对光催化技术在癌症治疗中的应用前景充满信心，并持续致力于推动其进一步的应用和发展。

9.9 产业化应用

光催化技术具有高效、无公害、无二次污染等特点，在环境治理中发挥着重要作用。光催化技术在环境净化中有着广泛的应用，依赖于其在光照下能够将有害物质分解成无害的最终产物的特性。下面介绍光催化技术在不同领域的具体应用。

1. 空气净化

光催化剂（如 TiO_2）在紫外光或可见光照射下产生的强氧化能力能够有效分解空气中的有害物质。室内空气净化器：利用光催化技术的空气净化器可以去除空气中的甲醛、苯、挥发性有机化合物等有害气体。车内空气净化：通过安装光催化装置，减少车内空气污染物，改善车内空气质量。公共场所应用：在医院、写字楼、商场等公共场所，通过光催化涂料或设备来净化空气，降低病菌和有毒气体的浓度。

2. 水处理

光催化技术在水处理方面表现出极大的潜力，能够有效去除多种污染物。污水处理：利用光催化降解工业废水和市政污水中的有机污染物，如染料、农药、药物残留等。饮用水处理：在自来水处理厂，通过光催化反应去除水中的病原微生物和有机污染物，提高水质。农业用水净化：用于处理农业排放废水，去除其中的有机农药和肥料残留，减小对环境的危害。

3. 自清洁材料

通过将光催化剂涂覆于材料表面，能够使其具有自清洁能力。建筑外墙和玻璃：光催化涂层可以分解外墙和玻璃表面的污渍，保持建筑物的洁净外观。纺织品：光催化织物能够分解有机污渍和异味，应用于服装、窗帘等产品。陶瓷和洁具：通过光催化材料，使陶瓷和洁具表面保持清洁，减少病菌滋生。

4. 垃圾处理

固体废物处理：利用光催化技术对固体废物中难处理的有机污染物进行降解，降低二次污染的风险。垃圾渗滤液处理：光催化技术能处理垃圾渗滤液中的难降解有机污染物，改善其处理效果。

5. 消毒和杀菌

光催化技术在医疗和卫生领域也有应用，特别是在消毒和杀菌方面。医院和实验室：利用光催化进行空气和表面的消毒，杀灭病原微生物，防止感染。食品加工和储存：通过光催化装置对食品加工环境进行净化，延长食品的保鲜期，减少微生物污染。

6. 环境修复

土壤修复：利用光催化技术处理被有机污染物如石油、农药等污染的土壤，降低其毒性。

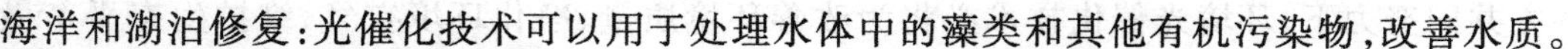

海洋和湖泊修复:光催化技术可以用于处理水体中的藻类和其他有机污染物,改善水质。

目前,我国环境光催化技术的研究与产业化应用仍处于起步阶段。一方面,虽然已有不少研究机构和企业投入环境光催化技术的研究和开发中,但产业化程度不高,技术转化较为困难;另一方面,环境光催化技术的研究还存在诸多问题,如光催化材料的稳定性、催化活性的提高、反应机理的解析等方面亟待解决。环境光催化技术要实现产业化应用,仍需面临诸多挑战。首先,光催化材料成本较高,降低成本是产业化的关键。其次,光催化反应机理复杂,需要深入研究。另外,光催化技术在工程应用中还存在技术难题,如反应塔设计、光源选型等问题还需要进一步研究。

目前的产业化现状主要表现在以下几个方面:

(1) 技术研发与初步应用。环境光催化技术在水处理、空气净化等方面已经从实验室研究阶段推向市场。例如,某些高级氧化技术已被用于污水处理设施来降解难降解的有机物质。

(2) 产品开发。市场上已出现了一些光催化产品,如光催化空气净化器、光催化涂料等。这些产品利用 TiO_2 等作为催化剂,在光照作用下能有效分解空气中的有害物质。

(3) 规模化生产。虽然环境光催化产品已开始规模化生产,但整体来看产业规模较小,主要集中在一些高端应用或小范围应用。大规模商业应用仍受限于成本、效率和技术成熟度等因素。

(4) 投资与发展。国家和企业对环境光催化的投资逐年增加,尤其是在环境治理和可持续发展技术领域。不过,相较于传统环保技术,光催化技术的投资和商业化进程相对缓慢。

产业化的目标:

(1) 提高催化效率与稳定性。提高光催化剂的反应效率和光利用率,延长催化剂的使用寿命,降低光催化过程中的能量消耗。

(2) 成本效益。通过技术创新和规模化生产降低光催化剂的生产成本,使环境光催化产品在市场上具有更好的成本竞争力。

(3) 市场推广与应用。扩大光催化技术在环境治理领域的应用,如扩大到大规模水体治理、室外空气净化等领域。

(4) 多功能与集成化设计。开发集成化的光催化系统,如将光催化技术与其他环保技术结合,提高整体治理效率和范围。

(5) 法规与标准。推动制定相关的技术标准和法规,为环境光催化技术的推广和应用提供法律与政策支持。

(6) 国际合作与市场拓展。加强国际技术交流与合作,探索国际市场,推动全球环境光催化技术的发展和应用。

为了推动环境光催化技术的产业化应用,可采取以下措施:加强科研机构、企业合作,共同攻克技术难题;加大政府投入,支持环境光催化技术的研究与应用;建立环境光催化技术的产业标准,推动技术的规范化与标准化。展望未来,随着环境治理需求的增加和光催化技术的不断发展,环境光催化技术有望在废水处理、空气净化等领域迎来更广泛的应用。相信在各方共同努力下，环境光催化技术必将为改善环境质量、净化环境空气、维护生态平衡做出更大贡献。

思考题

1. 简述光催化降解有机污染物的反应过程。
2. 光催化降解产物的分析有哪些方法？
3. 简述影响光催化降解污染物效率的因素。
4. 与传统热催化相比，环境光催化具有哪些优势？
5. 举例说明一种环境光催化反应的实际应用。

第10章

光催化有机合成

10.1　有机合成的基本原理

10.1.1　化学键的形成与断裂

化学键指的是在分子内部或晶体中，邻近的两个或多个原子（或离子）之间存在的一种强相互作用。这种相互作用，无论是在离子之间还是在原子之间，被统称为化学键。化学键的形成与断裂是化学反应过程中的核心步骤，对理解物质的转化机理至关重要。从本质上讲，化学键是电性力的体现，因为当原子结合成分子时，它们的外层电子会重新分布，从而在正、负电荷间产生强大的相互作用力。由于这种电性相互作用的方式和程度存在差异，化学键可以进一步细分为离子键、共价键和金属键等类型。本节将详细探讨化学键的形成和断裂过程。

化学键的断裂通常伴随着化学反应或物理变化的发生。在外部条件变化的情况下，如温度、光照、电场或溶剂等因素的作用下，化学键可能会断裂。以热解为例，这是一类通过提供充足热能来断裂化学键的化学反应，常见于有机化合物的热解。例如，对甲烷而言，当其受热至高温，C—H 键和 C—C 键可能会断裂，进而生成由碳和氢组成的自由基。光解反应则是通过光能作用来断裂化学键的过程，这类反应在含有易于吸收光能的原子或化学键的分子中尤为常见。电解反应是在电解质溶液中施加电压以断裂化学键的过程，在电解中，正极会吸引阴离子，而负极会吸引阳离子，从而导致化学键的断裂。

1. 共价键的形成与断裂

共价键是一种稳固的化学键，它涉及两个或多个原子共享外层电子，以达到电子壳层的饱和状态，从而构成较为稳定的分子结构。在共价键中，原子轨道的重叠允许电子在两个原子核之间频繁地出现，这种电子的存在与两个原子核的电性相互作用构成了共价键的本质。键的稳定性和解离能力受到键能、键长等多种因素的影响。

共价键的饱和性体现在电子云重叠时遵守泡利不相容原理，即电子云仅在特定方向上能够发生重叠。其方向性则源于电子云重叠区域越大，形成的共价键越稳定的原则，因此，共价键总是沿着电子云最大重叠程度的方向形成。共价键的分类多样，按照共用电子对的数目，可分为单键（如甲烷中的 C—H 键）、双键（如乙烯中的 C═C 键）、三键（如丙炔中的 C≡C 键）。若按照共用电子对是否偏移，可分为极性键（如 H—Cl）和非极性键（如 Cl—Cl）。按提供电子对的方式，则分为普通共价键和配位键（如 NH_4^+ 中的 N—H 键中的一个）。

化学变化本质上是键的断裂与形成的过程。在化学反应中，共价键断裂方式分为两类：均裂形成自由基，通常在光照或热能作用下进行，自由基具有高反应活性；异裂形成正、负离子，如氯化氢在水中解离，产生氢离子和氯离子，这种离子型反应进一步分为亲电反应和亲核反应。

2. 离子键的形成与断裂

离子键是由带相反电荷的离子间的静电吸引力所形成的化学键。当带负电荷的阴离子与带正电荷的阳离子靠近时，二者间的静电吸引力与同种电荷间的排斥力相互作用，一旦这

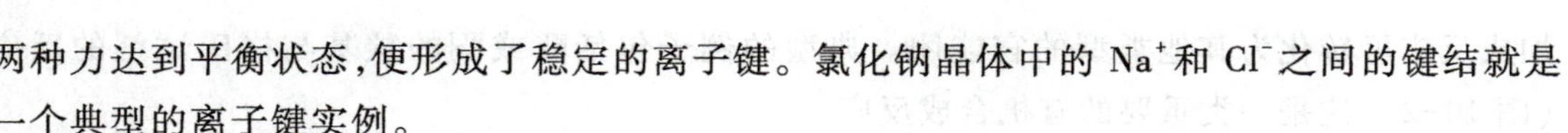

两种力达到平衡状态，便形成了稳定的离子键。氯化钠晶体中的 Na^+ 和 Cl^- 之间的键结就是一个典型的离子键实例。

离子键的形成，本质上是静电作用的结果。由于离子通常呈球形或近似球形且电荷分布对称，离子键能在多个方向上产生作用力。因此，离子键的特点是不具方向性。且由于一个离子能与多个相反电荷的离子形成键结，离子键也不表现出饱和性。这种特性使得离子键广泛存在于多数强碱、盐类以及金属氧化物中。在离子晶体中，尽管空间因素限制了一个离子与有限数目相反电荷离子的作用，但在更远的距离也存在较弱的相互作用力。离子键的形成通常见于金属与非金属元素之间。在此过程中，原子或分子通过损失或获得电子转变为离子，进而通过静电力吸引形成稳定结构。以氯化钠的生成为例，钠原子失去一个电子成为 Na^+，而氯原子获得这个电子成为 Cl^-。由 Na^+ 和 Cl^- 之间的静电吸引力形成离子键。在溶剂中，离子键断裂时，阳离子和阴离子会分散于溶液中。

3. 金属键的形成与断裂

金属键是金属原子释放的自由电子与其形成的正离子之间的静电吸引力形成的键结。金属键的形成是金属独有的现象，其结构由自由电子云和排列成晶格状的金属离子组成。金属键不具有固定方向性和饱和性，这归因于电子的自由运动。这种非定向性使得金属键是非极性的。金属键的强度影响了金属的物理性质，如熔点和沸点。这些性质一般与金属键强度成正比，而与金属离子的半径成反比，与金属内部自由电子密度成正比。金属键对金属的电导性、传热性能及塑性和延展性等有显著影响。此外，金属键的特性也是金属能够形成合金的基础。

综上所述，化学键的形成与断裂是化学反应及物质转化的核心。深入理解不同类型的化学键及其形成和断裂机制是对化学反应本质的探索和新化学应用的发展至关重要的。

10.1.2 有机合成的基本反应类型

有机合成涉及的基本反应类型主要有氧化与还原反应、加成反应、取代反应、消除反应、重排反应和官能团的转化等。

1. 氧化与还原反应

氧化反应（oxidation reaction）是有机合成中常用的方法，特别是在将醇类化合物转化为醛或酮时。例如，乙醇在铜的催化作用下可以被氧化生成醛（图 10－1）。还原反应（reduction reaction）则是指将有机化合物中较高价态的官能团还原为较低价态的官能团。例如，醛在镍的催化作用下可以通过加热条件被还原为醇（图 10-1）。

$$2CH_3CH_2OH + O_2 \xrightarrow{Cu} 2CH_3CHO + 2H_2O$$

$$CH_3CHO + H_2 \xrightarrow{Ni} CH_3CH_2OH$$

图 10-1 醇和醛的氧化还原反应

2. 加成反应

加成反应（addition reaction）是指含有双键或三键的不饱和有机分子与其他分子反应，导致双键或三键断裂并在碳原子上分别加上新的原子团。羰基官能团，如酮和醛，通过加成反应可转化为其他类型的官能团。典型的例子包括醛或酮的羰基与格氏试剂的反应(图 10-2),这是一类重要的有机合成反应。

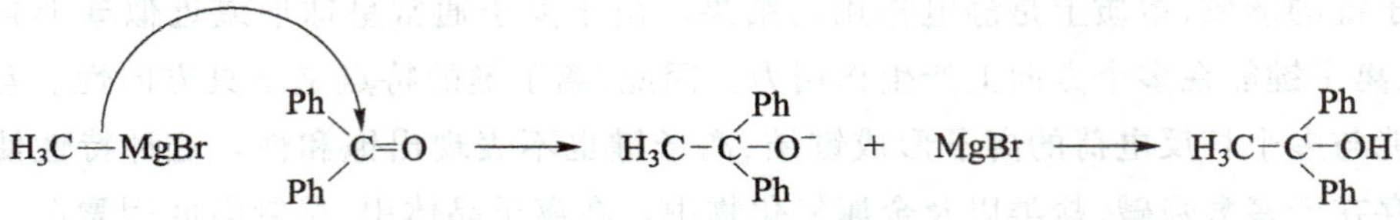

$$H_3C-MgBr + Ph_2C=O \longrightarrow H_3C-C(Ph)_2-O^- + MgBr \longrightarrow H_3C-C(Ph)_2-OH$$

图 10-2 羰基的加成反应

根据反应机理的不同,加成反应可分为亲核加成反应、亲电加成反应和加成聚合反应。亲核加成反应涉及亲核试剂与底物的加成,通常发生在碳氧双键、碳氮三键、碳碳三键等不饱和键上。典型的例子是醛或酮的羰基与格氏试剂的加成反应(图 10-3)。

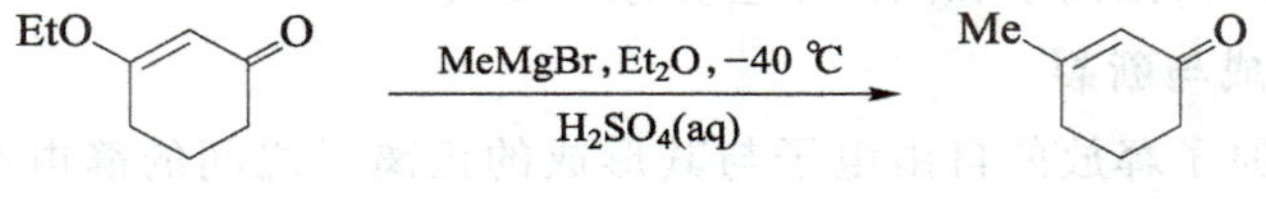

$$\text{EtO-环己烯酮} \xrightarrow[H_2SO_4(aq)]{MeMgBr, Et_2O, -40\ ℃} \text{Me-环己烯酮}$$

图 10-3 亲核加成反应

(本图来源:Woods G F, et al. J. Am. Chem. Soc., 1949, 71:2028.)

亲电加成反应是指亲电试剂与具有双键的底物发生的加成反应,其中烯烃的亲电加成反应(图 10-4)通常遵循马氏规则,因此也被称为马氏加成。亲电加成反应的概念在更广泛的意义上包括任何亲电试剂与底物发生的加成反应。

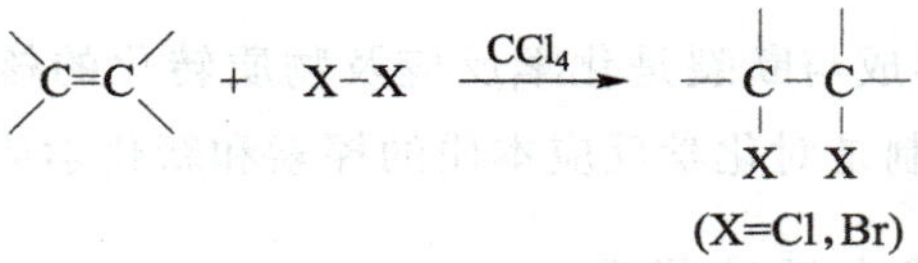

$$>C=C< + X-X \xrightarrow{CCl_4} -\overset{|}{\underset{X}{C}}-\overset{|}{\underset{X}{C}}-$$

(X=Cl, Br)

图 10-4 烯烃的亲电加成反应

加成聚合反应,简称加聚反应,是指经加成反应形成高分子化合物的过程(图 10-5)。加成聚合反应的产物通常是聚烯烃类,它们在实际应用中广泛作为包装材料,如聚乙烯、聚苯乙烯等塑料产品。

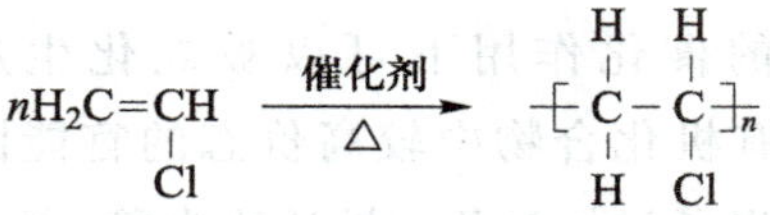

$$nH_2C=CH(Cl) \xrightarrow[\triangle]{\text{催化剂}} \text{+}\!\!\left[\overset{H}{\underset{H}{C}}-\overset{H}{\underset{Cl}{C}} \right]\!\!_n$$

图 10-5 加成聚合反应

3. 取代反应

取代反应(substitution reaction)指的是分子中的一个原子或原子团被另一个同类型的原子或原子团所取代的化学反应。根据反应机理的不同,取代反应可以细分为亲核取代、亲电取代和自由基取代(均裂取代)三大类。

在饱和碳原子上发生的亲核取代反应较为常见。在此类反应中,C—X 键首先断裂,形成正碳离子,然后与试剂发生反应,生成新的 C—Y 键。这种反应称为单分子亲核取代反应，记作 S_N1 反应。若 C—X 键断裂与 C—Y 键的形成是在同一步骤中同时发生的，则称为双分子亲核取代反应，记作 S_N2 反应。亲电取代反应主要发生在芳香族化合物或电子丰富的不饱和碳原子上，本质上是强亲电试剂对电子云较丰富的体系的攻击，从而取代较弱的亲电基团（图 10-6）。自由基取代反应则涉及自由基对分子中某个原子的攻击，导致产物与新的自由基的生成。

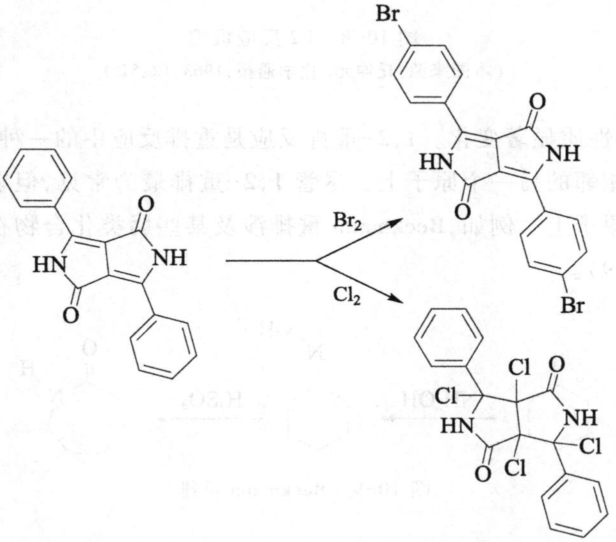

图 10-6 亲核取代反应

[本图来源：Luňák S，et al. Dyes and Pigments，2008，82(2)：102.]

4. 消除反应

消除反应（elimination reaction）是一类有机反应，其中一分子有机化合物在与另一物质作用时，释放出某些原子或官能团（称为"离去基"），产生含有多重键的不饱和有机化合物。

消除反应主要分为两类：E1 和 E2。E1 反应是单分子消除反应，其特点在于反应中间体通过离去基的逐步离去形成碳正离子，然后失去一个质子形成多重键（图 10-7）。E1 反应的速率仅依赖于底物的浓度。

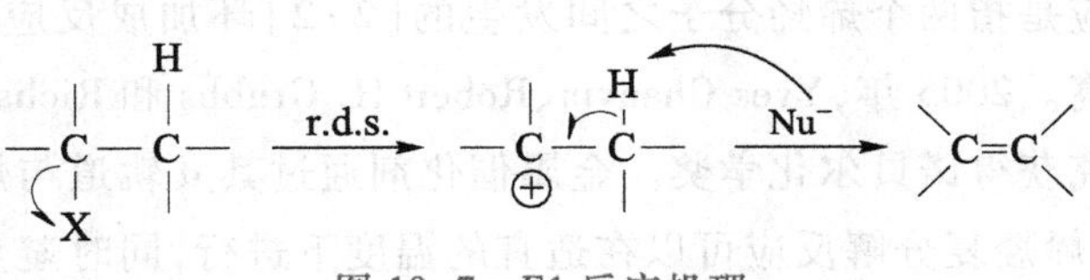

图 10-7 E1 反应机理

而 E2 反应则是双分子消除反应，它涉及底物与强碱同时作用，质子的脱除和离去基的离去在同一步骤中协同进行，直接形成多重键（图 10-8）。E2 反应的速率取决于底物和碱的浓度。

5. 重排反应

重排反应（rearrangement reaction）是指分子内部的碳骨架发生重组，从而生成结构异构体的化学反应。这类反应通常涉及一个取代基从分子中的一个原子转移到另一个原子

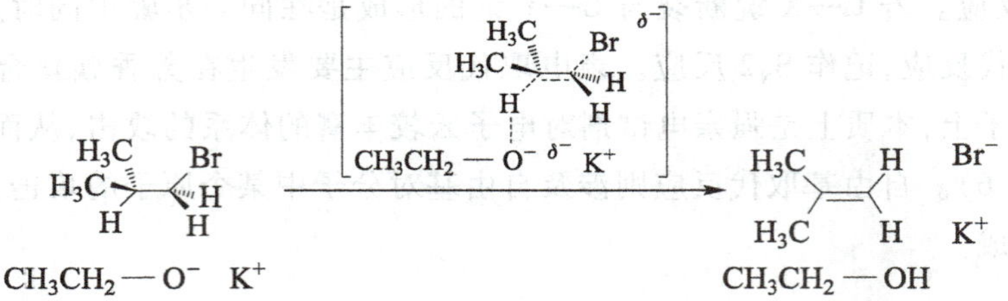

图 10-8　E2 反应机理

（本图来源：丘坤元. 化学通报，1963，12：51.）

上，经常导致产物的性质显著变化。1，2-重排反应是重排反应中的一种，涉及分子中取代基从一个原子转移到相邻的另一个原子上。尽管 1，2-重排最为常见，但取代基的迁移也可能发生在更远距离的原子上。例如，Beckmann 重排涉及某些肟类化合物在催化剂作用下重新排列成酰胺（图 10-9）。

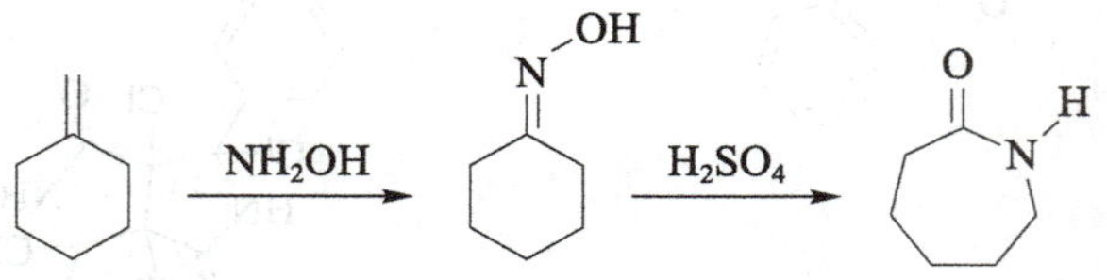

图 10-9　Beckmann 重排

周环反应则是指在过渡态包含环状结构的反应，这些反应中碳碳键的断裂与形成是协同进行的。Claisen 重排是周环重排反应的典型例子，其中含氧取代基通过一个六元环过渡态迁移（图 10-10）。

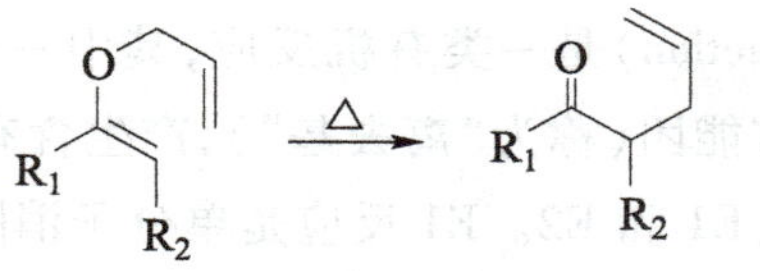

图 10-10　Claisen 重排

烯烃复分解反应是指两个烯烃分子之间发生的[2+2]环加成反应（图 10-11），这类反应的活化能通常较高。2005 年，Yves Chauvin、Robert H. Grubbs 和 Richard R. Schrock 因对烯烃复分解反应的研究获得诺贝尔化学奖。金属催化剂通过其 d 轨道与烯烃的相互作用显著降低了活化能，使得烯烃复分解反应可以在适宜的温度下进行，同时避免了以往需要多组分催化和强路易斯酸条件的限制。

6. 官能团转化

官能团转化是有机合成化学的核心，它不仅是构建复杂有机分子结构的基础，而且是实现分子功能定制的关键环节。官能团，即那些决定有机化合物化学性质的关键原子或原子团，其转化涉及一系列精细的化学反应。这些反应能够将某一官能团转变为另一种，从而改变有机分子的性质或合成新的化合物。在实际应用中，醇的氧化、羧酸的酯化及酮的还原等官能团转化反应，在有机合成和药物开发中占有极其重要的地位，推动了有机化学领域的持

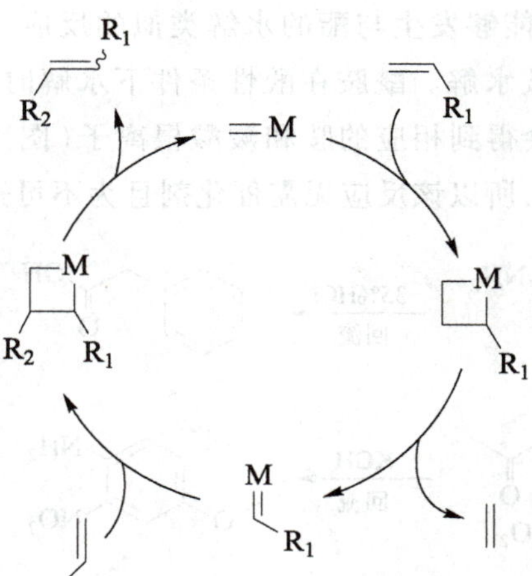

图 10-11 烯烃复分解反应

续进步。

（1）羰基到羟基的转化。酮的还原反应指的是将酮转化为相应醇的过程。这类反应通常采用金属钠或氢气作为还原剂，酮在反应过程中将氧原子转移给还原剂，形成相应的醇。在有机合成实践中，酮的还原反应非常普遍，且常被用于串联多步合成反应，以合成具有生物活性的化合物。

（2）羧酸的转化。酸和醇在反应中可以生成酯和水，这种反应称为酯化反应。作为该类反应的经典例证，乙醇与乙酸的酯化可以生成具有芳香气味的乙酸乙酯（图 10-12），该产物在染料和医药领域有着重要的应用价值。

$$CH_3\overset{O}{\overset{\|}{C}}OH + CH_3CO_2OH \underset{\triangle}{\overset{H^+}{\rightleftharpoons}} CH_3\overset{O}{\overset{\|}{C}}OCH_2CH_3 + H_2O$$

图 10-12 乙醇和乙酸的酯化反应

（3）酯的水解。酯类化合物可以通过水解反应转化为相应的醇和酸。这一反应可以通过酸或碱催化来实现。例如，油脂在特定的催化条件下可以水解为甘油（丙三醇）和高级脂肪酸（图 10-13），此反应在化工和食品加工领域具有广泛应用。

$$\begin{array}{l}RCOOCH_2\\ \quad\ |\\ R'COOCH\\ \quad\ |\\ R''COOCH_2\end{array} + 3H_2O \overset{H^+}{\rightleftharpoons} \begin{array}{l}RCOOH\\ R'COOH\\ R''COOH\end{array} + \begin{array}{l}CH_2OH\\ |\\ CHOH\\ |\\ CH_2OH\end{array}$$

图 10-13 油脂在酸性条件下的水解

油脂在碱性条件下水解为甘油（丙三醇）和高级脂肪酸盐，称为皂化反应（图 10-14）。

$$\begin{array}{l}C_{17}H_{35}COO-CH_2\\ \qquad\qquad\quad |\\ C_{17}H_{35}COO-CH\\ \qquad\qquad\quad |\\ C_{17}H_{35}COO-CH_2\end{array} + 3NaOH \longrightarrow 3C_{17}H_{35}COONa + \begin{array}{l}CH_2OH\\ |\\ CHOH\\ |\\ CH_2OH\end{array}$$

图 10-14 油脂在碱性条件下的水解

（4）酰胺的水解。酰胺能够发生与酯的水解类似的反应，但其反应活性不如酯。在强酸或热碱的作用下，酰胺会被水解。酰胺在酸性条件下水解时，会生成相应的羧酸和铵盐；而在碱性条件下水解时，则会得到相应的胺和羧酸根离子（图 10-15）。酰胺的水解条件要比酯和酰卤的水解条件严苛，所以该反应无需催化剂且为不可逆过程。

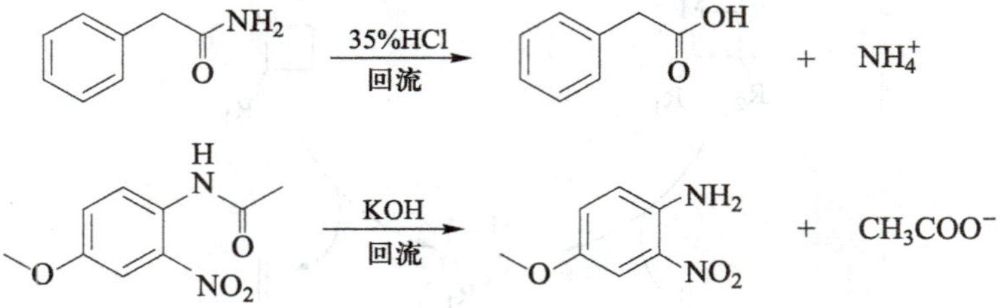

图 10-15　酰胺的酸性与碱性水解

（5）双键与羟基的转化。烯烃的水化反应，即烯烃与水发生加成，生成醇类化合物（图 10-16）。该反应在区域选择性上有两种可能，一是遵循马氏规则生成的醇（羟基连接在多取代的碳原子上），二是得到反马氏选择性的醇。

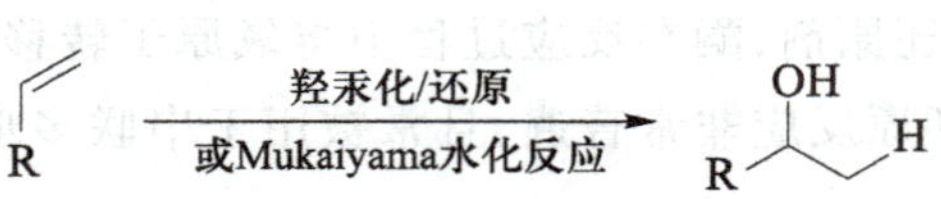

图 10-16　烯烃水化反应

在符合马氏规则的烯烃水化反应中，典型的方法有羟汞化-还原脱汞反应和 Mukaiyama 水化反应。羟汞化-还原脱汞反应分为两个步骤：首先，烯烃在含水的四氢呋喃溶液中与乙酸汞发生羟汞化作用；接着，在不分离羟汞化产物的情况下，直接加入 $NaBH_4$ 进行还原脱汞，以生成醇（图 10-17）。

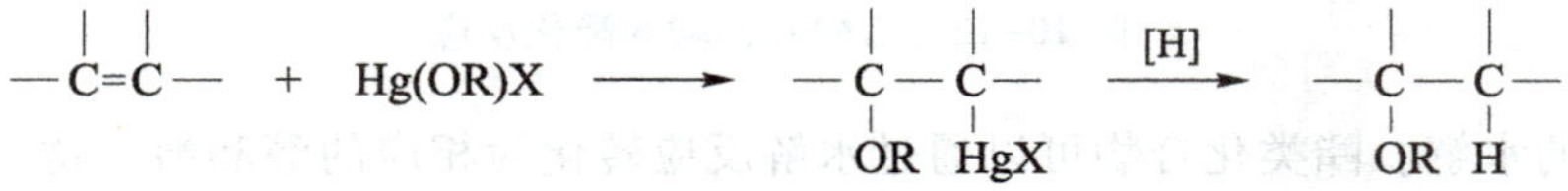

$$-\overset{|}{C}=\overset{|}{C}- \quad + \quad Hg(OR)X \longrightarrow -\underset{OR}{\overset{|}{\underset{|}{C}}}-\underset{HgX}{\overset{|}{\underset{|}{C}}}- \xrightarrow{[H]} -\underset{OR}{\overset{|}{\underset{|}{C}}}-\underset{H}{\overset{|}{\underset{|}{C}}}-$$

图 10-17　羟汞化-还原脱汞反应

Mukaiyama 水化反应则是通过微量的双（乙酰丙酮）钴（Ⅱ）络合物、苯基硅烷或三乙基硅烷及氧气的协同作用，在烯烃上实现等当量水的加成，从而生成符合马氏规则的醇（图 10-18）。鉴于该反应的化学选择性、官能团兼容性及反应条件的温和性，它已经成为化学合成和药物研发中一种重要的经典转化方法。

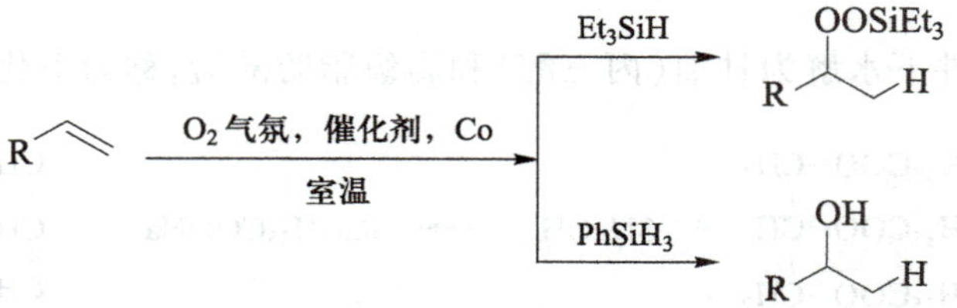

图 10-18　Mukaiyama 水化反应

以上所述的官能团转化反应仅代表了有机化学众多转化方法中的一小部分。这些转化反应的方法多样且广泛应用，极大地丰富了有机合成的手段与途径，并推动了药物研究与化学工业的进步。

10.1.3 光催化合成机理

1. 光催化剂与有机化合物之间的电子传输过程及其原理

随着科学技术的进步，人们对于光催化作用在有机合成中电子转移机理的认识不断深化。这一领域的研究为发展高效、环境友好的化学合成方法提供了新的视角。基于半导体材料的光催化反应过程主要包括三个步骤，如图 10-19 所示。

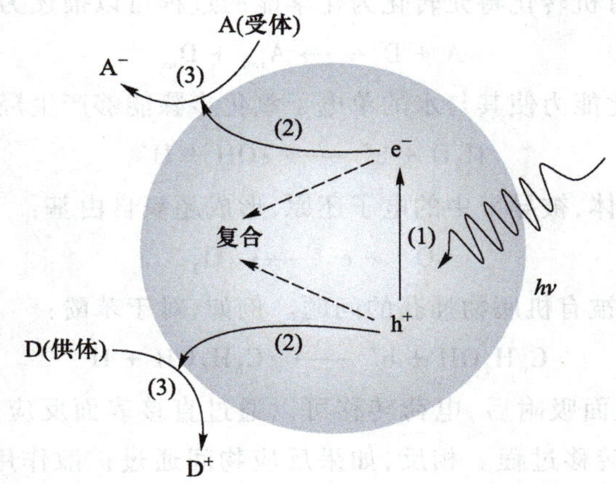

图 10-19 半导体的光催化过程示意图

（本图来源：Colmenares J C，et al. Berlin：Springer，2016.）

（1）光激发过程。在光照作用下，半导体能够吸收能量高于或等于其带隙能量（E_g）的光子。这一过程导致在导带（CB）和价带（VB）中分别产生光生电子（e^-）和光生空穴（h^+）：

$$E_g/\mathrm{eV}=\frac{1240}{\lambda/\mathrm{cm}} \qquad (10-1)$$

$$\mathrm{PC} + h\nu(\geqslant E_g) \longrightarrow h^+ + e^- \qquad (10-2)$$

（2）电子与空穴的传输与复合。电子和空穴的形成之后，它们可以通过多种路径进行传输，包括在半导体内部的体复合、表面复合，或迁移到半导体表面。这些路径的选择对光催化效率有着显著影响。

（3）表面反应过程。光生电子和空穴迁移到半导体表面，并被那里吸附的分子捕获，分别参与氧化和还原反应。电荷分离效率是实现有效氧化还原反应的关键，而电荷复合作为电荷分离的竞争过程，对系统的总体效率起着决定性作用。因此，实现高效光催化反应的关键在于优化光生电荷的分离及氧化还原反应，同时最小化电荷复合的可能性。

单一半导体材料在光催化过程中的电荷界面转移基本上可以划分为光催化还原和光催化氧化两个过程。光催化剂在光照作用下，其表面的光生电子和空穴通过界面电子转移作用，将吸收的光能转化为化学能，进而参与到表面吸附物质的还原与氧化反应中。这一过程的驱动力源于半导体的导带或价带电势与电子受体或供体的氧化还原电极电势之间的能级差。为了实现有效的光催化反应，半导体光催化系统至少需要满足三个基本条件：首先，电子或空穴与电子受体或供体的反应速率必须大于电子与空穴之间的复合速率；其次，催化剂的电子结构要能与被吸收光子的能级相匹配，即触发反应的光能量需等于或超过半导体的带隙能；最后，半导体表面应对反应物具有良好的吸附性能。

光生空穴可以氧化吸附在催化剂表面的供体分子（D）：

$$D + h^+ \longrightarrow \cdot D^+ \longrightarrow D_{ox} \tag{10-3}$$

导带中的电子可以还原受体分子（A）：

$$A + e^- \longrightarrow \cdot A^- \longrightarrow A_{red} \tag{10-4}$$

因此，通过选择性有机转化将光转化为化学能的过程可以描述为

$$A + D \longrightarrow A_{red} + D_{ox} \tag{10-5}$$

例如，空穴的强氧化能力使其与水的单电子氧化步骤能够产生羟基自由基：

$$H_2O + h^+ \longrightarrow \cdot OH + H^+ \tag{10-6}$$

氧可以作为电子受体，被导带中的电子还原，形成超氧自由基：

$$O_2 + e^- \longrightarrow \cdot O_2^- \tag{10-7}$$

讨论光生空穴直接被有机底物捕获的问题。例如，对于苯酚：

$$C_6H_5OH + h^+ \longrightarrow \cdot C_6H_5OH + H^+ \tag{10-8}$$

反应物在半导体表面吸附后，电荷转移可以通过直接表面反应来实现，这属于一级动力学过程，即直接电荷转移过程。相反，如果反应物间通过扩散作用而不是直接吸附在表面上，可能表现出二级动力学行为，称为扩散控制的电荷转移。在此情形下，反应速率常数受到扩散系数及反应物间距离的影响。例如，利用皮秒和微秒瞬态吸收动力学研究可以揭示 1,4-苯醌（BQ）诱导的 PbS 量子点激发态衰减的双重机理（图 10-20）：① 电子转移到吸附在 PbS 量子点表面的 BQ 分子上；② 通过碰撞门控机理，电子转移到自由扩散的 BQ 分子上。所谓的碰撞门控电子转移，是指电子的转移过程受到分子间碰撞事件的控制或触发。

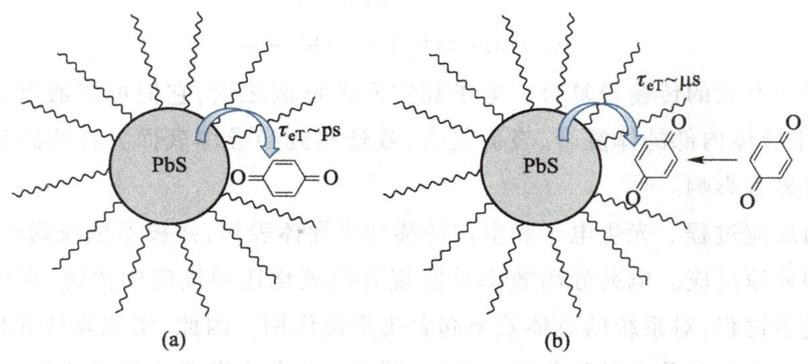

图 10-20 从 PbS 量子点到 1,4-苯醌的光诱导电子转移的两种机理示意图：（a）静态光致电荷转移从 PbS QD 到吸附的 BQ 分子；（b）没有吸附 BQ 的量子点与自由扩散的 BQ 分子之间的扩散控制的光致电荷转移

［本图来源：Knowles K E, et al. J. Am. Chem. Soc., 2012, 134(3): 12470.］

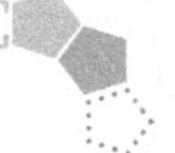

在半导体光催化剂与有机化合物间界面电荷转移(ICT)的机理研究中,一项基本前提是催化剂的价带(VB)或导带(CB)附近的态密度需与底物分子的最高占据分子轨道(HOMO)或最低未占据分子轨道(LUMO)之间存在能级上的重叠与匹配。

为加快催化剂与有机底物之间的界面电荷转移,研究者采取了如下方法(图 10-21):

(1)助催化剂的修饰。例如,在光催化丙酮偶联反应中,通过将 Pt 单原子修饰至 TiO_2 表面,可以提高 C—H 键中碳原子的电子密度,从而激活 C—H 键并促使其被空穴氧化。

(2)缺陷工程。通过精心设计光催化剂的能带结构,可抑制可能捕获反应中间的空穴或电子的缺陷,或者直接增加有利于目标反应的态密度,从而促进界面电荷转移。例如,在 $ZnIn_2S_4$ 中通过用 Ru^{3+} 替代 In^{3+},既能够抑制空穴的缺陷捕获,又能增加表面空穴的密度,进而加速 $ZnIn_2S_4$ 与甲基呋喃 C—H 键之间的界面电荷转移。

(3)质子耦合电子转移。在 C—H 键或 O—H 键断裂过程中,质子转移往往较为缓慢,尤其在有机相中更为明显。因此,通过质子耦合电子转移(PCET)机理来提升界面电荷转移的速率尤为重要。例如,表面硫酸根离子(SO_4^{2-})的修饰能够有效促进质子向催化剂的转移。

(4)强化催化剂与底物的吸附。当目标化学键在催化剂表面得到有效吸附并激活时,有助于电子转移的加速。研究表明,O—H 键在携带 Pd 纳米粒子的 TiO_2 上的吸附作用强于 Au 纳米粒子,因而 Pd/TiO_2 与甘油之间的 ICT 过程较 Au/TiO_2 体系更为迅速。

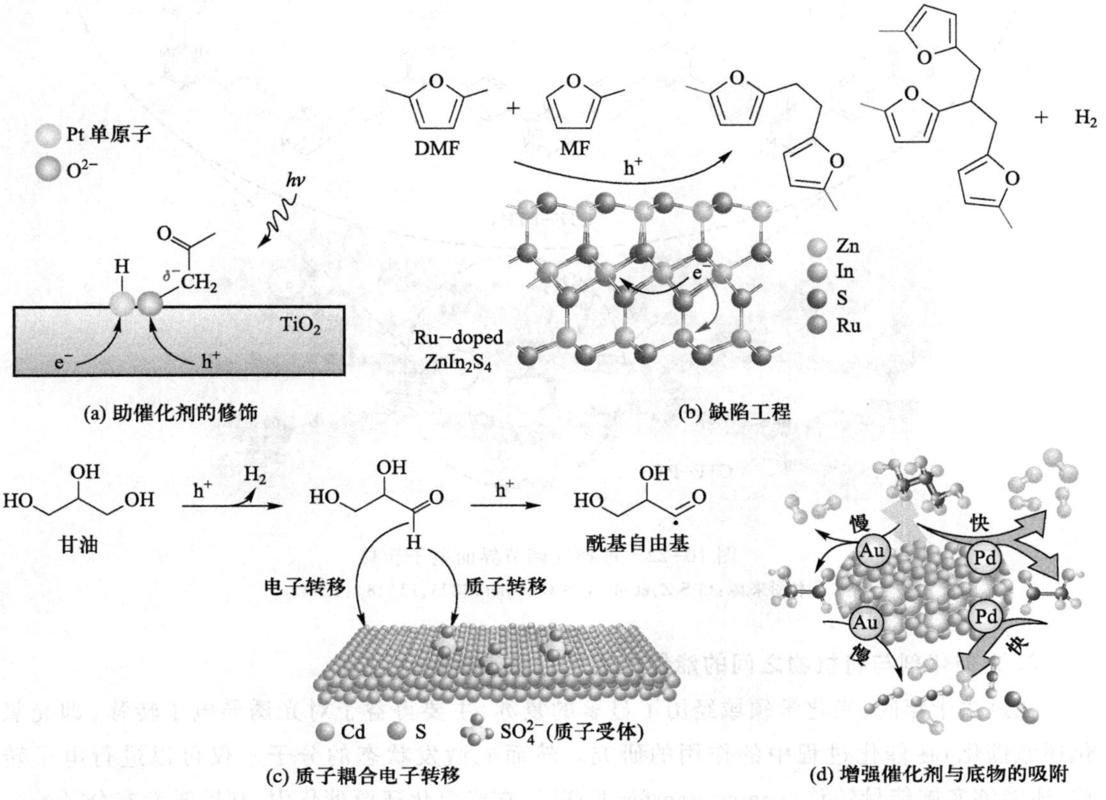

(a) 助催化剂的修饰　(b) 缺陷工程　(c) 质子耦合电子转移　(d) 增强催化剂与底物的吸附

图 10-21　加速界面电荷转移的方法

[本图来源:Gao Z, et al. Nat. Synth., 2024, 3(4): 438.]

选择性调节催化剂与有机底物之间的界面电子转移。例如，张昊等设计了结晶吩噻嗪锚定的共价三嗪框架（CTF），作为具有精确可控单向电子转移途径的有机光催化剂，用于催化伯胺的氧化偶联反应（图 10-22）。研究 CTFs 中电子的转移过程中，在 CTF-PTH-3 上进行了原位 XPS，在可见光照射下，与黑暗中的测量相比，S 2p 峰的结合能向更高的能量移动，表明硫原子将电子部分转移到氮原子和碳原子以产生空穴。CTF 上的 S 位点应充当活性氧化位点，从吸附的苄胺分子中获取电子。锐钛矿 TiO_2 的（001）面和（101）面分别捕获能量大于 1.9 eV 和小于 1.0 eV 的电子，因此在生物多元醇氧化裂解过程中（001）面和（101）面的主要产物分别是 HCOOH 和 CO。

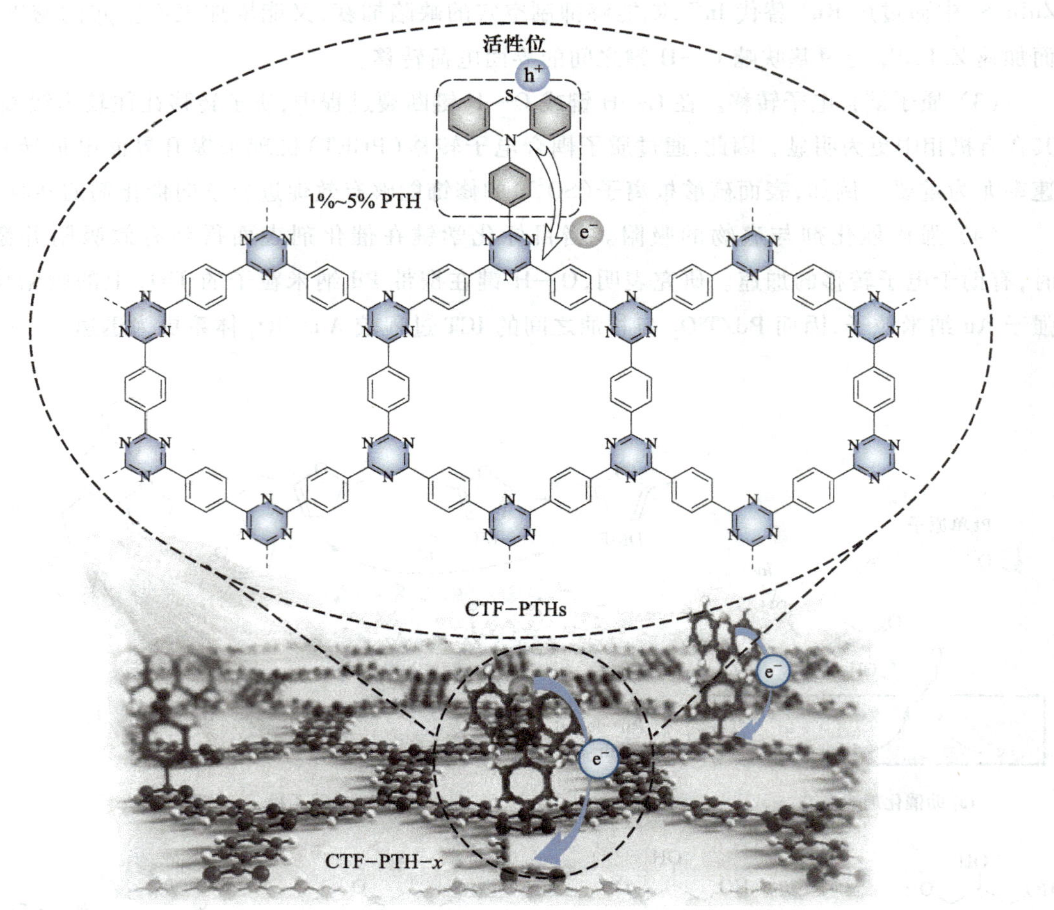

图 10-22　选择性调节界面电子转移

［本图来源：Li S Z, et al. ACS Catalysis, 2023, 13(18): 12041.］

2. 光催化剂与有机物之间的能量传输过程及其原理

在过去十年间，光化学领域经历了显著的复苏，主要得益于对光诱导电子转移（即光氧化还原催化）在催化过程中的作用的研究。然而光激发状态的分子不仅可以进行电子转移，还能够实施能量转移（energy transfer, EnT）。在光氧化还原催化中，利用激发态分子的高氧化还原潜力来引发单电子转移（SET）事件。尽管这一领域在近十年来备受瞩目，但能量转移催化的研究相对较少，尽管它是在有机合成中开发互补反应模式和在光化学反应中实现高选择性控制的宝贵工具。

能量转移是一种光物理过程，在该过程中，供体分子的激发态能量被受体分子猝灭，从而使受体的能量水平提升。半导体光催化剂的能量转移过程如图 10-23 所示。光催化剂（PC）在吸收光能后被激发，电子从基态跃迁至单重激发态（S_1），此时电子自旋保持一致。在经历系间跨越（ISC）后，电子自旋发生反转，达到更长寿命的三重激发态（T_1）。当底物分子的三重态能量与催化剂的 T_1 能量相匹配时，光催化剂能够将能量传递给底物分子（Sub），激活其至底物分子状态，然后底物分子参与后续的有机转化过程。图 10-24 呈现了已知光敏剂和常见有机分子的三重激发态能量。值得注意的是，光催化的能量转移机理并不产生带电粒子，而通常的非均相材料介导的光催化反应则经由电子转移过程完成。相比之下，通过能量转移实现有机转化的报道则相对较少。

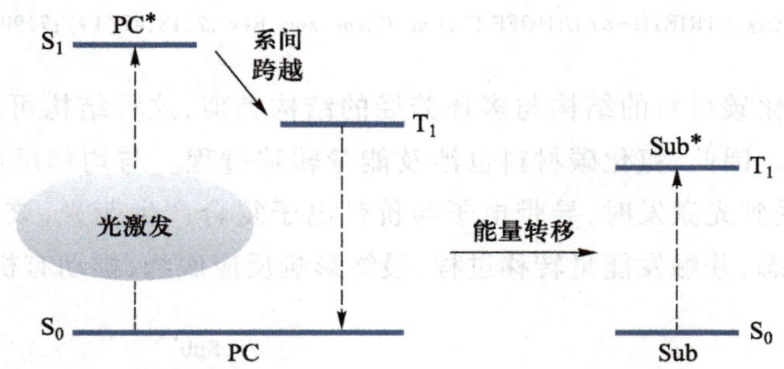

图 10-23　半导体光催化剂的能量转移过程

［本图来源：Strieth-Kalthoff F，et al. Chem. Soc. Rev.，2018，47(19)：7190.］

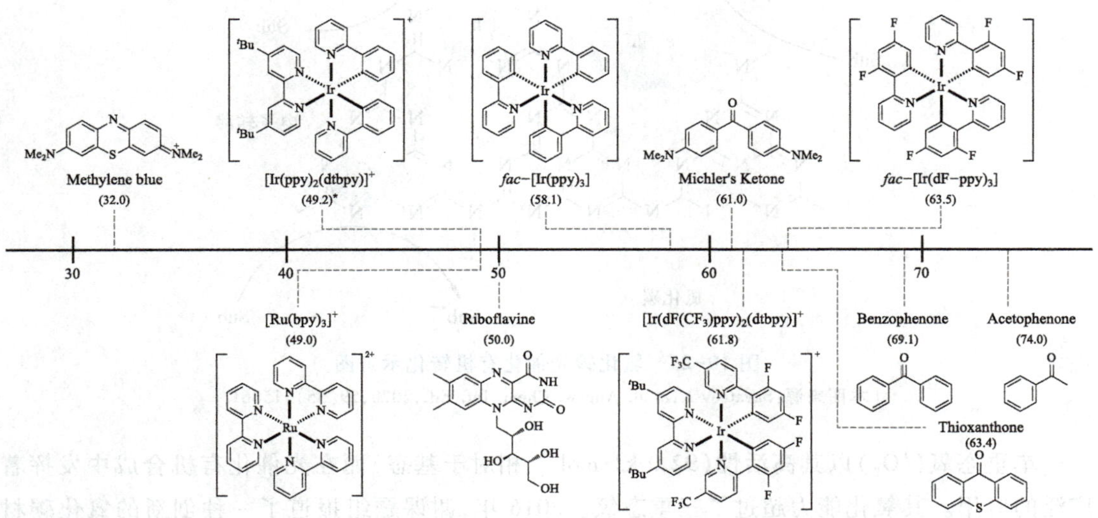

(a) 文献已知的光敏剂

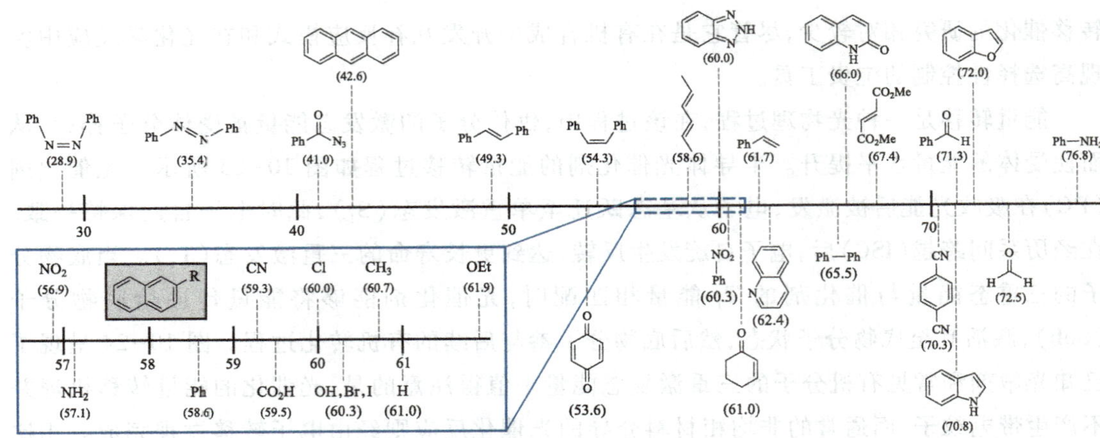

(b) 常见有机分子

图 10-24　文献已知的光敏剂(a)和常见有机分子(b)的三重激发态能量(单位为 kcal·mol^{-1})

[本图来源:STRIETH-KALTHOFF F,et al. Chem. Soc. Rev.,2018,47(19):7190-202.]

共轭聚合物氮化碳材料的结构与多环芳烃的结构类似,这种结构可能促进从单重态到三重态的系间跨越。因此,氮化碳材料也涉及能量转移过程。与均相反应中的 EnT 机理相似,当氮化碳材料受到光激发时,导带电子与价带电子复合产生荧光,该荧光在经历 ISC 之后可以转化为三重态,并触发能量转移过程,最终影响反应底物,推动有机合成(图 10-25)。

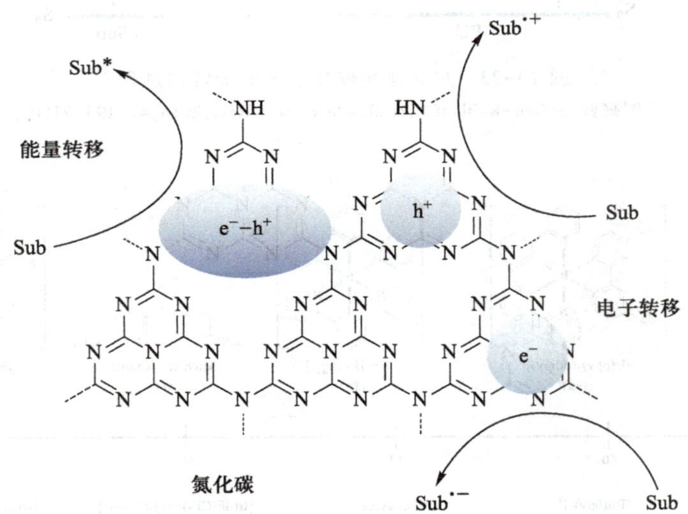

图 10-25　氮化碳光催化有机转化示意图

[本图来源:Savateev A,et al. Angew. Chem. Int. Ed.,2020,59(35):15061.]

单重态氧($^1O_2$)以其高活性(92.0 kJ·mol^{-1},相对于基态)而在光催化有机合成中发挥着广泛的应用。其氧化能力超过了三重态氧。2016 年,谢课题组报道了一种创新的氮化碳材料——氧化型氮化碳 CNO。该材料由体相氮化碳引入羰基合成而成,其独特之处在于能够同时促进自旋轨道耦合和缩小单重态与三重态之间的能隙,从而有效提升三重态激子的效率。通过这种能量传递机理,CNO 能够促进单重态氧的生成,并有效抑制其他活性氧化物种的形成。在有机合成中,改性后的 CNO 表现出了优异的转化率和选择性。基于这一发现,Malavasi 课题组在 2019 年使用氧化型氮化碳 g-C_3N_4 在常温光照条件下产生单重态氧,并实现了与 1,3-环己二烯的环加成反应,生成过氧桥环化合物,进而高效转化为高附加值化学品。此方法不仅通过对普通氮化碳的适度修饰来调节反应体系的氧化性能,而且可适用于多种二烯和烯烃的异构 Diels-Alder 反应,展示了氧化型氮化碳在精细化学合成中的卓越化学选择性和催化活性(图 10-26)。

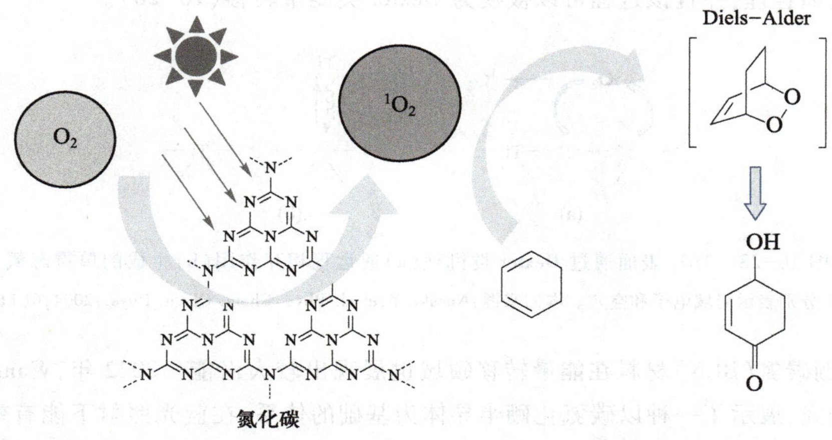

图 10-26 氮化碳催化 1,3-环己二烯与$^1O_2$ 的 Diels-Alder 环加成反应

[本图来源:Camussi I,et al. ACS Sustainable Chem. Eng.,2019,7(9):8176.]

除了共轭聚合物氮化碳材料外,共价有机框架材料(COFs)也因其与多环芳烃类似的结构而展现出能量转移过程。Dong 课题组在 2022 年报道了一种以炔丙胺为桥联单元、季铵溴化物修饰的手性卟啉(R)-DTP-COFs-QA,该材料在可见光照射下极大地促进了硫化物的对映选择性光氧化反应,能够在水和空气的条件下产生亚砜。光照下,手性卟啉-COFs 通过三重态能量转移生成的$^1O_2$ 与硫化物反应,形成具有偶极和双基性结构的反应性过氧亚砜中间体,该中间体随即参与另一硫化物分子的反应,生成两种对映体亚硫醚产物(图 10-27)。

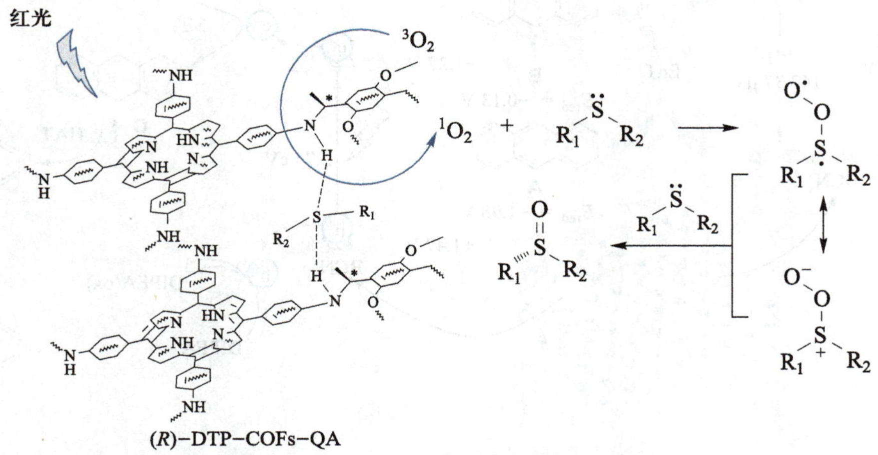

图 10-27 (R)-DTP-COFs-QA 硫化物光催化氧化的反应机理

[本图来源:Kan X,et al. J. Am. Chem. Soc.,2022,144(15):6681.]

通常认为，二氧化钛存在的光催化化学转化是通过界面电子转移过程进行的。然而一些研究表明，二氧化钛也能通过能量转移过程来产生特定产物，因为这些产物的形成无法仅通过电子转移来解释。Nosaka 等首次在辐照的 TiO_2 悬浮液中报道了单重态氧的形成。他们提出，电子将分子氧还原为超氧自由基，该自由基接着被光生空穴氧化为单重态氧。这一机理涉及一个双电子转移的过程，但具体是连续发生还是以协同方式发生（即能量转移）尚不明确。由于单重态氧的寿命短，并且 TiO_2 表面的电荷捕获位点接近零点几纳米，协同的机理可能更加合理，并且该过程可以被视为 Dexter 类能量转移（10-28）。

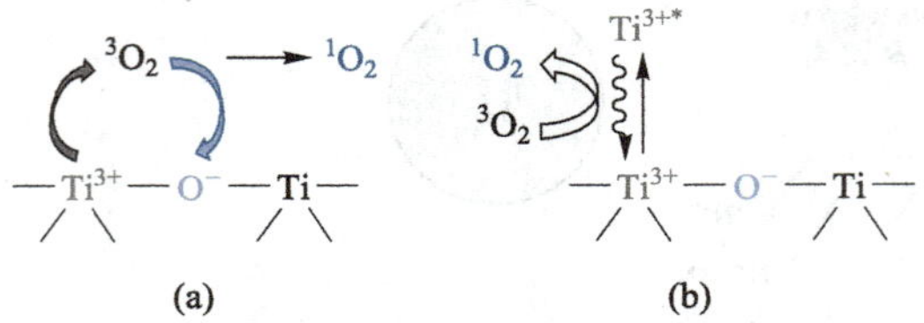

图 10-28　TiO_2 表面通过 Dexter 类机理（a）或远程相互作用（b）生成的单重态氧

［Ti^{3+} 和 O^- 分别表示局域电子和空穴。本图来源：Nosaka Y，et al. Phys. Chem. Chem. Phys.，2004，6（11）：2917.］

此外，硼碳氮（BCN）材料在能量转移领域也展现出较大潜能。2022 年，Wang 课题组发表了一项研究，展示了一种以碳氮化硼半导体为基础的体系，在蓝光照射下能有效实现水溶液中芳烃及杂环芳烃的还原。该研究揭示了一个由蓝光驱动的连续能量及电子转移过程，该过程通过连续吸收两个光子累积足够的能量，实现了芳烃到芳烃阴离子的还原。在这一过程中，BCN 半导体首先吸收一个蓝光光子产生激发态物质。这个激发态通过内部转换（ISC）过程，产生了寿命长达 147.37 μs、能量高达 51.0 kcal·mol^{-1} 的激子，相比之下，蒽的三重态能量仅为 42.6 kcal·mol^{-1}。因此，蒽［其电子还原势（vs.SCE）为 -1.98 V］可以通过能量转移（EnT）过程被 BCN 所敏化，形成三重态中间体。随后，通过单电子转移（SET）过程、氢原子转移（HAT）过程及质子化反应，最终生成脱芳构化加氢产物（图 10-29）。

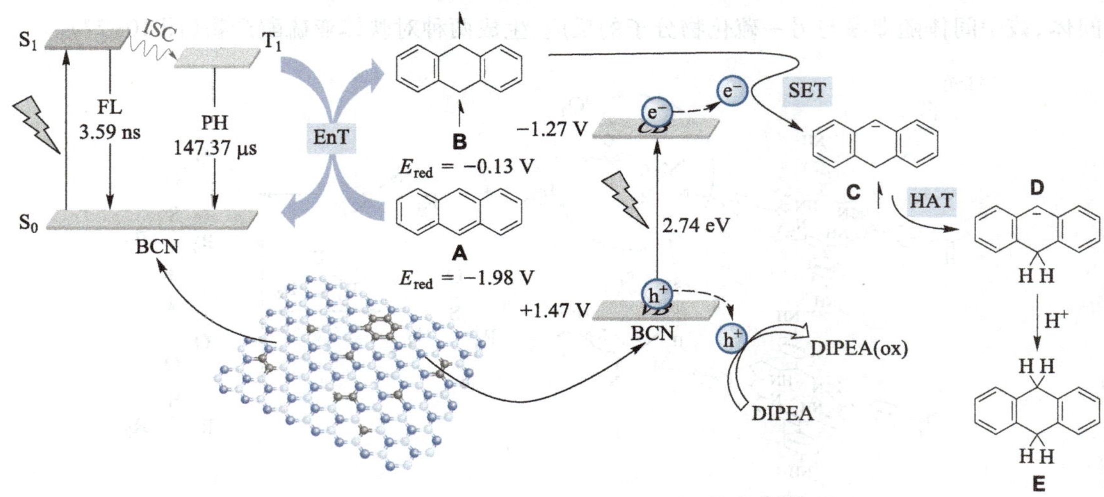

图 10-29　蓝光照射下芳烃脱芳加氢反应的机理

［本图来源：Yuan T，et al. Nat. Catal.，2022，5（12）：1157］

10.2　影响有机反应活性和选择性的主要因素

10.2.1　溶剂效应

在有机化学的研究历史初期，科学家们便认识到了溶剂及溶剂化过程的重要性。在化学合成中，正确选择溶剂往往是决定实验成败的关键因素。尽管如此，溶剂的选取往往基于实验室的经验判断而非严格的物理理论基础。微量的共溶剂、微量的水或其他添加剂可能对反应速率、产率和选择性产生显著影响，但要定性预测这些影响却颇具挑战性。溶剂混合物的性质表现出非线性特征，其行为无法直接通过组成它们的纯溶剂性质来推断，这就是溶剂效应带来的复杂性。而对于非传统溶剂，例如离子液体，这一问题更为突出，因为它们常常与其他溶剂共同使用。

溶剂效应，亦被称作溶剂化作用，主要指溶剂的物理及化学性质对液相反应的平衡和速率所产生的影响。这种影响通常源自静电相互作用，尤其是在中性溶质分子中，共价键的解离可能导致电荷分离。随着溶剂极性的增加，其对溶质分子的影响亦随之增强，这可能降低过渡态的能量，从而减少活化能，使得反应速率得以显著提高。溶剂效应还会影响有机物的溶解性及反应路径。例如，当使用非质子溶剂且以负离子为试剂时，由于其不易被溶剂分子包裹，反应速率得以加快。此外，溶剂效应还可对紫外-可见吸收光谱产生影响，具体体现在：随着溶剂极性的增大，$\pi\rightarrow\pi^*$跃迁产生的吸收带发生红移，而 $n\rightarrow\pi^*$跃迁产生的吸收带则发生蓝移，这是因为激发态与基态之间的极性差异造成它们与溶剂相互作用的不同，进而影响吸收光谱。

在某些科学研究和实验中，消除或减轻溶剂效应是一项常见的挑战，尤其在光谱技术如核磁共振、光谱和色谱等领域中尤为明显。溶剂效应主要是由于溶剂分子与样品分子之间的相互作用导致信号的偏移或增强，这可能会影响数据的精确获取及分析。

10.2.2　酸碱度

酸碱度是用于描述水溶液中酸性或碱性强弱的度量，通常以 pH 来表示。在热力学标准状态下，pH 为 7 的溶液为中性，pH 小于 7 表示溶液呈酸性，pH 大于 7 则表示溶液呈碱性。需要注意的是，pH 的 0～14 范围仅适用于稀溶液。对于氢离子或氢氧根离子浓度超过 $1\ mol\cdot L^{-1}$的浓溶液，应直接用其浓度来描述酸碱度。

从阿伦尼乌斯的经典酸碱理论出发，酸被定义为能在水中解离出氢离子的化合物，而碱则是能在水中解离出氢氧根离子的化合物。然而，该定义仅适用于水溶液，无法解释非水溶剂体系中某些有机化合物的酸碱性。为了更广泛地适用，学术界引入了 Brønsted-Lowry 的酸碱质子论和路易斯的酸碱电子论，这两者在有机化学中被广泛应用。

Pearson 提出的软硬酸碱(soft and hard acids and bases，HSAB)理论总结了酸碱之间相互作用的经验规律："硬与硬互相吸引，软与软互相吸引，软硬之间则相互排斥"。虽然 HSAB 理论主要提供定性的描述，并存在一些例外，但它将众多路易斯酸碱反应的实证归纳为普适规律，因此在有机化学中得到了广泛应用。通过 HSAB 理论，可以预测化学反应的活性、反应方向的选择性及反应产物的稳定性。

1. 电荷状态的影响

有机化合物的电荷状态直接受 pH 的影响。例如，某些化合物在酸性条件下可以被质子化，从而变得更加稳定。同样，碱性条件下可能会去质子化，使得产物稳定。对于易于发生解离的化合物，其电荷状态的改变可以显著地影响其稳定性。

2. 溶解度的影响

酸碱度可以影响有机物的溶解度。在某些 pH 下，产物可能沉淀出来，从而增加了其稳定性。相反，如果在特定的 pH 条件下产物溶解度较高，那么它可能会在溶液中更容易地分解或发生其他反应。

3. 分子结构的影响

pH 的变化可能导致某些分子结构的变化，如异构体的转变。这样的结构改变可以使产物在特定的酸碱环境中更加稳定。

4. 相互作用的影响

在不同的 pH 条件下，有机物分子间的氢键、离子键和其他非共价相互作用可能会增强或减弱，从而影响产物的稳定性。

5. 反应平衡的影响

酸碱条件通过改变反应物和产物的状态，可以影响化学平衡。在某些情况下，通过调节 pH 可以推动平衡向着生成更多稳定产物的方向移动。

6. 对化学反应活性的影响

酸碱度通过改变溶液中离子浓度，对反应速率产生显著影响。在酸性溶液中，大量的氢离子会促进某些反应物的转化，而碱性溶液中丰富的氢氧根离子则影响其他类型的反应。此外，酸碱度的变化还改变了反应物的性质，如解离，从而增加了有效浓度并提高反应速率。酸碱度还可以改变反应物的活性、亲电性和亲碱性，进而影响反应的速率和选择性。

酸碱度还会影响反应中间体的生成和消耗速率，这对于整个化学反应的进程至关重要。因此，通过控制酸碱度，可以有效地调节中间体的形成，进而影响整个反应的速率。

7. 腐蚀性和稳定性

在工业过程中，产品的稳定性往往与其储存和包装条件有关。酸碱度极端的环境可能增加材料的腐蚀性，从而影响产物的长期稳定性。

通过精确控制反应条件中的酸碱度，化学家和工程师可以优化产物的稳定性和纯度，这对于药物合成、材料制备和化工产品的生产等领域尤为重要。

10.2.3　传热传质

在传热领域，牛顿（I. Newton）在 1701 年提出了著名的牛顿冷却定律，这一定律定义了对流换热系数，为量化对流换热强度提供了理论基础。然而，对流换热的物理本质直到 19 世纪流体力学成熟后才得以深入揭示。1883 年，雷诺（L. P. Reynolds）提出了层流与湍流的概念；1904 年，普朗特（L. P. Prandtl）发展了边界层理论；1915 年，努塞特（E. K. W. Nusselt）

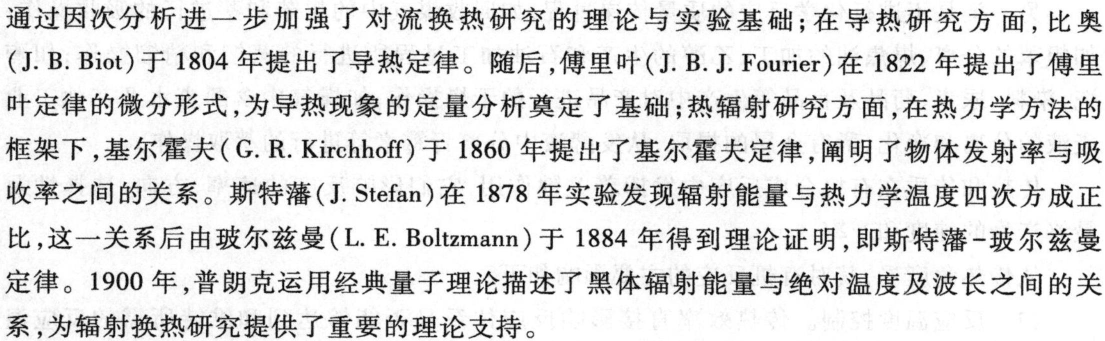

通过因次分析进一步加强了对流换热研究的理论与实验基础；在导热研究方面，比奥(J. B. Biot)于1804年提出了导热定律。随后，傅里叶(J. B. J. Fourier)在1822年提出了傅里叶定律的微分形式，为导热现象的定量分析奠定了基础；热辐射研究方面，在热力学方法的框架下，基尔霍夫(G. R. Kirchhoff)于1860年提出了基尔霍夫定律，阐明了物体发射率与吸收率之间的关系。斯特藩(J. Stefan)在1878年实验发现辐射能量与热力学温度四次方成正比，这一关系后由玻尔兹曼(L. E. Boltzmann)于1884年得到理论证明，即斯特藩-玻尔兹曼定律。1900年，普朗克运用经典量子理论描述了黑体辐射能量与绝对温度及波长之间的关系，为辐射换热研究提供了重要的理论支持。

在传质领域，菲克(A. Fick)于1855年提出了描述分子扩散中质量传递与浓度梯度关系的菲克定律。1929年，施密特(E. H. Schmidt)进一步指出传质与换热之间的相似性。综上所述，传热学科的形成可追溯至19世纪，而“传热传质学”这一学科名称则是在20世纪才被正式提出。

在有机合成领域，传质与传热过程是决定化学反应成功与否的关键因素之一。气、液、固三相在反应器中的传热传质效率直接决定了宏观温度分布的均匀性及反应混合的均匀性，从而影响反应的效率和产物的质量。

总的来看，传热方式主要分为以下三大类。

1. 热传导

热传导是指在物体各部分之间不发生相对位移的情况下，由分子、原子及自由电子等微观粒子的热运动引起的热能传递过程。傅里叶定律是描述热传导现象的基础公式，它指出：在单位时间内通过垂直于热流方向的截面积传递的热量与物体的温度梯度成正比，且与材料的导热系数(热导率 λ，单位为 $W \cdot m^{-1} \cdot ℃^{-1}$ 或 $W \cdot m^{-1} \cdot K^{-1}$)成正比。导热系数是材料内在的物理属性，反映其导热能力的大小；导热系数越大，材料的导热性能越佳。

2. 热对流

热对流指的是流体由于宏观运动引起流体各部分之间的相对位移，进而导致冷热流体相互掺混而发生的热量传递过程。热对流仅在流体中发生，并总是与热传导现象共存，因为流体分子也会发生热运动。在工程实践中，流体流经物体并与其表面发生热量交换的现象被称为对流传热。对流传热分为自然对流和强制对流两种形式：自然对流是流体内部温度差异引起的密度差异所致的流动现象，如暖气片周围的空气受热上升；而强制对流是由外部压力差引起的流动，如水泵驱动的冷却水循环，这一过程不依赖于密度差。

3. 热辐射

热辐射是物体通过电磁波传递能量的过程。由于温度变化而产生的辐射称为热辐射。与热传导和热对流不同，热辐射不需要介质即可在真空中传递能量，且在真空中的能量传递效率最高。

与传热过程相比，对传质的研究较晚，目前传质过程大体可分为两大类。

一类是伴随有化学反应的质量传递过程，通常在反应器中进行。如煤气中硫化氢的醌法脱除、石油的高温裂解制气、氨的合成、高分子的合成等都是在特定的反应器中，遵循不同的反应机理，并经历各种方式的处理后获得所需的产品。

另一类是不进行化学反应的质量传递过程，如回收煤气中的粗苯和萘进行的吸收操作；如粗苯的分离、煤焦油的加工、乙醇的生产和石油加工过程所进行的蒸馏和精馏操作；如陶瓷、染料、尿素、药品及食品等生产中对产品进行的干燥操作；如煤气中含酚废水及其他工业废液的分离和净化、稀有金属的提取、从发酵液中分离青霉素等进行的萃取操作。

传热和传质在有机合成反应中发挥着关键作用，它们影响反应的速率、方向、选择性及最终产物的纯度和产率。

从传热角度看，其对有机反应的主要影响如下：

(1) 反应温度控制。传热效率直接影响反应体系是否能够达到和维持所需的反应温度，这对于启动反应及推动反应向预期方向进行至关重要。

(2) 反应速率。根据阿伦尼乌斯定律，反应速率随温度的升高而增加。因此，有效的传热能够加快反应速率，减少反应时间。

(3) 热控制反应。有些反应是放热的，过快的放热可能导致反应失控，发生副反应或导致安全事故。良好的传热有助于及时将热量移出反应体系，保持反应的温度稳定。

(4) 选择性。在一些反应中，不同的产品可能在不同的温度下有最大的生成率。传热能力决定了是否能够精确控制温度以优化特定产物的选择性。

(5) 能量效率。高效的传热有助于降低操作成本，减少能量浪费，对于工业规模的有机合成尤为重要。

从传质角度看，其对有机反应的主要影响如下：

(1) 浓度梯度。传质影响反应物、中间体和产物之间的浓度梯度，这决定了反应的驱动力。良好的传质可以保持浓度均匀，避免局部过饱和或浓度不足。

(2) 物质的可用性。传质效率决定了反应物是否能够及时有效地到达反应界面，例如在催化反应中，催化剂的表面是否能及时接触到足够的反应物分子。

(3) 副反应的减少。不良的传质可能导致某些区域反应物浓度过高，从而增加副反应的可能性。良好的传质有助于最小化副反应。

(4) 产物分离。在反应完成后，有效的传质有助于从反应混合物中迅速移除产物，减少后续处理步骤，提高产物的纯度。

(5) 反应均匀性。特别是在多相反应中，传质可以确保各相之间有效混合，从而使反应更均匀，避免产生热点或浓度极端高的区域。

总之，在实际的有机合成操作中，传热和传质的优化通常需要通过反应器设计、搅拌速率、温度控制设备、物料流动方式等多方面的考虑和调整。通过控制传热和传质，可以大大提高有机合成反应的效率和经济性。

10.2.4 其他影响因素

在有机合成领域，各类反应(如光催化反应)均具有独特的影响因素。这些因素需仔细考量，以确保反应的顺利进行。

其中，有机光催化反应是利用半导体材料作为催化剂，并以光能为驱动力的有机合成方法。通过利用半导体的特殊性质，此类反应能在温和的条件下展示出独特的反应活性。在

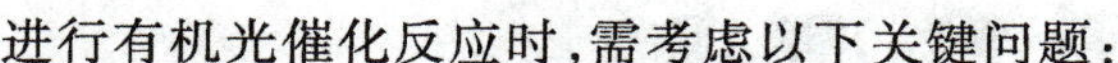

进行有机光催化反应时，需考虑以下关键问题：

（1）光源波长的选择。不同半导体材料具有不同的氧化还原能力和禁带宽度，因此对光波长的需求亦不相同。选择适当波长的光源对反应的成功至关重要。

（2）光的传播。在光化学反应中，光的吸收效率是一个关键参数。需考虑光源与反应器之间的距离，以及光在传播过程中穿过的玻璃仪器对其强度的削弱作用。同时，还需要关注光的功率（强度）及长时间照射可能产生的热量对反应的潜在影响。

（3）氧气的隔绝。光催化反应中，氧气在光照射下可能生成光自由基，对反应产生不利影响。因此，通常需将反应环境中的氧气替换为氮气以避免此类干扰。

通过对这些因素的深入理解和精细控制，有机光催化反应能够以高效率和选择性进行，为有机合成提供了一个强大的工具。

10.3 光催化有机反应的效率评价

10.3.1 反应装置

光催化反应装置是一种利用光催化剂在光照条件下促进化学反应的设备，这种装置广泛应用于环境治理、能源转换和化学合成等领域。在实验室研究阶段由于成本低、易于筛选、操作和监测，传统的间歇式光化学反应器仍然是开发新反应的首选，在工艺研究过程中，由于光能利用问题及效率问题，根据朗伯-比尔定律，微通道式光催化反应器逐步成为光催化有机合成工业化的枢纽。

（1）间歇式光化学反应器。间歇式光化学反应器主要由光源、恒温槽、搅拌器、透明反应釜等装置组成，主要用于光催化有机合成的条件筛选。光源主要用于筛选光能利用、波长选择、光强度影响等筛选；恒温槽主要用于温度的控制和筛选；透明反应釜主要用于光源存在下其他反应条件的筛选。可作为光催化有机合成工艺研究的前期理论支撑。

（2）微通道式光催化有机合成反应器。在有机合成中，微通道式光催化有机合成反应器可以提高反应的转化率和选择性，同时提高过程的安全性和效率，通过合成工艺优化调整，结合合适的光化学反应器。

微通道式光催化有机合成反应器主要包括盘管式连续流反应器、填充床反应器、段塞流式反应器、连续搅拌槽式反应器、振荡流反应器、串联式微批反应器等。

盘管式连续流反应器：这种反应器具有通用、简单、可定制、易于扩展、适配多相光催化有机合成系统的优点。Elliott 等报道了一系列可适用于千克级生产的盘管式连续流反应器（图 10-30）。

填充床反应器：这种反应器将光催化剂固定在微通道内部，能够实现光的均匀分布和高效的光催化反应。Khan 等报道了一种负载玻璃珠增强光源利用的填充床式反应器（图 10-31）。

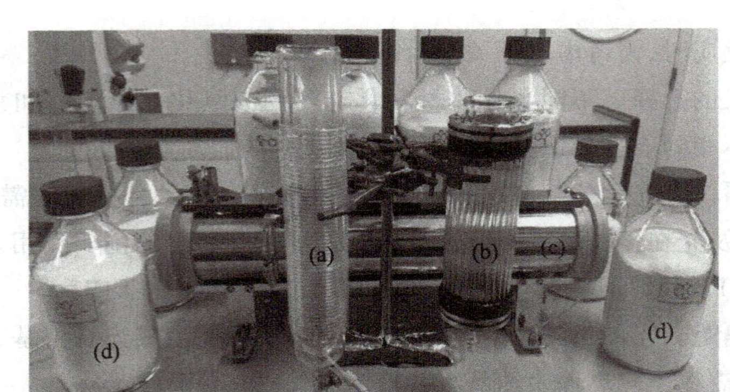

图 10-30　盘管式连续流反应器示意图

（本图来源：Luke D, et al. Org. Process Res. Dev., 2016, 20: 1806.）

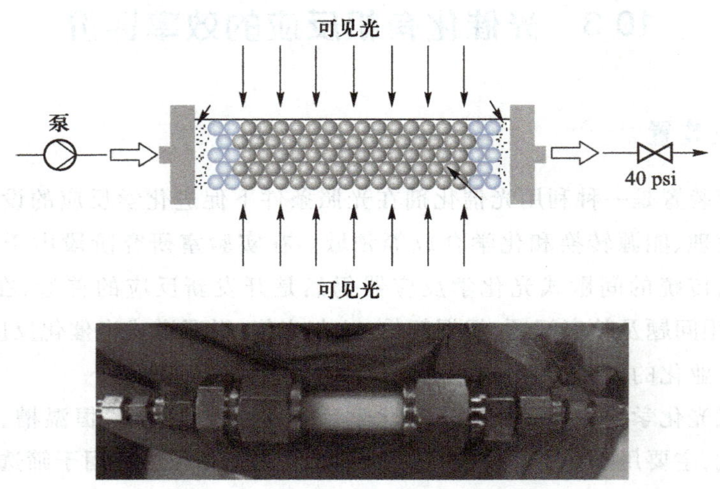

图 10-31　填充床反应器示意图

（本图来源：Lu Z, et al. React. Chem. Eng, 2020, 5: 1058.）

10.3.2　产物分析

1. 气相色谱

气相色谱可用于无发色团组分分析，但是它只适用于热稳定性好、易汽化物质的分析。液体样品在进行进样分析时，所用溶剂也必须是容易汽化的。

保留时间是指从样品注入色谱柱开始，到某个组分的峰值通过检测器并被记录的时间。它是色谱分析中的一个重要参数，可用于定性分析。因此，对于已知结构的组分，可以通过和标准品对比保留时间来确定。对于未知物质，可利用气相色谱-质谱（GC-MS）、气相色谱-傅里叶变换红外光谱（GC-FTIR）联用法定性。

峰面积是色谱图中，由色谱峰所覆盖的区域。它是色谱峰高度和宽度的乘积，通常用于表示样品中某个组分的量。峰面积与样品中该组分的浓度成正比，因此可以用于定量分析。

2. 液相色谱

液相色谱用于分析可溶解制成溶液的样品，不受样品挥发性和热稳定性的限制，高分子和离子型样品均可检测。但待测组分需要在检测器内有响应。

与气相色谱一样，可通过保留时间和峰面积分别进行定性和定量分析。此外，液相色谱-质谱（LC-MS）联用法也可用于未知物的定性分析。

3. 核磁共振谱

核磁共振谱主要用于结构分析。解析出一种化合物的结构一般需要氢谱和碳谱。样品需要充分溶解于氘代试剂中，无悬浮颗粒，溶液中不能含有 Fe、Cu 等顺磁性离子，还要注意溶剂峰的化学位移，最好不要遮挡样品峰。

核磁共振氢谱能提供重要的结构信息：化学位移、峰面积、耦合常数及峰的裂分情况。化学位移反映质子所处的化学环境。峰面积与氢的数目成正比，所以能定量的反映氢核的信息。峰形反映相邻碳上的氢之间的相互影响。

如果合成的化合物的结构是已知的，只要用得到的谱图和结构对照就可以知道化合物和预测的结构是否一致。对于一种未知化合物，除核磁共振谱外，还要结合紫外、红外、质谱和元素分析结果，逐步推测结构。

10.3.3 活性表示方法

1. 反应转化率

反应转化率（conversion）通常是指反应物在反应过程中转化为目标产物的效率。它是一个用于衡量反应性能的重要参数，反映了反应物在特定时间内被消耗的程度。转化率可以通过以下公式来定义和计算：

$$\text{转化率}(\%)=\frac{\text{消耗的反应物的物质的量}}{\text{初始反应物的物质的量}}\times 100\%$$

具体来说，转化率的计算涉及以下三个步骤：

（1）确定初始反应物的量。在反应开始前，准确测量反应物的质量或物质的量。

（2）测量消耗的反应物的量。在反应进行一段时间后，通过分析方法（如色谱、质谱、核磁共振等）确定已消耗的反应物的量。

（3）计算转化率。使用上述公式，将消耗的反应物的物质的量与初始反应物的物质的量进行比较，得出转化率。

2. 反应速率

反应速率（reaction rate）是描述化学反应中反应物浓度随时间变化快慢的量度。它通常定义为反应物浓度随时间的减少率或生成物浓度随时间的增加率。反应速率可以用以下公式来表示：

$$\text{反应速率}=\frac{\mathrm{d}[\text{反应物}]}{\mathrm{d}t}$$

或

$$\text{反应速率}=\frac{\mathrm{d}[\text{生成物}]}{\mathrm{d}t}$$

式中，[反应物]是反应物的浓度；[生成物]是生成物的浓度；dt 是时间；$d[\text{反应物}]/dt$ 或 $d[\text{生成物}]/dt$ 是浓度随时间的变化率。

反应速率的值可以是正的或负的，负值表示反应物浓度的减少，正值表示生成物浓度的增加。在实际应用中，通常取正值来表示反应速率。反应速率的单位通常是浓度随时间变化的速率，如 $mol \cdot L^{-1} \cdot s^{-1}$ 或 $mol \cdot L^{-1} \cdot min^{-1}$。反应速率的数值和单位取决于浓度的单位和时间的单位。需要注意的是，反应速率受多种因素影响，包括但不限于反应物的初始浓度、温度、压力（对于气体反应）、催化剂的存在、反应物的物理状态（固态、液态或气态）。

3. 回收率

化学反应回收率（chemical reaction recovery rate），在化学领域通常被称为产率（yield），是指在化学反应中，实际得到的期望产物的量与理论上最大可能得到的量的比值。产率是衡量化学反应效率的一个重要参数，它反映了反应的完全性和副反应的多少。产率的定义公式为

$$\text{产率}(\%)=\frac{\text{实际得到的产量}}{\text{理论最大产量}}\times 100\%$$

式中，实际得到的产量是指通过实验测量得到的期望产物的量。理论最大产量是指根据反应物的摩尔比和反应的化学方程式计算出的最大可能产物的量。产率受多种因素影响，包括反应物的纯度和活性、反应条件（如温度、压力、溶剂、浓度、pH 等）及催化剂的类型和用量。

4. 选择性

化学反应选择性（chemical selectivity）是指在有多步反应可能的条件下，特定反应路径相对于其他可能路径发生的倾向性。选择性是评价化学反应的一个重要参数，特别是在合成复杂分子或生产药物中间体时，高选择性意味着生成更少的副产物，从而简化了产物的分离和纯化过程。

选择性通常用选择性比（selectivity ratio）来量化，定义为期望产物与非期望产物生成速率的比值，或者期望产物与所有可能产物的生成量之比。选择性比越高，表示反应的专一性越好。在实际应用中，提高选择性可以通过优化反应条件、使用特定的催化剂或配体、控制反应时间等方法实现。高选择性对于绿色化学和可持续化学过程尤为重要，因为它有助于减少废物生成，提高原料的利用率。

5. 量子效率

量子效率（quantum efficiency，QE）是一个用于描述各种光电过程中，输出信号或产物的数量与输入光子数量的比值的参数。在不同的应用领域，量子效率的具体含义可能有所不同，但基本概念是相似的。

在光催化过程中，量子效率是指光催化剂吸收的每个光子所产生的化学反应产物的数量。这通常涉及光生电子和空穴的有效分离和利用。光催化剂的量子效率是指在光催化过程中，单位时间内产生的有效化学反应事件（如电子-空穴对的产生、反应物的转化等）的数量与吸收的光子数量的比值。它是评价光催化剂性能的一个重要参数，反映了光催化剂将吸收的光能转换为化学能的效率。光催化剂量子效率的定义公式为

$$\text{QE}=\frac{\text{有效化学反应事件的数量}}{\text{吸收的光子数量}}$$

在实际应用中，量子效率可以进一步细分为初始量子效率（IQE）和表观量子效率（AQE）。初始量子效率是指在光催化反应开始阶段，不考虑任何中间过程的效率，而表观量子效率则是在整个光催化过程中，包括所有中间步骤的效率。量子效率受多种因素影响，包括光催化剂的光吸收特性、电子-空穴对的分离效率、表面反应动力学、反应物和产物的扩散等。提高量子效率是优化光催化剂设计和提高光催化技术应用潜力的关键。

10.4 典型光催化有机合成反应类型

10.4.1 光催化选择性氧化

光催化过程的核心在于光能的激活作用，激发出高能量电子和空穴，进而触发一系列的氧化还原反应。在这些反应中，光生电子主要位于导带（CB），而光生空穴则保留在价带（VB）。这两种激发态载流子的共同作用可能导致多种结果，包括能量的重新结合或迁移到催化剂表面。在标准的光催化反应条件下，通常需要水或氧气的存在，光催化作用会生成多种含氧的反应物，如氧自由基（$\cdot O_2$）、过氧化氢（H_2O_2）、羟基自由基（$\cdot OH$）及单重态氧（$^1O_2$）等（图 10-32）。这些活性氧物质都可能成为引发光催化氧化还原反应的关键中间体。在光化学过程中，自由基和产生的光生空穴是主要的氧化剂。然而，光催化过程产生的强氧化剂也可能对选择性氧化目标产物造成干扰。因此，精确控制所需的活性氧物种（ROS）的生成显得至关重要。这要求我们在光催化反应中精细调控实验条件，如控制光诱导的电子跃迁的方式，以及调整导带和价带的位置，以达到选择性控制催化产物的目的。

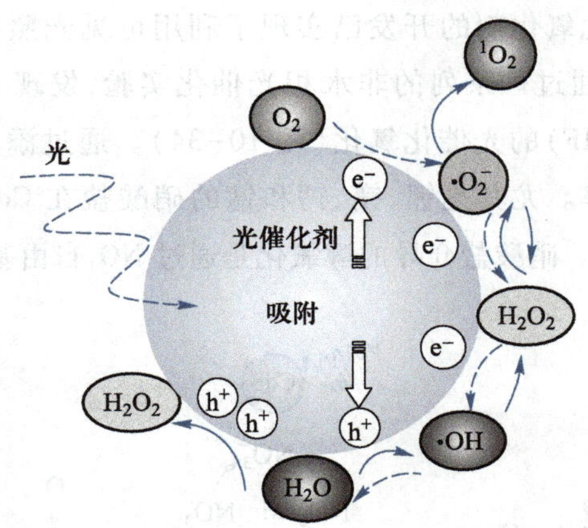

图 10-32　光催化还原氧和氧化水时产生的活性氧示意图

（本图来源：Yoshio N, et al. Chem. Rev., 2017, 117: 11302.）

随着有机材料科学的飞速发展，光催化技术已在多种有机化学品的氧化过程中得到广泛应用，这包括醇类、碳氢化合物、芳香族化合物、硫化物及胺类化合物的选择性氧化。光催化具有区别于传统催化方法的优势，如反应条件更加温和、对环境的影响较小。本小节将重点介绍光催化选择性氧化的经典反应,并概述其在光催化反应中的控制策略。

在有机合成化学中,醇的选择性氧化占据着至关重要的位置。传统的热催化或强氧化剂氧化醇的方法不仅能耗大,还可能对环境造成显著污染,并且在精细化学品合成中选择性较低。相对而言,光催化醇氧化则能有效缓解这些问题。

Li 等研究者开发了一种高效的 Bi_2MoO_6 中空微球光催化剂。该催化剂具有可调节的表面氧空位(OVs),从而促进了 H_2O_2 介导的光催化选择性醇氧化过程(图 10-33)。通过在 Bi_2MoO_6 中空微球引入表面氧空位,加速了光生电荷载体的分离与转移,并提升了反应物分子的吸附与活化,显著增强了醇与 H_2O_2 之间的光催化选择性氧化反应。通过同时优化催化剂的形态和表面缺陷,制备了高效的光催化剂,其不仅利用了光生电子和空穴的双重功能,还提高了反应的选择性。

O2
CB
e e e e
•O2−
H2O2
OVS
OH
O
H
h+ h+ h+ h+
VB
OH

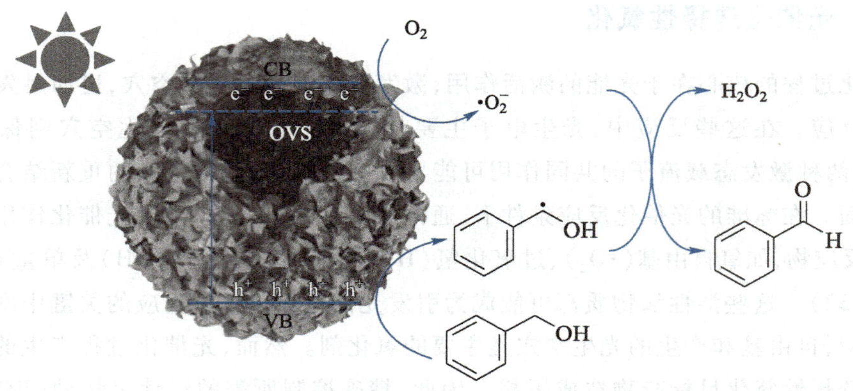

图 10-33 Bi_2MoO_6 光催化剂促进 H_2O_2 产生及选择性醇氧化示意图

(本图来源:Cong C,et al. J. Colloid Interf. Sci.,2021,592:1.)

此外,有机物的光催化氧化剂的开发已实现了利用可见光照射从生物质原料中制备高附加值产品。DiMeglio 等通过一系列的非水相光催化实验,发现 CdS 纳米线可有效促进苯甲醇和 5-羟甲基糠醛(HMF)的光催化氧化(图 10-34)。通过添加硝酸盐作为氧化还原介质,可以显著提升反应速率。尤其是锂、镁、钙和锰的硝酸盐在 CdS 纳米线上促进了苯甲醇的选择性光氧化为苯甲醛。硝酸盐介导的醇氧化是通过 $NO_3^·$ 自由基催化生成的机制进行的。

hν
CdS
NO3·
NO3− M NO3·
MeCN
OH
H O OH
O
H
O O O
H H
M=Li+,Ca2+,Mg2+或Mn2+ 70%~100% 产率
2.6~13.6 mmol·h−1

图 10-34 CdS 纳米线催化苯甲醇和 5-羟甲基糠醛氧化示意图

(本图来源:John L,et al. ACS Catalysis.,2019,9:5732.)

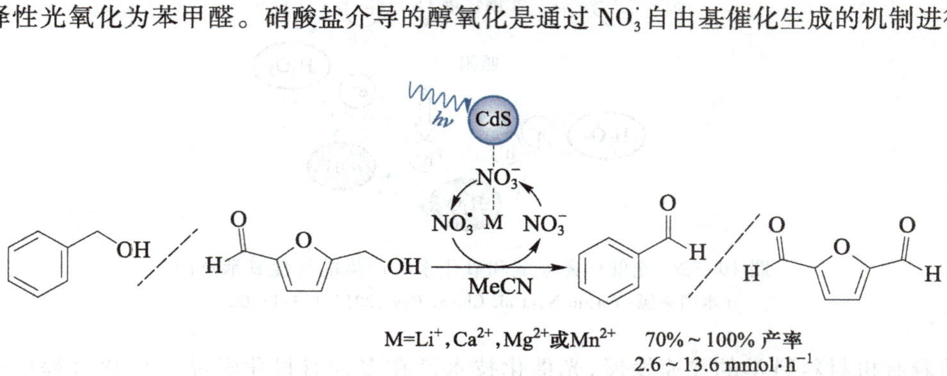

与选择性醇氧化相比，饱和碳氢键的选择性氧化由于其较高的键能而显得更具挑战性。如图 10-35 所示，Wu 等在温和条件下设计了一种以 g-C_3N_4 修饰的 $Cs_{0.33}WO_3$ 纳米复合材料，成功实现了在可见光照射下对微量甲烷的选择性光催化转化。研究证实了甲烷被甲基氧化激活，进而实现高效转换。$Cs_{0.33}WO_3$ 在复合材料中的光生电子能有效抑制过氧化反应，从而提高了甲醇生成的选择性。

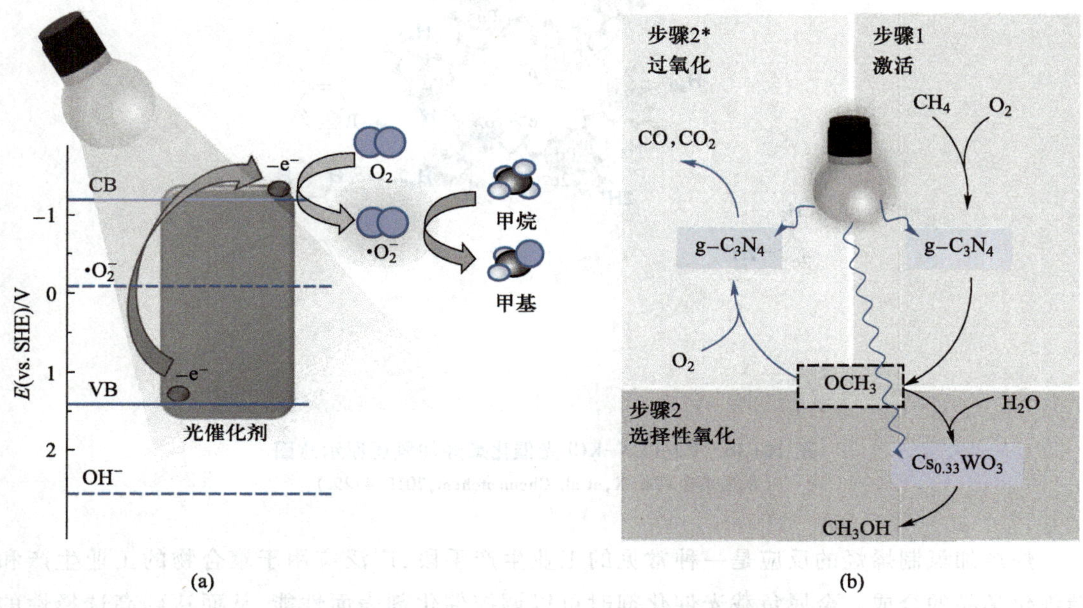

图 10-35　g-C_3N_4 修饰的 $Cs_{0.33}WO_3$ 纳米复合材料光催化甲烷氧化示意图

（本图来源：Yuan L, et al. ACS Sustainable Chem. Eng., 2019, 7: 4382.）

10.4.2　光催化选择性还原

光催化还原不饱和键是近年来备受关注的课题，因为它符合绿色化学的理念，节能、无毒、无污染。在光催化选择性还原反应中，还原性光生电子主要用于水和提供电子的底物水溶液制氢、还原金属离子和二氧化碳、亚硝酸盐和硝酸盐、氮气等。这些反应不仅使用传统的 TiO_2 光催化剂，还使用其他光催化材料。不饱和烃、有机羰基和卤化物化合物的光催化选择性还原转化中。一般是增加了不可逆的消耗电子供体（即电子牺牲剂）的条件下进行的。这类电子牺牲剂的主要作用机制是接受光生空穴并，将其对底物上的氧化作用降到最小化，以及抑制光生电子-空穴对的不良重组，将还原的选择性提高。这些添加剂通常充当质子供体。电子-空穴对的重组及催化选择性，限制了光催化性能。

光催化水分解技术是将太阳能转化为绿色氢能的最有前途的方法之一，有助于解决当前的环境问题和能源危机。利用水产生的氢或活性氢（H 种，H_{ad}）来合成高附加值精细化学品正成为一种更有价值和可实现的策略，但目前该策略几乎没有研究。烯烃加氢反应是精细化工有机合成和生产中最基本的转化过程之一。然而，由于使用危险的加压氢气作为氢源，目前的加氢过程需要高温、相当大的压力和复杂的实验设置。

Qiu 等报道了一种利用 KCl 制备的 PCN-KCl 纳米片。通过将这些纳米片与 Pd 纳米粒子结合，制备的 Pd/PCN-KCl 催化剂成功地实现了在温和条件和可见光照射下利用光生氢气进行烯烃加氢的策略（图 10-36）。这项工作能够为有效利用由水裂解产生的原位氢源进行协同还原反应提供一条有前途的途径。

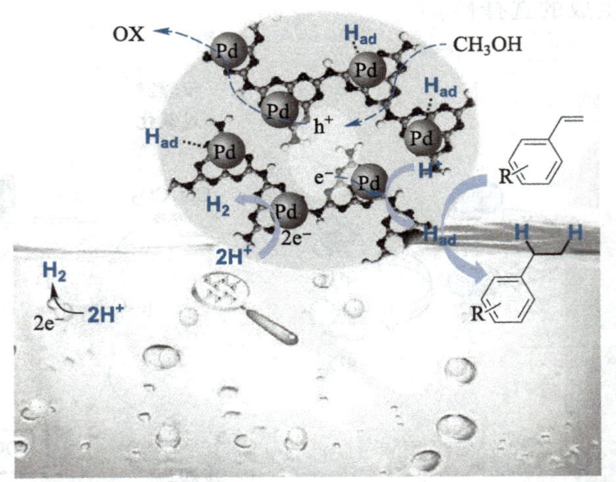

图 10-36　Pd/PCN-KCl 光催化烯烃加氢还原示意图

（本图来源：Fan X，et al. Chemcatchem，2019，4：29.）

炔烃加氢制烯烃的反应是一种常见的工业生产手段，广泛应用于聚合物的工业生产和精细化学品的合成。金属负载光催化剂时可以调控催化剂表面性能，从而达到高选择性的光催化反应。Zheng 等采用 L-赖氨酸修饰策略负载 Ni 纳米粒子，极大地提高了苯乙炔加氢制苯乙烯的稳定性和光催化性能（图 10-37）。强大的稳定性归因于 L-赖氨酸的氨基和羧基可以同时作为锚，比单个基团强得多，通过 N 和 O 配位与金属 Ni 强烈相互作用。对苯乙烯的高选择性是由于 L-赖氨酸改性导致苯乙烯和苯乙炔在 Ni 表面的吸附能差较大，因此苯乙炔优先吸附在 Ni 表面。调节配体和 Ni 之间的相互作用有利于设计稳定、活性和选择性较高的炔烃加氢催化剂。

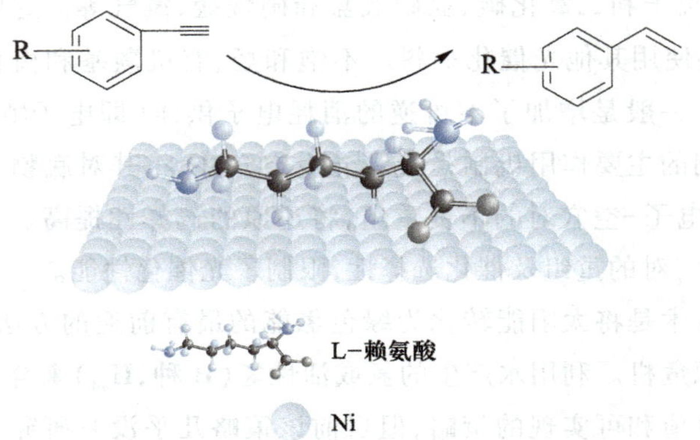

图 10-37　L-赖氨酸负载 Ni 纳米粒子光催化苯乙炔加氢制苯乙烯示意图

（本图来源：Wang J，et al. Appl. Catal. B：Environmental，2022，313：121449.）

醇的还原是现今医药中间体转化的重要步骤之一。同时，光催化选择性还原利用生物质作为氢源，依然可以选择性的还原目标产物。对于绿色化学具有促进意义。Yang 等在 Pd/TiO_2 光催化剂上，以脂肪醇为供氢体，通过光催化转移氢化，实现了生物质醛的加氢脱氧和还原醚化（图 10-38），选择性容易通过底物浓度进行切换。

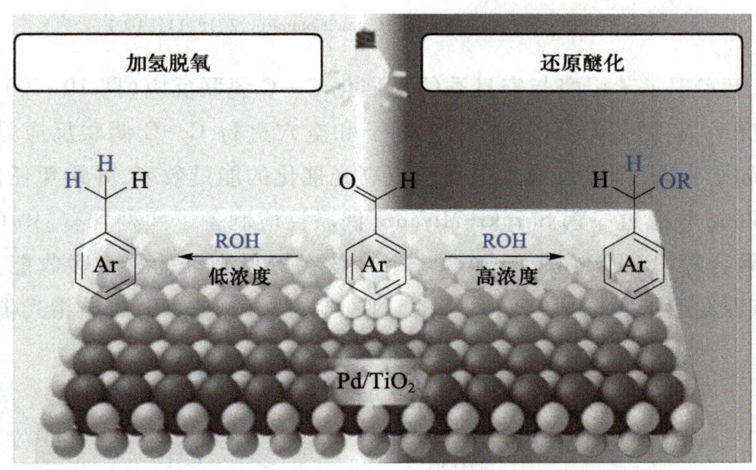

图 10-38　生物质醛的加氢脱氧和还原醚化示意图

（本图来源：Fu H，et al. Chemcatchem，2022，14：7.）

10.4.3　光催化碳碳键构建反应

构建 C—C 键形成的反应对现代有机合成至关重要。在理想的意义上，它们使分子的快速聚合成为可能。为了实现这一目标，已经开发了许多精细而稳健的 C—C 偶联方法，如 Pd 催化交叉偶联，Ru 或 Ir 光敏剂介导的偶联反应和 C—H 功能化，其中利用光催化技术实现碳碳键的构建引起了人们的广泛关注。光氧化还原催化通过使用光激发催化剂在良性条件下将可见光转化为化学能，该催化剂通常是过渡金属配合物或高度共轭的有机分子，如 4CzIPN。在吸收光并相互转化为三重激发态后，这些催化剂通过氧化或还原猝灭循环进行单电子转移（SET），从而返回基态。与传统的自由基生成方法形成鲜明对比的是，光氧化还原催化能够以一种调节的方式温和地催化生成活性 C（sp^3 杂化）自由基。因此，这些具有高活性的中间体可被用于有针对性的转化。

由于分子光敏剂和有机金属催化剂的进步，可见光驱动的 C—C 键形成引起了越来越多的关注。然而，这些均相的方法通常需要利用贵金属基（如 Ir、Ru 等）光敏剂。相比之下，固态半导体代表了一种有吸引力的替代方案。2018 年，Mona 等报道了 Pd 在 Suzuki-Miyaura 偶联（SMC）反应中的等离子体性质和催化性能（图 10-39）。与以往报道不同的是，这种带隙≥3 eV 的半导体可以为 Suzuki-Miyaura 偶联反应提供 C—C 键形成的条件。利用光沉积法在阳光下成功合成了纳米 Pd/TiO_2。TiO_2 表面的 Pd 纳米粒子的大小导致了局部表面等离子体共振的增强。这种吸收可见光的非均相光催化剂充分促进了底物在室温下在水介质中发生偶联反应。

2020 年，Sun 等报道了在牺牲电子供体（如三乙胺）的存在下，在可见光照射下，在二维

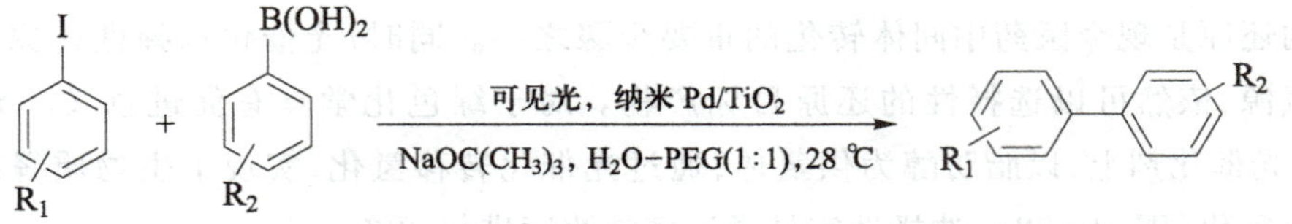

图 10-39　Pd/TiO_2 催化 Suzuki-Miyaura 偶联反应

（本图来源：Koohgard M, et al. Catal. Commun., 2018, 111: 10.）

$ZnIn_2S_4$ 纳米片上实现了苯甲醛与安息香的光催化 C—C 偶联反应（图 10-40）。在没有任何牺牲试剂的情况下，利用 $ZnIn_2S_4$ 中的激发电子和空穴进行 C—C 偶联反应是可行的，如果以苯甲醇作为起始底物，则可以最大限度地提高光催化的能量效率，并避免任何副产物。

2020 年，Wang 等通过一锅 Suzuki-Miyaura 偶联反应制备了两种含有$[Ru(bpy)_3]^{2+}$芯的金属多孔有机聚合物（POPs）（图 10-41）。聚合物在可见光区的强光吸收能力使其成为多相光催化剂，该课题组选择探索它们对醛的对映选择性 α-烷基化的异相光催化活性，这是

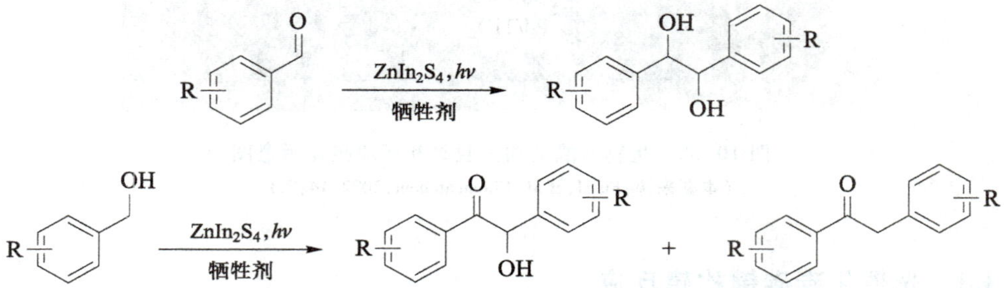

图 10-40　二维 $ZnIn_2S_4$ 纳米片催化 C—C 偶联反应

［本图来源：Han G, et al. ACS Catalysis., 2020, 10(16): 9346.］

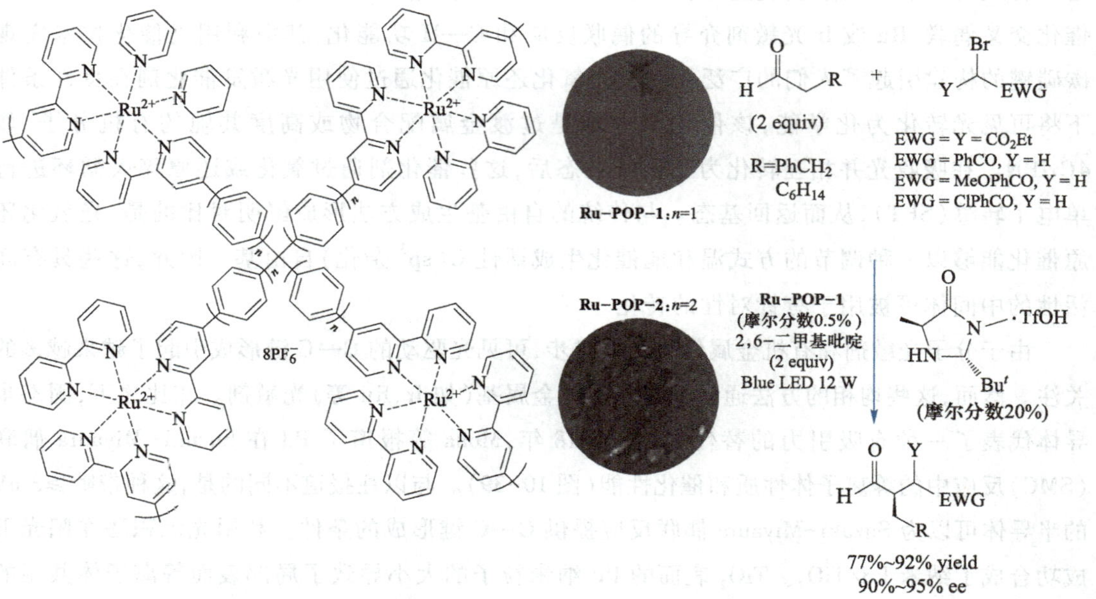

图 10-41　含有$[Ru(bpy)_3]^{2+}$芯的金属多孔有机聚合物催化 Suzuki-Miyaura 偶联反应

［本图来源：Luo Y, et al. ACS Macro Lett., 2020, 9(1): 90.］

不对称 C—C 键形成的重要有机转化。

10.4.4 光催化碳杂键构建反应

过渡金属催化 C—H 功能化是近十年来有机化学研究的热点，但过渡金属污染、价格高等显著缺点，一直提醒着人们需要寻找一种更加适合的催化剂。将光催化和 C—H 功能化融合无疑是解决这一领域挑战的一种很有前途的策略，因为光诱导电子转移是激活 C—H 键的另一种途径。光氧化还原催化剂除了具有反应条件温和、位点选择性好等共同优点外，还具有没有潜在的过渡金属污染、价格低、候选物多、反应活性高等优点。另外，碳与碳、氮、氧、氟、磷、硫、氯和溴之间的成键反应在有机合成中至关重要，在材料科学、医学、生物学等领域可以产生无数的靶分子。随着对该领域的不断深入，人们发现光催化构建碳杂键相比于普通的热催化构建碳杂键要更加便利，并且引入异相催化剂后，更有利于后续的处理分离。

2019 年，Pieber 等使用氮化碳材料与均相镍催化剂相结合，在温和条件下进行芳基卤化物和醇类的 C—O 交叉偶联反应（图 10-42）。该反应可以实现广泛的缺电子芳基溴化物与伯醇、仲醇及水的偶联。该催化方案也适用于分子内反应及活性药物成分的合成。6 次的循环使用并未对催化剂的催化活性造成影响，表明了催化剂可持续光催化的潜力。

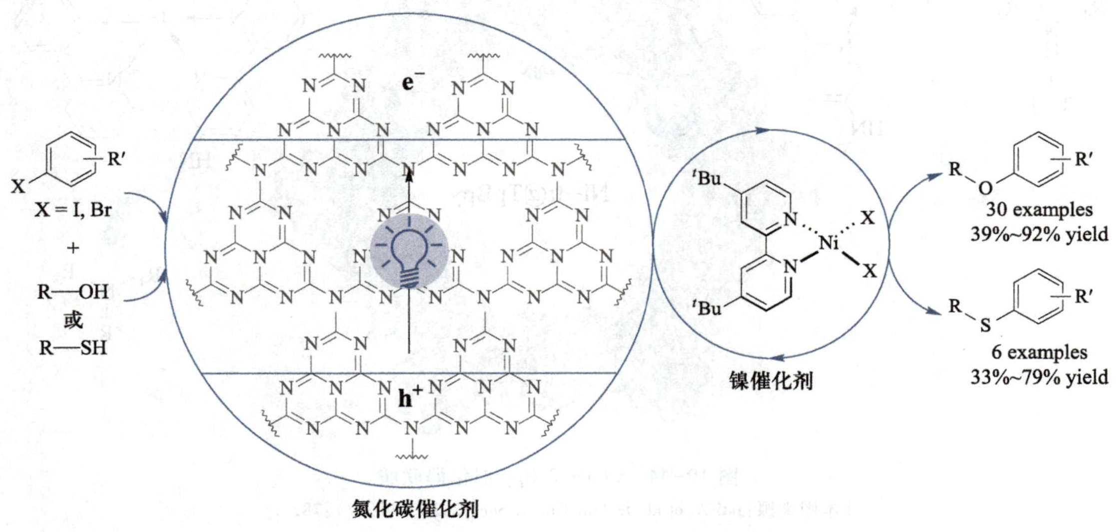

图 10-42 CN-OA-m 催化 C—O 交叉偶联反应

［本图来源：Cavedon C，et al. Org. Lett.，2019，21（13）：5331.］

双光氧化还原/镍催化 C—N 交叉偶联制备富电子芳基卤化物的产率低，无活性镍黑的形成造成了这种限制，并且难以再现。在这里，Pieber 等于 2020 年证明了使用氮化碳催化剂可以避免催化剂失活。非均相光催化剂的广泛吸收使得波长依赖于还原消除速率的控制，以防止环、仲胺和芳基卤化物偶联过程中镍黑的形成（图 10-43）。

共价有机框架材料（COFs）在多相催化中具有广阔的应用前景。2022 年，Banerjee 等报道了一种双金属化策略，在一个单一的二维 COFs TpBpy 中进行各种 C—N 交叉偶联反应（图 10-44）。［$Ir(ppy)_2(CH_3CN)_2$］PF_6［ppy = 2-苯基吡啶］和 $NiCl_2$ 分别作为铱和镍金属前

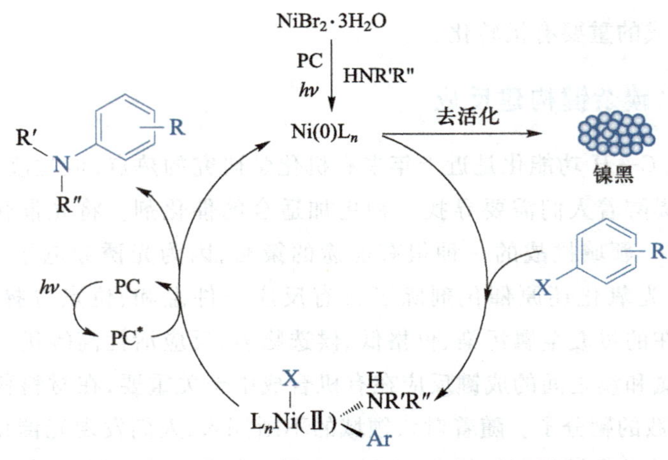

图 10-43　氮化碳催化 C—N 交叉偶联反应

［本图来源：Gisbertz S，et al. Nat. Catal.，2020，3（8）：611.］

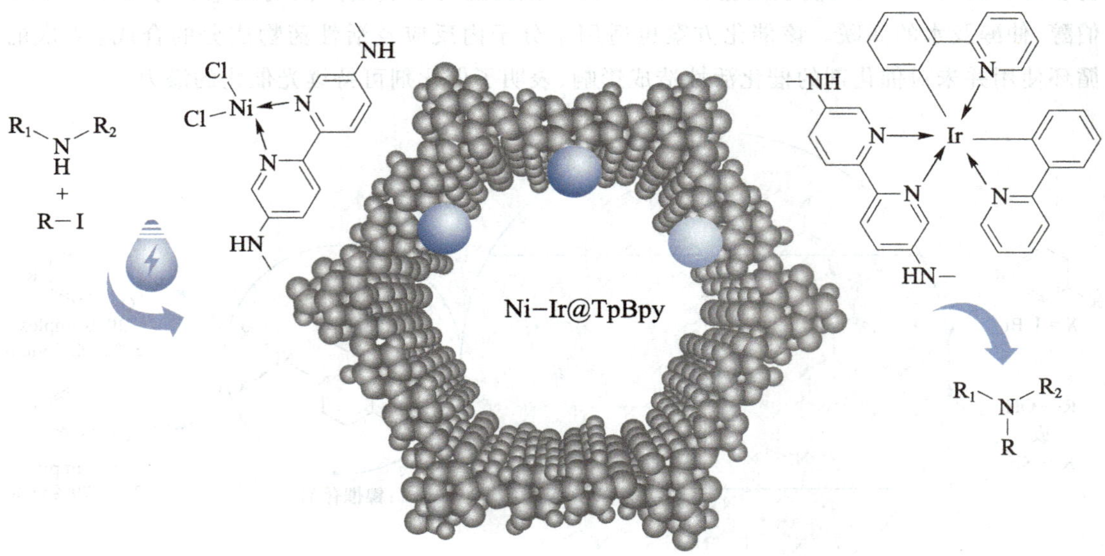

图 10-44　COFs TpBpy 催化偶联胺

［本图来源：Jati A，et al. J. Am. Chem. Soc.，2022，144（17）：7822.］

体，用于 COFs TpBpy 的合成修饰。开发的方案能够选择性和可重复性地偶联多种胺（芳基、杂芳基和烷基）、酰胺和磺胺与富电子、中性和差（杂）芳基碘化物，分离收率高达 94%。此外，为了建立这种方法的实际实施，该课题组已经将合成策略应用于布洛芬、萘普生、吉非罗齐、螺旋和氨基酸衍生物的后期多样化。

10.4.5　光催化环化反应

环类化合物是一类非常重要的有机结构，经常出现在具有生物活性的天然产物、医药和农药等关键产物中。因此，对于环类化合物的合成方法及化学反应的研究仍然是当代合成化学的主要焦点之一。从绿色或可持续化学的角度来看，光催化为追求理想的环化合成提

供了一种重要的手段，可见光光催化因其独特的活化模式和对可持续化学的重要意义而日益受到合成界的关注。环化反应(cyclization reaction)是指在有机化合物分子中形成新的碳环或杂环的反应，又称闭环缩合或成环缩合。在形成碳环时，是以形成碳碳键来完成环化反应的；在形成含有杂原子的环状结构时，它以形成碳碳键或形成碳杂键(C—N、C—O、C—S键等)的形式来完成环化反应，少数情况下也可以通过两个杂原子之间成键(N—N、N—S键等)的形式进行环化反应。光催化环化反应是在此基础上，利用光促进环化反应，在温和条件下提高反应选择性和收率。近些年来，随着光催化领域的不断发展，人们对其基本机理和光生成反应中间体的性质进一步了解，开发出了用于环化合成的新反应。

1. 光催化分子间碳碳键环化反应

Wang 等在 2016 年报道了一项工作(图 10-45)，利用异相光催化剂 TiO_2 进行高效率的光催化的环化过氧化反应。TiO_2 光催化可以将 C—C 和 C═O 的形成串联起来，该方法不需要任何添加剂，可实现高效氧化环化合成芳基四氢萘酮。对于多种富电子的底物，都能获得高产率和优异的非对映选择性。作者研究结果证明，这一过程与传统的过氧化反应不同，只要自由基阳离子对亲核加成具有较高的反应活性，TiO_2 光催化中的单电子转移过程就能发展成为构建 C—C 键和碳环的有力工具。

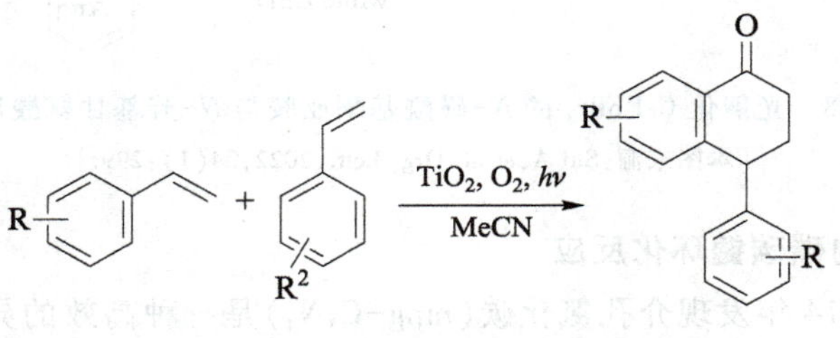

图 10-45　光催化 TiO_2 环化过氧化反应

[本图来源：Liu Y, et al. ACS Catalysis, 2016, 6(12): 8389.]

利用 N1 取代的吡唑烷-3-酮未被完全开发的反应活性，Štefane 等发现了一种可见光诱导的 N1 取代的吡唑烷-3-酮衍生物的有氧氧化反应(图 10-46)。在铜/Eosin Y 催化的[3+2]环加成反应条件下，生成的偶氮亚胺可与炔酮在原位进一步反应，以良好的产率得到相应的吡唑并[1,2-*a*]吡唑。该方法还可扩展到其他 N1 芳基取代的吡唑烷酮。

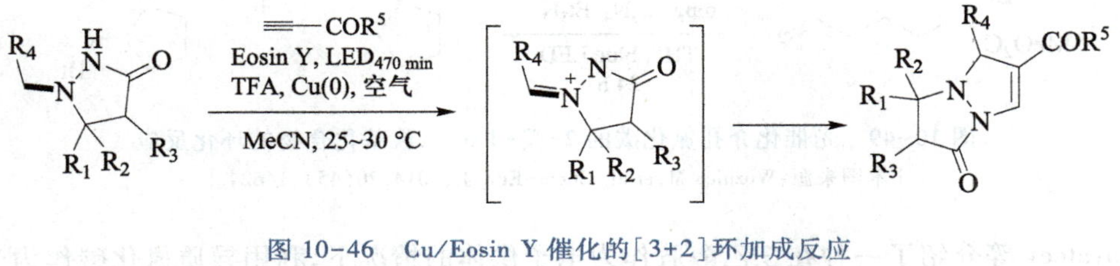

图 10-46　Cu/Eosin Y 催化的[3+2]环加成反应

[本图来源：Petek N, et al. Catalysts, 2020, 10(9), 981.]

2. 光催化分子间碳杂键环化反应

He 等制备了 PANI(聚苯胺)-g-C_3N_4-TiO_2 复合材料。在可见光下能够高效地合成 2,5-二芳基-1,3,4-噁二唑(图 10-47)。该反应涉及从酮酸到酰肼的脱羧和环化过程。反应底物多样,以中等至较高的产率提供所需的产物。对照实验表明,三元复合材料中可能存在协同效应。此外,这种半导体光催化剂很容易回收并显示出良好的重复性,在连续运行六次后,催化活性仅略有下降。

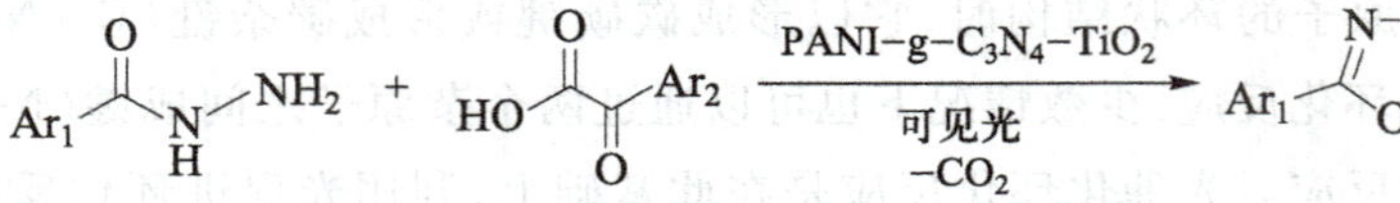

图 10-47 光催化高效合成 2,5-二芳基-1,3,4-噁二唑

[本图来源:Wang L,et al. Tetrahedron Lett.,2018,59(15):1489.]

Yu 等以 $CsPbBr_3$ 为异相光催化剂,开发了一种可持续且经济高效的方法,该方法用于 *N*-磺酰基酮亚胺与 *N*-芳基甘氨酸的光催化环化反应,合成了咪唑烷的氨基磺酸盐(图 10-48)。从反应液混合物中能够简便的回收催化剂 $CsPbBr_3$,催化剂可重复回收利用 5 次以上并保持反应活性不明显降低,这表现出了催化剂经济性高的特点。

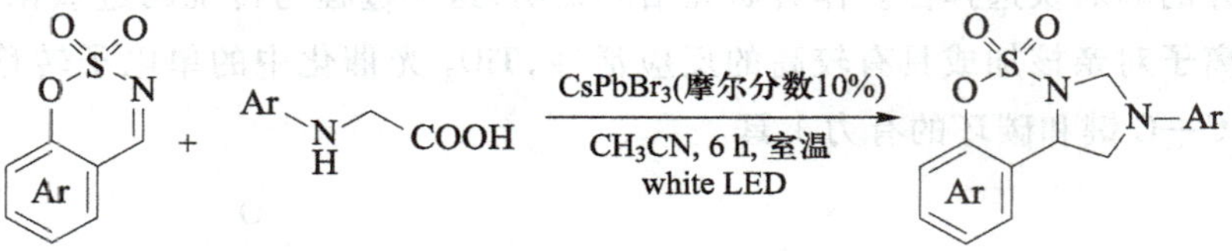

图 10-48 光催化 $CsPbBr_3$ 的 *N*-磺酰基酮亚胺与 *N*-芳基甘氨酸环化反应

[本图来源:Shi A,et al. Org. Lett.,2022,24(1):299.]

3. 光催化分子内碳碳键环化反应

Blechert 等在 2014 年发现介孔氮化碳(mpg-C_3N_4)是一种高效的异相光催化剂,可用于 2-溴-1,3-二羰基化合物的环化反应(图 10-49)。反应在温和的条件下进行,生成了官能化环戊烷,并可应用在连续流光反应器。与传统的间歇釜式反应相比,使用连续流动反应器大幅度缩短了反应时间(在间歇反应器中,0.04 mmol 底物完全转化需要 4 h,而在连续流反应器中,等量的底物只需要 40 min 即可完全转化为产物)。反应机理研究表明,THF 不仅是溶剂,还是氢和电子供体。

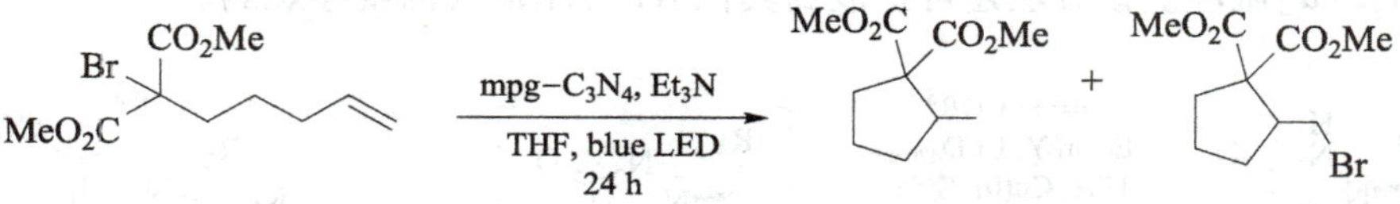

图 10-49 光催化介孔氮化碳的 2-溴-1,3-二羰基化合物的环化反应

[本图来源:Woznica M,et al. Chem-Eur. J.,2014,20(45):14624.]

Savateev 等介绍了一种在三乙醇胺作为电子供体的情况下,利用异质氮化碳作为光催化剂进行的查耳酮还原反应,研究了该反应适用的范围,并探索了查耳酮自由基偶联反应的区域选择性(图 10-50)。(1) 10 个查耳酮选择性地生成了多取代的环戊烷,分离收率为 31%~73%;(2) 两个带有电子供体基团 4-$MeOC_6H_4$ 和 2-thienyl 的查耳酮分别以 42% 和 53%的分离收率选择性地生成了 *β*-酮二烯;(3) 从三乙醇胺-己烷-1,6-二酮中分离出的氟

苯基取代的查尔酮完全是自由基偶联后氢转移的产物，分离收率为 65%。此外，两种不同的查耳酮混合物发生了具有区域选择性的交叉环二聚化反应，形成了四种可能产物中的一种。通过循环伏安法和线性扫描伏安法研究了这一机理，结果表明反应是通过质子耦合电子转移进行的。

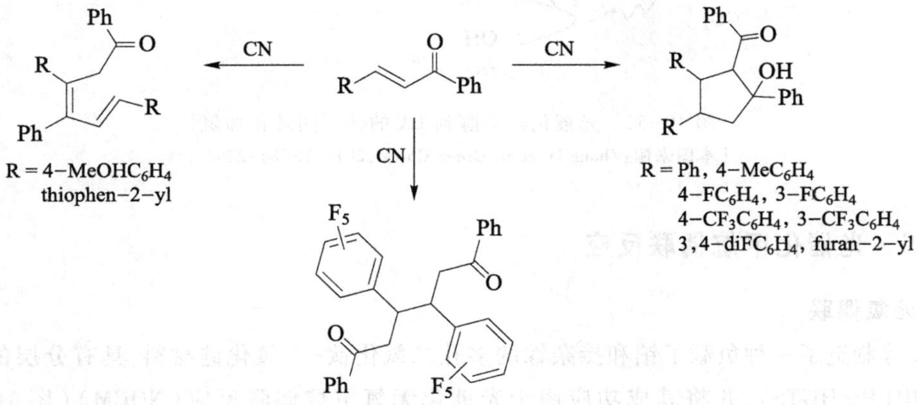

R = 4−MeOHC$_6$H$_4$
thiophen−2−yl

R = Ph, 4−MeC$_6$H$_4$
4−FC$_6$H$_4$, 3−FC$_6$H$_4$
4−CF$_3$C$_6$H$_4$, 3−CF$_3$C$_6$H$_4$
3,4−diFC$_6$H$_4$, furan−2−yl

图 10−50　异质氮化碳作为光催化剂进行的查耳酮还原反应

[本图来源：Kurpil B，et al. ACS Catalysis，2019，9(2)：1531.]

4. 光催化分子内碳杂键环化反应

利用无金属氮化碳和光来驱动催化转化是一种可持续的有机合成策略。目前，通过调整催化剂与底物之间的界面耦合来提高氮化碳催化剂的内在活性仍是一项重要挑战。在此，Cheng 等证明了具有—NH$_2$ 基团和相对表面正电荷的尿素衍生氮化碳催化剂可以有效地与去质子化的阴离子中间体复合，提高了催化剂表面对有机反应物的吸附。氧化电势的降低和最高分子轨道位置的上移使催化剂的电子抽取在动力学上具有更高的能量。因此，使用本方法制备的催化剂可用于氮中心自由基的光催化环化，以合成多种药物相关化合物(图 10−51)。该催化剂具有高活性和可重复使用性，其性能优于均相催化剂。

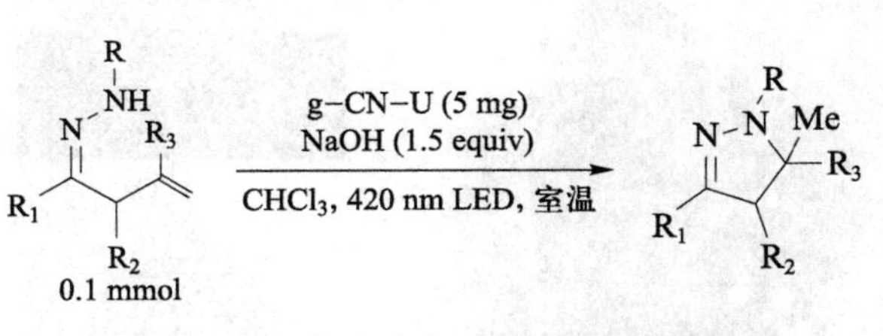

g−CN−U (5 mg)
NaOH (1.5 equiv)
CHCl$_3$, 420 nm LED, 室温
0.1 mmol

图 10−51　氮中心自由基的光催化环化

[本图来源：Yang M，et al. Nat. Comm.，2022，13(1). 4900.]

左旋肉碱(LA)加氢环化成 γ−戊内酯(GVL)是利用可再生生物资源的一条极具吸引力的途径，但通常会消耗 H$_2$。在本研究中，Zhu 等报告了 Au 负载的 TiO$_2$ 催化剂在光催化条件下，可有效实现从异丙醇到 LA 的分子间氢转移。通过这种方式，异丙醇脱氢生成丙酮和频哪醇，选择性大于 99%，而 LA 加氢环化为 GVL，选择性高达 85%。在这一反应过程中，GVL 的生成是以 LA 加氢脱水成乙酰丙酰基为媒介的，乙酰丙酰基进一步加氢环化为 GVL(图 10−52)。这种氢化−氢化耦合过程为 LA 转化成 GVL 提供了一种原子经济的绿色方法。

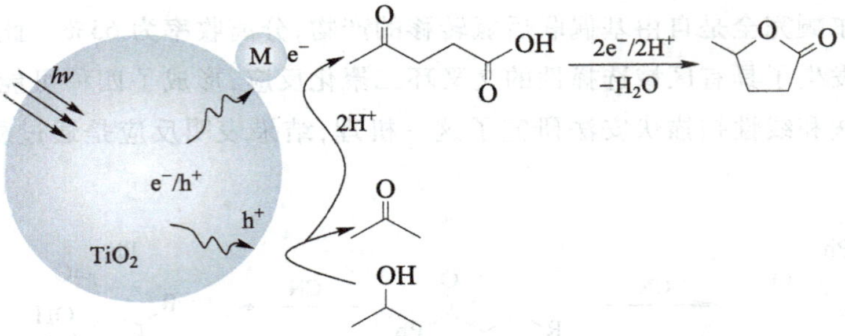

图 10-52　光催化异丙醇到 LA 的分子间环化加氢
[本图来源:Zhang H,et al. Green Chem.,2016,18(8):2296.]

10.4.6　光催化甲烷偶联反应

1. 无氧偶联

Wu 等制造了一种负载了铂和掺杂镓的多孔二氧化钛-二氧化硅材料,具有分层的宏观-介孔结构(Pt/HGTS),并将其成功应用于光催化无氧甲烷偶联反应(NOCM)(图 10-53)。在这种材料的催化下甲烷的偶联反应转化率达到 3.48 $\mu mol \cdot g^{-1} \cdot h^{-1}$,并且对乙烷的选择性接近 90%。Pt/HGTS 的光催化活性是纯多孔二氧化钛-二氧化硅的 13 倍。负载铂的作用是形成与 TiO_2 的 Mott-Schottky 结,这可以加速光生电子-空穴的分离。掺杂的镓替代了邻近的五价钛(Ti5c)的空位(V_o),这有助于稳定捕获单个电子的空位 V_o,减少从 V_o 到吸附的铂的电子转移,从而形成更多的阳离子铂。根据他们的观点,甲烷首先被电子丰富的金属铂 Pt_1 活化,然后在光照射下 C—H 键被解离,生成的—CH_3 和—H 吸附在邻近的 Pt_2 上,同时另一个甲烷也被活化并吸附在这两个铂位点上。最终,两个氢物种结合生成氢气,剩余的甲基中间体结合形成乙烷。

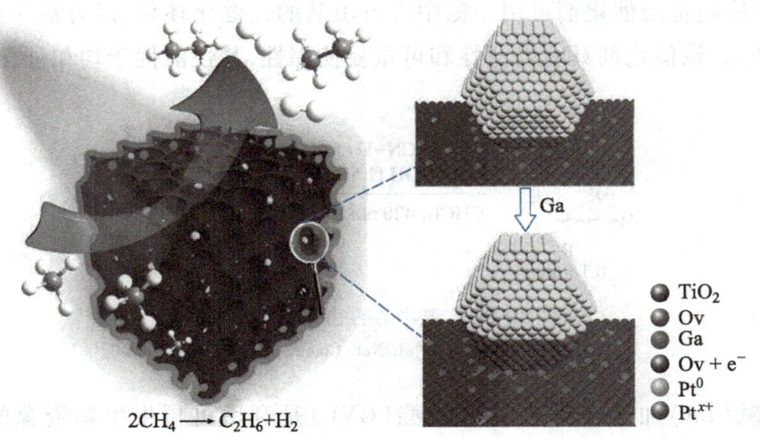

图 10-53　Pt/HGTS 材料光催化无氧甲烷偶联反应
[本图来源:Wu S,et al. J. Am. Chem. Soc.,2019,141(16):6592.]

2. 有氧偶联

甲烷是最稳定的分子之一,广泛存在于天然气、页岩气和煤层气中。其第一个碳氢键的

解离能(BDE)为 439.3 kJ·mol^{-1},是所有烷烃中最高的。最高占据分子轨道(HOMO)是低的,而最低未占据分子轨道(LUMO)是高的,因此从甲烷中移除一个电子或给甲烷一个电子需要极高的能量输入。这些特性使得甲烷极具惰性,很难被激活。光催化是一种很有前途的甲烷转化方法,因为在室温下产生的氧化光生成孔可以激活甲烷的 C—H 键。光催化可以实现多种方式的甲烷转化,包括 C—C 偶联、部分氧化等。其中,甲烷直接 C—C 偶联是实现碳链生长直接从甲烷中获得 C^{2+} 化合物的有效途径。

2024 年,张子重课题组在 TiO_2 {001} 纳米片(TiO_2-NV_o)上构建了氮和氧空位双活性位点来调控氧激活途径,实现了高活性和选择性的甲烷光催化氧化偶联(图 10-54)。与普通 Au/TiO_2 {001} 纳米片相比,Au/TiO_2-NV_o 的烷烃产率从 16 μmol·h^{-1} 提高到 32 μmol·h^{-1},烷烃的选择性从 61%提高到 93%。与目前报道的间歇式甲烷光催化氧化偶联相比,性能优越。优异的性能源于独特的 N-V_o 双活性位点,可以协同将 O_2^- 转变成所需的单氧活性物质($O^{·-}$),以抑制不希望的过氧化反应。而由 O_2^- 解离形成的 O^- 物质则对 CH_4 选择性地转变成·CH_3 具有积极作用,从而改善 Au 纳米簇表面随后的 C—C 偶联反应。这项工作提供了一种新的 O_2 解离方法来解决甲烷在好氧环境中过度氧化的问题,从而实现高选择性的 CH_4 转化。

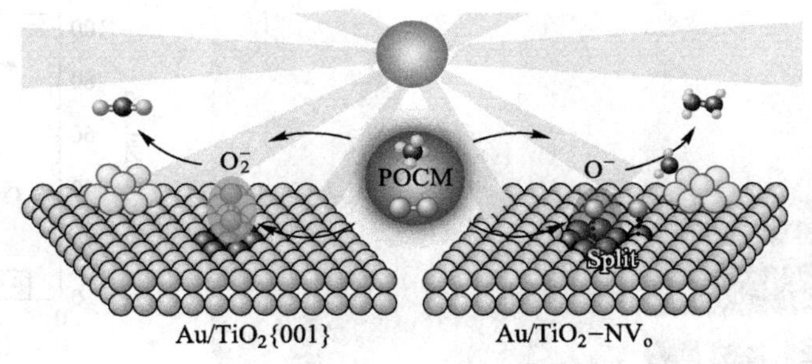

图 10-54　Au/TiO_2-NV_o 光催化甲烷氧化偶联反应

[本图来源:Zhang J, et al. ACS Catalysis, 2024, 14(6): 3855.]

10.5　应用现状与发展目标

10.5.1　应用现状

由于光的穿透性有限,光进入反应体系中,其强度会迅速衰减,这在很大程度上限制光在反应器中的应用,因此将光引入反应器实现克级甚至百克级放大仍是一个挑战。在 2018 年,Su 课题组使用廉价的石墨氮化碳在太阳光下实现了近百克级硝基苯高选择性光还原合成偶氮苯和氧化偶氮苯。该课题组首先使用 410 nm 的光源对反应进行条件筛选,发现石墨氮化碳对反应具有良好的选择性,产物主要为氧化偶氮苯,选择性达到了 99%。随后对反应进行了放大(图 10-55),将反应装置置于太阳光下并将反应扩大到 80 甚至 8000 倍,反应体积分别达到了 0.8 L 和 80 L(硝基苯浓度为 8 mmol·L^{-1}),两个放大实验中都实现了对偶氮苯的高选择性(约 90%)。

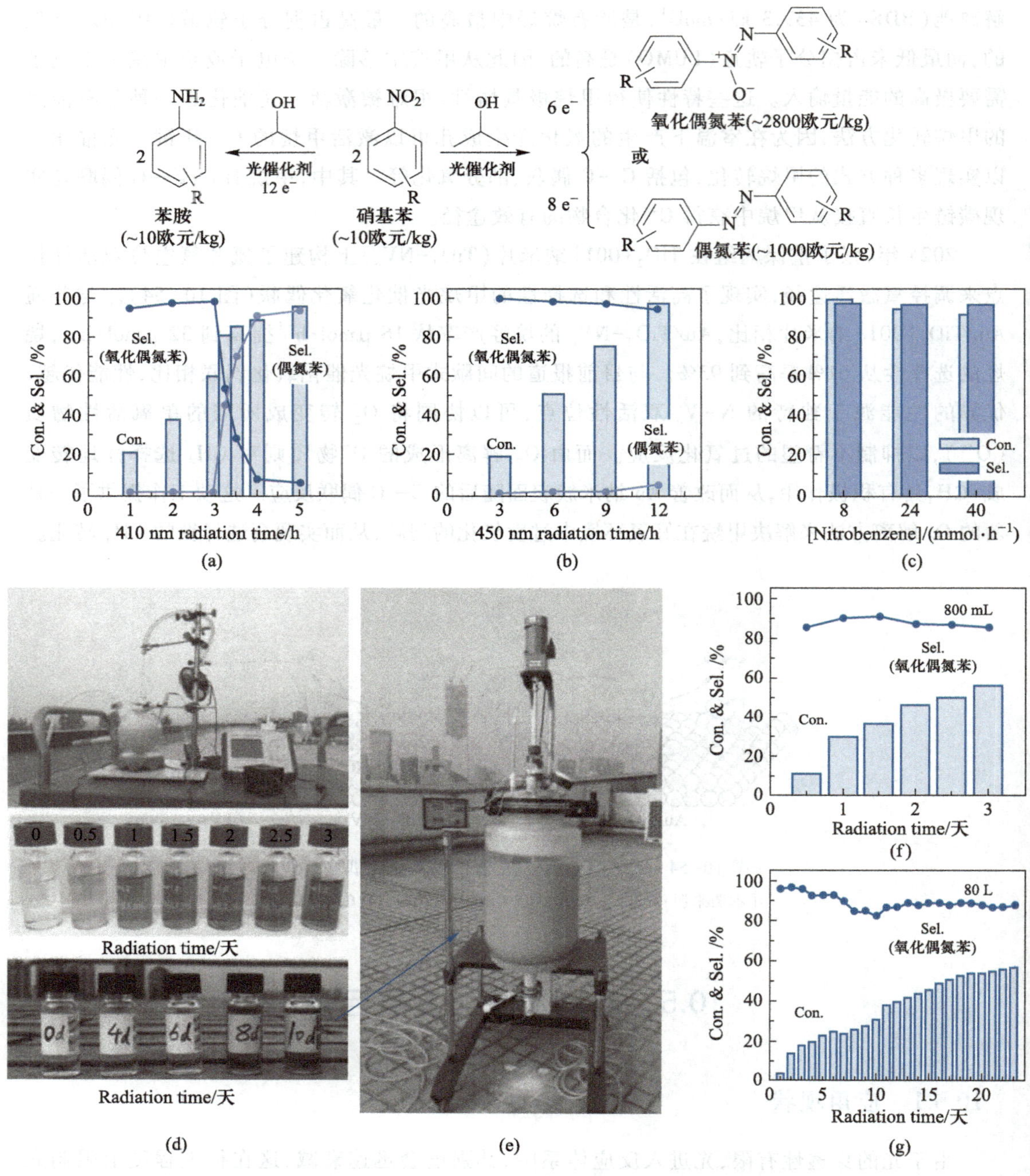

图 10-55　硝基苯高选择性光还原为偶氮苯和氧化偶氮苯及放大反应装置

[本图来源：Dai Y，et al. Nat. Commun.，2018，9(1)：60.]

含氟片段因其特殊的化学性质，例如良好的生物吸收性、脂溶性及稳定性被广泛引入在各种有机化合物中，尤其在药物领域，含氟药物占据药物总量的 80% 以上。三氟乙酸作为最廉价的氟源，一直以来受到许多关注，但其较为惰性难以实现大量三氟甲基化反应，为此，Mo 与 Xuan 课题组报道了一种离子屏蔽异相光电催化策略，使用三氟乙酸盐[一种廉价但相对惰性的三氟甲基(CF_3)源]来实现敏感(杂)芳烃的脱羧三氟甲基化。该策略通过施加质量转移限制，从而反转热力学确定的电子转移顺序。由静电吸附在正钼掺杂三氧化钨(WO_3)光阳极上的三氟乙酸根阴离子形成的离子屏蔽层可防止基质和光生空穴之间发生不必要的电子转移。该方法具有强大的光阳极稳定性(约 380 h)、良好的底物范围。通过使用光电化学流动池，以均三甲苯的底物，成功合成了百克级 1,3,5-三甲基-2-三氟甲基苯(图 10-56)。

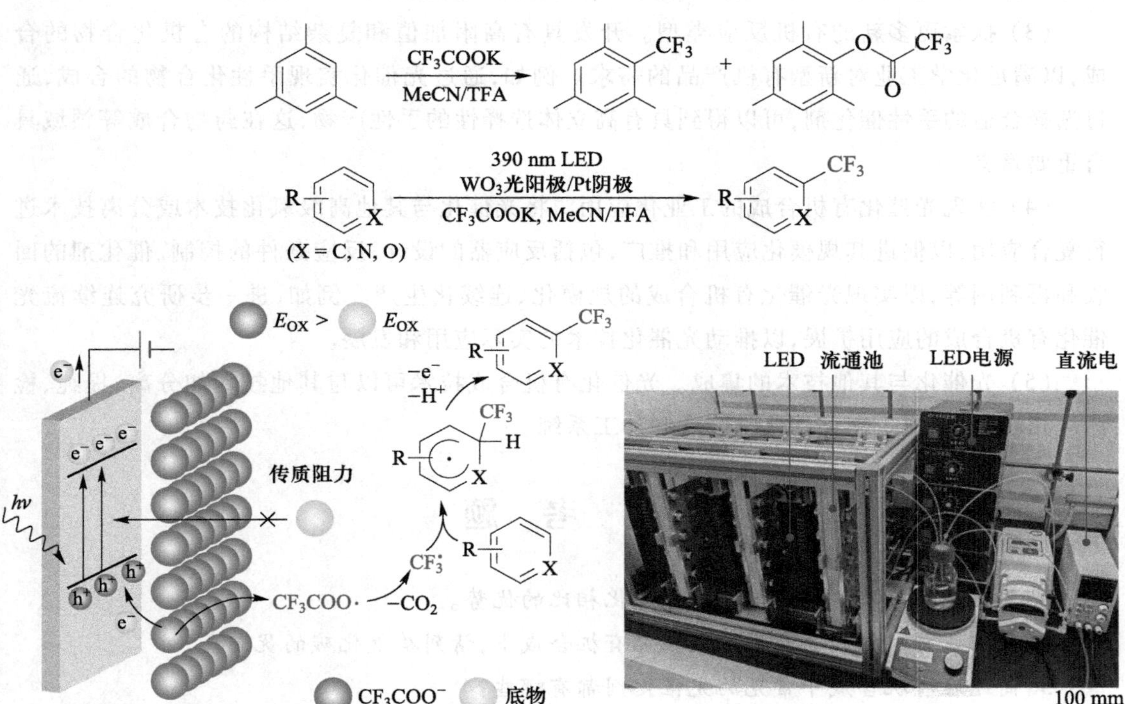

图 10-56 百克级 1,3,5-三甲基-2-三氟甲基苯合成反应及装置

[本图来源：Chen Y, et al. Science, 2024, 384(6696): 670.]

10.5.2 发展目标

光催化有机合成作为一种创新的合成途径，正逐渐展现出其独特的优势。光催化有机合成反应通常在常温常压条件下进行，操作简便，且环保性高，不易产生二次污染。更为重要的是，光催化有机合成能在较为温和的条件下实现以往需要苛刻条件才能完成的合成，显著提升了反应的安全性和可控性。因此，光催化有机合成技术受到了广泛的关注，并在氧化还原、加成、偶联等多种有机反应中取得了显著成果，尤其在近年来的发展中取得了重要突破。光催化的发展将为我们揭示更多具有实用价值的化学反应。

尽管光催化技术在实际应用中具有巨大的潜力，但其仍面临着一系列挑战。为推进光催化在有机合成领域的进一步发展，需实现光催化在有机合成领域的发展目标：

(1) 深入研究光催化机理与动力学。深化对光催化剂界面电荷产生、分离和传输规律的研究，进一步揭示光催化机理与结构活性之间的关系，并加强对光催化氧化和还原反应全过程的研究，特别是光催化剂与有机小分子之间相互作用的研究及催化剂反应位点的确定。

(2) 减少光催化剂的成本问题。优化制备工艺，降低制备温度，简化工艺过程，减少昂贵设备的需求，以降低光催化剂的制备成本。同时，对于光催化剂的效率，针对现有光催化剂在可见光区催化效率低、易失活和光化学腐蚀等问题，需要对现有催化剂进行修饰改性，提高光催化剂对光的利用率，并研发新型高活性、长效的光催化剂。此外，实现催化剂的再生和循环利用，减少催化剂的使用量和废弃物的产生，从而减少环境污染。

(3) 探索更多新的有机反应类型。开发具有高附加值和复杂结构的有机化合物的合成，以满足化学工业对新型有机产品的需求。例如，通过光催化实现手性化合物的合成，通过选择合适的手性催化剂，可以得到具有高立体选择性的手性产物，这在药物合成等领域具有重要意义。

(4) 实现光催化有机合成的工业化应用。将光催化与其他高级氧化技术或分离技术进行复合应用，以促进其规模化应用和推广，包括反应器的设计、反应条件的控制、催化剂的回收和再利用等，以实现光催化有机合成的规模化、连续化生产。例如，进一步研究连续流光催化有机合成的应用扩展，以推动光催化技术的实际应用和发展。

(5) 光催化与其他技术的集成。光催化有机合成技术可以与其他技术如分离、提纯、检测等相结合，形成一体化的化学合成和加工系统。

思　考　题

1. 简述光催化有机合成与传统热催化相比的优势。
2. 氮化碳材料被广泛应用于光催化有机合成中，请列举氮化碳的优点。
3. 简述在有机合成中常见的光催化剂都有哪些？
4. 光催化剂与有机物之间能量如何传输？
5. 加快催化剂与有机底物之间的界面电荷转移的方法？
6. 如何判断一个放热反应和光化学反应最主要的影响因素是什么？
7. 简述你所了解的光催化技术的应用领域有哪些，并简单描述。

郑重声明

高等教育出版社依法对本书享有专有出版权。任何未经许可的复制、销售行为均违反《中华人民共和国著作权法》，其行为人将承担相应的民事责任和行政责任；构成犯罪的，将被依法追究刑事责任。为了维护市场秩序，保护读者的合法权益，避免读者误用盗版书造成不良后果，我社将配合行政执法部门和司法机关对违法犯罪的单位和个人进行严厉打击。社会各界人士如发现上述侵权行为，希望及时举报，我社将奖励举报有功人员。

反盗版举报电话 (010)58581999 58582371

反盗版举报邮箱 dd@hep.com.cn

通信地址 北京市西城区德外大街4号

高等教育出版社知识产权与法律事务部

邮政编码 100120

读者意见反馈

为收集对教材的意见建议，进一步完善教材编写并做好服务工作，读者可将对本教材的意见建议通过如下渠道反馈至我社。

咨询电话 400-810-0598

反馈邮箱 hepsci@pub.hep.cn

通信地址 北京市朝阳区惠新东街4号富盛大厦1座

高等教育出版社理科事业部

邮政编码 100029